国家出版基金资助项目

"十四五"时期国家重点出版物出版专项规划项目

有色金属理论与技术前沿丛书

粉末冶金
多主元合金

Powder Metallurgical
Multi-principal
Element Alloys

刘咏　刘彬　曹远奎　著

Liu Yong, Liu Bin, Cao Yuankui

中南大学出版社 · 长沙

www.csupress.com.cn

作者简介 /

About the Author

　　刘咏，男，工学博士，中南大学粉末冶金研究院教授。长期从事与粉末冶金及增材制造相关的新材料、新技术和基础理论研究，在硬质合金、铁基材料、金属间化合物、多主元合金、超硬材料等方面取得了突出成果。先后承担国家"973"计划项目、国家"863"计划项目、国家重点研发计划项目、国家自然科学基金项目、军工配套项目、装备预研共用技术项目等多项国家级科研项目。获国家自然科学基金杰出青年基金及德国"洪堡"基金资助，先后获国家科技进步奖及多项省部级科技奖励。在国际重要学术期刊上发表第一及通讯作者论文 150 余篇，授权国家发明专利50 余项，出版专著 3 部。

　　刘彬，男，工学博士，中南大学粉末冶金研究院教授，湖南省科技创新领军人才，中国金属学会粉末冶金分会委员，中国核学会核材料分会理事。长期从事粉末冶金新材料及新技术研究，在金属间化合物、多主元合金、复合材料、粉末冶金技术、热加工技术等领域做了大量创新工作。主持国家工信部揭榜挂帅项目、国家自然科学基金重点项目、国家重大专项基础研究项目等多项国家级科研项目，作为研究骨干承担了国家重大科研发展计划项目、国家"973"计划项目等重点任务多项。获中国有色金属工业科技进步二等奖、教育部高等学校科学研究优秀成果奖自然科学二等奖等省部级奖励 5 项。在国际重要学术期刊上发表第一及通讯作者论文 100 余篇，申请和授权国家发明专利 30 余项。

曹远奎，男，工学博士，中南大学粉末冶金研究院副教授，湖南省湖湘青年英才。主要从事航空航天及生物医用多主元合金及钛合金等金属结构材料研究，主持国家自然科学基金面上项目及青年项目、湖南省自然科学基金、中国博士后特别资助项目等多项科研项目，作为研究骨干参与国家杰出青年基金项目、国家自然科学基金重点项目等。获中国有色金属工业科技进步二等奖、山西省自然科学二等奖、TNSOC TOP100 高影响力论文奖等荣誉。在国际重要期刊发表学术论文 50 余篇，授权国家发明专利 10 余项。

前言 /

Foreword

材料是人类社会进步的基石，而高性能金属材料在现代工业发展中发挥了至关重要的作用。传统的合金大多以一种金属为主要元素，通过添加少量其他元素的方式来获得不同的性能，如钢铁、铝合金、铜合金、钛合金和镁合金等。然而，当合金元素种类和含量过多时，易导致脆性的金属间化合物和复杂相的产生，不利于材料性能的调控。

为了突破传统合金的发展瓶颈，2004 年，Cantor 和 Yeh 等材料科学家提出多主元合金（multi-principal elements alloys, MPEAs）的概念，并发现了 FeCoCrNiMn 以及其他系列等原子比的多主元合金。这些合金主要为单相固溶体，且表现出优异的力学性能。多主元合金概念的提出颠覆了人们对合金相律的理解，为金属材料的发展开拓了新的思路，从而引起了广大研究人员的关注。2014 年，美国橡树岭国家实验室科学家在 *Science* 上报道了 FeCoCrNiMn 具有优异的低温断裂韧性，更是掀起了多主元合金研究的热潮。迄今为止，每年都有关于多主元合金研究的论文发表在 *Nature* 和 *Science* 等国际著名期刊上。

多主元合金的成分较复杂，其中合金元素的含量较高。采用传统熔炼铸造方法时，不可避免地会产生枝晶偏析、组织粗大、疏松缩孔等缺陷，影响材料的力学性能。此外，对于一些富含难熔元素的多主元合金，以及陶瓷颗粒增强的复合材料，传统熔炼铸造方法也存在很难克服的技术障碍。粉末冶金由于具有成分组元灵活组合、简单易行、固结温度较低等特点，能够制备成分均匀、组织细小、无宏观缺陷以及近净成形的多主元合金材料和零部件。采用粉末冶金方法制备的多主元材料的性能通常非常优异，达到甚至超过了相同成分锻造合金水平。

目前，国内已有一些关于多主元合金的专著，大多以介绍多主元合金的基本特征、制备技术、宏观性能和物理机制为主，涉及粉末冶金材料制备及特性内容的不多。作者基于团队在粉末冶金多主元合金方面的研究基础，结合目前国内外的相关进展，撰写了专著——《粉末冶金多主元合金》。本专著首先概述了多主元合金的基本特点和发展现状，然后分别从多主元合金粉末制备、致密化技术、增材制造技术以及性能和应用等方面进行系统阐述。

本专著的主要内容来源于作者团队及合作者的研究结果，全书由刘咏和刘彬负责构思与统稿。第1章内容主要由曹远奎提供；第2章内容主要由王京师、周睿、李亮生等提供；第3章内容主要由王京师、徐礼友、张明阳、王家文、韩六六等提供；第4章内容主要由段恒、周睿、黄婧、苏捷等提供；第5章内容主要由宋旼、吴文倩、李甲等提供；第6章内容主要由曹远奎、王家文等提供；第7章内容主要由曹远奎提供；第8章内容主要由高阳、廖涛、杨紫涵等提供。本著作在撰写过程中得到了诸多同行专家的宝贵建议和帮助，在此表示衷心感谢。

多主元合金仍然在快速发展，其基础理论和工程化应用也在不断更新。由于作者水平有限，书中难免存在不足之处，恳请专家学者批评指正。

作者

2024 年 6 月

目录 /

Contents

第 1 章
多主元合金概况

　　人类文明与材料的发展密切相关, 新材料的出现往往给人类生活带来巨大改变。金属是应用历史最悠久的材料之一, 对人类文明的发展至关重要。随着时代的发展, 金属和合金的化学成分经历了从简单到复杂的演变过程, 如图 1-1 所示。中国的青铜时代 (bronze age) 从夏开始经历商、西周到春秋时期, 前后持续了一千多年时间, 随后的铁器时代 (iron age) 更是跨越了三千多年时间。工业革命后, 科技开始快速发展, 材料的服役环境日渐复杂, 人们对金属材料的各类性能要求越来越高。单一金属的性能通常较为局限, 因此人们探索并开发出不同种类

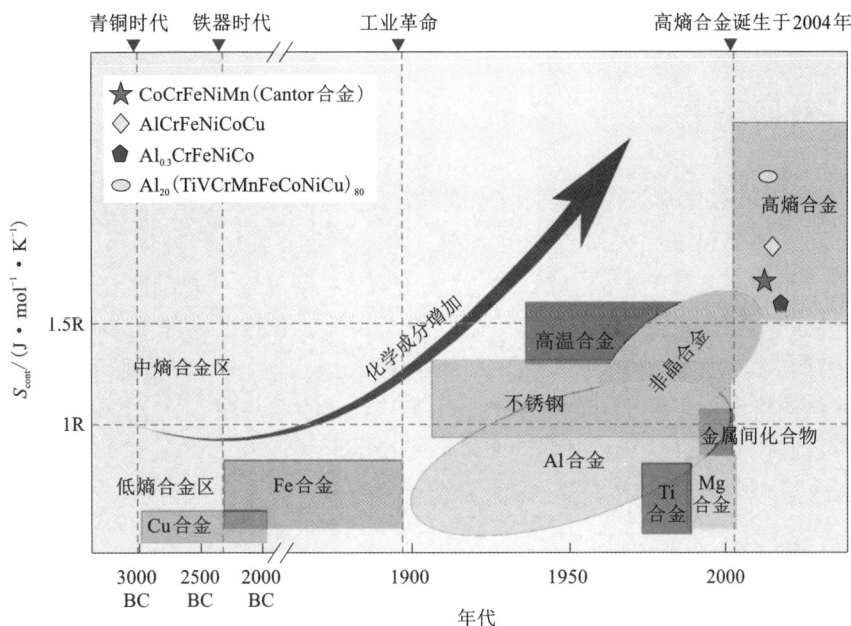

（注：BC 为公元前。）

图 1-1　合金组成元素的发展

的合金体系。在传统的合金设计理念中，通常以一种金属为主要元素，在此基础上添加少量其他种类的元素以获得具有特殊性能的合金，如钢铁、铝合金、铜合金、钛合金和镁合金等。这些合金的晶体结构和性能主要取决于基体元素，但如果添加的其他元素种类和含量过多，则容易导致脆性的金属间化合物和复杂相的产生，不利于材料性能的提升。

为了突破传统合金的发展瓶颈，20 世纪末，研究者们开始寻求新的合金体系。2004 年，Cantor 等和 Yeh 等几乎同时提出多主元合金（multi-principal element alloys，MPEAs）的概念。Cantor 等采用 15~20 种元素直接进行熔炼，对铸锭中的物相进行分析，发现部分固溶体相由多个主元素构成。随后，他们开发了 FeCoCrNiMn 等几种等原子比的多主元合金。该合金中并未出现复杂的金属间化合物，而是形成了 FCC 单相固溶体，且表现出优异的力学性能。Yeh 等则采用不同元素进行组合，制备了 40 多种等原子比的多主元合金，也发现 FeCoCrNiMn、FeCoNiCuAl 等体系可形成简单固溶体结构，并将此类合金定义为高熵合金（即多主元合金）。多主元合金概念的提出颠覆了人们对合金相律的理解，打破了传统合金设计瓶颈，为金属材料的发展开拓了一条全新的道路。已报道的多主元合金具有诸多优异的性能，如高强度/硬度、高耐磨性、高断裂韧性、优异的低温性能和结构稳定性、良好的耐腐蚀性能和抗氧化性能等，从而引起了广大研究者的关注。在近十几年里，人们开发出了大量的多主元合金体系，其结构和性能也被广泛研究。

1.1 发展历史

自 2004 年 Cantor 等提出等原子比的 FeCoCrNiMn 多主元合金后，这种新型合金设计理念便引起了广大研究者的兴趣，进而不断开发出多种体系的多主元合金。多主元合金体系的发展可概括为经历了两代：第一代为基础多主元合金，即等原子比的单相多主元合金体系，包括 FCC、BCC、HCP 以及非晶结构的多主元合金。这类多主元合金充分体现了四大效应及其特殊性能，如高强度、高硬度、优异的结构稳定性以及优异的低温性能；第二代是在第一代多主元合金的基础上进行组织调控和性能优化，得到的非等原子比的两相或者多相多主元合金。随着多主元合金概念的延伸和扩展，多主元合金的体系正在不断地增多。

1.1.1 第一代多主元合金

1. FCC 多主元合金

等原子比的 FeCoCrNiMn 多主元合金，即 Cantor 合金，是该领域最经典且目前研究最为广泛的合金之一。FeCoCrNiMn 合金为单一的 FCC 固溶体，且具有良好的结构稳定性。Gludovatz 等研究了 FeCoCrNiMn 合金的拉伸性能，发现其具有优异的损伤容限，抗拉强度超过 1 GPa，断裂韧性值超过 200 MPa·m$^{\frac{1}{2}}$。有趣的是，FeCoCrNiMn 合金的力学性能在低温下更为优异。这是由于 FeCoCrNiMn 合金的变形机制在室温下为位错平面滑移，而在低温下则转变为纳米孪生。FeCoCrNiMn 合金的拉伸强度随着温度的降低而提高，但与其他材料不同的是，其断裂韧性却随着温度降低基本保持不变。图 1-2 的 Ashby 图比较了多主元合金与其他材料体系的断裂韧性和屈服强度。FeCoCrNiMn 合金的损伤容限优势非常明显，其断裂韧性超过了大多数纯金属和合金。

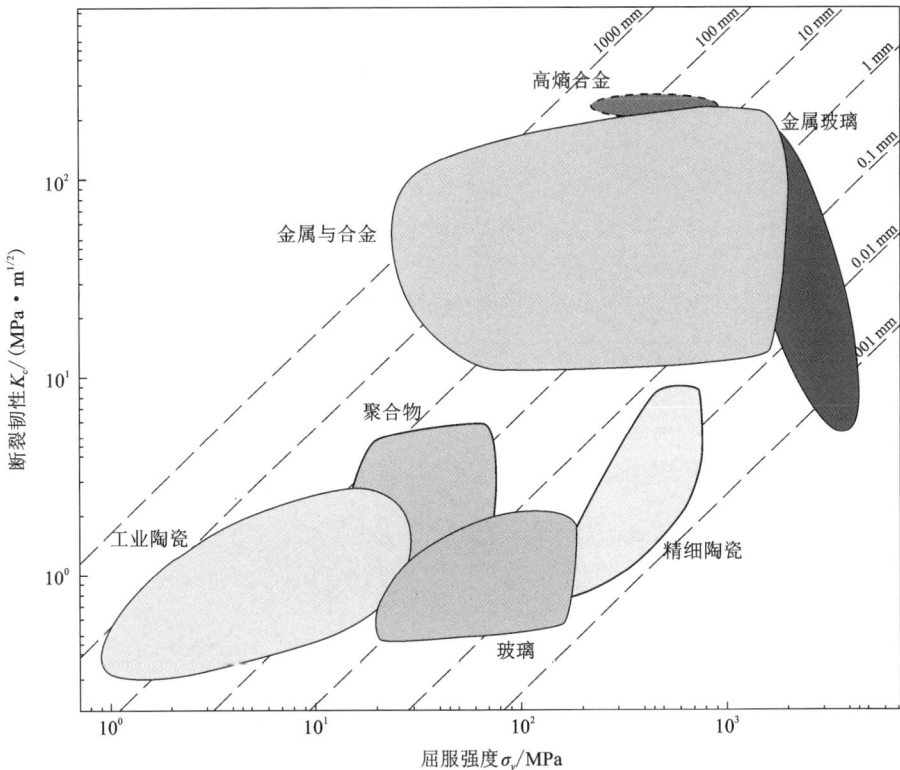

图 1-2　多主元合金和其他材料体系的断裂韧性与屈服强度的关系

　　FeCoCrNi 合金是另一种研究较为广泛的 FCC 结构合金，具有较好的结构稳定性，因此通常被当作多主元合金研究的基体材料，即添加少量其他合金元素，以设计出具有新结构或高性能的多主元合金体系，例如 FeCoCrNiNb$_x$、FeCoCrNiMo$_x$、FeCoCrNiAl$_x$ 和 FeCoCrNiC$_x$。Lucas 等采用 X 射线衍射及中子衍射方法发现，FeCoCrNi 合金不存在化学有序现象。Cornide 等采用透射电子显微镜及原子探针表征技术证实 FeCoCrNi 合金为单一的 FCC 结构固溶体，并且在不同温度进行退火之后依然保持着单一的 FCC 固溶体结构，说明其具有较好的热稳定性。然而，He 等的研究表明，FeCoCrNi 合金的结构稳定性值得怀疑：该合金在 750 ℃退火 800 h 后发生相分离，生成两种晶格常数不同的 FCC 相，且在 FeCoCrNi 合金中添加少量 Al 元素后，其相分离现象更加明显。因此，他们认为 FeCoCrNi 合金在中温阶段不适合作为热稳定结构材料。

在 FeNiCoCrMn 合金的基础上，Wu 等设计出一系列等原子比的四元 FCC 结构合金以及三元 FCC 结构合金，如图 1-3 所示。其中 NiCoCr 为一种典型的三主元合金，其优异的力学性能引起了广大研究者的兴趣。Gludovatz 等的研究表明，CoCrNi 合金具有超过大多数多主元合金以及多相合金的强度和韧性，其室温拉伸强度约为 1 GPa，断裂应变可以达到 70% 左右，且断裂韧性值超过 $200 \text{ MPa} \cdot \text{m}^{\frac{1}{2}}$；低温下，其拉伸强度超过 1.3 GPa，断裂应变提高至 90%，且断裂韧性值高达 $275 \text{ MPa} \cdot \text{m}^{\frac{1}{2}}$。

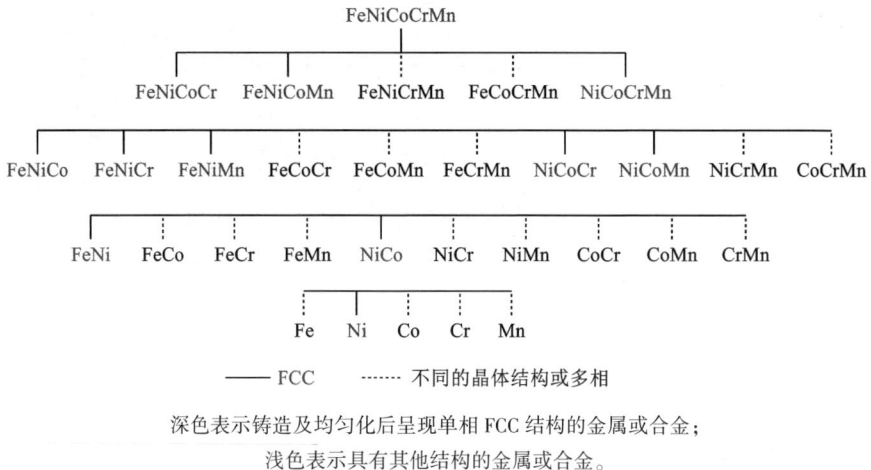

图 1-3　由 FeCoCrNiMn 合金延伸出的四元、三元、二元和纯金属子集

2. BCC 多主元合金

多主元合金发展初期，多数研究者专注于设计以 FeCoCrNi 为基体的合金，而 Senkov 等以难熔金属元素设计出 BCC 结构的多主元难熔合金，如 WNbMoTa 和 WNbMoTaV 多主元合金。这两种多主元难熔合金在室温时的维氏硬度分别高达 4455 MPa 和 5250 MPa。但这两类合金密度较大（12.3～13.7 g/cm³），并且室温塑性低。随后，他们又设计出一系列的多主元难熔合金体系，其中等原子比的 TaNbHfZrTi 合金表现出优异的力学性能，其压缩屈服强度可达 929 MPa，延展性

超过 50%，具有良好的应变硬化能力。Guo 等用更轻的 Mo 代替 Ta 设计出 MoNbHfZrTi 合金。该合金具有更高的压缩屈服强度，超过 1.7 GPa。

除了多主元难熔合金，还有其他 BCC 结构的多主元合金。AlFeCoCrNi 是一种重要的 BCC 结构多主元合金，但其微观结构由于元素分离易形成偏析的树枝晶结构，枝晶区域富含 Al、Ni 元素，而枝晶间富含 Cr、Fe 元素。AlFeCoCrNi 合金具有优异的压缩性能，其屈服强度、抗压强度和塑性应变值分别约为 1251 MPa、2004 MPa 和 33%。另外，Zhou 等制备了 $AlCoCrFeNiTi_x (x = 0, 0.5, 1, 1.5)$ 的合金体系。这个合金系列主要由 BCC 相组成，并且在室温下具有优异的压缩性能，如 $AlCoCrFeNiTi_{0.5}$ 的压缩屈服强度、抗压强度和塑性应变值分别可达 2.26 GPa、3.34 GPa 和 23.3%。

3. HCP 多主元合金

相对于 FCC 和 BCC 结构的多主元合金体系，已报道的 HCP 结构的多主元合金体系较少，通常由多种稀土元素组成，例如 GdHoLaTbY 等。Zhao 等制备了 GdHoLaTbY 合金，并证实了铸态 GdHoLaTbY 合金为单相 HCP 结构，其压缩屈服强度、断裂强度和塑性应变值分别为 108 MPa、880 MPa 和 21.8%。Soler 等对 HCP 结构的等原子比 YGdTbDyHo 合金进行了微观结构研究，发现在晶界处富集富含 Y 元素的析出相。Kirill 等制备了 HCP 结构的 IrOsReRhRu 合金，发现合金在高温高压条件下(400~1500K，0~45 GPa)具有很好的结构稳定性，并且在甲醇氧化方面表现出高的电催化活性。Vrtnik 等合成了一种 HCP 结构的 YgdTbDyHo 合金，发现合金具有强磁制冷效应，比传统的三元或四元磁致冷材料具有更大的磁致冷容量，在制冷领域有较大的应用潜力。

4. 多主元非晶合金

多主元非晶合金通常通过急冷凝固得到，此时元素来不及有序排列结晶，从而得到长程无序结构的块体合金。多主元非晶合金结合了非晶合金的高结构熵(无序原子堆积结构)以及高混合熵(等原子比多组元)的特点，具有较高的强度和较大的弹性应变，在高弹高强领域具有巨大的应用潜力。但多主元非晶合金的塑性普遍较差，一般不存在加工硬化现象。例如，Zhao 等报道了一种化学成分为 $Zn_{20}Ca_{20}Sr_{20}Yb_{20}(Li_{0.55}Mg_{0.45})_{20}$ 的多主元非晶合金。该合金显示出接近室温的低玻璃转变温度(323 K)、低密度、良好的导电性，且在室温下具有类似于高分子的热塑性变形行为。多主元非晶合金体系较多，例如，具有良好生物相容性的 $Ca_{20}Mg_{20}Zn_{20}Sr_{20}Yb_{20}$ 多主元非晶合金，以及具有良好软磁性能的 $Fe_{25}Co_{25}Ni_{25}(P, C, B)_{25}$ 多主元非晶合金等。

1.1.2　第二代多主元合金

第二代多主元合金体系建立在第一代多主元合金体系的基础上，其通过调整化学元素成分或引入缺陷获得所需要的合金微观结构和力学性能。第二代多主元合金体系可概括为以下几大类：相变增韧多主元合金、析出相强化多主元合金、间隙原子强化多主元合金、共晶多主元合金等。本节主要介绍前面三类多主元合金。

1. 相变增韧多主元合金

相变增韧（transformaiton induced plasticity，TRIP）机制，是高锰钢中常见的强化机制，通过调整高锰钢中 Mn 元素的含量使其在变形过程中发生马氏体相变，从而有效提高其强度和伸长率。2016 年，德国马普所的 Li 等率先将 TRIP 机制引入多主元合金，通过成分调控制备出一种同时具有 FCC 结构和 HCP 结构的双相 $Fe_{50}Mn_{20}Co_{10}Cr_{10}$ 合金，如图 1-4 所示。该多主元合金在变形过程中会不断发生 FCC-HCP 的相变，协调局部塑性变形，使材料获得较好塑性。

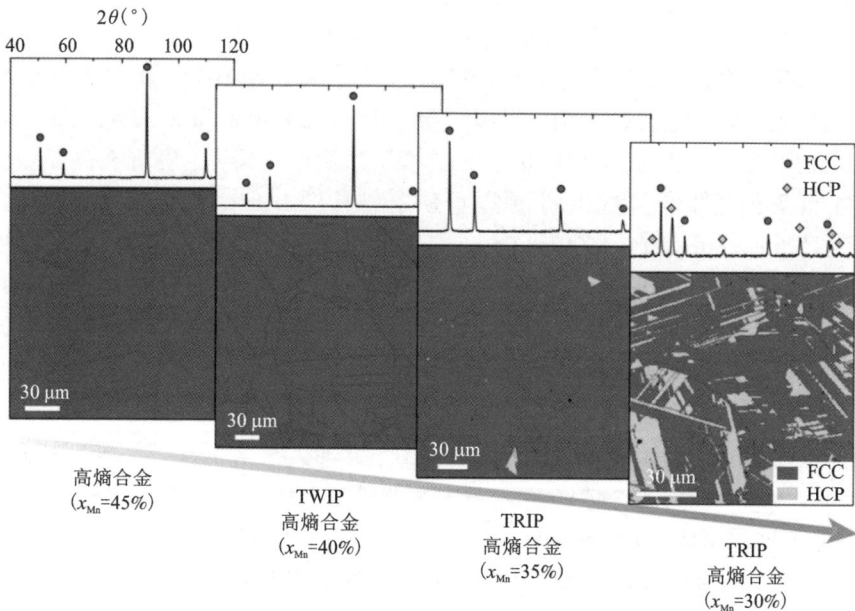

图 1-4　$Fe_{80-x}Mn_xCo_{10}Cr_{10}$（$x = 45\%$，$40\%$，$35\%$ 和 30%）
多主元合金的 X 射线衍射分析图及背散射电子衍射的相分布图

随后，Li 等研究了 FCC 基体晶粒尺寸和 HCP 相的含量对 $Fe_{50}Mn_{20}Co_{10}Cr_{10}$ 双相多主元合金力学行为的影响。结果表明，所有 $Fe_{50}Mn_{20}Co_{10}Cr_{10}$ 双相合金的拉伸力学性能均比 FeCoCrNiMn 单相合金更优异。当 FCC 基体的晶粒尺寸相似时，HCP 相含量最高的双相多主元合金显示出优异的综合性能，说明 TRIP 机制在 $Fe_{50}Mn_{20}Co_{10}Cr_{10}$ 合金中起到重要作用。此外，Wu 等设计了一种 $Ta_xHfZrTi$ 合金，通过调控 Ta 含量，使合金具备 BCC+HCP 双相结构。该合金在变形过程中发生 BCC 相到马氏体相的转变，使其具备较强的加工硬化能力，从而获得了较好的强度和塑性。

2. 析出相强化多主元合金

单相的多主元合金通常强度偏低，可通过向单相结构多主元合金中添加一些合金元素，获得析出强化的多主元合金。例如，He 等通过向 FCC 结构的 FeCoCrNi 合金中添加少量的 Ti 和 Al 元素，获得 $(FeCoNiCr)_{94}Ti_2Al_4$ 合金。该合金中形成的纳米尺寸的 $L1_2-Ni_3(Ti, Al)$ 析出相，使该合金具有优异的拉伸性能，其拉伸屈服强度可达 645 MPa，伸长率可达 39%，可媲美其他高强合金体系，如图 1-5 所示。Zhao 等报道了一种纳米尺寸的 $L1_2-(Ni, Co, Cr)_3(Ti, Al)$ 析出相增强的 CoCrNi 基合金，即 $(CoCrNi)_{94}Al_3Ti_3$ 多主元合金，该合金具有混合的非均匀和均匀析出行为。相比于单相 CoCrNi 合金，析出强化效应可以使 $(CoCrNi)_{94}Al_3Ti_3$ 多主元合金的屈服强度增加约 70%（至 750 MPa），抗拉强度增加约 44%（至 1.3 GPa），且仍然保持良好的伸长率（约 45%）。单相 CoCrNi 合金的主要变形机制是孪生，而 $(CoCrNi)_{94}Al_3Ti_3$ 变形过程中高密度的层错（stacking faults, SFs）占主导。Liu 等研究添加不同含量的 Mo 元素对 FeCoCrNi 合金显微组织和力学性能的影响，结果表明 $FeCoCrNiMo_{0.3}$ 合金中的金属间化合物相（包括 μ 相和 σ 相）起到了显著的强化作用，但没有引起严重的脆化。$FeCoCrNiMo_{0.3}$ 合金具有高达 1.2 GPa 的抗拉强度以及约 19% 的良好伸长率。变形过程中，FCC 基体表现出极高的加工硬化指数（为 0.75），有效抑制了脆性析出相造成的微裂纹的传播。

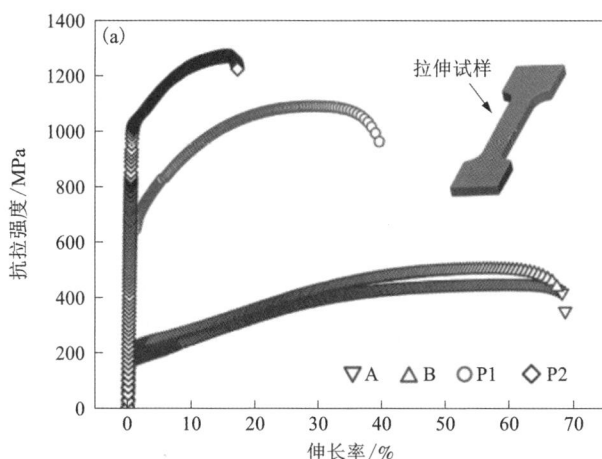

图 1-5 均匀化 FeCoCrNi（合金 A）、均匀化 $(FeCoNiCr)_{94}Ti_2Al_4$（合金 B）以及经过不同形变热处理工艺后 $(FeCoNiCr)_{94}Ti_2Al_4$（合金 P1 和 P2）的拉伸性能图

3. 间隙原子强化多主元合金

在多主元合金中引入间隙溶质原子(例如 C、B 和 N),可以导致较高的晶格畸变,从而影响间隙溶质原子与位错的相互作用,有利于固溶强化。C 元素是钢铁中常见的间隙溶质原子。近几年来,一些研究者尝试在多主元合金中添加 C 元素,以达到间隙原子强化作用,并研究 C 元素的添加对多主元合金显微组织及力学性能的影响。Wang 等在 $Fe_{40.4}Ni_{11.3}Mn_{34.8}Al_{7.5}Cr_6$ 多主元合金中添加少量的 C 元素,并研究不同含量的 C 元素对合金显微组织及力学性能的影响。对含 C 元素的 $Fe_{40.4}Ni_{11.3}Mn_{34.8}Al_{7.5}Cr_6$ 合金进行分析表明,不同 C 元素含量的多主元合金都为单相 FCC 固溶体。C 元素的增加可以降低合金的层错能,并增加晶格摩擦应力,未添加 C 元素的合金屈服强度约为 159 MPa,而添加 1.1%(原子分数)C 元素的合金的屈服强度可提高至约 355 MPa。

然而,添加过多的 C 元素容易造成脆性析出相的产生,虽能有效提高强度,但伸长率会大大降低。Chen 等使用真空电弧熔炼制备了 $FeCoCrNiMnC_x$($x = 0$, 0.5, 0.1, 0.15, 2)合金,发现 FeCoCrNiMn 和 $FeCoCrNiMnC_{0.5}$ 都具有单相 FCC 结构,$FeCoCrNiMnC_{0.5}$ 的拉伸强度和延展性都比 FeCoCrNiMn 更好。但是当 $x > 0.1$ 时,M_7C_3 碳化物出现在合金的枝晶间区域及晶界处,而且随着 C 含量的增加,合金强度提高,但伸长率显著下降。

1.2 多主元合金基本特性

根据传统的物理冶金及热力学理论,复杂成分的合金容易形成复杂的多相组织。其中,金属间化合物相及各种有序相可能使材料变脆,阻碍其加工与应用。然而,人们发现许多多主元合金体系并未出现复杂的多相结构,而是倾向于形成简单的固溶体结构,且在相变动力学、组织及性能上与传统合金具有明显的差异。多主元合金的基本特征可总结为四个:热力学上的高熵效应、动力学上的缓慢扩散效应、结构上的晶格畸变效应以及性能上的"鸡尾酒"效应。

1.2.1 高熵效应

根据吉布斯相律可知,含有 n 种元素的合金系统的平衡相数为 $p = n+1$,在非平衡凝固时合金形成的相数为 $p > n+1$。因此,传统合金观念认为,包含多个组元的合金将产生多种金属间化合物相。然而大量研究表明,多主元合金中相的数目远少于由吉布斯相律确定的最大相数。根据吉布斯自由能公式 $\Delta G_{mix} = \Delta H_{mix} - T\Delta S_{mix}$,合金系统的高混合熵可以有效降低吉布斯自由能。在传统合金体系中,固溶体相(包括端际固溶体和中间固溶体)比金属间化合物具有更高的构型熵,因为金属间化合物具有有序晶体结构,其构型熵近似于 0。固溶体的高构型熵可降低体系的吉布斯自由能，尤其在高温下效果明显，因此多主元合金中的相数目远小于吉布斯相律所计算的相数目。此外，高熵效应提高了组元的互溶性，减少了组元间的电负性差异，从而避免了相分解以及端际固溶体的形成。为分析多主元合金中相的形成与熵的关系，Yang 等提出了一个热力学参量 Ω：

$$\Omega = \frac{T_{\mathrm{m}} \Delta S_{\mathrm{conf}}}{|\Delta H|} \tag{1-1}$$

式中：T_{m} 为合金熔点；ΔS_{conf} 为构型熵；ΔH 为合金的混合焓。

根据经验判据，当 $\Omega > 1.1$ 时，合金将形成无序固溶体相。然而随着多主元合金成分的不断开发，越来越多的多主元合金不符合该规律，如图 1-6 所示。

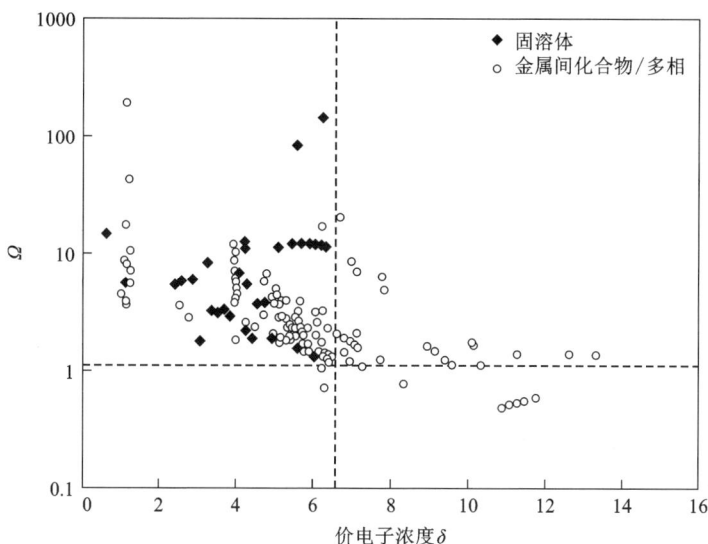

图 1-6　多主元合金的价电子浓度 δ 与参量 Ω 的关系

Yang 等基于多主元合金生成焓与过剩混合熵，又提出了一种新的相形成判据：

$$\varphi = \frac{\Delta S_{\mathrm{conf}} - T_{\mathrm{m}} |H_{\mathrm{a}}|}{|S_{\mathrm{E}}|} \tag{1-2}$$

式中：φ 为无量纲的热力学参量；H_{a} 为合金生成焓；S_{E} 为合金的过剩混合熵。

对目前常见的多主元合金进行分析可知，该判据可较好地预测合金中的相组成，如图 1-7 所示。

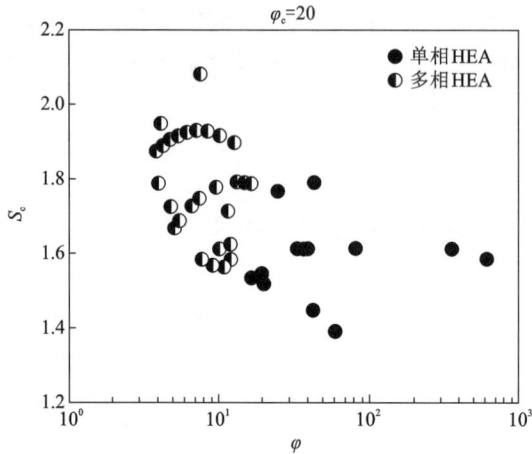

图 1-7 多主元合金的相组成 S_c 与热力学参量 φ 的关系

1.2.2 缓慢扩散效应

多主元合金中的原子扩散速率显著低于传统单主元合金。Yeh 等研究了多主元合金中的空位扩散，发现相比于其他纯金属和不锈钢，多主元合金的扩散系数明显更小。此外，Tsai 等测量了各种元素在 FeCoCrNiMn 合金和传统合金体系中的扩散系数，进一步验证了多主元合金的缓慢扩散效应。通常，合金中的相变需要组元间协同扩散，以达到相分离的平衡态。从扩散动力学角度来说，传统合金中的溶质与溶剂原子可以通过填隙机制扩散，而填隙前后的原子结合能是不变的，因此其具有较稳定的扩散速率。多主元合金中的原子扩散主要是空位扩散机制，由于组元的熔点差异，具有高迁徙率的组元会优先扩散到空位处。但是，多主元合金中不同的原子对具有不同的结合能，如果原子填入空位后造成体系能量降低后，该原子就很难再跳出空位继续扩散；而如果原子填入空位后造成体系能量升高，合金中就很难继续产生新的空位。因此，多主元合金中的原子扩散与相变过程都是比较缓慢的。多主元合金的缓慢扩散效应通常可以造成纳米析出相的形成、相变速率减缓、再结晶温度提高以及热稳定性提高等。但是，Juliusz 等的研究发现，多主元合金中的缓慢扩散效应与组元数量并没有直接关系，而是与组元中的特定元素及结构有关。合金元素在含 Mn 的多主元合金中扩散速度较慢，而在不含 Mn 的多主元合金中仍具有较快的扩散速度，如图 1-8 所示。因此，缓慢扩散并不能作为多主元合金的通用特性，而是组元数量与组元成分共同作用的结果。

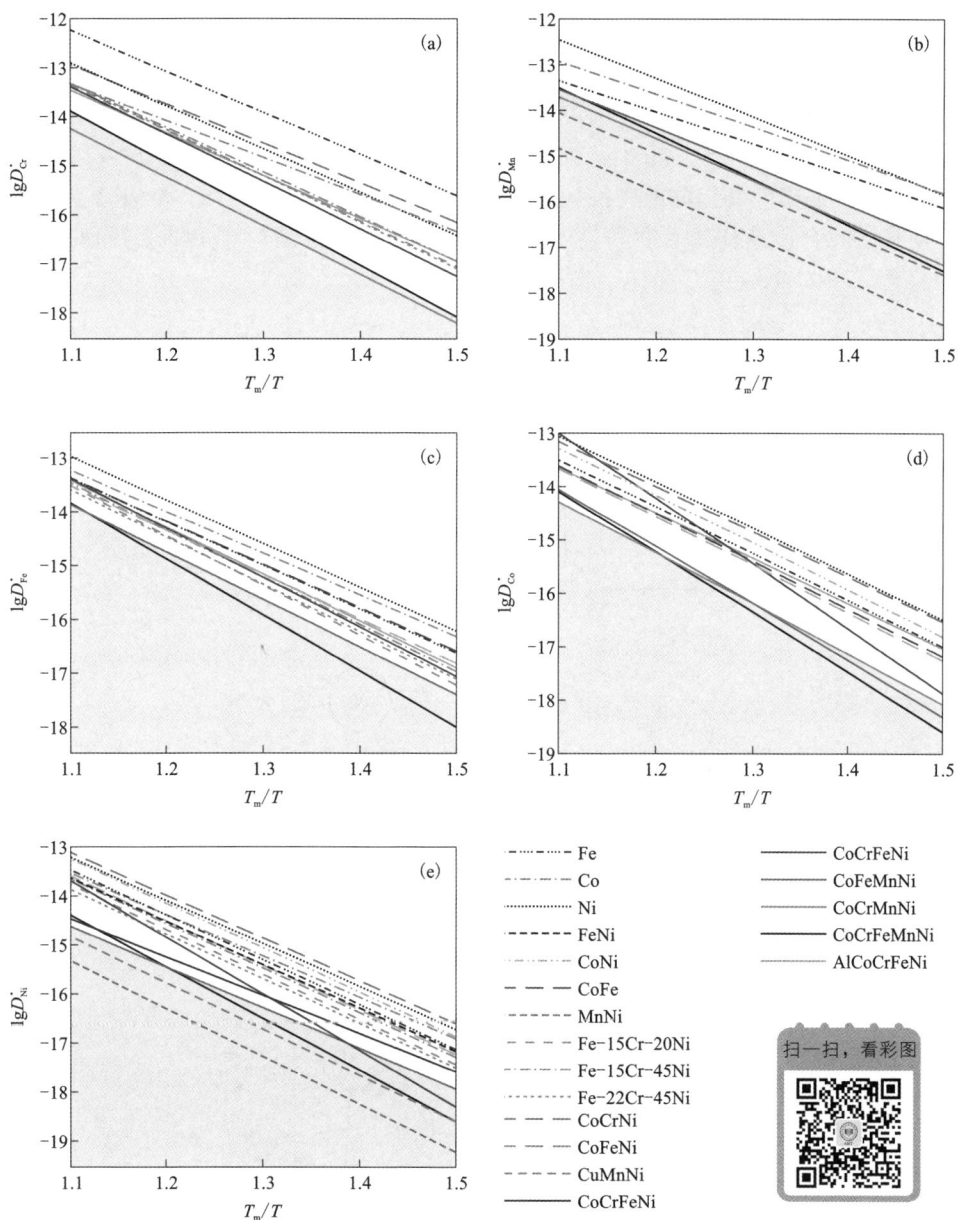

(a)Cr；(b)Mn；(c)Fe；(d)Co；(e)Ni。

图 1-8　不同元素在不同 FCC 结构合金中扩散速度的比较

1.2.3 晶格畸变效应

多主元合金含有多种高浓度元素(主要元素),在形成固溶体的过程中主要元素随机占据晶格点阵,因此各类原子不存在溶质原子和溶剂原子之分,产生显著的固溶强化效应。此外,由于各类元素的原子尺寸不一样,合金的晶格发生严重畸变,这种晶格畸变引起的弹性应力场可以阻碍位错运动。因此,晶格畸变效应可使多主元合金具有高强度和高硬度等优异性能,尤其是对于 BCC 结构的多主元合金。图 1-9 为 BCC 晶体结构的晶格畸变示意图。

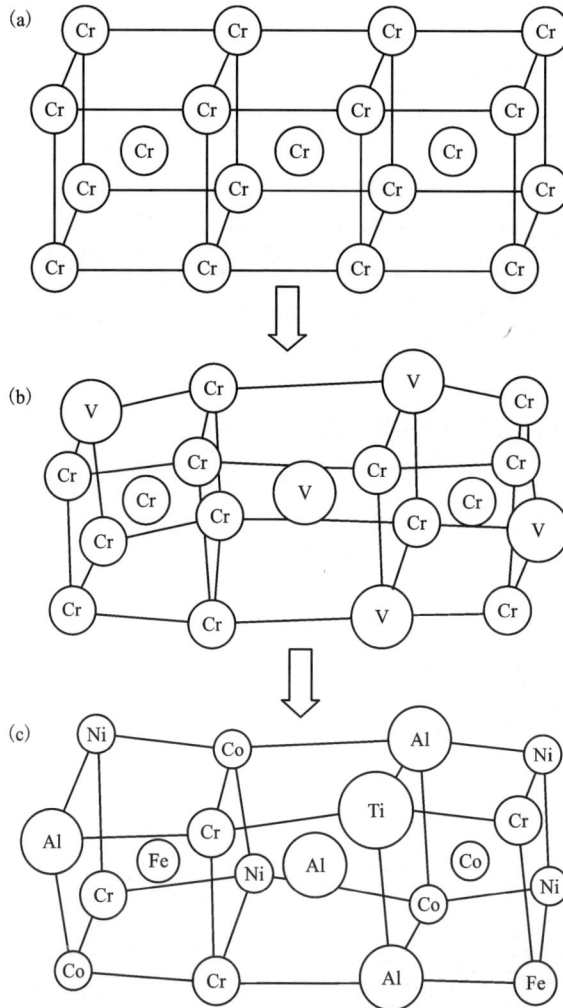

(a)完美晶格(以 Cr 为例);(b)Cr-V 固溶体;(c)AlCoCrNiTi$_{0.5}$高熵合金。

图 1-9　BCC 晶体结构的晶格畸变示意图

图 1-9(a)为单一元素(以 Cr 为例)的晶体结构,其晶格点阵有序且规则;图 1-9(b)为 Cr-V 固溶体的晶体结构,溶质原子 V 通过置换占据了溶剂原子 Cr 的晶格结点,因而合金的晶格有一定程度的扭曲;图 1-9(c)为 AlCoCrNiTi$_{0.5}$ 多主元合金的晶体结构,不同原子半径的各种合金元素使合金的晶格畸变非常严重。Chanho 等的研究表明,多主元合金的高强度主要得益于剧烈的晶格畸变,而晶格畸变主要来源于组元的原子尺寸差异,由此便提出了一种基于 X 射线衍射结果来计算多主元合金晶格畸变的方法,其晶格畸变因子 M^D 的计算公式如下:

$$M^D = 8\pi^2(\bar{u}^D)^2\left(\frac{\sin\theta}{\lambda}\right)^2 \tag{1-3}$$

$$\bar{u}^D = \sqrt{\sum_i^n (d_i^{eff}-\bar{d})^2} \tag{1-4}$$

$$d_i^{eff} = \sum_j^n f_i\left(1+\frac{\Delta V_{ij}}{V_i}\right)^{1/3}d_i \tag{1-5}$$

式中：$\bar{u}^D$ 为本征晶格畸变；θ 及 λ 分别为 X 射线衍射角及波长；d_i^{eff} 为有效晶格常数；$\bar{d}$ 为平均晶格常数；f_i 为原子分数；V_i 为原子体积；ΔV_{ij} 为 i 原子固溶到 j 原子后的体积变化。

通过对晶格畸变的定量计算,可更好地理解多主元合金的固溶强化效应,并有助于新型多主元合金的成分设计。

1.2.4 "鸡尾酒"效应

"鸡尾酒"效应最早由印度科学家 Ranganathan 提出,指各种元素的基本特性以及它们之间的相互作用使得多主元合金呈现出复杂的混合效应。由于组成元素和制备方法的不同,多主元合金可能含有单相、两相或者多相,因此多主元合金的性能受组织结构的综合影响,包括晶粒形貌、晶界、晶粒尺寸分布、相界以及各相性质,而不仅仅是各相性能的简单混合叠加。例如,在铸态 Al$_x$FeCoCrNi 合金中,Al 含量的增加使合金结构由 FCC 相逐渐转变至 BCC 相,从而导致其显微硬度随着 Al 含量的增加呈现递增趋势。

从上述分析可知,多主元合金具有明显区别于传统合金的特征,但也存在一些争议。高熵效应仍是多主元合金的核心特征,合金体系的构型熵对高熵固溶体相的形成以及高温结构的稳定性具有较大影响。随着研究的深入,缓慢扩散效应以及晶格畸变效应方面出现了一些新的观点。部分研究认为,这不应该作为多主元合金的通性,而只是特定成分、特殊结构导致的现象,需要更精细地进行结构表征及性能分析。多主元合金的"鸡尾酒"效应表明,其综合性能并非组元性能的简单叠加,并不符合混合定律,且同一种元素在不同多主元合金体系中所起的作用也不尽相同,合金元素的协同效应及相互作用目前尚未完全明晰。

1.3 制备工艺

多主元合金的制备工艺主要分为三大类。第一类是气相方法,主要包括物理气相沉积、原子层沉积和分子束外延等,目前采用气相方法制备多主元合金的研究较少。第二类是液相方法,包括电弧熔炼、真空感应熔炼等,液相方法是目前制备多主元合金的重要方法。第三类是固相方法,主要指粉末冶金方法,包括多主元合金粉末制备和随后的固结过程,用固相方法制备多主元合金具有其独特的优势。

1.3.1 气相方法

物理气相沉积(PVD)泛指多种真空沉积方法,指在真空条件下,采用物理方法,将材料源——固体或液体表面气化成气态原子、分子,或部分电离成离子,并通过低压气体(或等离子体),在基体表面沉积成具有某种特殊功能的薄膜。物理气相沉积的主要方法有真空蒸镀、溅射镀膜、电弧等离子体镀、离子镀膜,以及分子束外延等。其中,磁控溅射沉积是制备多主元合金薄膜最常用的方法之一,如图 1-10 所示。磁控溅射的工作原理是指电子在电场的作用下,在飞向基片过程中与 Ar 原子发生碰撞,使其电离产生出 Ar 正离子和新的电子。新电子飞向基片,Ar 离子在电场作用下加速飞向阴极靶,并以高能量轰击靶表面,使靶材发生溅射。在溅射粒子中,中性的靶原子或分子沉积在基片上,逐渐形成薄膜。目前,该技术已广泛应用于一系列多主元合金薄膜的制备中。例如,Tsai 等成功合成了 AlMoNbSiTaTiVZr 合金层,并发现其对铜和硅之间的扩散具有阻隔性能;Chang 等通过调整基体偏压、沉积温度和沉积后退火等方法,制备了(AlCrMoSiTi)N 涂

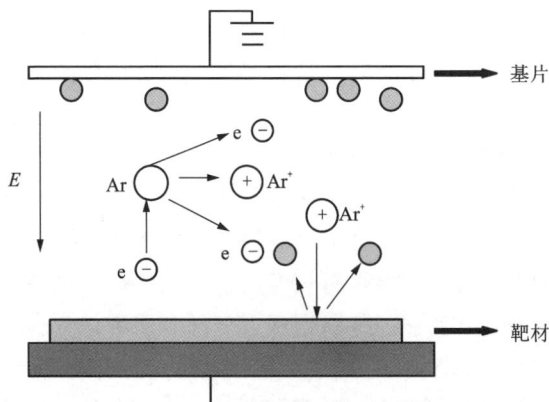

图 1-10 磁控溅射沉积过程示意图

层；Doliqu 等发现 AlCoCrCuFeNi 薄膜具有良好的热稳定性；Cheng 等制备了
(AlCrMoTaTiZr) N 氮化膜，发现其具有很高的硬度，达到了 40.2 GPa。

　　脉冲激光沉积作为另一种薄膜沉积技术，在多元素或复杂化学计量的材料沉
积中得到了应用。图 1-11 为脉冲激光沉积过程示意图。来自真空室的高能激光
束轰击高速旋转的多主元合金靶材，但由于温度很高，从靶材中蒸发的高能物质
(包括原子、离子、电子等)以等离子体羽流的形式沉积在基材表面，形成薄膜。
原子层沉积(ALD)是一种气相化学过程，通过连续的、自限的表面反应来有效控
制沉积材料的原子层和薄膜生长。如图 1-12 所示，传统的 ALD 反应通常是基于
二元反应序列，其中反应的化学物质或气态物质被称为前驱体，薄膜的表面暴露
在这些前驱体上以使其生长。此外，前驱体和材料表面之间的反应是连续进行的
(称为 ALD 循环)，如图 1-12 所示。因此，多主元合金膜的合成，需要进行多个
ALD 循环。

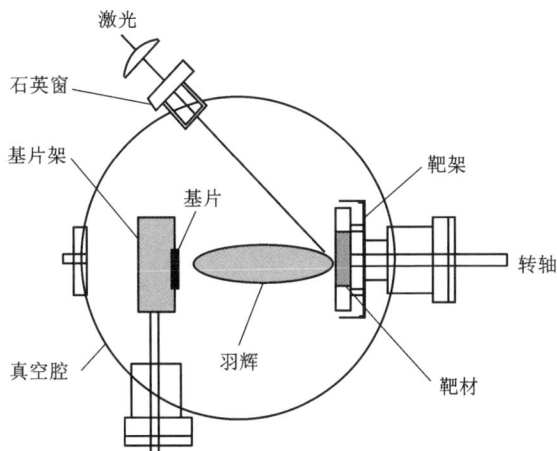

图 1-11　脉冲激光沉积过程示意图

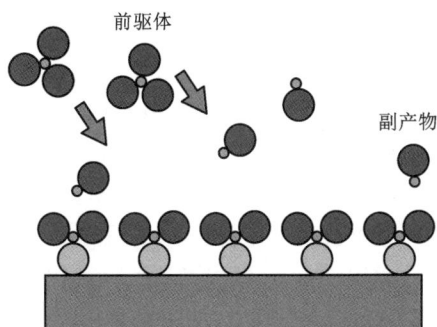

图 1-12　原子层沉积过程的示意图

分子束外延(MBE)技术是一种化合物半导体多层薄膜的物理淀积技术,广泛应用于各种材料的薄膜生长。其基本原理是在超高真空条件下,将组成薄膜的各元素在各自的分子束炉中加热成定向分子束,并使其入射到加热中的衬底上进行薄膜生长(图1-13)。其特点包括:①整个生长过程是在超高真空环境下进行的,避免了杂质的影响,因而能制备出高纯的薄膜;②生长速率低且可控,便于在原子尺度精确控制薄膜的厚度、组分和掺杂量;③生长温度较低,且蒸发源和衬底温度可分别控制,可减少成长过程中产生的热缺陷和与衬底的反应;④可以利用反射式高能电子衍射对样品生长过程进行原位实时监控。由于超高真空的制备环境和非常低的沉积速率,生长出来的膜可以实现高的纯度,例如沉积单晶。因此,MBE技术可以用于制备具有单晶状态的多主元合金薄膜。

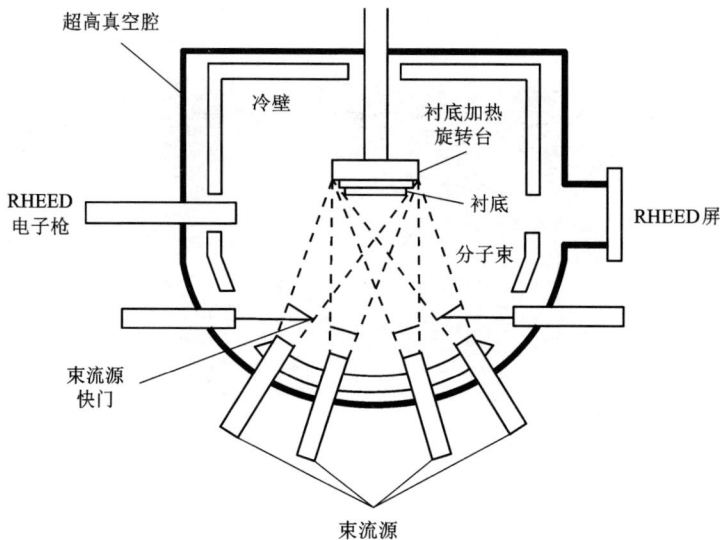

图1-13 分子束外延加工示意图

1.3.2 液相方法

电弧熔炼是目前制备多主元合金最常用的方法之一,具有工艺流程短、操作简便的特点。通过将各组元母坯锭置于水冷铜坩埚中,在电弧作用下熔化成液态,然后加电磁搅拌将熔融液体混合均匀,冷却后即得到多主元合金锭。为了保证合金的成分均匀性,通常需要反复熔炼5~8次。另一种冷却形式是在最后一次熔炼后,通过铜坩埚底部的预制引流孔将熔融金属液引至冷却铜模中,得到圆棒样或者长条样铸锭,称之为吸铸。电弧熔炼及吸铸过程如图1-14所示。研究表明,通过吸铸制备的多主元合金由于冷却速率快、成分偏析程度小,通常具有良好的成分均匀性和拉伸塑性。采用电弧熔炼制备多主元合金的主要优势是流程短。但是，由于电弧熔炼方法使用钨电极，电弧温度有限，在制备一些含难熔元素(如 W、Ta 等)的多主元合金时，难以将难熔元素熔化并混合均匀，因此用该工艺制备多主元难熔合金时存在严重成分偏析问题。图 1-15 所示为电弧熔炼制备 WMoTaNb 多主元合金，其中高熔点 W 元素主要偏聚在枝晶内，而低熔点 V 元素主要偏聚在枝晶间隙。此外，电弧熔炼制备含低蒸气压元素(如 Mn、Zn 等)的多主元合金时，由于该类元素在反复熔炼过程中易挥发，导致所制备合金成分出现偏差，且挥发物质在冷却过程易沉积到设备内壁，对熔炼设备造成一定损伤，因此该工艺也不适合制备含大量低蒸气压元素(如 Mn、Zn 等)的多主元合金。

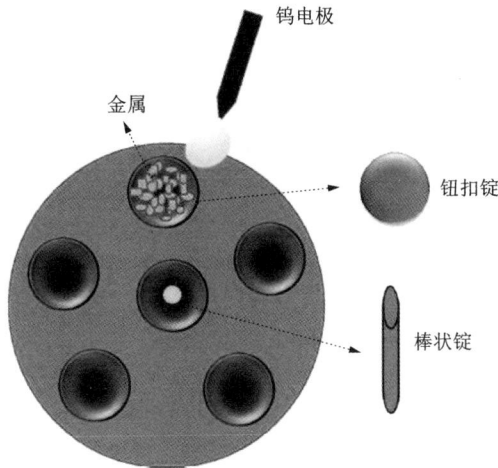

图 1-14　电弧熔炼示意图

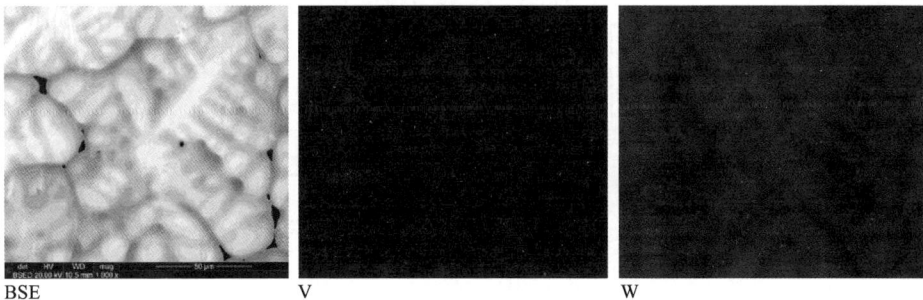

图 1-15　电弧熔炼制备的 WMoTaNb 多主元合金组织及成分分布

　　真空感应熔炼是制备大尺寸多主元合金的主要方法。原料金属锭在电磁感应过程中会产生涡电流，使金属熔化并形成多主元合金。由于其加热方式较电弧熔炼更加均匀，因此无需多次反复熔炼，适合制备尺寸较大的多主元合金铸锭。对于铸锭质量要求很高的多主元材料，则可采用真空感应熔炼与真空电弧重熔双联冶炼工艺。采用双联工艺冶炼出的锭子成分控制精确、杂质含量低、夹杂少且具有良好的铸锭组织，有效改善了材料加工性能。但是，目前常见的真空感应熔炼设备极限熔炼温度有限，额定最高温度常为 2600 ℃，实际熔炼时最高温通常为 2000 ℃ 左右，因此在制备一些多主元难熔合金时也存在困难。

定向凝固技术是改善多主元合金组织取向生长的有效手段。定向凝固是在凝固过程中采用强制手段，在未凝固金属熔体中建立起沿特定方向的温度梯度，从而使熔体在气壁上形核后沿着与热流相反的方向，按要求的结晶取向进行凝固的技术。图 1-16 为定向凝固装置示意图，首先用普通铸造方法将目标合金铸成母合金，然后将母合金破碎成块，放置在氧化铝坩埚中，最后通过适当的加热及保温(感应加热)，使合金完全熔化。随后，再进行定向凝固处理，其抽拉速率通常设定为 5~2000 μm/s，温度梯度一般为 50 ℃/mm。采用合适的定向凝固技术，能够得到单晶、柱状晶等具有良好取向的多主元合金。

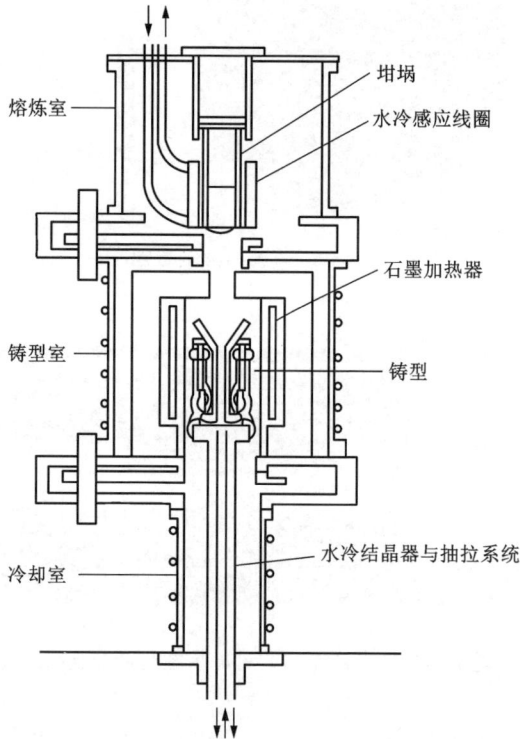

熔炼室
坩埚
水冷感应线圈
石墨加热器
铸型室
铸型
冷却室
水冷结晶器与抽拉系统

图 1-16　定向凝固装置示意图

1.3.3　固相方法

采用固相方法制备多主元合金主要指的是粉末冶金工艺,包括粉末制备过程与粉末致密化过程。粉末制备方法包括机械合金化、气雾化、旋转电极雾化等工艺(重点在第 2 章介绍),粉末致密化方法包括放电等离子烧结、热压烧结、热等静压烧结等工艺(重点在第 3 章介绍)。其中,机械合金化是一种典型的固相合金化工艺。几乎任何金属材料都可以用这种方法生产,包括塑性金属合金、脆性金属间化合物和复合材料。机械合金化通常是在室温或低温下,将机械能转化成化学能进行材料合成的,可以制备非平衡态以及纳米晶合金。本书第 2 章将详细介绍该工艺的技术原理及其在制备多主元合金中的应用,因此这里只简单介绍机械合金化在多主元合金制备中的实例。

机械合金化制备的多主元合金固溶体早期是由 Murty 报道的,包括 AlFeTiCrZnCu、CuNiCoZnAlTi、FeNiMnAlCrCo 和 NiFeCrCoMnW 成分体系等原子合金粉末。经测定,这些合金体系均以 BCC 或 FCC 相为主要相,且在 800 ℃退火 1 h 后,相结构保持不变。随后,Chen 等基于 CuNiAlCoCrFeTiMo 体系,通过机械合金化研究了 2 元至 8 元粉末的合金化行为,发现 2 元和 3 元合金分别形成 FCC 相或 BCC 相;4 元至 8 元合金首先形成 FCC 固溶体,经长时间研磨后,转变为非晶态结构。Zhang 等球磨了等原子的 AlCoCrCuFeNi 合金,获得了具有 BCC(主要相)和 FCC(次要相)结构的固溶体,经研究发现,其粉末晶粒尺寸达到纳米级,约为 7 nm;在 600 ℃下退火后,得到 BCC 相和 FCC 相;在 1000 ℃退火后,获得的相组织与熔炼铸造得到的合金类似。

1.4　应用领域

多主元合金已展现出优异的力学性能、高温稳定性、抗辐照性能、耐腐蚀性能、电磁性能等,因而具有非常广阔的应用前景,如图 1-17 所示。其潜在的应用领域包括模具与刀具、电子元器件、发动机、耐磨涂层、高频交流材料、核结构材料、光传输材料、生物医用材料、热阻隔材料、储氢材料、船舶与海洋工程材料、化工材料、耐腐蚀材料、耐磨材料、热电材料、超导材料和电磁材料等。

1.4.1　结构材料领域

1. 高温合金

多主元难熔合金以高熔点元素(广义上熔点高于 1650 ℃)为主要构成元素,其高温力学性能已超越传统的高温合金。MoNbTaW 和 MoNbTaVW 是最早报道的两种多主元难熔合金。这两种合金都为简单的体心立方结构,具有明显的固溶强

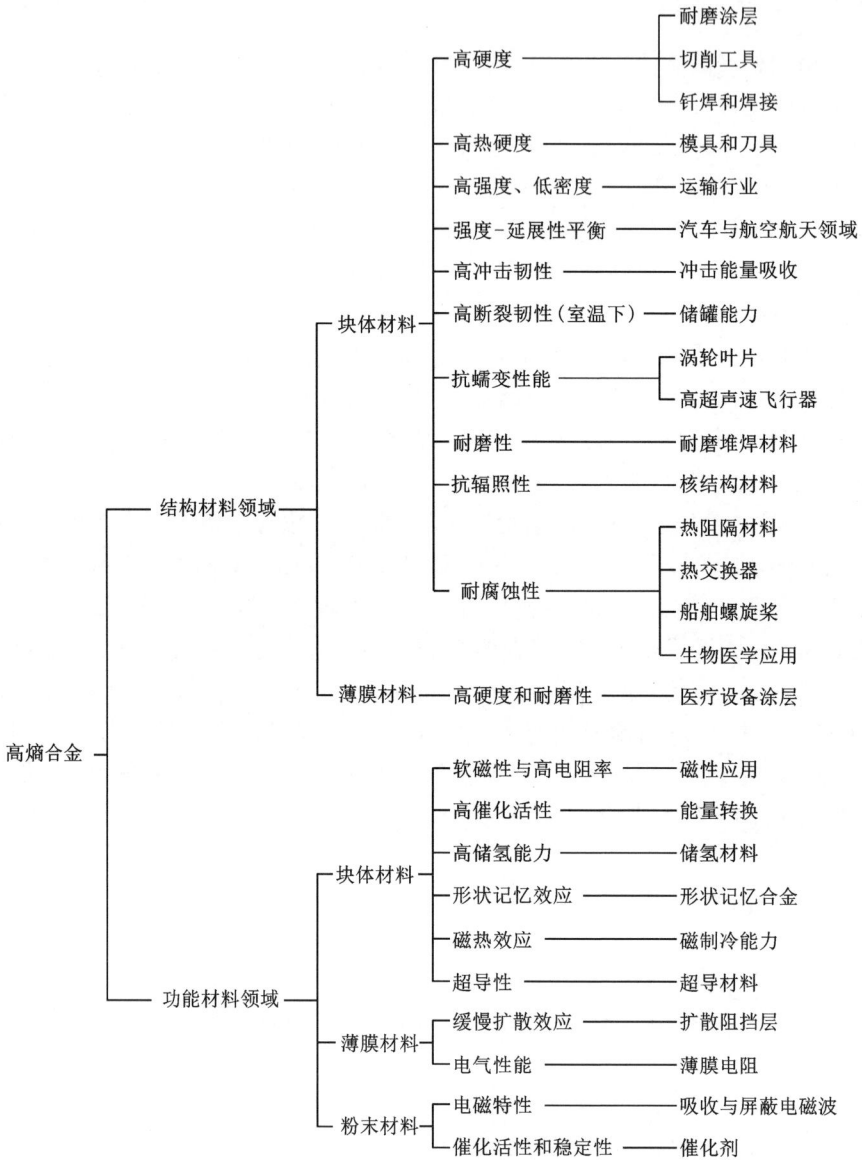

图 1-17　多主元合金结构和功能方面应用树状图

化效应,在 1600 ℃高温下分别保持 405 MPa 和 477 MPa 的屈服强度,但室温脆性较强大。Senkov 等报道的 HfNbTaTiZr 多主元难熔合金的高温屈服强度略低于前两种多主元难熔合金,但具有更加优异的室温塑性和高的应变硬化率。大多数无序 BCC 合金和有序 BCC(B2 型)金属间相为脆性,而这种合金表现出优异的室温塑性和良好的高温强度。良好的耐高温性能和较高的抗压强度使得多主元合金可用作焊接材料、涡轮叶片、热交换器及高温炉的耐热材料。

2. 模具与切削刀具

传统的高速钢硬度高，但塑性和韧性较差，作为切削刀具时容易出现折断现象，而多主元合金能够同时具备多种优异性能，有望用于制造对材料性能要求较高的模具和刀具。当前，生产塑料模和挤压模的普通模具钢正逐渐被多主元合金替代。近年来，CoCrFeNiW 系列多主元合金在工业上变得非常有吸引力，有望取代 Co 作为硬质合金(WC-Co)的黏结相。研究表明，CoCrNiFe 用于生产切削刀具时，在车削试验中表现出比 WC-Co 更好的性能，具有高的抗塑性变形能力。与纯 Co 黏结剂相比，多主元合金在成分、组织与性能上的调控空间也更大。

3. 耐磨材料

在农业机械、采矿工具、汽车工业、罐头工业、可再生能源部门、风力涡轮机叶片以及其他各种应用中，零件都需要耐磨涂层来延长使用寿命。目前，轻质多主元合金、颗粒强化多主元合金与多主元难熔合金都表现出优异的耐磨性能。例如，钛及其合金由于优异的性能，在海洋、航空航天、生物医学、化工等领域得到了广泛的应用。然而，其在室温和高温条件下耐磨性差，经常发生失效，显著缩短了零件的使用寿命。使用激光表面处理钛合金时，制作多主元合金涂层是一种可行的解决方案，能满足复杂的使用环境。Li 等通过激光熔覆方法制备了 CoCrFeVTiNi 基多主元合金，发现因 Ti 的添加生成的 $(Co, Ni)Ti_2$ 塑性相与 BCC 硬质相的耐磨性能显著增强，且磨损率远低于 TC4 钛合金。

1.4.2　功能材料领域

1. 催化剂

开发高活性、高稳定的催化剂对清洁能源的转化具有重要意义，但目前仍存在很大的发展空间与挑战。近年来，一些多主元合金材料因催化活性高、产物选择性好、耐久性好等优点而受到广泛关注。多主元合金在一些重要的催化转化反应中已展现了优异的性能，包括析氢反应(HER)、氧还原反应(ORR)、析氧反应(OER)、CO_2 还原反应(CO_2RR)和氨分解反应(NH_3)等，在能量转换应用中具有重要潜力。例如，Li 等合成的均匀超细 PtNiFeCoCu 非等原子多主元合金，对析氢反应和甲醇氧化反应表现出优异的电催化性能。

2. 储氢材料

氢作为一种燃烧后只生成水的清洁能源，在很多领域有望取代传统的化石能源，然而其对储存的要求较高。金属氢化物固态储氢具有结构紧凑、安全可靠等优点，而多主元合金为储氢材料的设计提供了更大的空间。例如，TiZrCrMnFeNi、CoFeMnTiVZr 与 ZrTiVNiCrFe 等与氢反应后具有 laves 相结构的多主元合金氢化物，在室温下就可以吸附氢，并形成氢-金属比约为 1 的结构。BCC 结构多主元难熔合金（如 TiZrNbHfTa、HfNbTiVZr 与 TiVZrNbTa 等），也具有很高的氢吸收率，然而其密度相对较高。适当增加 Mg 等轻质吸氢元素的比例，有望达到更好的氢吸收率与材料比重的平衡。

3. 磁材料

软磁性及高电阻率也是多主元合金的特性之一，因此多主元合金在高频通信器件方面也具有很大的应用潜力，可以替代其他材料用以制作高频变压器，马达的磁心、磁头、磁盘以及高频软磁薄膜等。与传统的磁性合金相比，磁性多主元合金提供了设计性能平衡材料的新途径，除了具备优异的磁性能以外，可以同时提供良好的力学性能与耐腐蚀性能等。在单相多主元合金中，磁畴壁在磁场作用下可以平滑移动。多主元合金的电阻率高，可以有效降低涡流损耗。目前，磁性多主元合金使用的主要元素为 Fe、Co、Ni，同时还可添加 Si、Al、B、Mn、Cr 等元素来调控其综合性能。

磁性多主元合金可能取代一些传统的磁性合金，然而，巨大的成分选择空间使得传统的制备方法无法有效筛选新的磁性多主元合金。因此，高通量筛选技术可以用来识别有潜力的新合金，而增材制造、CALPHAD 和机器学习方法可以加速合金的发现与开发。

4. 抗辐照材料

随着先进核反应堆的发展，人们对材料在高温力学性能、高温组织稳定性、抗辐照等性能上的要求也不断提高。传统的单主元合金中原子扩散速度快，空位、位错环等缺陷的结合能相对较高，辐照后易形成较多的缺陷。而多主元合金作为新发展出来的固溶体合金，因其结构上的晶格畸变效应、动力学上的缓慢扩散效应和性能上的"鸡尾酒"效应，可以有效抑制辐照缺陷的形成，或促进辐照缺陷的修复，已在抗辐照领域展现了良好的应用前景。Lu 等对比了 773 K 温度 Ni^{2+} 辐照下 NiFe、NiCoFe、NiCoFeCr 与 NiCoFeCrMn 单相固溶体合金的辐照析出行为，发现在位错环附近观察到了 Ni、Co 元素的富集和 Fe、Cr 元素的贫乏，但随着主元数增大，元素的偏离程度逐渐减小，而在 NiCoFeCrMn 多主元合金中未观察到位错环附近的元素偏离现象，如图 1-18 所示。

低活化富钨多主元合金在高温、高热负载、强辐照等极端环境下具有显著优势，是一种非常有潜力的新型核能材料。采用多主元合金的设计思想时，富钨合金室温塑性差、再结晶温度低、循环热负载下表面易开裂等缺点也可得到有效改善。

除此之外，在很多其他领域，例如电热材料、超导体、IC 扩散阻绝层等工业领域，多主元合金也具有广阔的发展前景。多主元合金是一个不同于传统合金的新合金，其显现出与传统合金不同的特性，具有很高的研究价值和开发应用前

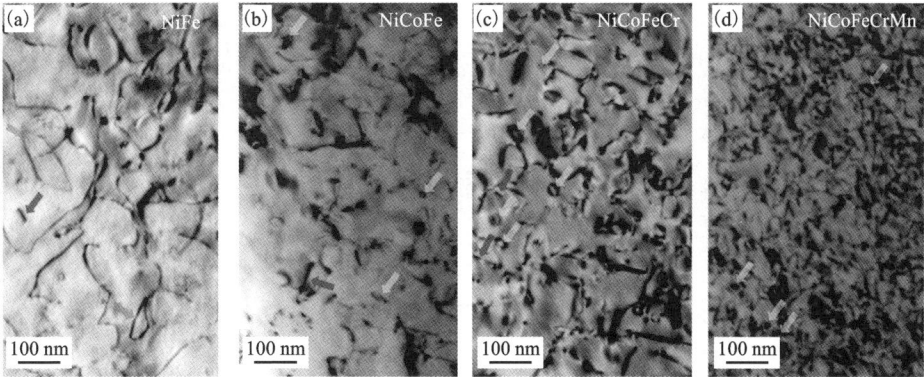

图 1-18　NiFe、NiCoFe、NiCoFeCr 与 NiCoFeCrMn 单相固溶体合金位错环附近元素分布图

景。但目前，还需进一步研究多主元合金的微观结构，以便对其进行相图、热力学分析，以及测定其物理、化学及力学性能，从而建立科学的成分设计、熔炼铸造、凝固结晶、压力加工与粉末冶金理论等。随着对多主元合金研究的深入，多主元合金的应用范围会越来越广，其对相关领域发展的推动作用也会越来越大。

第 2 章
多主元合金粉末的制备

2.1 机械合金化(MA)

2.1.1 技术原理

机械合金化(mechanical alloying, MA)是指金属或合金粉末在高能球磨机中通过粉末颗粒与磨球之间长时间激烈地冲击、碰撞，使粉末颗粒反复产生冷焊、断裂，促进粉末颗粒中原子扩散，从而获得合金化效果的一种粉末合成技术，其原理如图 2-1 所示。机械合金化粉末并非像金属或合金熔铸后形成的合金材料那样，各组元之间充分达到原子间结合，形成均匀的固溶体或化合物。在大多数情况下，在有限的球磨时间内，其仅仅使各组元在粉末接触的点、线和面上达到或趋近原子级距离，并且最终得到的只是各组元分布十分均匀的混合物或复合物。当球磨时间非常长时，在某些体系中，也可通过固态扩散使各组元达到原子间结合，从而形成合金或化合物。机械合金化技术最早是国际镍公司的本杰明(Benjamin)等于 1969 年研制出来的粉末混合技术。这种技术最初被称为"球磨混合"，但是国际镍公司在第一个专利申请中将此种技术称为"机械合金化"，故该名称一直沿用至今。机械合金化技术已被广泛应用于制备各种先进材料，包括平衡相、非平衡相和复合材料。

高能球磨是实现 MA 的主要方法。图 2-2 给出了两种金属粉末在球磨中实现合金化的过程。粉末在钢球的碰撞下发生严重的变形，并冷焊合形成层片结构。随球磨碰撞的不断进行，层片结构愈加细化。变形引入的大量的晶体缺陷和冷焊引入的大量界面的存在，以及球磨碰撞引起的温升，使得组元的扩散能力极大地增强，再通过层片间界面发生互扩散，或产出相变，以此形成具有非晶相、准晶相或纳米晶的合金、金属间化合物、亚稳相和过饱和固溶体等。

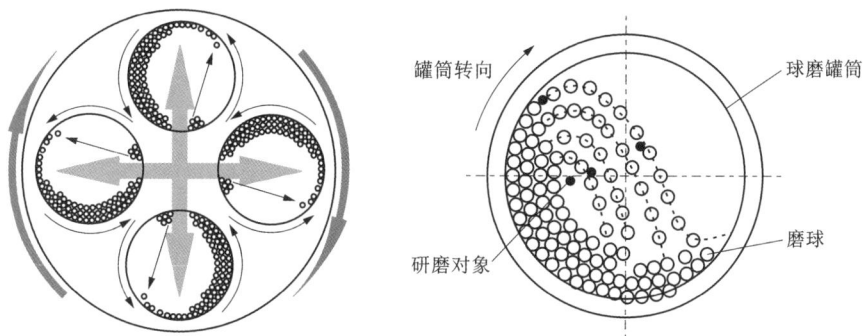

图 2-1　机械合金化装置及球的运动示意图

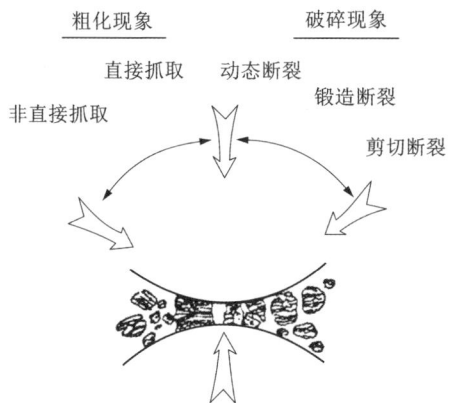

图 2-2　两种金属粉末在球磨中实现合金化的过程

机械合金化分干磨和湿磨两种，其中湿磨需要加入过程控制剂，常见的控制剂有甲苯、正庚烷、十二烷、乙醇、甲醇、环己烷和硬脂酸等。机械合金化工艺最早是用于制造氧化物弥散强化合金，现已成功应用于制备各种合金、陶瓷和复合材料。通过对球磨参数的控制，如球料比、球磨时间、球磨转速等，可以获得不同显微组织和性能的合金。机械合金化不仅能够促使粉末达到合金化，还能因为组分的细化，增强扩散速率，提高不相溶合金体系的固溶度。因此，机械合金化一方面可以增强合金的构形熵，同时还可以提高合金稳定性。机械合金化制备合金粉末的优势在于适用性广，不同熔点、活性、成分的元素均可以通过球磨实现合金化，尤其适合制备多主元合金粉末。其缺点主要有：一是球磨时间较长，且单次球磨粉末量较少，导致生产效率偏低；二是粉末与磨球和罐体长时间研磨、碰撞，容易引入各种杂质元素。

2.1.2　MA 制备多主元合金粉末的性能

2008 年，印度学者 Varalakshmi 等率先采用 MA 法制备出了六元等原子比的 AlFeTiCrZnCu 合金粉末。目前对机械合金化多主元合金的研究主要集中在球磨参数对粉末合金化程度、相结构及微观组织的影响。Salem 等使用不同参数制备 AlCoCuNiZn 多主元合金粉末，结果发现当使用的球磨介质直径为 20 mm、转速为 300 r/min 时，即使经过 50 h 的球磨，粉末也没有完全合金化；将转速调整为 350 r/min，经过一段时间的球磨后，可获得 FCC 单相固溶体。影响粉末合金化程度的因素主要是球磨过程中产生的能量大小，改变球磨参数可以有效地控制球磨能量。

不同球磨介质对合金相结构产生影响。在对 CoCrFeMnNi 粉末进行球磨时，若是使用 WC 材质作为球磨罐体和球磨介质，粉末合金化后为单相 FCC 结构；而使用不锈钢球磨介质时，将会出现少量的 BCC 相。这是因为不锈钢介质在球磨时，掺入过量的 Cr 元素，会使粉末受到污染。球磨时间的延长会使粉末合金化更均匀，但同时也增加了粉末受到污染的可能性。因此，有研究借助机械合金化工艺对粉末只进行短时间研磨，随后对粉末进行退火或固结以实现合金化。下面将结合具体实例介绍机械合金化在多主元合金粉末制备方面的应用。

1. FeCoCrNiMn 多主元合金粉末

按照合金成分配比各合金元素粉末，然后将其混合均匀，再置于 QM-QX4L 型行星式球磨机中进行球磨。采用真空不锈钢罐和三种不同直径尺寸（ϕ5 mm、ϕ10 mm、ϕ15 mm）的小钢球，球料比为 15：1，球磨转速设为 250 r/min。球磨开始前，对不锈钢罐内进行抽真空，随后充入高纯氢气（99.99%，0.5 MPa）作为保护气氛。球磨期间，加入正庚烷作为过程控制剂（PCA），不仅可以减小金属粉末发生冷焊作用，也可避免金属粉末被氧化。在不同的球磨时间分别取出少量的合金粉末用于相关表征测试，取粉过程需在充满高纯氢气的真空手套箱中进行，以减少合金粉末被氧化与污染，并防止因粉末自燃导致的安全事故。

从图 2-3 可以看出，原始的合金粉末形状、大小各不相同，但其颗粒大小均不超过 45 μm（325 目）。当球磨 5 h 后，部分合金粉末因为冷焊作用而发生团聚现象，使其颗粒的尺寸明显增加。当球磨 10 h 后，大部分发生团聚的粉末因相互碰撞而破碎成更小的颗粒。当球磨时间进一步延长后(20 h，30 h)，合金粉末不断发生碰撞、变形、冷焊合、破碎以后再冷焊合的循环往复过程，但合金粉末的颗粒尺寸总体上逐渐变小，同时该过程有利于不同合金元素之间的扩散以及合金化。当球磨时间达到 45 h 后，合金粉末在冷焊合、破碎以及再冷焊合的循环过程中达到一个平衡点，颗粒的形貌为不规则的近椭圆形，尺寸均不大于 30 μm，且主要为 10~20 μm。

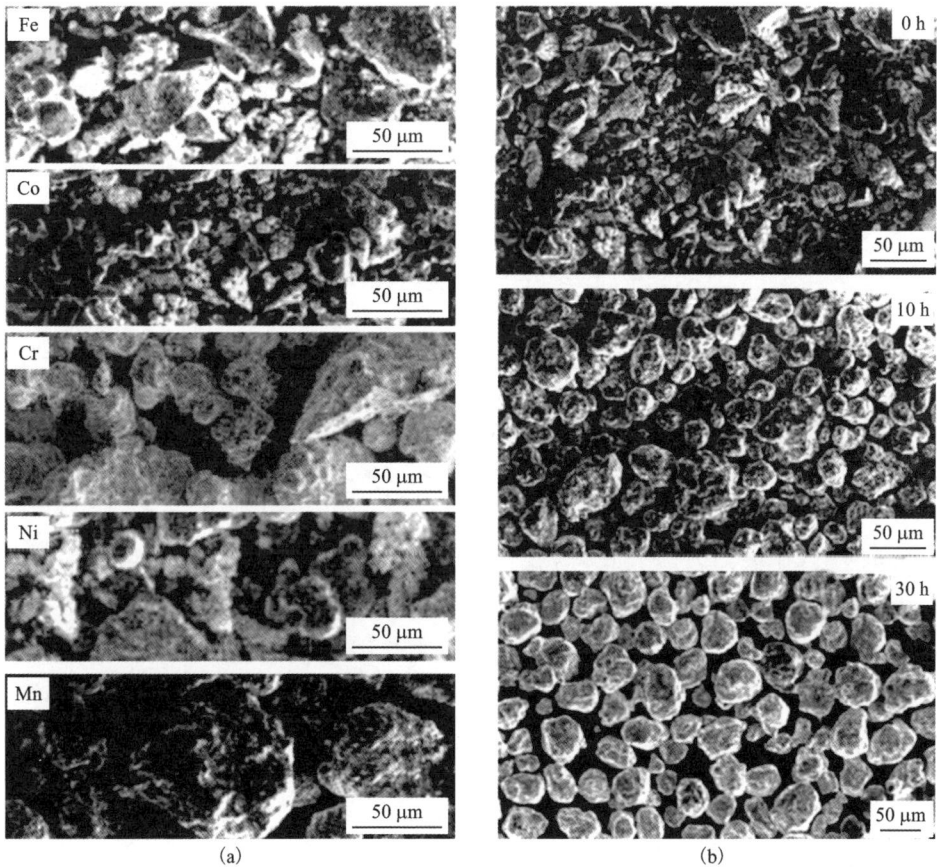

（a）原料粉末形貌；（b）球磨不同时间后的粉末形貌。

图 2-3　机械合金化制备 FeCoCrNiMn 合金粉末

图 2-4 为不同球磨时间下 FeCoCrNiMn 多主元合金粉末的 XRD 图谱。可以看出，在原始混合粉末的 XRD 衍射图谱上，都可以找到对应于各个元素的衍射峰。当球磨 5 h 后，各个主要元素衍射峰的强度大都急剧减弱甚至消失，而且某些衍射峰还发生了宽化，这表明合金粉末中已经形成了固溶体。当球磨 10 h 后，衍射峰的强度进一步降低。当球磨达到 20 h 后，衍射峰的强度稍微降低且宽度也略微变大，同时各个元素的衍射峰基本消失，这表明合金粉末中已经基本完成合金化。为了细化固溶体相的晶粒以及更加充分合金化，可延长球磨时间至 45 h。根据 XRD 图谱分析，球磨 45 h 后，形成的固溶体为简单 FCC 结构。另外，还有研究表明，多主元合金体系中不同合金元素的机械合金化顺序与其元素熔点的高低具有关联性，如合金中元素的熔点越低，则越容易发生合金化。

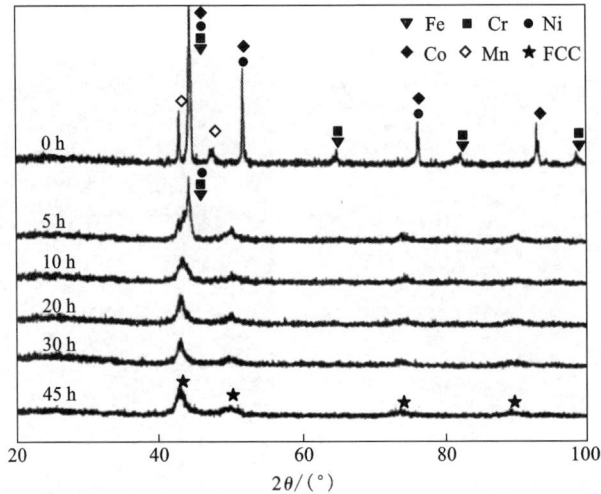

图 2-4 机械合金化制备 FeCoCrNiMn 合金粉末 XRD 图谱

表 2-1 是根据 XRD 图谱分析以及 Scherrer 公式得到的不同球磨时间下 FeCoCrNiMn 多主元合金粉末中 FCC 相晶粒尺寸与晶格常数。由于 Scherrer 公式未考虑晶内的位错、孪晶等缺陷造成的线性宽化和线性不对称等因素，因此计算值与实际值存在偏差，但其还是能定性反映变化趋势。从表 2-1 可以看出，随着球磨时间的增加，合金粉末的晶粒尺寸逐渐减小，晶格常数逐渐增加，从而导致衍射峰发生宽化（图 2-4）。经球磨 45 h 后，晶粒尺寸和晶格常数分别达到 11.4 nm 和 3.616Å，其中晶格常数变化的原因主要是不同组元 Fe、Co、Cr、Ni、Mn 之间存在的原子尺寸差异、晶粒细化、剧烈形变以及高的位错密度等。此外，在机械合金化过程中，随着多主元合金粉末的晶粒尺寸不断细化到纳米级别，晶界体积分数逐渐增加，组元间相互扩散的情况不断增加，固溶体的晶格畸

变加重，从而在晶界区域集聚高能量，推动了固溶过程，直至形成过饱和固溶体。

表 2-1　不同球磨时间下 FeCoCrNiMn 多主元合金粉末中 FCC 相晶粒尺寸与晶格常数

球磨时间/h	晶粒尺寸/nm	晶格常数/Å
5	16.5	3.585
10	15.1	3.597
20	13.9	3.604
30	12.9	3.608
45	11.4	3.616

2. Al_xFeCoCrNi 系多主元合金粉末

采用 Al、Fe、Ni、Co、Cr 高纯粉末为原料，粉末粒度不大于 45 μm。将混合均匀后的粉末置于球磨机的不锈钢罐中，球料比为 10:1，采用直径为 5 mm 和直径为 10 mm 的硬质合金球作为球磨介质。球磨装置采用 QM-3SP4 型行星式球磨机，转速为 300 r/min。在球磨开始前，对装好粉末的不锈钢球磨罐抽真空，并充入高纯氩气保护。粉末在不锈钢球磨罐干磨 45 h 后，加入酒精进行 5 h 湿磨；之后，再分别在不同球磨时间取出少量粉末进行表征测试。

图 2-5 为 Al_xFeCoCrNi 系多主元合金粉末在不同时间下的 XRD 图谱。由图可以看出，经过 5 h 的球磨后，各主要元素的衍射峰强度急剧减弱，$Al_{0.25}$FeCoCrNi 和 AlFeCoCrNi 中 Al 元素对应的衍射峰基本消失。球磨到 15 h，Co 元素的衍射峰完全消失，Ni、Fe 和 Cr 元素衍射峰强度继续减弱。但在球磨 15 h 的 XRD 图谱上仍可以检测到微弱 Co 峰的存在。球磨 30 h 时，已找不到各元素对应的衍射峰，表明合金已基本合金化，形成了具有 BCC 结构和 FCC 结构的固溶体。而四元的 FeNiCoCr 合金粉末在球磨 30 h 后，仍存在少量的 Ni、Fe 和 Cr，直到球磨 45 h，才完全合金化，同时，还检测到了少量 WC 的存在，说明合金在长时间的球磨过程中受到硬质合金球的污染。已完全合金化的 $Al_{0.25}$FeCoCrNi～AlFeCoCrNi 合金粉末继续球磨 5 h 后，可以看到衍射峰变宽，说明晶粒尺寸在进一步细化。最后，采用酒精作为过程控制剂对合金粉末继续湿磨 5 h，各衍射峰宽度和强度都略有增加，这是由于湿磨后粉末粒度变小，晶格应变增大，导致各晶面衍射强度均增强。值得注意的是，FeNiCoCr 和 $Al_{0.25}$FeCoCrNi 形成的是以 FCC 相为主相、BCC 相为次相的双相合金粉末，而 $Al_{0.5}$FeCoCrNi～AlFeCoCrNi 合金粉末则是以 BCC 相为主相、FCC 相为次相，且随着 Al 元素含量的增加，球磨后合金粉末形成 FCC 固溶体所占的体积分数呈下降趋势。这说明 Al 元素的增加

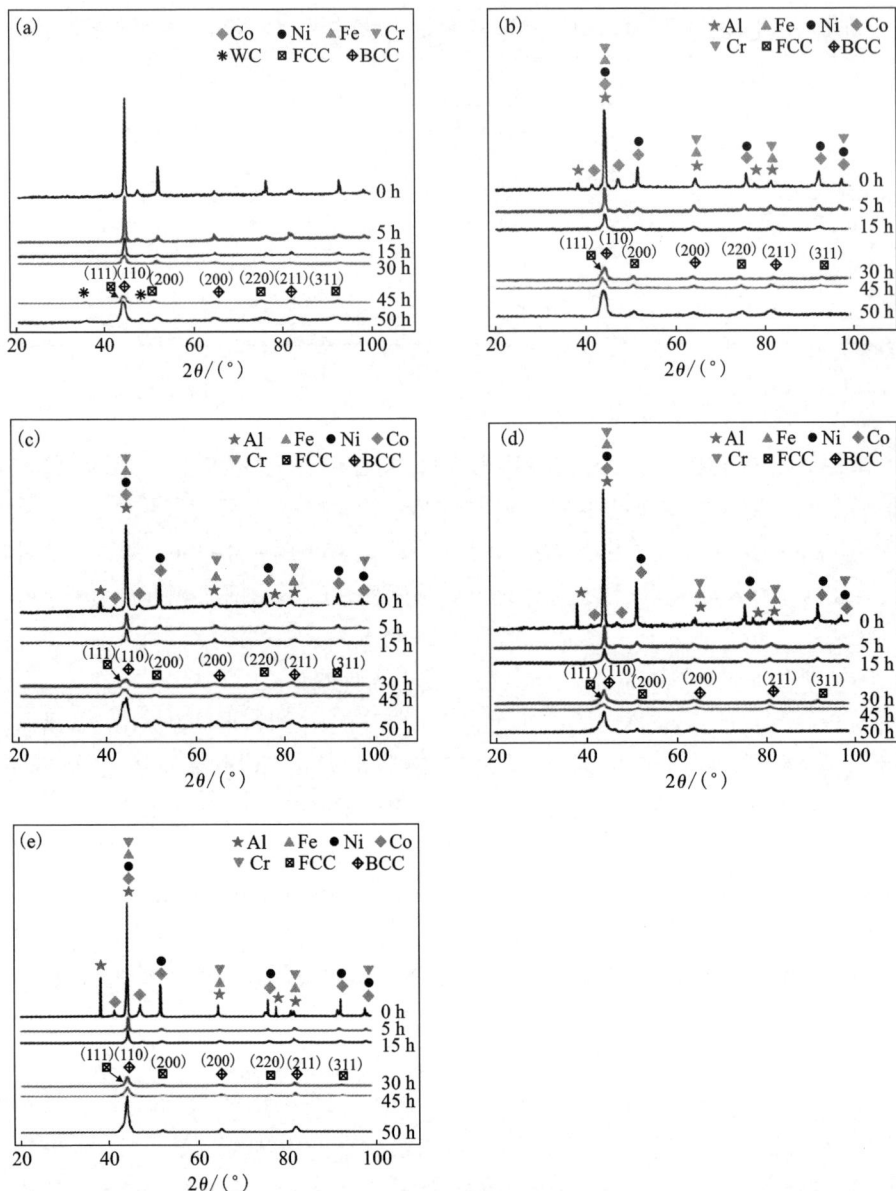

(a)$x=0$；（b）$x=0.25$；（c）$x=0.5$；（d）$x=0.75$；（e）$x=1$。

图 2-5　Al$_x$FeCoCrNi 系多主元合金粉末在不同球磨时间下的 XRD 图谱

不利于 FCC 固溶体的形成,而有利于 BCC 固溶体的形成。总体上,Al$_x$FeCoCrNi 系多主元合金中各元素的合金化顺序依次是 Al、Co、Ni、Fe、Cr。这与 Chen 等的研究结果相吻合,即多主元合金中元素合金化的速率与其熔点呈负相关关系,合金元素熔点越低,合金化速度越高。这是由于低熔点的元素具有较高的本征扩散系数,使其更快固溶到新的晶体结构里面。另外,当元素熔点接近时,比如 Co 和 Ni,其合金化速率由其塑性决定,即在球磨过程中,塑性较差的合金元素 Co(HCP 结构)比塑性较好的合金元素 Ni(FCC 结构)更易被破碎细化,进而有利于合金化。

3. NbMoTaW 多主元难熔合金粉末

以 Nb、Mo、Ta、W 的高纯度粉末(质量分数为 99.9%)为原料,各元素粉末初始粒径约为 37 μm。按等摩尔原子比元素粉末来配比,同时采用 1%(质量分数)硬脂酸作为过程控制剂。采用行星式球磨机对混合均匀的 NbMoTaW 粉末进行球磨,球磨罐和磨球材质均为 304 不锈钢,球磨转速为 400 r/min,球料比为 20∶1。为防止球磨过程中粉末发生氧化,将球磨罐抽真空,并充入纯度为 99.99% 的氩气。

粉末经过不同球磨时间的 XRD 图谱如图 2-6 所示。原始粉末中 Nb、Ta、Mo 和 W 元素的低角度衍射峰几乎重叠在一起,无法分辨,但可以分辨出各元素的高角度衍射峰。球磨 6 h 时,Ta 和 W 的衍射峰有轻微宽化,Nb 和 Mo 的衍射峰消失,说明 Nb 和 Mo 已充分扩散到其他元素晶格中。球磨 15 h 后,Ta 的高角度衍射峰消失,仅在 $2\theta = 39.5°$ 处有微弱的峰。球磨 30 h 时,Ta 衍射峰完全消失,且无 Ta 的新相出现,说明 Ta 已完全固溶于 BCC 晶格中,形成单一的 BCC 固溶体。延长球磨时间,45 h 和 60 h 的衍射图谱基本一致,表明球磨 45 h 时粉末已发生完全合金化,形成了单相 BCC 结构。

在球磨过程中,衍射峰的强度逐渐降低,而峰宽逐渐增加,这主要是晶粒尺寸细化和晶粒内部晶格畸变程度增加造成。根据 XRD 图谱可计算合金的晶粒尺寸和晶格畸变度,结果如图 2-7 所示。可见,随着球磨时间增加,晶粒尺寸显著减小。球磨 6 h 时,粉末形成纳米晶,晶粒尺寸为 25.4 nm;继续球磨,晶粒尺寸逐渐稳定在 7.7 nm 左右。另外,纳米晶的形成与位错运动相关。原始粉末在球磨过程中产生了大量的塑性变形,导致晶粒内部的位错不断运动,产生位错网络。位错网络持续发展形成位错胞,位错胞边沿聚集着大量位错,从而形成胞壁。当胞壁处的位错密度和位错胞间取向差增大到一定值时,胞壁就会转变成亚晶界,并形成纳米晶。随晶界增加,晶界阻滞效应和取向差效应明显增强,位错移动所需克服的能量增大。另外,随球磨时间进一步延长,粉末产生加工硬化,塑性变形能力变弱,抑制了位错的运动。因而,随球磨时间延长,晶粒细化速度逐渐放缓。在封闭的球磨罐中,能量的持续输入导致罐内温度升高,因此在热效应的作用下，位错回复速率增大，粉末最终晶粒尺寸取决于位错增殖速率与回复速率的动态平衡。混合粉末熔点越高，位错的回复速率就越低，最终晶粒尺寸就越小。

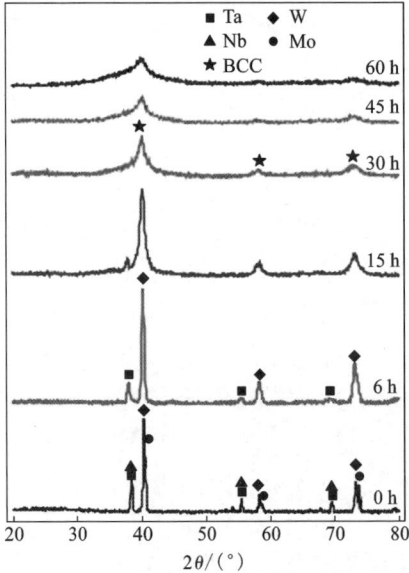

图 2-6　NbMoTaW 多主元合金粉末
在不同球磨时间下的 XRD 图谱

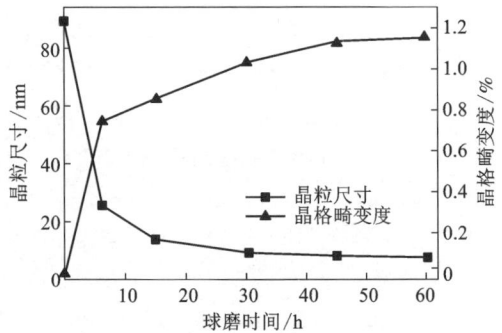

图 2-7　NbMoTaW 多主元合金晶粒尺寸
和晶格畸变度随球磨时间的变化

2.2　气雾化(GA)

2.2.1　技术原理

气雾化(gas atomization，GA)制粉起源于 20 世纪 20 年代，美国人 Hall 采用气雾化方法制备了铜合金粉末。早期的气雾化采用自由落体式喷嘴，雾化介质为空气，制备的金属粉末粒径较粗，且含氧量较高。随着气雾化技术发展，雾化介质多采用氩气和氮气，从而降低了粉末氧化程度。气雾化喷嘴也在不断改进，目前常用紧耦合环缝式对称气体喷嘴，也可用非对称式气体喷嘴，以提高粉末的收得率。在雾化过程研究中，应用实时图像技术(如暗线摄影、全息摄影、高速摄影)、激光散射、激光衍射及激光多普勒技术等对雾化区温度分布、金属粉末粒度及速度分布进行在线测量，从而揭示工艺参数对粉末的粒度、形状和组织的影响规律。近年来，人们又开发出一系列新型气雾化技术和装备，例如超声气雾化、

层流气雾化、等离子火炬气雾化等。气雾
化制粉的原理是利用高速气流将熔融金属
液流分散成小液滴，再经过快速冷凝(冷却
速率为 $10^5 \sim 10^6 ℃/s$)形成球形或近球形金
属粉末，如图 2-8 所示。

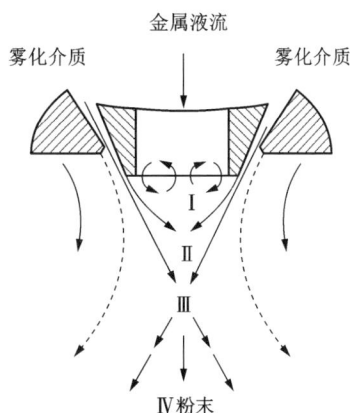

图 2-8　气雾化制粉原理示意图

　　气雾化过程中的喷嘴结构、雾化介质和
金属液流性质是影响粉末性能(如粉末粒
径、球形度、含氧量等)的主要因素。目前，
常用的气雾化方法有真空感应熔炼气雾化
(vacuum induction gas atomization, VIGA)和
电极感应熔炼气雾化(electrode induction
gas atomization, EIGA)两种。图 2-9(a)为
真空感应熔炼气雾化装置示意图。金属或合金坯料在真空状态气体保护条件下进
行感应熔炼，金属液流经过保温坩埚、导流嘴流出，在喷嘴处由高压气流雾化破
碎成大量细小的液滴。细小的液滴在飞行中凝固成球形和近球形颗粒，再经收
集、筛分，以获得各种粒度的金属粉末。真空感应熔炼气雾化是制备合金粉末的
主要方法之一，具有成本低、流程短、效率高等特点。但是，部分活性金属(如
Ti、Zr、Mg 等)在熔融状态下容易和坩埚及导流管发生反应，使所制备的粉末中
杂质含量较高，因此真空感应熔炼气雾化不适用于制备含高浓度活性元素的粉
末。图 2-9(b)为电极感应熔炼气雾化装置示意图，其雾化原理与真空感应熔炼
气雾化类似，但是其熔炼过程为非接触熔炼，具体过程为：首先将原料合金制成
相应尺寸的棒料，然后使原料棒在高频感应器中缓慢旋转、加热，熔化成液流自
由下落，直接掉入雾化器后，受到高压惰性气体的冲击，并破碎成大量细小液滴。
小液滴在雾化塔中飞行，凝固成球状粉末。熔化过程中，由于原料并未与坩锅和
导流管等接触，因此制得的粉末不受污染，化学纯度很高。

　　20 世纪 70 年代以来，超声气雾化得到了广泛应用。该方法是基于前面两种
雾化方式，采用超声气体喷嘴(如拉瓦尔喷嘴)，使气流以 $80 \sim 100 \, kHz$ 的频率和
$2 \sim 2.5 Ma$ 的高速度冲击液态金属流，使其雾化成小液滴，随后快速凝固成粉末。
高速气流冲击也可由多个哈曼振动波管产生，哈曼管同心分布在金属液流的四
周。每个哈曼管由一个可调节的共振腔组成，当气体通过喷管流出时，气流能引
起伯努利(Bernoulli)效应，达到超音速度，并具有超声频率。另外，超声驻波雾
化法也可以产生超声雾化效果。与传统的高压气雾化和水雾化过程相比，超声气
雾化金属液在初始阶段就被多个细小射流冲击剪碎成金属雾滴，所得粉末尺寸比
较集中，平均尺寸小于 $20 \, \mu m$，粉末收得率超过 90%，同时由枝晶臂间距公式估
算，其冷却速度超过 $10^6 ℃/s$。超声气雾化能量消耗低，比普通气雾化节能约

25%。采用该方法生产的铝、纯钴、镍和铁、镍基和钴基合金等已达工业生产规模,而对于钛等高熔点、高活性合金粉末,则仍在研究。

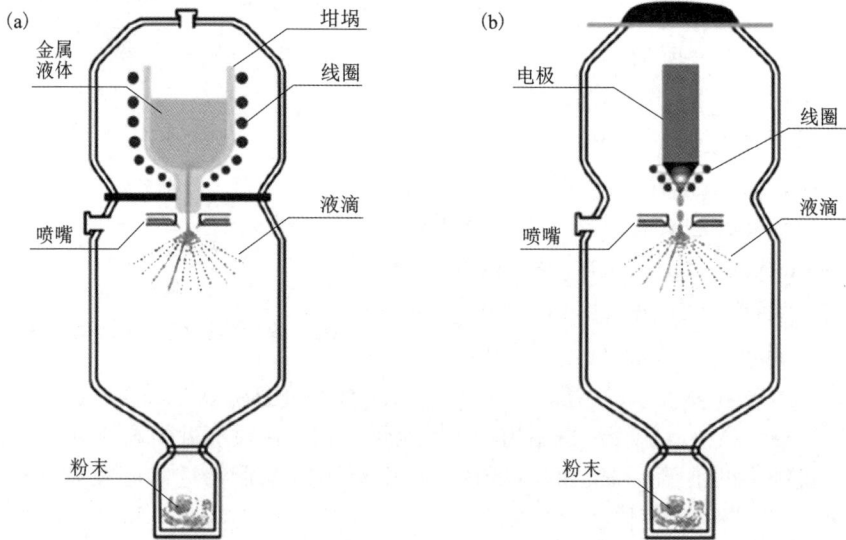

(a)真空感应熔炼气雾化;(b)电极感应熔炼气雾化。

图 2-9　气雾化制粉装备示意图

2.2.2　气雾化制备多主元合金粉末的性能

气雾化制粉技术在多主元合金粉末中被广泛应用,所制备的合金粉末球形度较好,纯度较高,粉末内部元素分布均匀,粉末粒度较细小,可广泛用于增材制造、热喷涂、表面熔覆等领域。VIGA 工艺的极限温度通常为 1800~2000 ℃,因此其主要用于制备 3D 过渡族多主元合金粉末,而不适于制备多主元难熔合金粉末。部分熔点不太高的多主元难熔合金粉末也可以通过 EIGA 工艺制备,但是雾化之前需要经反复多次熔炼以制备母合金棒坯。由于气雾化技术制得的粉末流动性、纯度、均匀性等性能较好,且生产效率高、生产成本较低,目前已成为工业中制备多主元合金粉末的主要技术。例如,作者团队采用 VIGA 法制备了 FeCoCrNi、FeCoCrNiMn、$FeCoCrNiMo_{0.2}$、$FeCoCrNiAl_{0.5}C_{0.05}$ 等系列多主元合金粉末;Chen 等采用 VIGA 法制备了 $FeCoCrNi_2Al_{0.6}$ 合金粉末;薛云飞等通过 EIGA 法制备了 $FeCoCrNiAl_{0.6}$ 合金粉末;Frantisek 等采用 EIGA 法制备了 HfNbTaTiZr 难熔合金粉末等。

1. FeCoCrNiAl$_{0.6}$ 多主元合金粉末

采用电弧熔炼制备 FeCoCrNiAl$_{0.6}$ 多主元母合金锭(纯度>99.9%),为保证成分均匀性,母合金锭反复熔炼 4 次以上。然后,采用 VIGA 工艺进行雾化制粉:将母合金锭在坩埚中感应加热至 1530 ℃熔化,随后通过 4 mm 的导流管,在高压氩气喷嘴作用下进行雾化制粉。最后,对制得的多主元合金粉末进行粒度分级。

气雾化 FeCoCrNiAl$_{0.6}$ 多主元合金粉末的粒径分布与相组成如图 2-10 所示,粉末粒径主要分布在 50~150 μm,中位径为 18 μm。FeCoCrNiAl$_{0.6}$ 多主元合金粉末的相组成与其粒径相关,当粒径低于 75 μm 时,粉末为 FCC 单相结构;而高于 75 μm 时,粉末为 FCC+BCC 双相结构。这主要是受冷却速度的影响,当粉末较细时,冷却速度较快,抑制了 BCC 相的析出,从而形成 FCC 单相结构的过饱和固溶体。气雾化 FeCoCrNiAl$_{0.6}$ 多主元合金粉末的形貌如图 2-11 所示,在粒径大于 75 μm 的粉末中存在大量卫星粉黏连,粉末表面比较粗糙,枝晶结构比较明显。随着粉末粒径减小,粉末的球形度及表面光洁度提高,且卫星粉也逐渐变少。总体来看,通过 VIGA 技术制备的气雾化 FeCoCrNiAl$_{0.6}$ 多主元合金粉末球形度及表面质量较高,但粉末粒径较粗,通过提高雾化压力和气体流速可进一步细化。

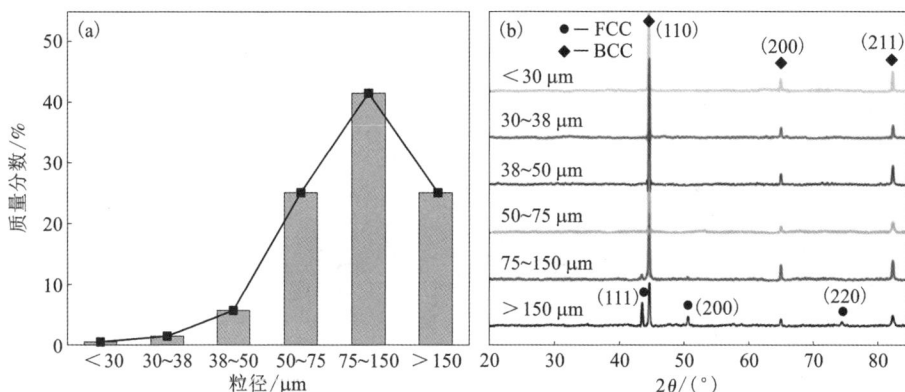

(a)粉末粒径分布;(b)XRD 衍射图谱。

图 2-10 气雾化 FeCoCrNiAl$_{0.6}$ 多主元合金粉末的粒径分布与相组成

2. FeCoCrNi 及 FeCoCrNiAl$_{0.5}$C$_{0.05}$ 多主元合金粉末

作者团队采用 VIGA 工艺制备了 FeCoCrNi 多主元合金粉末,并在此基础上进一步研究了不同合金元素对粉末性能的影响。采用真空感应熔炼气雾化制备的 FeCoCrNi 合金粉末如图 2-12 所示,可见粉末呈较好球形度,平均粒径约 40 μm,粉末表面光洁度较好,有明显的凝固胞状组织。XRD 衍射图谱结果表明粉末具有

FCC 单相结构。图 2-13 为气雾化 FeCoCrNi 多主元合金粉末内部的元素分布情况，可知，各组元在粉末内部均匀分布，未见明显的枝晶间偏析。

(a)>150 μm；(b)75~150 μm；(c)50~75 μm；(d)38~50 μm；(e)30~38 μm；(f)<30 μm。

图 2-11　气雾化 FeCoCrNiAl$_{0.6}$ 多主元合金粉末的形貌与粒径

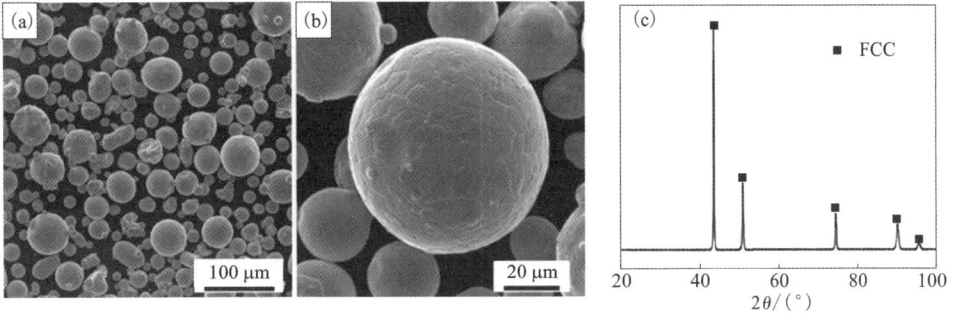

（a）粉末宏观形貌；（b）粉末放大形貌；（c）粉末 XRD 衍射图谱。

图 2-12　气雾化 FeCoCrNi 合金粉末

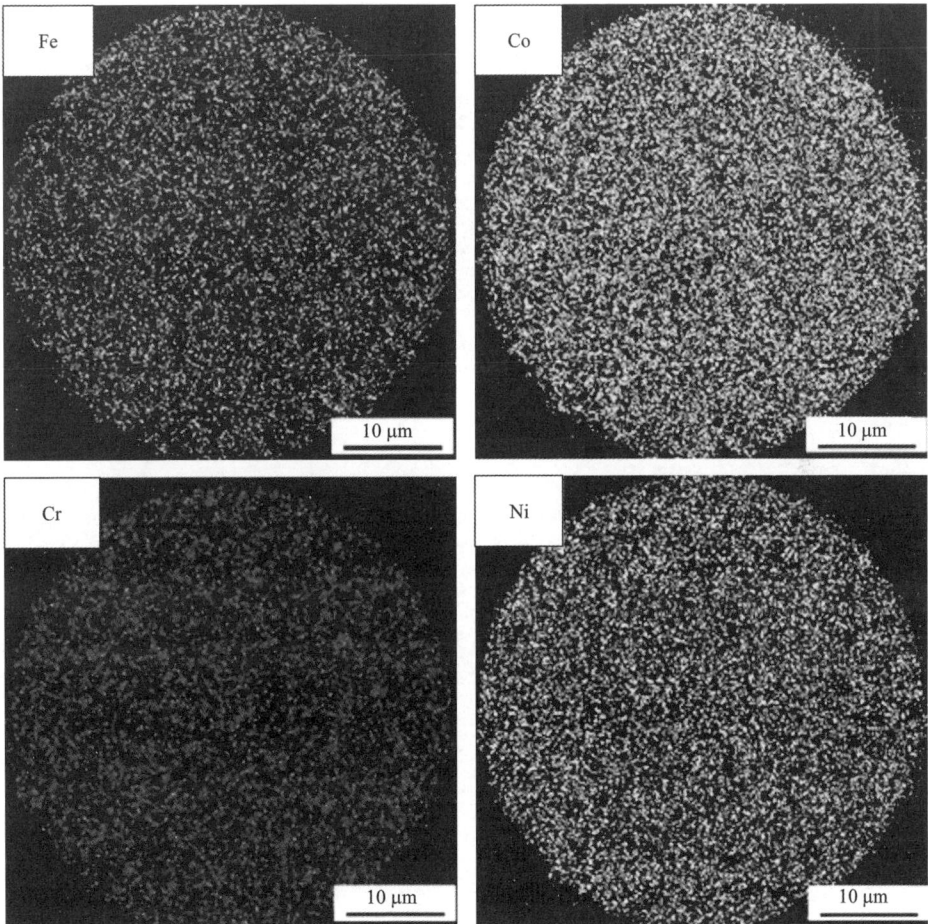

图 2-13　气雾化 FeCoCrNi 合金粉末内部元素分布

采用气雾化制备 $FeCoCrNiAl_{0.5}C_{0.05}$ 合金粉末时，发现 Al 元素的添加促进了有序 B2 相的形成，使 CrFeCoNi 系多主元合金相结构从面心立方单相结构转变成面心立方和少量 B2 相的双相结构，如图 2-14 所示。间隙元素 C 在粉末中主要以固溶形式存在，同时伴随少量的纳米级 $M_{23}C_6$ 化合物在晶界上析出。因此，气雾化过程通过快速凝固能够有效提高元素的固溶度，抑制或避免第二相的析出。图 2-15 为气雾化 $FeCoCrNiAl_{0.5}C_{0.05}$ 多主元合金粉末的粒径分布与 XRD 衍射图谱。由图可知，气雾化合金粉末粒径主要分布区间为 10~100 μm，平均粒径约为 43 μm。

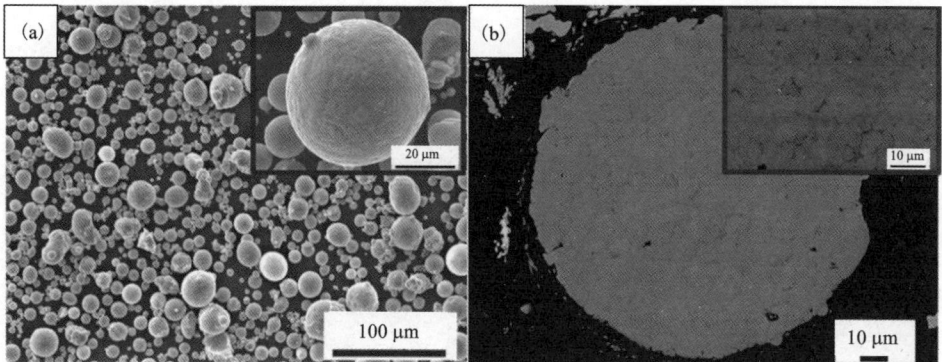

(a)粉末宏观形貌；(b)粉末剖面组织。

图 2-14　气雾化 $FeCoCrNiAl_{0.5}C_{0.05}$ 合金粉末的形貌与组织

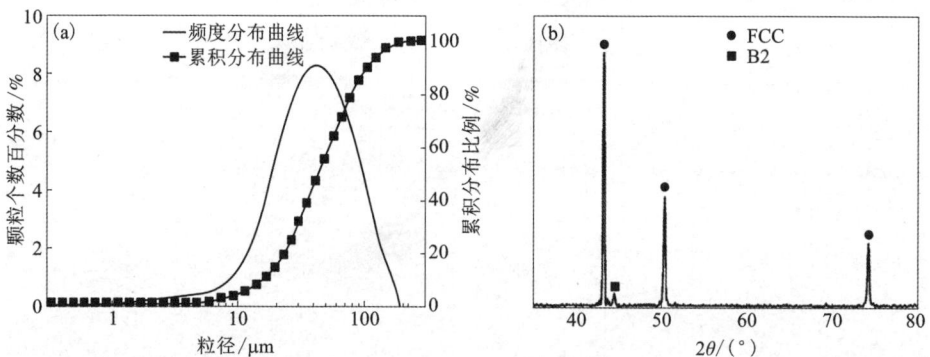

(a)粒径分布；(b)XRD 衍射图谱。

图 2-15　气雾化 $FeCoCrNiAl_{0.5}C_{0.05}$ 多主元合金粉末的粒径分布与 XRD 衍射图谱

3. 其他多主元合金粉末

Frantisek 等利用 EIGA 方法制备了 TaNbHfZrTi 多主元难熔合金粉末，其过程是：首先采用真空电弧熔炼对高纯原料锭进行 8 次反复熔炼，并在最后一次熔炼过程加上电磁搅拌以保证成分均匀性；然后，在高纯氩气保护下进行无坩埚感应熔化气雾化制粉，粉末的显微组织如图 2-16 所示。气雾化 TaNbHfZrTi 多主元难熔合金粉末粒径主要分布在 17~277 μm，其粒度分布范围较宽；粉末主要呈现近球形，从组织来看，粉末内部具有枝晶结构，枝晶内主要富集 Ta、Nb 元素，枝晶间主要富集 Ti、Zr 元素。EBSD 分析表明，粉末内部晶粒呈等轴状，平均晶粒尺寸为 9.5 μm，晶粒取向无明显织构。

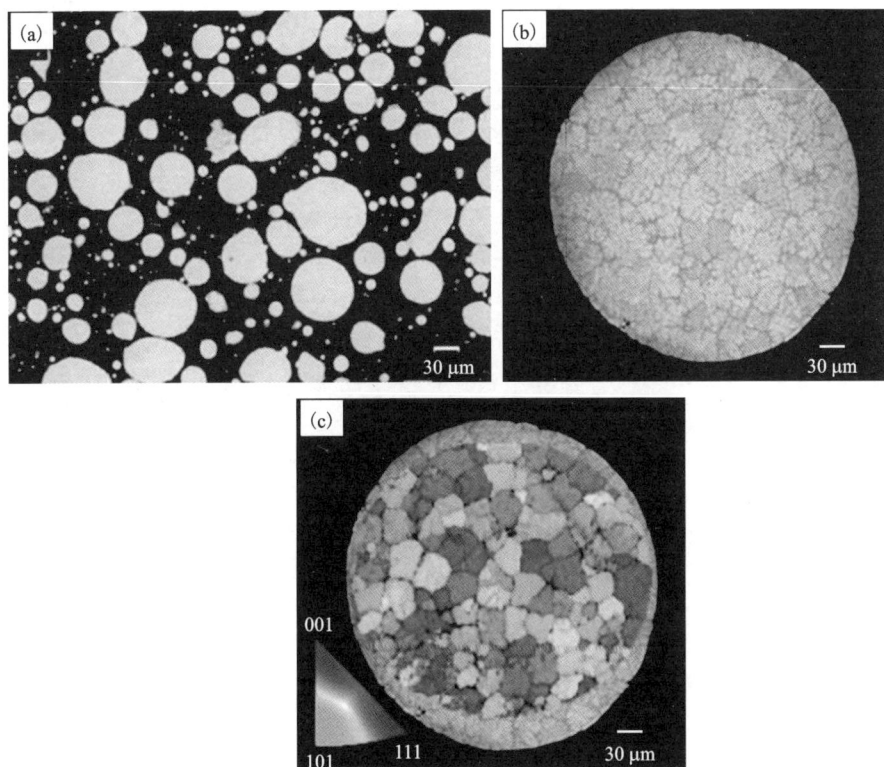

（a）粉末剖面形貌；（b）粉末剖面显微组织；（c）粉末剖面 EBSD 分析。

图 2-16　气雾化 TaNbHfZrTi 合金粉的微观组织

Chen 等采用 VIGA 法制备了 $FeCoCrNi_2Al_{0.6}$ 合金粉末，并研究了粉末物相的热稳定性。由此发现，气雾化 $FeCoCrNi_2Al_{0.6}$ 合金粉末具有 FCC 单相结构，在 1000 ℃热处理 24 h 后，粉末开始出现富 Cr 的 σ 相，并观察到 Cr 元素开始在晶界上偏析。在 1000 ℃下热处理 48 h 后,σ 相进一步粗化,晶界上可以明显看到富 Cr 析出相,而晶内元素分布均匀,如图 2-17 所示。气雾化 $FeCoCrNi_2Al_{0.6}$ 合金粉末的硬度为 4.46 GPa,热处理后晶内硬度降低到 2.6 GPa,而析出的 σ 相硬度为 12.74 GPa。因此,通过热处理可以有效调控气雾化多主元合金粉末的组织结构与性能。

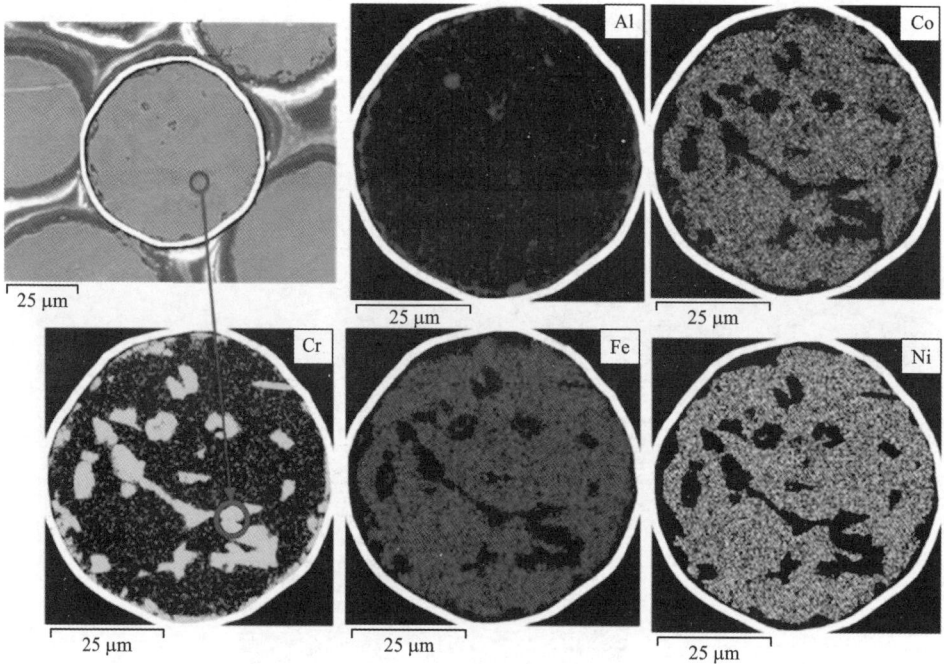

图 2-17 气雾化 $FeCoCrNi_2Al_{0.6}$ 合金粉末经过 1000 ℃退火 48 h 后的显微组织与元素分布

2.3 等离子旋转电极雾化(PREP)

2.3.1 技术原理

等离子旋转电极雾化(plasma rotating electrode process,PREP)本质上是一种离心雾化的过程。该技术采用等离子弧作为加热源,在惰性气体环境下持续地对高速旋转的金属棒料端面进行加热,直至熔化;熔化的金属熔体在离心力的作用下旋转、甩出,并破碎成细小的液滴;液滴在惰性气体(氩气或氦气)的冷却作用下快速凝固,并在表面张力的作用下形成球形粉末。由于等离子弧加热温度非常高,等离子旋转电极雾化可制备多种合金材料粉末,如不锈钢、钛合金、镍基高温合金、钴基高温合金及含难熔元素的多主元合金等。与水雾化法、气雾化法相比，等离子旋转电极雾化法的冷却速率较低，但其制备的粉末球形度高，流动性好，含氧量低，且很少出现空心粉及卫星粉。

旋转电极雾化最早由美国于 1963 年开发出来，使用钨电极作为加热源。直至 1974 年，研究者使用温度更高、放热更均匀的等离子弧作为热源，等离子旋转电极雾化法才得以推广应用。此后，该技术主要用于航空发动机涡轮盘用高温合金粉末的生产。1983 年，我国自主设计并开发出了第一台等离子旋转电极雾化设备，随后，各个科研单位也开展了相应的技术研发。

等离子旋转电极雾化设备通常由真空系统、气体系统、冷却系统、供电系统、等离子体发生器、进给装置、雾化室及收集系统等组成。其雾化过程如图 2-18 所示。其使用方法是：首先将合金制成一定规格的电极，一端与旋转电极相连，另一端放入雾化室中，以与等离子枪形成电极对；开启等离子枪电源，将合金棒材端面局部熔化形成熔池，同时，合金棒材在惰性气体中快速旋转，所产生的离心力将熔池里的金属液滴破碎、雾化成小液滴，在表面张力的作用下，小液滴被惰性气体冷却，凝固成球形合金粉末。在气体系统中，惰性气体通常为氩气、氦气或氩氦混合气体，其在雾化过程中起保护和冷却作用，是保证粉末质量的关键。等离子旋转电极雾化制粉过程中棒料靠等离子体炬加热熔化，典型的等离子体炬可以分为两种：非转移弧形式的等离子体炬和转移弧形式的等离子体炬。图 2-19 为两种等离子体炬结构示意图，目前两种结构都被应用于制粉设备中。若棒料作为电极被加热，则是转移弧方式加热；若棒料不作为电极，则是采用非转移弧方式加热。采用转接弧方式加热时，金属棒料作为电极是被加热对象，和非转移弧方式相比，前者少了一个电极损耗，使用寿命较长，加热效率也容易提高。但是，这要求旋转的金属棒料持续带电，需要碳刷等导电机构稳定接触棒料，对棒料的旋转速度和跳动量有较大限制。非转移弧等离子体炬的阴极和阳极在结构上设计成一体，采用该方式时，棒料本身不作为电极，可以用于非金属材料的加热，适用材料范围更广，同时避免了使用碳刷等导电机构，对棒料的旋转速度和跳动量也没有要求，对提高旋转速度十分有利。

等离子旋转电极雾化的机理为在等离子体电弧热源的作用下，棒料的端面局部区域形成微熔池，熔池的液膜在棒料旋转时产生的离心力作用下逐渐积累并移动至端面边缘；当离心力大于等于表面张力时，液膜破裂并被雾化成小液滴。在此过程中，液膜破裂的方式与制成粉末的粒径分布及粒径大小、形状相关。随着棒料转速以及电流强度等工艺参数的改变，液膜的破碎机制也会发生改变。Zdujić 等发现等离子旋转电极雾化存在三种破碎机理，分别为直接液滴形成机制（direct drop formation，DDF）、液线破碎机制（ligament disintegration，LD）和液膜破碎机制（film disintegration，FD），如图 2-20 所示。三种雾化机制下制备而成的粉

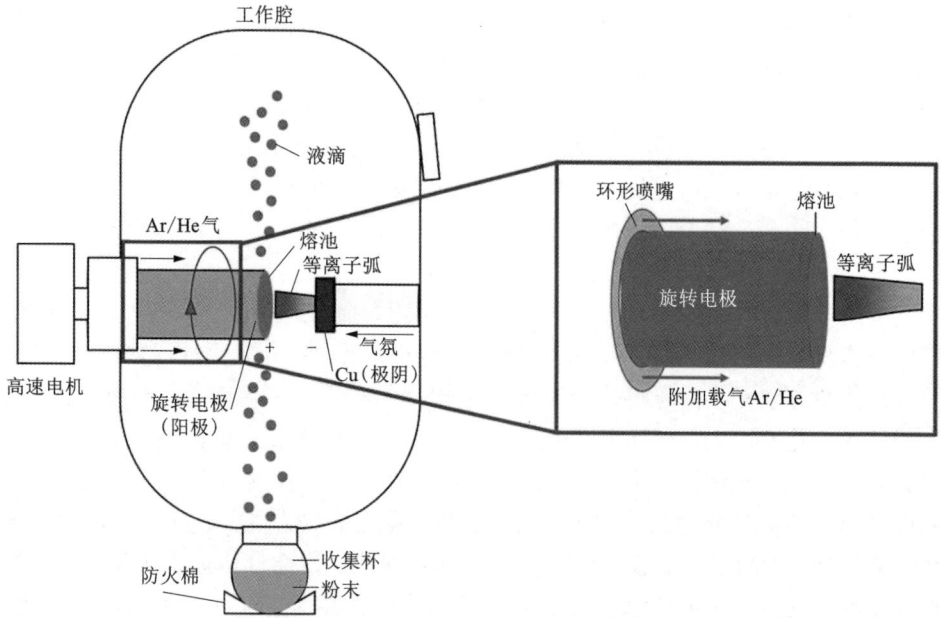

图 2-18　等离子旋转电极雾化过程示意图

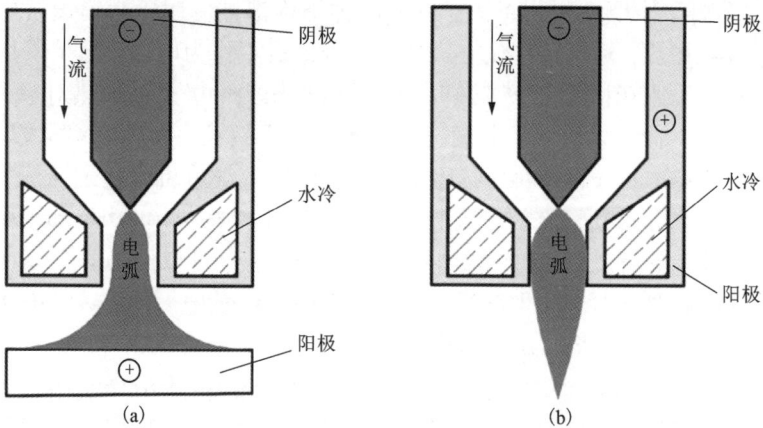

（a）转移弧形式的等离子体炬；（b）非转移弧形式的等离子体炬。

图 2-19　等离子体炬结构示意图

末在粒度、粒径分布与形状上存在着较大差异。如，直接液滴形成机制下的粉末大多呈球形，粒径分布表现为典型的双峰分布特点；液线破碎机制下的粉末呈现出单峰分布的特点，其粒径分布范围较大；而在液膜破碎机制下的粉末粒径分布不均匀，甚至会由于液膜的不稳定破碎而出现畸形粉末，因此要尽量避免。

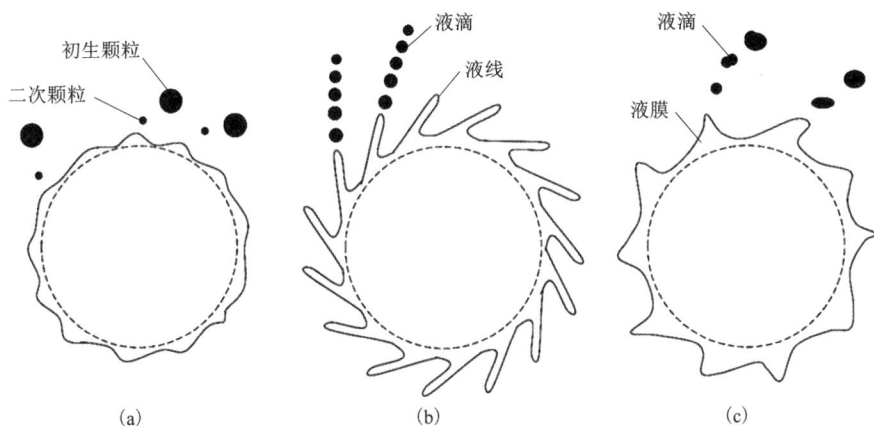

(a)直接液滴形成机制；(b)液线破碎机制；(c)液膜破碎机制。

图 2-20　三种典型的离心雾化机制示意图

旋转电极雾化中的三种雾化机制可以通过 Hinze-Milborn(Hi)数值的大小进行判断：

$$Hi = \frac{\omega^{0.6}\mu^{0.17}\rho^{0.71}Q}{\gamma^{0.88}D^{0.68}} \tag{2-1}$$

式中：ω 为棒料的转速，r/min；μ 为液态金属的黏度，Pa·s；ρ 为液态金属的密度，kg/m³；Q 为棒料的熔化速率，m³/s；γ 为液态金属的表面张力，N/m；D 为棒料的直径，m。

由式(2-1)计算出来的 Hi 为无量纲参数，若其值小于 0.07，则等离子旋转电极雾化过程的主要机制为直接液滴形成机制；若其值为 0.07~1.33，则为液线破碎机制；若其值大于 1.33，则为液膜破碎机制。由式(2 1)可知，当棒料的成分确定时，影响雾化机制的主要因素为熔化速率的大小以及棒料的转速和直径。对于大多数合金粉末而言，雾化机制一般为直接液滴形成机制或者液线破碎机制，大多数情况下为两者的混合机制。

粉末的粒度及粒径分布与粉末的性能密切相关，并影响最终成形件的质量，因此应合理确定等离子旋转电极雾化工艺参数，控制粒径分布范围。由上述可知，等离子旋转电极雾化制粉过程中电极上液滴受到的离心力大于等于表面张力时，其会破碎形成微小液滴并被甩出，可得到公式：

$$m\omega^2 D/2 = \sigma\pi d \tag{2-2}$$

式中：m 为液滴质量，kg；d 为液滴直径，m；σ 为材料熔液表面张力，N/m；ω 为棒料转动角速度，r/min；D 为棒料直径。

由于 $m = \pi d^3 \rho / 6$，$\omega = 2\pi n / 60$。代入式(2-2)中，整理得：

$$d = \frac{60}{\pi n} \sqrt{\frac{3\sigma}{\rho D}} \tag{2-3}$$

式中：ρ 为材料密度，kg/m^3；n 为棒料旋转速度，r/min。

由式(2-3)可知，影响等离子旋转电极雾化粉末粒度和粒径分布范围的主要因素有棒料的旋转速度、棒料的直径、棒料的密度、材料熔液表面张力。对于具体的材料而言，棒料的密度与材料熔体表面张力一般为定值。因此，在棒料一定的情况下，主要通过调整棒料的旋转速度和直径来控制粉末粒径。由该公式计算的理论值与实验值吻合度较高。以目前使用最多的 Ti-6Al-4V 为例，其表面张力为 1.65 N/m，密度为 4.13 g/cm³，通过改变电极棒直径 d 以及工作转速 n 来验证其准确性，具体结果如表 2-2 所示。由此可知，合金的理论计算中位粒径相对于其实际中位粒径稍大，但整体升降趋势符合程度好。对于直径为 75 mm 的电极棒料，工作转速 22000 r/min 时制备的 Ti-6Al-4V 粉末中位粒径 D_{50} 达到了 96.72 μm 左右，相较于 15000 r/min 制备的粉末（D_{50} 为 141.83 μm），其细粉收得率大幅提高。

表 2-2　PREP 技术制备的 Ti-6Al-4V 粉末粒度理论和实测数据

材料	理论公式	工作转速 n/(r·min⁻¹)	电极棒直径 D/mm	理论中位粒径/μm	实际中位粒径/μm
Ti-6Al-4V	$d = \frac{60}{\pi n} \sqrt{\frac{3\sigma}{\rho D}}$	15000	75	161.03	141.83
		18000	75	134.20	117.92
		22000	75	109.78	96.72
		22000	100	95.07	86.02

此外，旋转电极雾化设备电流强度和棒料的进给速度参数对粉末的粒度也有影响。如棒料端面的熔化速率与棒料的进给速率应尽可能相等，若端面的熔化速度大于进给速率，则会出现断弧现象；若进给速率大于熔化速度，则会出现熔化不良或飞边等问题。由图 2-21(a)和(b)可知，当电流强度从 1750 A 增加至 1950 A 时，75~150 μm 的粉末比例明显变小，粒度 150 μm 以下的粉末所占比例从 81.2% 降至 75.2%，粒度小于 106 μm 的粉末所占比例大致相等，且粗粉与细粉的比例增多，粒度分布变宽，但 D_{50} 基本相等。由图 2-21(c)和(d)可知，当进给速率为 1.0 mm/s 时，粒度 150 μm 以下的粉末所占比例为 81.2%；而进给速率增加为 1.2 mm/s 时，粒度 150 μm 以下的粉末所占比例为 76.2%，但粒度

106 μm 以下的粉末所占比例相差不大。另外，从图中可知，随着进给速率的减小，D_{50} 未发生明显变化，但粒度分布曲线变窄。这是因为在制粉过程中，进给速率的变化使得熔化速率相应发生改变，从而间接影响液滴破碎机制，并影响粉末粒度分布。

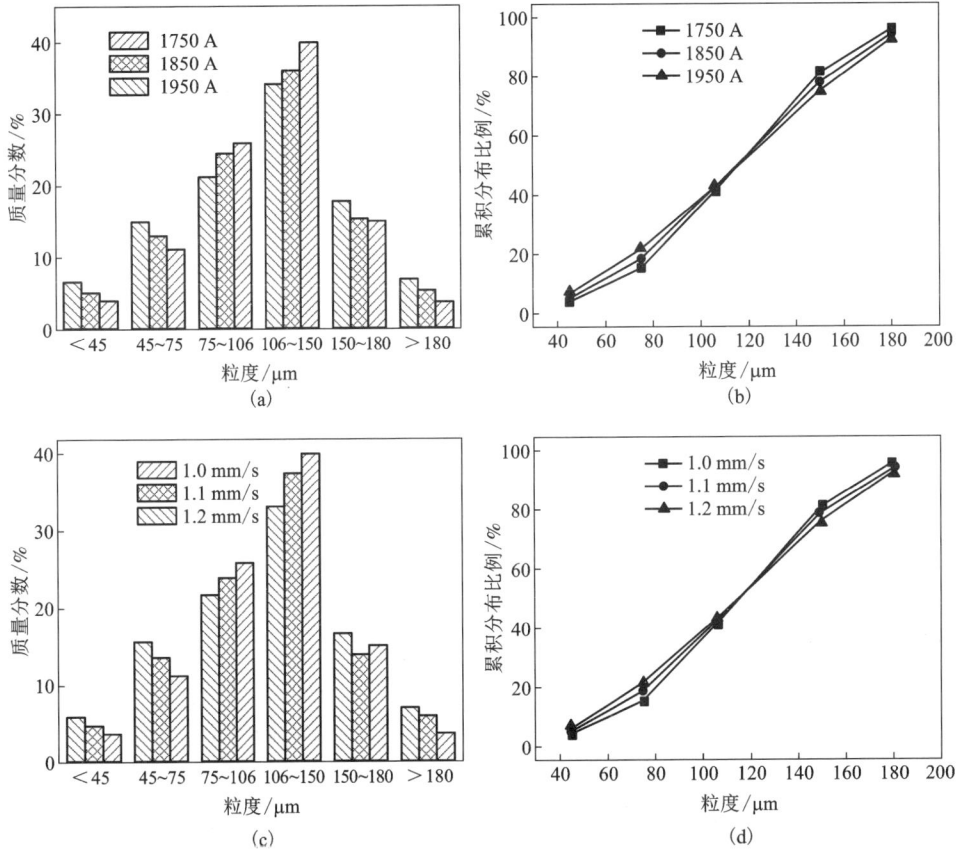

(a)和(b)电流强度与粉末粒度关系图；(c)和(d)进给速度与粉末粒度关系图。

图 2-21　旋转电极雾化工艺参数与粉末粒度关系图

2.3.2　PREP 制备多主元合金粉末的性能

等离子旋转电极雾化过程中，材料从棒料到粉末都不需要与坩埚等耐火材料接触，有效地避免了污染。由于等离子旋转电极雾化技术制备的粉末具有高纯度、高球形度和粒径分布小的优势，最初被设计来制备航空发动机涡轮盘用的钛合金粉末。这是因为钛粉极易与氧发生反应生成硬脆化合物，从而大幅度降低材料的塑性。有研究指出，高含氧量会造成 Ti-6Al-4V 合金材料的力学性能显著降低。由此，用等离子旋转电极雾化技术制备 Ti-6Al-4V 合金粉末得到了大量的研究。

等离子旋转电极雾化技术制备的粉末由于具有较高的球形度，也十分适用于热等静压、激光增材制造、电子束选区熔化等技术。如使用传统的铸造和锻造工艺制造镍基高温合金会产生元素偏析和收缩等缺陷，而使用等离子旋转电极雾化技术可以克服这些缺陷，并制造出大尺寸的镍基高温合金复杂零件。此外，针对等离子旋转电极雾化技术可以制备高熔点元素合金粉末的特点，研究者制备了包括 Co 基、Nb 基、Ta 基等难熔合金粉末。使用等离子旋转电极雾化技术制备多主元合金粉末的研究才刚开始。Yi 等通过该技术成功制备了 Ti-Ni-Hf 合金粉末，粒径分布范围为 20~200 μm，如图 2-22 所示。由此可知，不同粒径粉末的球形度较高，存在少许卫星粉，其形成原因是较小的合金液滴附着并凝固在较大的合金液滴的表面上。图 2-23 为 Ti-Ni-Hf 合金粉末的截面形貌图。由此可知，由于晶胞边界处发生了凝固收缩，故存在微细的收缩孔。随着粉末粒径的增大，显微组织从细小均匀的近等轴晶粒向树枝状晶粒转变，平均晶粒尺寸也略有增加。

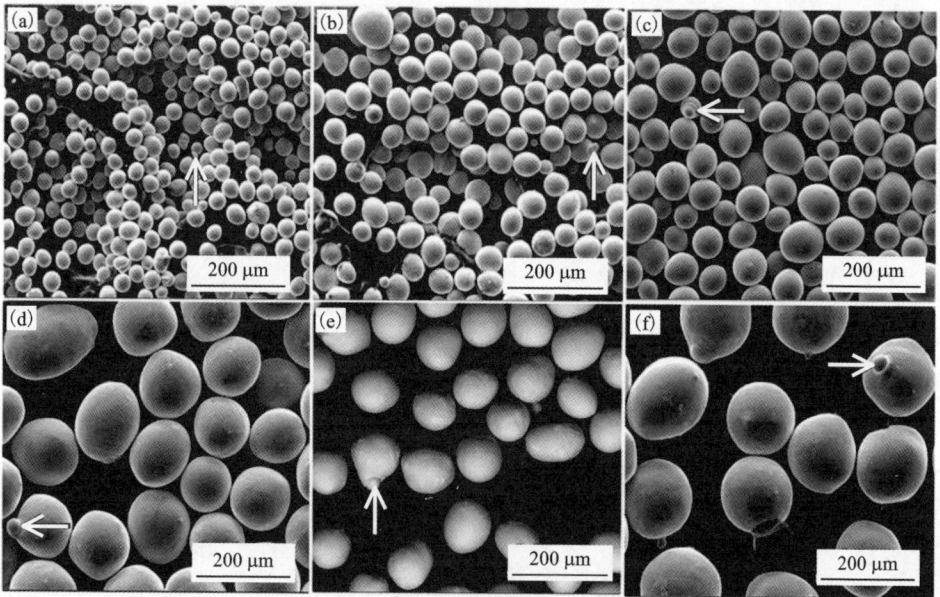

（a）<20 μm；（b）20~45 μm；（c）45~75 μm；（d）75~90 μm；（e）90~125 μm。

图 2-22　等离子旋转电极雾化制备的各种粒径的 Ti-Ni-Hf 合金粉末的形貌

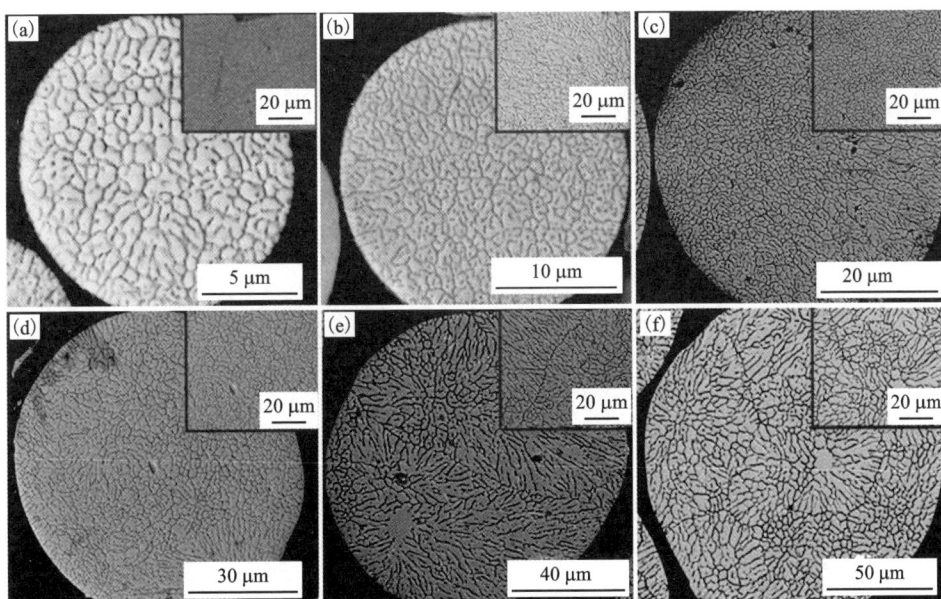

（a）<20 μm；（b）20~45 μm；（c）45~75 μm；（d）75~90 μm；（e）90~125 μm。

图 2-23　等离子旋转电极雾化制备的各种粒径的 Ti-Ni-Hf 合金粉末的截面形貌

2.4　等离子球化(PS)

2.4.1　技术原理

通常所述的等离子球化(plasma spheroidization，PS)技术为射频等离子体球化技术，即通过射频电感耦合放电来产生等离子体源。射频等离子体球化技术具有放电环境纯度高、放电体积大、能量密度高等特点，其中心温度能够达到 8000~10000 K。射频等离子球化系统主要包括等离子体焰炬(或称等离子体炬)、送粉系统、粉末收集系统、真空系统、冷却系统等。射频等离子体焰炬是该系统的核心部件，其具体工作原理为：输入高频电流于线圈中，使线圈在放电区域产生交变磁场，交变磁场产生环形电场，环线电场在欧姆加热的作用下维持放电，从而形成等离子体火焰；焰炬内部的陶瓷管中高速循环着的去离子水，不断与焰炬交换热量，最终使焰炬持续稳定工作。图 2-24 是射频等离子体焰炬的示意图及实际效果图。等离子体的能量密度极高、传热效率佳，能够使进入等离子体区的所有粉末均充分受热并瞬间熔化成金属液滴。金属粉末的等离子体球化具体过程为：将普通或不规则金属粉末通过载气送入等离子体炬中，金属粉末颗粒在经过等离子火焰的高温区时被瞬间熔融形成液滴，金属液滴在表面张力作用下收缩成球形，球形液滴经快速冷却而变成球形金属粉末。射频等离子球化系统中常采用惰性气体作为工作气氛，这使得粉末制备过程中不会再次引入杂质，使制得的粉末含氧量保持在较低水平。此外，射频等离子体球化技术还具有净化提纯作用，使金属粉末的杂质含量降低。

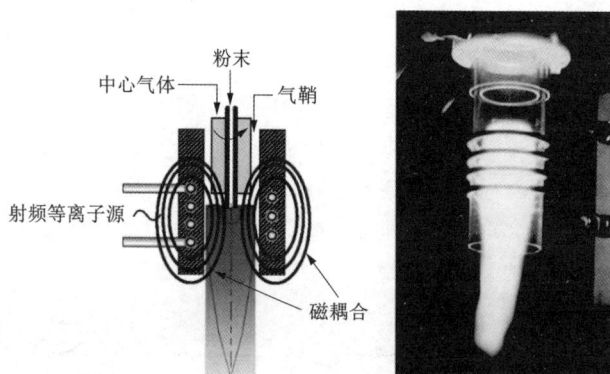

图 2-24　射频等离子体焰炬的示意图及实际效果图

　　射频等离子体球化设备自 20 世纪 50 年代开始发展，已经较为成熟，目前，加拿大的 Tekna 公司集成研发了系列射频等离子体球化设备。其中 Tek-200 kW 粉末球化系统的生产能力可高达 30 kg/h，能够实现 W、Mo、Ti、Nb、SiO_2、ZrO_2、Al_2O_3 等难熔金属粉末及陶瓷粉末的球化。我国核工业西南物理研究院自主研发了功率为 100 kW 的具有三层水冷设计的射频等离子体球化设备，使长时间连续工作的稳定性得到提升。

2.4.2　PS 制备多主元合金粉末的性能

　　目前，采用等离子体球化技术制备多主元合金粉末的研究少有报道。其原因主要有两方面：①目前研究较多的是 3D 过渡族多主元合金，其粉末可以通过气雾化工艺制备，不仅生产效率高，粉末品质也较好；②多主元难熔合金的预合金粉末较困难，仅可以利用机械合金化制备小批量粉末。然而，随着增材制造行业的快速发展，市场上对球形多主元难熔合金粉末的需求越来越大。作者团队利用等离子体球化制粉技术制备了系列 NbMoTaW 多主元难熔合金粉末，研究了工艺参数对粉末微结构及性能的影响规律。采用等离子体球化技术制备多主元难熔合金粉末时，其过程大体上可以分为两个步骤，一是喷雾干燥造粒，二是等离子体球化。

1. 喷雾干燥造粒过程

图 2-25 是闭式循环离心喷雾干燥机示意图。采用喷雾造粒技术制备 NbMoTaW 粉末团粒的过程是：将不断搅拌的粉末浆料喂入闭式循环离心喷雾干燥机塔顶，在压缩空气的作用下，通过高速旋转的喷雾盘进入加热气体的喷雾塔；粉末浆料受离心力及压力作用，形成分散液滴甩出，单个液滴经表面张力和高温的作用球化。球状的液滴在干燥塔内与热气体介质接触后，其内部的乙醇被迅速蒸发，形成由不同金属粉末颗粒及黏结剂组成的团聚体（该团聚体被称为粉末团粒）；而粒度较细的粉末和未形成团粒的粉末，在气流作用下，通过旋风分离设备带走（该粉末被称为悬浮料）。

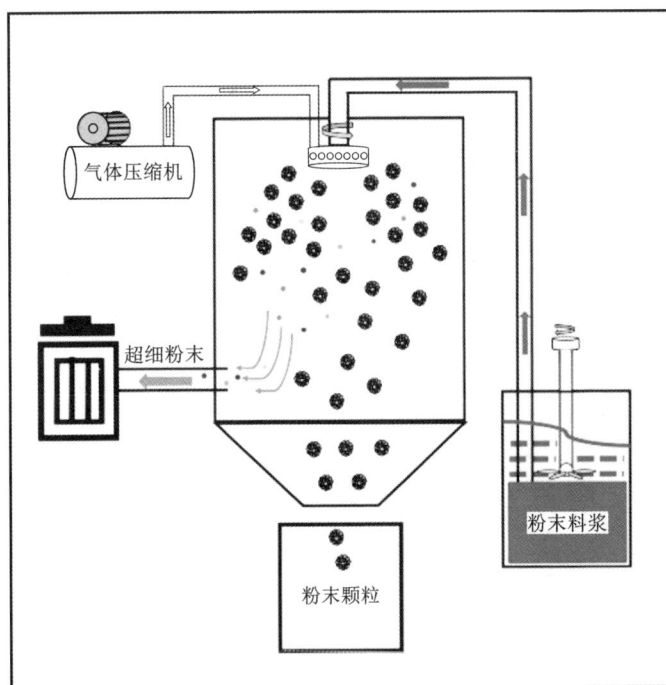

图 2-25　闭式循环离心喷雾干燥机示意图

图 2-26 是喷雾干燥过程中不同阶段收集的粉末团粒的 SEM 形貌图，依次为前料、中间料、尾料和悬浮料。前料、中间料、尾料是依照喷雾干燥设备的运行时间来划分的。具体来说，中间料是设备稳定运行时间段所收集的粉末团粒，占总得料的 90% 以上；前料是指设备最初运行时所收集的粉末团粒，其杂质含量较高，且易破碎变形；尾料是设备运行即将结束时所收集的粉末团粒，此时粉末浆料的料浆比会变高，使得喷雾造粒过程不稳定，易混入未成团的粉末。

从图 2-26 来看，粉末团粒中一次颗粒的粒径几乎接近，说明球磨制浆效果良好。对比不同阶段收集的粉末团粒的形貌可知：前料中部分粉末团粒破碎或未成形，且观察到卫星式粉末团粒，如图 2-26(a)所示。尾料中粉末团粒的成团率较低，粒径分布宽，且混有部分悬浮料，如图 2-26(c)所示。悬浮料则未形成粉末团粒，如图 2-26(d)所示。中间料中粉末团粒的成团率最高，且粉末团粒尺寸接近，如图 2-26(b)所示。利用筛分处理后，中间料中粉末团粒的粒径分布均匀，粒径为 45~75 μm。

(a)前料；(b)中间料；(c)尾料；(d)悬浮料。

图 2-26　喷雾干燥过程中不同阶段收集的粉末团粒的 SEM 形貌图

图 2-27 是经喷雾干燥制得的粉末团粒的 XRD 图谱，表明粉末团粒仍为各个单质金属粉末的简单混合。图 2-28 是单个粉末团粒放大后的形貌和成分分析。由图可知，粉末团粒表面粗糙，能够观察到许多不规则状的一次颗粒紧密结合在一起，包含 Nb、Mo、Ta、W 四种金属元素，且比例成分接近。

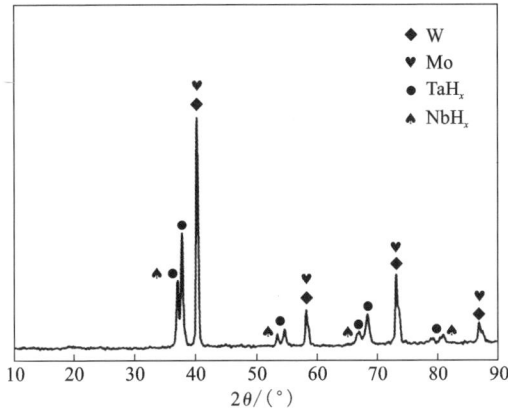

图 2-27　经喷雾干燥制得粉末团粒的 XRD 图谱

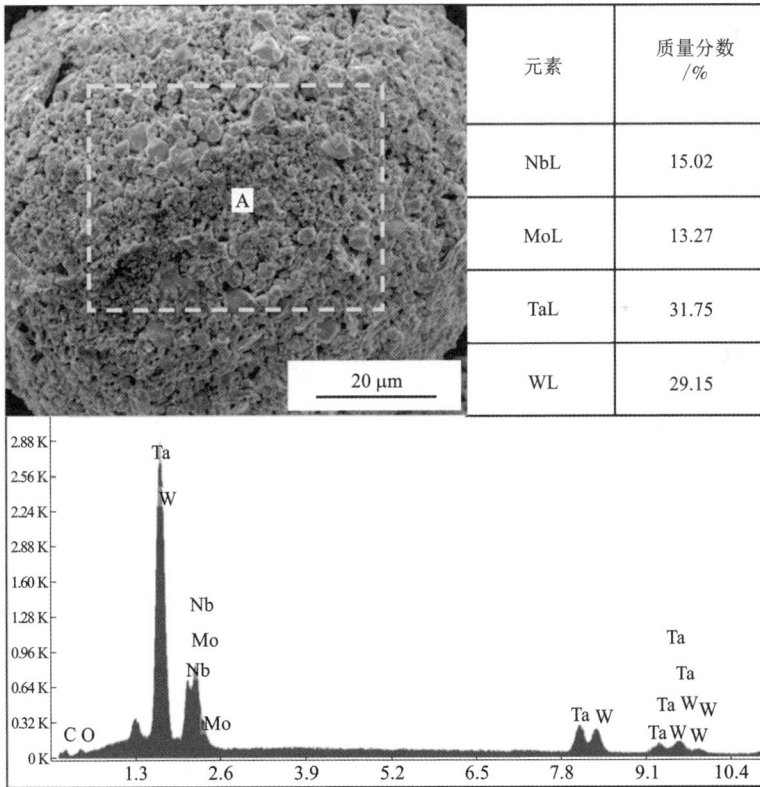

元素	质量分数 /%
NbL	15.02
MoL	13.27
TaL	31.75
WL	29.15

图 2-28　单个粉末团粒的 SEM 形貌及其区域 A 的 EDS 分析结果

2. 等离子体球化过程

对上述 NbMoTaW 粉末团粒进行等离子体球化处理, 其球化过程如图 2-29 所示。

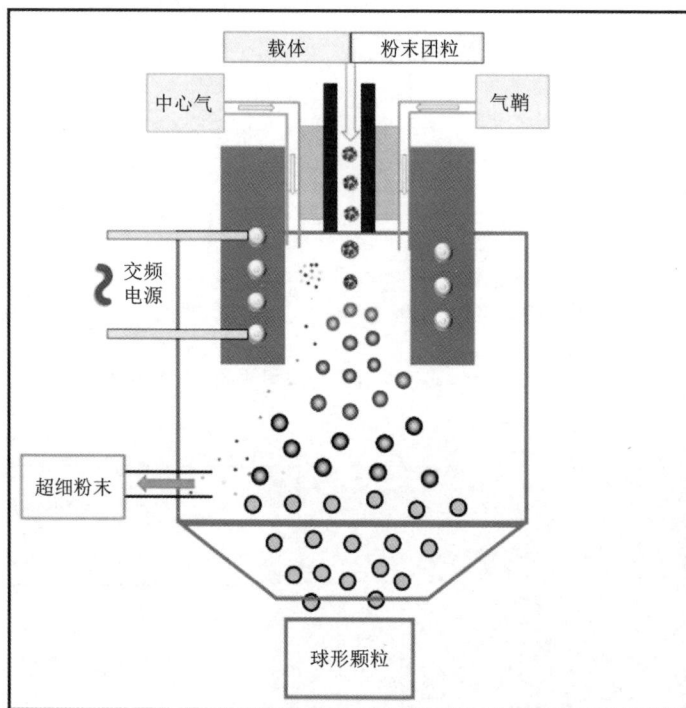

图 2-29　射频等离子体球化过程示意图

当等离子体球化设备的功率一定时, 送粉速率的大小影响粉末颗粒在等离子体炬内的平均吸热量, 也影响粉末颗粒在等离子体炬内的分散程度。以喷雾造粒制得的粉末团粒作为原料, 进行等离子体球化。在保持其他工艺参数不变的条件下, 更改送粉速率, 其中载气流量保持为 6.0 L/min。图 2-30 为不同送粉速率时, 经等离子体球化后制得的合金粉末的形貌。当送粉速率分别为 1 g/min、2 g/min 时[图 2-30(a)和图 2-30(b)], 球化率接近 100%, 但球化后的粉末存在"过烧"现象, 粉末颗粒表面粗糙, 粒度分布范围大。当送粉速率分别为 4 g/min、6 g/min 时[图 2-30(c)和图 2-30(d)], 球化率接近 100%, "过烧"现象消失, 粉末颗粒表面光滑程度提高, 粒度分布范围明显变窄。当送粉速率为 8 g/min 时[图 2-30(e)], 球化率为 98%, 但部分粉末颗粒为卫星粉式粉末, 亦存在椭球状粉末, 粒度分布范围再次变宽。当送粉速率为 12 g/min 时[图 2-30(f)], 球化率下降为 80%, 可观察到不规则状的实心粉末颗粒, 亦能观察到表面形状发生改变的原始粉末团粒, 表示部分粉末颗粒没有吸收足够的热量, 未完成球化过程。

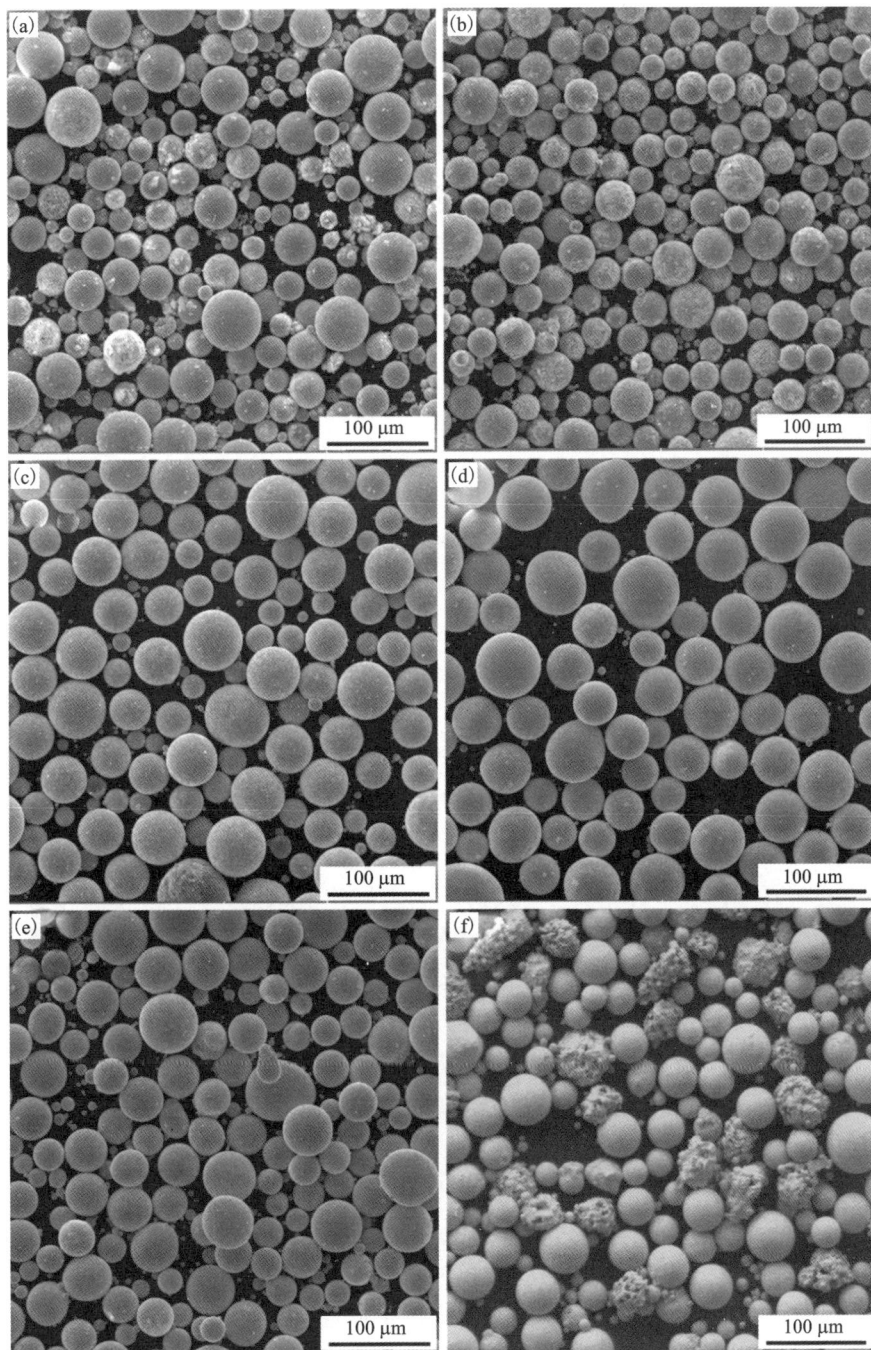

（a）1 g/min；（b）2 g/min；（c）4 g/min；（d）6 g/min；（e）8 g/min；（f）12 g/min。

图 2-30　不同送粉速率条件下经等离子体球化后制得的合金粉末的 SEM 图

综上可知，等离子体球化过程中，随着送粉速率的提高，粉末团粒的球化效果先变好后变差，即当送粉速率适当时，制得的合金粉末球形度好，颗粒表面光滑，具有均匀的粒径分布。当其他工艺参数不变时(尤其是功率不变)，等离子体系统提供的能量是恒定的。当送粉速率较小时，单位时间内进入系统的粉末团粒数量较少，单个粉末团粒获得的平均热量较大，其获得的热量大于粉末体完全熔化时所需的热量，会引起粉末团粒表面的少部分粉末强烈蒸发。在随后的冷却过程中，蒸发后物质冷凝，形成细小颗粒重新黏附在团粒表面，导致表面粗糙度急剧提高，出现"过烧"现象。随着送粉速率的提高，单位时间内进入系统的粉末团粒数量增加，单个粉末团粒获得的平均热量下降，难以引起团粒表面粉末的强烈蒸发，故"过烧"现象消失。当送粉速率继续提高时，单个粉末团粒获得的热量不足以使粉末体完全熔化，部分粒径较大的粉末团粒仅表面熔化，在随后的冷却过程中受固液密度差异的影响，导致合金粉末的球形度变差，出现椭球状粉末。较大的送粉速率亦使粉末团粒的运动轨迹紊乱，提高粉末团粒之间相互碰撞的概率，粒径较小的粉末与粒径较大的粉末团粒在熔化过程中经碰撞发生黏合，导致卫星式粉末的出现。当送粉速率过大时，部分粉末团粒会因热量不足而无法完成球化过程，使球化率降低。

因此，合理的送粉速率应使粉末团粒在等离子体高温区中被加热到所需能量状态(内部粉末完全熔化成金属液体)。在此基础上，才可进一步提高送粉速率以提高等离子体能量的利用率。送粉速率过低或过高都会使球化后的部分粉末产生缺陷，影响所得粉末质量。

等离子体球化设备共搭载有两种工作气体：氢气和氩气。氢气作为辅助工作气体，在等离子体放电开始后，通入适当的氢气使功率提高，避免能量紊乱使等离子体火焰熄灭。氩气作为工作气体，能在最低功率下发生击穿放电，且不引入其他杂质。同时氩气也作为载气，携带粉末原料进入等离子体炬。当等离子体球化设备的功率及送粉速率一定时，载气流量的大小影响粉末颗粒在等离子体高温区的吸热时间以及粉末颗粒在等离子体高温区的分布状态。以喷雾造粒所制得的团粒作为原料，进行球化实验，保持其他工艺参数不变的条件下，更改载气流量，其中送粉速率保持为 6 g/min。图 2-31 为对应不同载气流量时，经等离子体球化后制得的合金粉末的形貌。当载气流量为 4.5 L/min 时，如图 2-31(a)所示，球化率为 98%，部分粉末存在"过烧"现象，表面粗糙，粒度分布范围大。当载气流量为 6.0 L/min 时，如图 2-31(b)所示，球化率为 100%，粉末"过烧"现象消失，表面光滑，粒度分布均匀。当载气流量为 7.5 L/min 时，如图 2-31(c)所示，粉末球化率降至 98%，粉末"过烧"现象重新出现，粒度分布范围变宽，粒度较细的粉末增多。

综上可知，在等离子球化过程中，随着载气流量的增加，粉末球化效果也是先变好后变差。当载气流量过小时，粉末团粒进入等离子体炬的初速度较小，其通过等离子体高温区的时间将会增加，从而吸收过多的热量，部分小颗粒粉末被汽化后凝结在大颗粒粉末表面，出现粉末"过烧"现象。延长通过等离子体高温区的时间也会提高粉末团粒的破碎概率(黏结剂率先气化失效，导致粉末团粒解体)，从而使球化后的合金粉末粒度变细。当载气流量增加时，粉末团粒通过等离子体高温区的时间缩短，吸收的热量减少，粉末"过烧"现象消失，同时粉末团粒的破碎概率下降，粉末粒度分布均匀。当载气流量过大时，粉末团粒进入等离子体炬的初速度较大，通过等离子体高温区的时间缩短，冷凝时间也相应缩短，出现金属液滴来不及在表面张力的作用下完成球化的情况，同时载气流量过大会使等离子体火焰偏离轴线位置，使部分粉末团粒的运动轨迹发生紊乱，从而导致如"过烧"等缺陷的出现。

因此，合理的载气流量应使粉末团粒在合适的时间内通过等离子体高温区(团粒不会提前破碎，到达高温区时完全熔化成金属液体)，并且使离子体火焰保持在轴线位置，从而使粉末团粒的运动轨迹稳定。载气流量过小或过大都会使球化后的部分粉末产生缺陷。

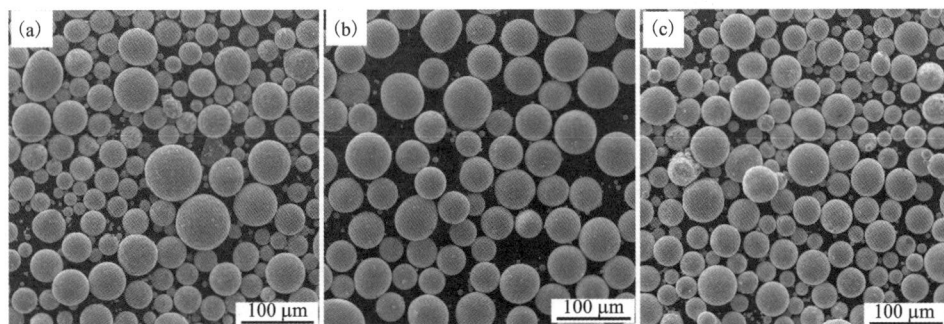

(a)4.5 L/min；(b)6.0 L/min；(c)7.5 L/min。

图 2-31　不同载气流量条件下经等离子体球化后制得的合金粉末的 SEM 图

第3章

多主元合金致密化技术

3.1 放电等离子烧结(SPS)

3.1.1 技术原理

1988年,第一台工业型放电等离子烧结(spark plasma sintering, SPS)设备在日本诞生,并迅速在新材料开发领域推广使用。20世纪90年代以后,已经推出了工业化的第三代SPS设备,其脉冲电流可达到5000~8000 A,液压压力达到10~100 t。近几年,又研制出了脉冲电流为25000 A、压力高达500 t的大型等离子烧结装置。由于SPS技术拥有低温烧结、快速烧结和高致密化等优势,现在已广泛应用于新材料的研发,引起了国内外材料科学研究者和工业界的广泛关注。

SPS技术是利用等离子体放电现象,进行快速致密化。材料在高温及脉冲电流条件下会出现一种等离子体物质状态,属于固、液、气态以外的第四种状态。等离子体是一种电离态,由许多中性粒子和带正电、负电的粒子组成,但整体却表现出中性性质的气态。等离子体作为一种解离的高温导电气体,可为反应活性高的物质提供条件。一般来说,烧结时等离子体的温度可以达到4000~10000 ℃,其中的原子或气态分子都处于高度活化状态,并且解离程度非常高,使得SPS成为一种非常重要的活化烧结技术。

放电等离子烧结设备的主要组成部分包括轴向压力装置、气氛控制系统(真空、Ar、N_2)、真空腔体、水冷冲头电极、直流脉冲及冷却水、温度测量、位移测量和安全控制等单元。放电等离子烧结与热压(HP)有许多相似之处,但加热方式不同。SPS利用的是通-断直流脉冲电流对粉末进行加热。其中脉冲电流的主要作用是产生大量的放电等离子体、焦耳热、放电冲击压力及电场扩散。在SPS烧结过程中,模具两端的电极一旦通入直流脉冲电流,在合适的条件下可瞬时产生大量等离子体, 活化颗粒表面, 提高致密化速率。放电等离子烧结可以看作热压、加压烧结和等离子加热的综合结果。在 SPS 技术中, 颗粒间的放电作用可产生局部高温, 熔化颗粒的表面, 使颗粒表面污染物质剥落, 实现活化烧结; 此外, 高温等离子的溅射和放电的冲击作用也能清除粉末颗粒的表面氧化层、杂质和吸附的气体等。SPS 中强大的电场也能加快金属颗粒的扩散过程。

放电等离子烧结的主要优点有升温速度快、烧结温度低、烧结时间短、加热均匀、生产效率高; 所制备的材料组织细小均匀, 致密度高。SPS 还可以烧结一些形状复杂的零件以及梯度材料等, 因此被广泛地应用于金属、陶瓷和各种复合材料的制备。SPS 制备的典型材料如表 3-1 所示。

表 3-1　SPS 制备的典型材料

类别	具体材料
金属	Fe, Sn, Ti, Cu, Al, Au, Cr, W, Be
氧化物陶瓷	Al_2O_3, ZrO_2, MgO, SiO_2, TiO_2, HfO_2
碳化物陶瓷	WC, B_4C, TaC, TiC, ZrC, SiC, VC
氮化物陶瓷	Si_3N_4, TiN, AlN, TaN, ZrN, VN
硼化物陶瓷	HfB_2, LaB_6, TiB_2, ZrB_2, VB_2
氟化物陶瓷	LiF, MgF_2, CaF_2
金属陶瓷	Al_2O_3+Ni, Si_3N_4+Ni, ZrO_2+Ni, Al_2O_3+TiC
金属间化合物	TiAl, NiAl, NbCo, Si_3Zr_5, $MoSi_2$

3.1.2　SPS 制备的多主元合金的性能

SPS 是制备多主元合金致密块体材料的主要技术之一。由于 SPS 过程短, 合金化效果差, 因此原料通常为预合金化粉末, 如气雾化多主元合金粉末或者机械合金化多主元合金粉末。SPS 烧结时间短, 所制备的多主元合金具有晶粒细小的特点; 且 SPS 冷却速度快, 所制备的多主元合金过饱和度大, 可以固溶大量合金和间隙元素。因此, 相比于常规铸造合金, SPS 多主元合金通常具有更高的强度。此外, 由于 SPS 独特的加热方式, 在烧结温度较高时可以形成梯度温度场, 因此还能制备梯度结构多主元合金。下面将介绍 SPS 制备的多主元合金的组织性能和力学性能特点。

1. SPS 制备 FeCoCrNiMn 多主元合金

以机械合金化 FeCoCrNiMn 多主元合金粉末为原料, 通过 SPS 制备多主元合金致密块体材料。烧结时采用石墨模具，且在模具内侧及压头部分均匀喷涂一层氮化硼保护层，并垫石墨纸防止黏结。烧结的具体工艺如图 3-1 所示，整个过程保持真空度小于 10 Pa。所使用的 FeCoCrNiMn 多主元合金粉末分别经过了不同的球磨时间。

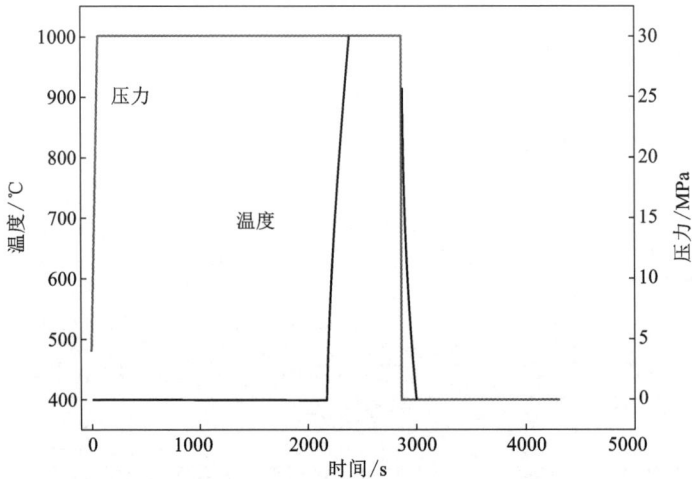

图 3-1　放电等离子烧结工艺曲线

　　图 3-2 为球磨 4 h 的粉末烧结后所得 FeCoCrNiMn 多主元合金的显微组织。结果表明，球磨粉末放电等离子烧结后，合金内部晶粒尺寸为亚微米级。球磨 4 h 时合金的晶粒大小约为 600 nm，但是晶粒尺寸不均匀。这是由于球磨时间较短，不同粉末的变形程度不相同。烧结时粉末发生回复和再结晶，变形程度小的粉末发生回复，未能再结晶，变形剧烈的区域发生再结晶。图 3-3 为球磨 10 h 和 15 h 的粉末烧结后所得块体合金的显微组织。10 h 时，合金的晶粒大小约为 300 nm，但是合金的晶粒尺寸同样不均匀。15 h 时，合金的晶粒大小变化不大，但变得更加均匀。球磨时间延长，粉末变形剧烈，粉末内储能较高，虽然烧结过程很短，但是烧结温度高，发生了再结晶。因此，球磨 10 h 和球磨 15 h 粉末的显微组织较细小均匀。

　　SPS 烧结的 FeCoCrNiMn 多主元合金的拉伸应力-应变曲线如图 3-4 所示，其力学性能数据见表 3-2。由表可知，随着球磨时间延长，合金的强度不断增大，但是塑性不断降低。粉末球磨 10 h 后，烧结块体的抗拉强度达到 1000 MPa 以上，伸长率约为 6%；而粉末球磨 4 h 后烧结块体的强度较低，而伸长率较高。真空电弧熔炼所制备的 FeCoCrNiMn 多主元合金的抗拉强度列于表 3-3 中，可见，粉末冶金多主元合金具有更高的抗拉强度以及良好的塑性。

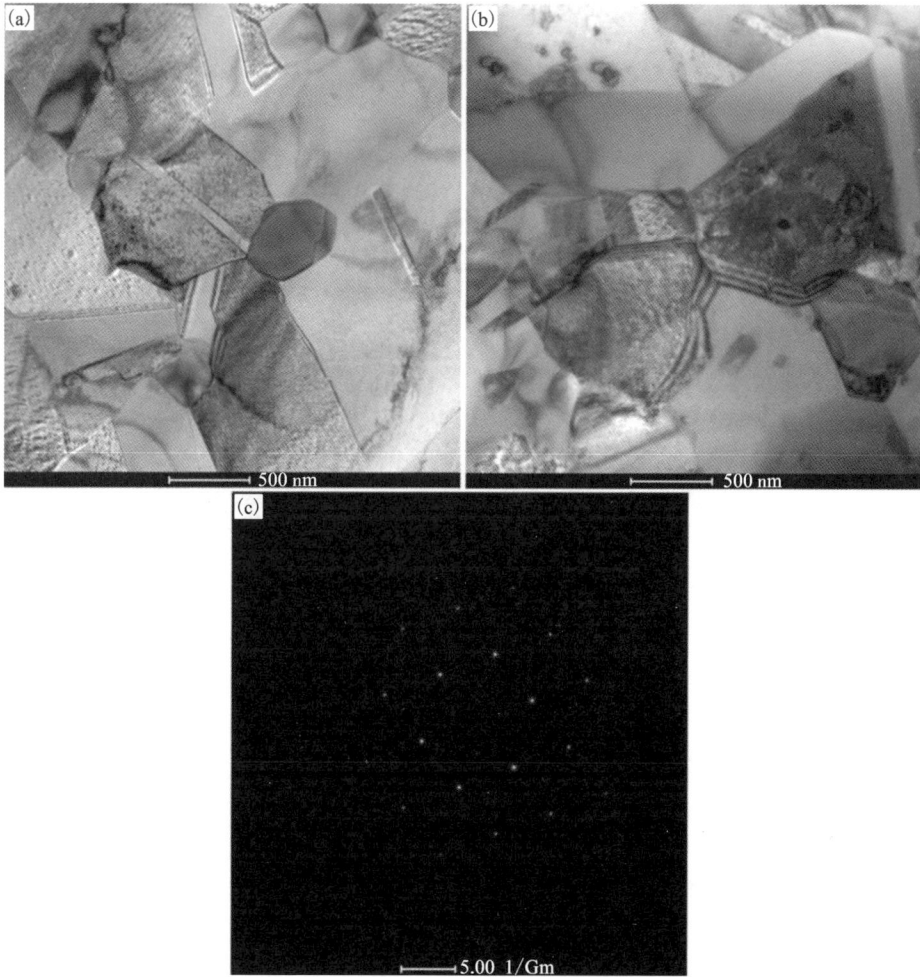

（a）（b）粉末球磨 4 h 后烧结组织；（c）（b）图的选区衍射。

图 3-2　多主元合金经放电等离子烧结后的显微组织

表 3-2　不同球磨时间的 FeCoCrNiMn 多主元合金粉末烧结后块体的拉伸力学性能

粉末球磨时间/h	4	10	15
抗拉强度/MPa	762	1040	1055
伸长率/%	9.8	6.8	6.3

（a）（b）球磨 10 h 粉末烧结组织；（c）（d）球磨 15 h 粉末烧结组织。

图 3-3　FeCoCrNiMn 多主元合金经放电等离子烧结后显微组织

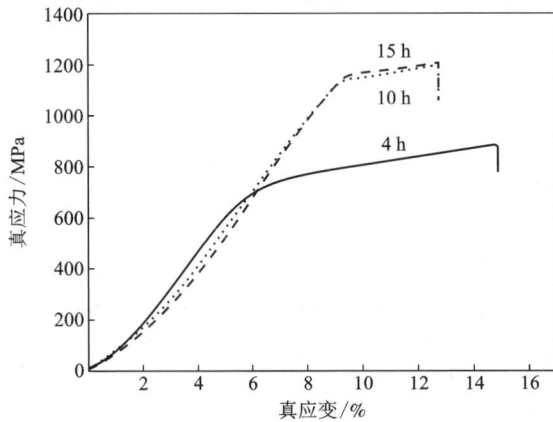

图 3-4　FeCoCrNiMn 多主元合金拉伸应力-应变曲线

表 3-3　已报道 FeCoCrNiMn 系列多主元合金力学性能

成分	抗拉强度/MPa	伸长率/%
CrMnFeCoNi	480	36
CrFeCoNi	480	35
CrMnFeCoNi	759	50
$Fe_{40}Mn_{26}Ni_{27}Co_5Cr_2$	489	58
$Fe_{40}Mn_{27}Ni_{26}Co_5Cr_2$	645	58
CrMnFeCoNi	700	36

以上数据表明,多主元合金粉末球磨时间越长,SPS 制备的块体材料显微组织就越细小。球磨前期,球与粉末碰撞对粉末产生微锻,由于 FeCoCrNiMn 多主元合金粉末塑性很好,粉末颗粒变成片状和碎块状,但可能形成冷焊层,冷焊层可以减少磨球的过度磨损,也减少了其对粉末的污染。随着球磨时间延长,粉末不断产生冷焊和断裂,粉末粒度减小。此时合金粉末经受了较剧烈的变形和动态再结晶,晶粒尺寸迅速减小。球磨 4 h 后,晶粒尺寸约为 600 nm,球磨初期的晶粒尺寸变小得非常明显。球磨时间延长到 10 h 后,粉末发生广泛冷焊,片状粉末被揉搓并团聚在一起。粉末进一步加工硬化,硬度和脆性都明显增大,使得晶粒进一步细化。球磨时间延长到 15 h 后,粉末仍为团聚结构,但是粉末的冷焊和破碎达到了动态平衡。由于粉末内部变形储能很高,烧结过程中发生了再结晶现象。因此,这和延长球磨时间的粉末烧结后所得显微组织相似。

通过 SPS 制备的超细晶 FeCoCrNiMn 多主元合金,与用普通熔炼方法制备的合金相比,其强度显著提高,但是塑性明显下降。造成这种现象的主要原因是粉末球磨过程中含氧量明显升高。球磨时间延长,粉末氧化程度增大。这些氧一部分固溶在粉末中,一部分以氧化物的形式存在。固溶在粉末中的氧以间隙原子的形式存在时,可以强化多主元合金。以氧化物存在的氧主要是 Cr、Mn 的氧化物,弥散分布在多主元合金中,在提高强度的同时也容易形成裂纹。球磨 4 h 制得的合金晶粒尺寸比球磨 10 h 和 15 h 的晶粒尺寸都大,其强度偏低,但伸长率略高。

2. SPS 制备 FeCoCrNiMo 梯度结构多主元合金

对于放电等离子烧结过程来说,加压压力是致密化过程的重要参数之一,同时也可能对材料组织演化产生影响。作者团队采用 1150 ℃ 作为固定烧结温度,在不同压力条件下制备了 FeCoCrNiMo 多主元合金。图 3-5 为不同压力下制备试样横截面的显微组织,其在径向方向上呈现明显的梯度分布。对比不同成形压力的微观组织可知,组织变化区域的厚度随着压力的增加而逐渐减小。产生这种现象的原因主要是在 SPS 过程中,石墨模具内温度场沿径向方向的不均匀分布,如图 3-6 所示。随着烧结温度的升高,试样中心区域与边缘位置(模具接触)的实际温差逐渐增大,当中心位置的温度为 1700 ℃时,在样品与模具接触的边缘位置,其实际温度仅 1200 ℃,温差达到 500 ℃左右。因此,样品温度场分布不均匀,会导致显微组织呈现出梯度分布。样品心部主要为 FCC 单相结构,而样品表层为 FCC 基体+σ 相的双相结构。

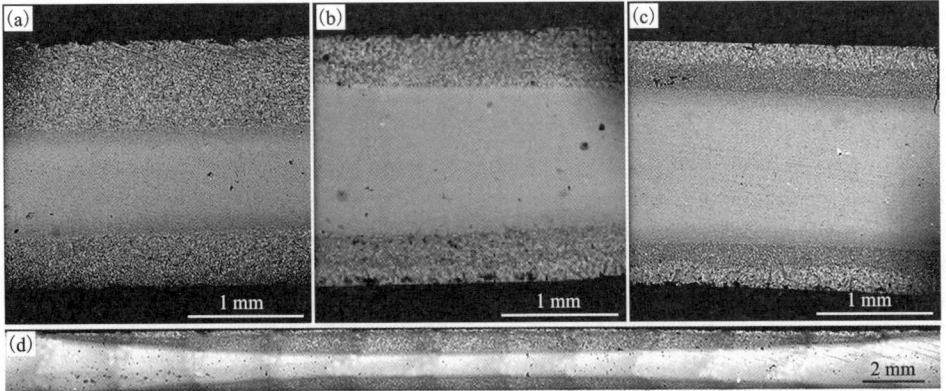

(a)和(d)30 MPa;(b)35 MPa;(c)40 MPa。

图 3-5 1150 ℃、不同压力条件下采用 SPS 技术制备的 FeCoCrNiMo 多主元合金的显微组织

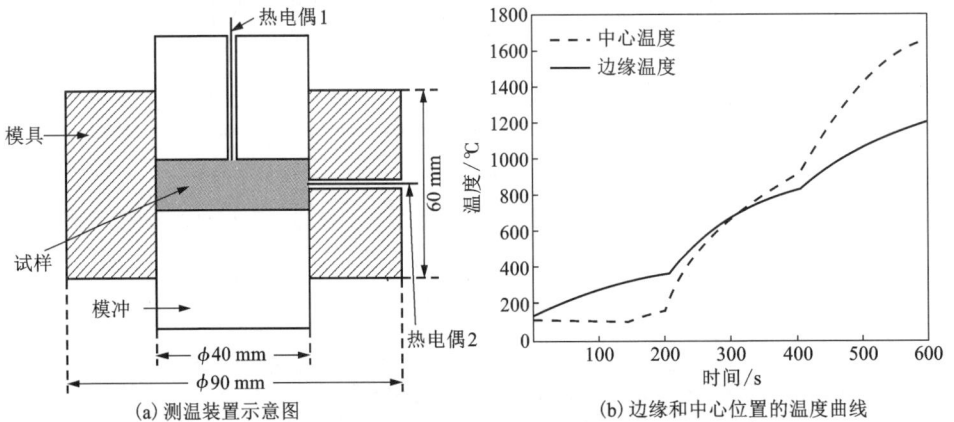

图 3-6 SPS 过程中测温装置示意图及边缘和中心位置的温度曲线

在 1150 ℃、30 MPa 条件下,材料显微组织存在第二相(σ 相),且随着距离变化呈现出明显的梯度分布,如图 3-7 所示。第二相的体积分数由心部位置向表层区域方向逐渐增大[图 3-7(b)]。当压力为 30 MPa 时,第二相的体积分数从边缘位置的 27% 降低到 550 μm 处的 14%,减少了约 50%;随着压力提高至 40 MPa,第二相的体积分数从表层区域的约 19% 急剧减少到 550 μm 处的仅 1%。这表明随着压力的增加,生成第二相的区域厚度明显减小,其体积分数明显降低。这是由于在 SPS 制备过程中,粉末颗粒间的空隙在脉冲电流的作用下发生放电现象,产生局部高温;由于样品中存在不均匀的密度分布,与模具接触的试样表层中心区域的密度最低,沿径向方向两端逐渐增加,在纵向方向朝心部区域逐渐增加。在密度较低的表面中心区域,颗粒存在明显的放电现象,提高了该区域的温度,导致第二相的含量相对较高。随着压力的增加,样品的整体致密化程度逐渐提高,不同区域位置处的密度增加并趋向于均匀分布,颗粒间局部放电现象减弱,因此第二相富集区域相对较少。

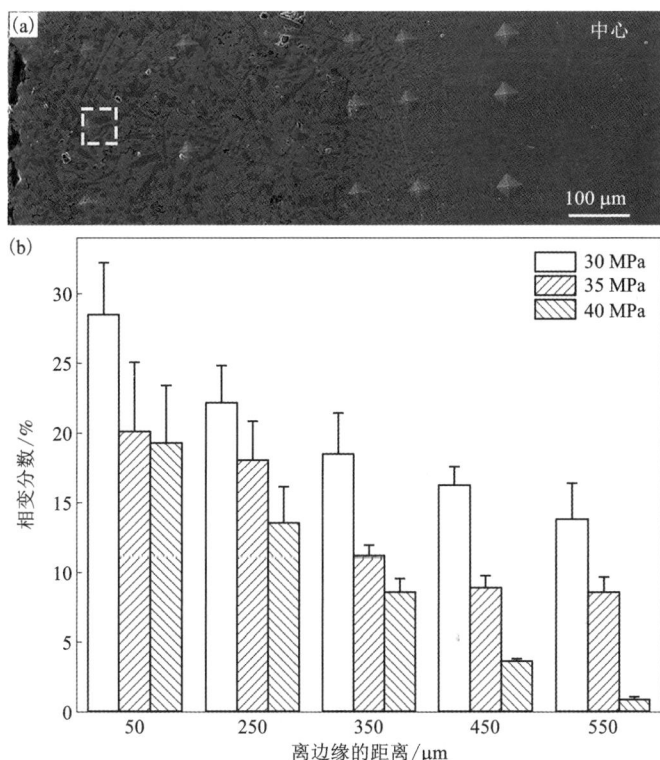

(a)梯度分布形貌;(b)表面不同距离处析出相的体积。

图 3-7 1150 ℃下 FeCoCrNiMo 组织梯度分布形貌和表面不同距离处析出相的体积

通过 DSC 测得第二相(σ)相的形成温度约 1260 ℃,而在 950 ℃左右时 FCC 相开始形成。然而,在烧结温度为 1150 ℃的条件下,试样在沿水平方向上时中心区域的温度较高,促使了 σ 相的形成;沿边缘方向移动,中心温度逐渐降低,导致了 σ 相的数量逐渐减少,直至在靠近芯部位置处消失。

对不同压力条件下烧结获得的 FeCoCrNiMo 高熵合金的横向断裂强度进行分析,如图 3-8 所示。由图可知,当压力为 40 MPa 时,试样具有最高横向断裂强度和断裂应变,分别为 1004 MPa 和 2.3%。横向断裂强度随着压力的降低而降低,当压力为 30 MPa 时,横向断裂强度最低。这一结果是因为压力为 30 MPa 时,σ 相含量较多,σ 相作为一种脆性相,导致了样品韧性的降低。随着压力的增加,σ 相的含量逐渐减少,因此横向断裂强度提高。

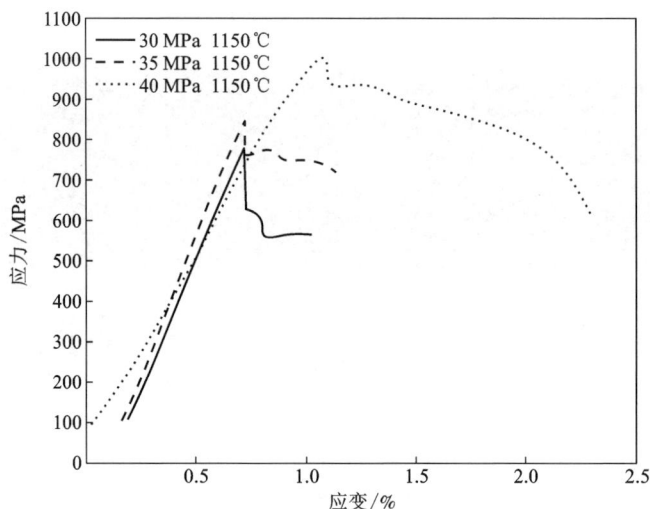

图 3-8 1150 ℃、不同压力条件下采用 SPS 技术制备的
FeCoCrNiMo 多主元合金的横向断裂应力-应变曲线

根据 Tsai 的研究,在 σ 相形成后,$Al_{0.3}CrFe_{1.5}MnNi_{0.5}$ 多主元合金的显微硬度几乎增加了 2 倍。在本研究中,σ 相作为一种典型的有序四方结构,比 FCC 结构的固溶体具有更高的硬度。因此,样品从边缘到中心,伴随 σ 相的减少和硬度相对较低的 FCC 基体相的增加,硬度呈现出由高到低的变化趋势,如图 3-9 所示。另外,由于压力会间接影响厚度方向上 FCC 相和 σ 相的梯度分布。当加压压力为 30 MPa 时,硬度分布呈现出较陡峭的变化趋势。但当压力为 40 MPa 时,由于相变区较薄,硬度的整体变化趋势趋于平缓。以上研究对于 SPS 工艺研究具有一定的参考价值,但作为工程应用还有较大距离。

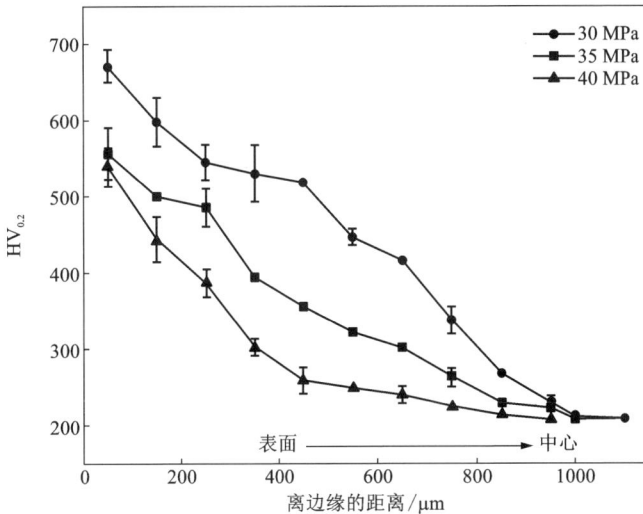

图 3-9 **1150℃、不同压力条件下采用 SPS 技术制备的 FeCoCrNiMo 多主元合金显微硬度随深度变化曲线**

3. SPS 制备多主元难熔合金

作者团队以机械合金化 NbTaTiV 多主元合金粉末为原料,采用 SPS 技术制备了 NbTaTiV 多主元难熔合金块体材料。该材料的 EBSD 结果如图 3-10 所示,在 1500~1700℃温度及 30 MPa 压力下烧结后,合金基本完成致密化,仅 1500℃烧结样品中还有少许残余孔隙。材料的晶粒尺寸细小,整体组织分布均匀。经分析,所制备的 NbTaTiV 多主元合金为 BCC 单相结构,内部化学元素分布均匀。图 3-11 为不同温度下采用 SPS 技术制备的 NbTaTiV 合金的室温拉伸曲线,可见随着制备温度升高,合金的屈服强度与抗拉强度均逐渐提高,但伸长率基本维持不变。但是,在较低温度进行 SPS 时,虽然晶粒尺寸较细,但残余孔隙对室温拉伸性能的影响更大,造成合金强度偏低。因此对于多主元难熔合金来说,高的 SPS 制备温度可促进残余孔隙消除,提高合金力学性能。

然而,Byungchul 等在 1500~1700℃对机械合金化的 WNbMoTaV 多主元合金粉末进行致密化处理,采用 SPS 技术制备了块体合金。图 3-12 为不同温度下采用 SPS 制备的 WNbMoTaV 合金的 SEM 图及腐蚀后组织形貌图。可见,在不同温度下 SPS 制备后 WNbMoTaV 多主元难熔合金都完成了致密化,残余孔隙很少,主要原因是采用了高的压力(50 MPa)。所制备的 WnbMoTaV 合金内部析出了第二相,经分析为 Ta_2VO_6 氧化物颗粒。在 1500℃进行 SPS 制备后,氧化物颗粒尺寸

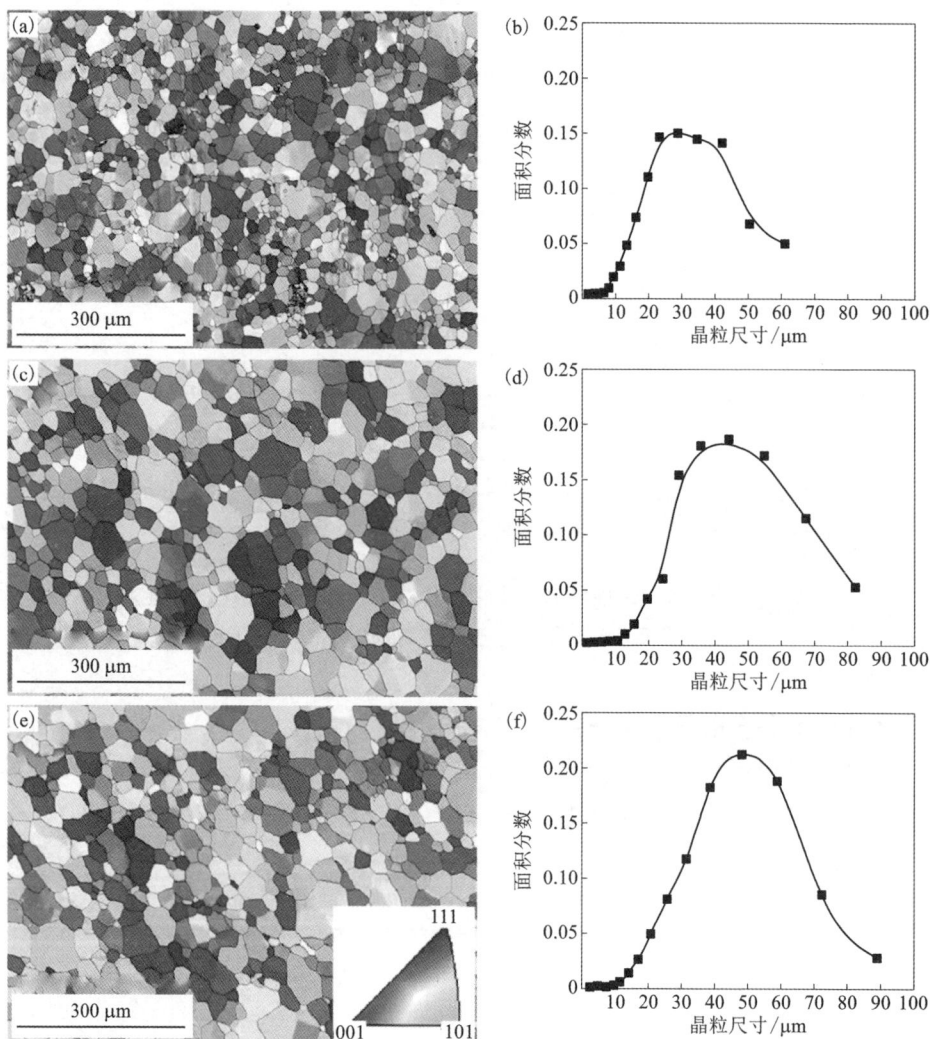

（a）（b）1500℃ SPS 结果；（c）（d）1600℃ SPS 结果；（e）（f）1700℃ SPS 结果。

图 3-10　不同温度下采用 SPS 技术制备的 NbTaTiV 合金的 EBSD 结果

较小，分布弥散，体积含量较高。随着 SPS 温度提高，氧化物颗粒尺寸逐渐增大，但含量逐渐减少，氧化物主要分布在合金的晶界上。此外，WNbMoTaV 多主元难熔合金的晶粒尺寸随 SPS 温度的升高而逐渐增大。在 1500℃烧结的合金平均晶粒尺寸为 5.3 μm，在 1600~1700℃烧结的合金平均晶粒尺寸约为 15 μm。图 3-13 为不同温度下采用 SPS 技术制备的 WNbMoTaV 合金的室温压缩曲线，其屈服

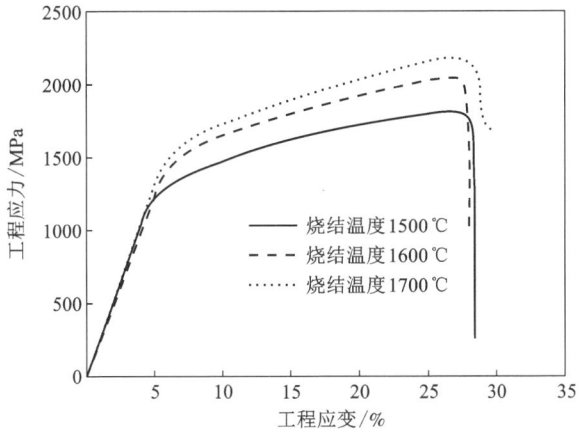

图 3-11　不同温度下采用 SPS 技术制备的 NbTaTiV 合金的室温拉伸曲线

强度接近，而塑性随着 SPS 制备温度的提高反而降低。该多主元合金的塑性主要
受氧化物颗粒的影响，随着颗粒的粗化，更容易引起应力集中，导致塑性迅速
降低。

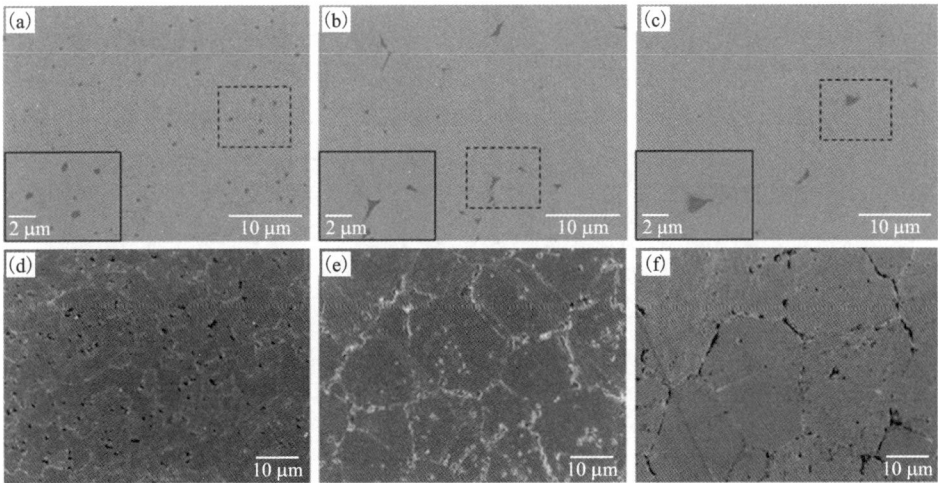

(a)(d)1500℃；(b)(e)1600℃；(c)(f)1700℃。

图 3-12　不同温度下采用 SPS 技术制备的 WNbMoTaV
合金的 SEM 图(a)~(c)及腐蚀后组织形貌图(d)~(f)

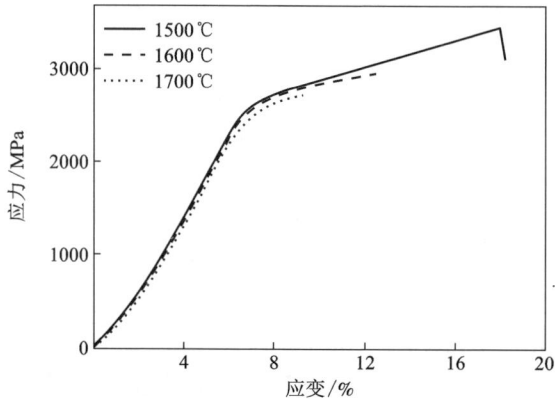

图 3-13　不同温度下采用 SPS 技术制备的
WNbMoTaV 合金的室温压缩曲线

3.2　热压烧结(HP)

3.2.1　技术原理

热压烧结(hot pressing, HP)又被称为加压烧结。该方法是将粉末材料装入模具的模腔内,然后放入热压烧结炉中,在高真空或者氩气环境下对粉末施加单轴压应力,并加热至烧结温度,保温一段时间后使材料的成形和烧结同时进行的方法。由于热压烧结过程中加热和加压是同时进行的,模具中的粉末处于热塑性状态,有助于颗粒的变形与流动传质过程的进行,因此材料所需的成形压力远低于冷压成形所需的压力,烧结时间也得到了缩短,从而抑制了晶粒的长大现象。此外,热压烧结过程中无需添加烧结助剂或成形助剂,因而容易得到接近理论密度,且具有良好力学性能的产品。热压烧结的缺点是其过程及设备相对复杂,模具材料要求高,生产效率较低且成本高。

热压设备通常由炉体、加热、保温及测温系统、加压系统、真空气氛系统、水冷系统、控制系统组成,如图 3-14(a)所示。加热炉以电作为热源,加热元件有 SiC、MoSi 或镍铬丝、铂合金丝、钼丝等,保温材料常采用石墨毡。加压装置要求速度平缓、保压恒定、压力灵活调节。根据材料性质的要求,压力气氛既可以是空气,也可以是还原气氛或惰性气氛。模具要求高强度、耐高温、抗氧化且不与热压材料黏结,最广泛使用的是石墨模具。

在烧结过程中,粉末颗粒间会通过原子扩散形成烧结颈、晶粒合并长大、塑性流动等机制逐渐成为致密烧结体。根据热压烧结中粉末颗粒的变化特点,其致密化过程可以分为初期、中期和后期三个阶段,如图 3-14(b)所示。在热压烧结初期阶段,粉末颗粒紧密堆积在一起,在温度和压力的作用下逐渐通过物质迁移相互结合形成晶粒,粉末颗粒间由原来的点接触或面接触转变为晶粒结合,形成烧结颈。在热压烧结中期阶段,由于烧结驱动力的作用,粉末颗粒表面能不断减小,晶界产生滑移,引起局部变形和塑性流动,使得大部分空隙被填充。热压烧结进入后期阶段,虽然还有少量的界面滑移与粉粒重排,但大面积、长距离的颗粒滑动已不可能出现,此时压力作用下的扩散蠕变促进了物质迁移,使细孔隙不断减小,并最终消失。

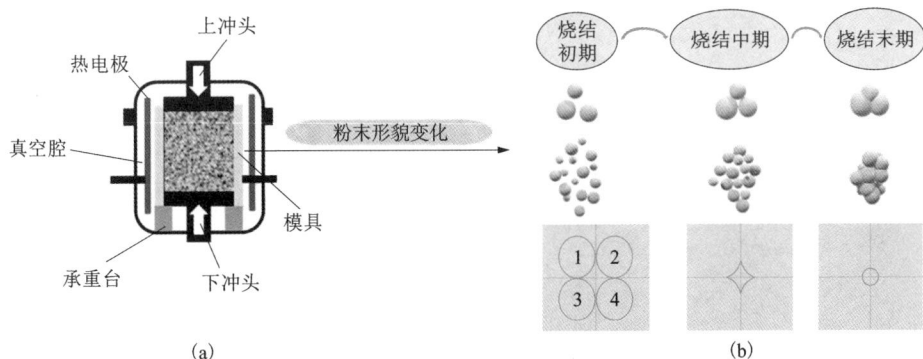

(a)热压烧结装置;(b)烧结过程中粉末的三个阶段。

图 3-14 粉末热压烧结装置及过程示意图

3.2.2 HP 制备多主元合金的性能

1. 热压烧结制备典型多主元合金

CoCrFeMnNi 多主元合金因其优异的塑性以及独特的变形机制而被广泛研究,但其屈服强度仍较低。Yang 等使用气雾化粉末结合热压烧结制备了 CoCrFeMnNi 多主元合金。图 3-15 为不同状态下 CoCrFeMnNi 多主元合金的组织形貌图。由图可知,烧结后合金的显微组织由等轴晶粒组成,晶粒尺寸分布从几微米到几十微米,平均晶粒尺寸为 16 μm。由于球磨过程引入较高含量的氧碳元素,使热压过程析出了少量细小氧化物,有效地阻碍了晶粒的粗化。作为对比,作者团队制备了同样成分的铸态合金,并将铸态样品在 1100 ℃均匀化处理 1 h。图 3-15(b)和(c)分别显示了铸态和均匀化 HEA 的光学显微照片。铸态合金表现出典型的粗枝晶形态,晶粒尺寸约为 215 μm。均匀化处理后,可以清楚地观察到粗大的等轴晶组织,平均晶粒尺寸约为 239 μm。图 3-16(a)为热压烧结态 CoCrFeMnNi 多主元合金及对比合金的 XRD 图谱。结果表明,CoCrFeMnNi 多主元合金在烧结、铸态和均匀化条件下，都为 FCC 单相结构。图 3-16(b)为热压烧结态 CoCrFeMnNi 多主元合金及均匀化合金的室温拉伸应力-应变曲线，由图中可知这两种状态合金样品都表现出优异的塑性和加工硬化能力。热压烧结态合金的屈服强度和极限抗拉强度分别达到 358 MPa 和 778 MPa，比均匀化的 CoCrFeMnNi 合金提升 79% 和 60%。细晶强化效应是热压烧结合金强度提升的主要原因。

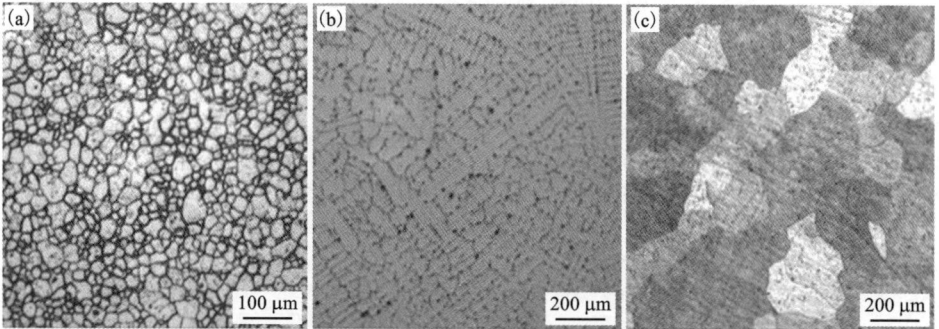

(a)在1100℃下热压烧结2 h；(b)铸态；(c)铸态在1100℃下均匀化退火1 h。

图 3-15　不同状态下 CoCrFeMnNi 多主元合金的组织形貌图

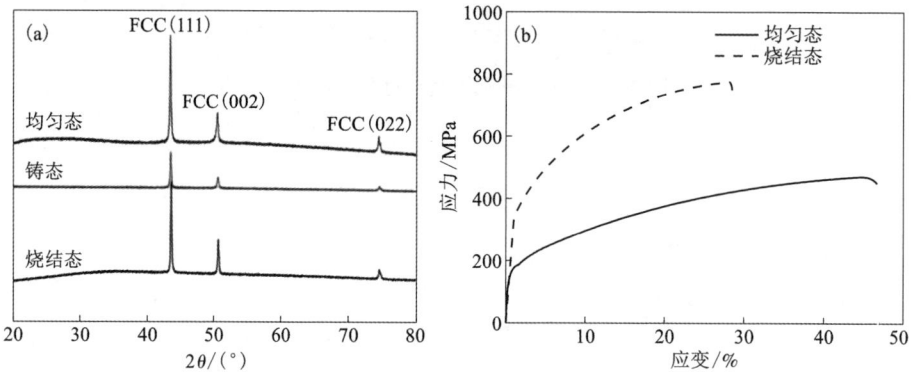

(a)不同状态下 CoCrFeMnNi 多主元合金的 XRD 图谱；
(b)烧结和均匀态 CoCrFeMnNi 多主元合金的拉伸应力-应变曲线。

图 3-16　不同状态 CoCrFeMnNi 多主元合金相组成与力学性能

2. 热压烧结与 SPS 制备的多主元合金对比

热压烧结与放电等离子烧结都是在高温高压条件下，将粉末放入石墨模具中进行固相成形，两种技术有许多相似之处。为了更加直观地了解热压烧结的技术特点，作者团队分别采用热压烧结技术和放电等离子技术制备了 $FeCoCrNiMo_{0.15}$ 多主元合金。为了获得近全致密的试样，选择在较高的温度下进行热压烧结，烧结温度为 1200 ℃，保温保压时间为 1 h。SPS 烧结温度为 950 ℃，保温保压时间为 8 min。采用 SPS 技术和热压烧结技术的烧结曲线分别如图 3-17(a)和(b)所示。

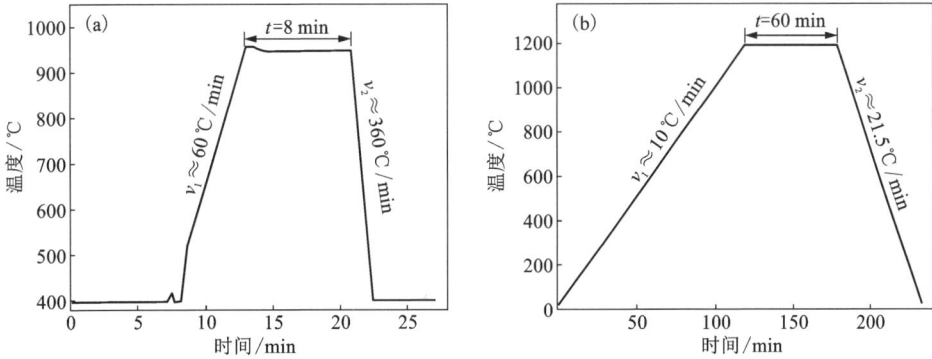

(a)SPS；(b)热压烧结。

图 3-17　FeCoCrNiMo$_{0.15}$ 多主元合金不同烧结工艺曲线

图 3-18 所示为采用 SPS 技术和热压烧结技术制备的 FeCoCrNiMo$_{0.15}$ 多主元合金的显微组织形貌和 XRD 图。从图 3-18(a)中可以看出，SPS 样品由单相 FCC 构成，组织均匀且较为致密，仅存在少量未闭合的残留孔隙。由图 3-18(b)可以看出，热压烧结试样同样具有良好的致密性，但试样中生成了大量新相，分别为浅灰色、深灰色和黑色相。表 3-4 为热压烧结试样中不同相的成分含量，可以确定分别为富含 Fe、Co 和 Ni 的基体 FCC 相、富 Cr 相和碳化物相。根据图 3-18(d)中的 XRD 图谱可知，浅灰色相为 FCC 基体相，深灰色相为富 Cr 的 σ 相，黑色相为碳化物相，具体包括 Mo$_2$C 和 Cr$_{23}$C$_6$。虽然 Fe、Co 和 Ni 之间具有良好的互溶性，但 Mo 和除 Cr 外的其他元素互溶性较差，Mo 与 Co、Cr、Fe 和 Ni 元素易形成金属间化合物。因此，热压样品中的 Mo 从 FCC 相中析出，与 Cr 元素重新参与分布，从而在烧结过程中形成富 Cr 和 Mo 的 σ 相。

表 3-4　热压烧结试样中不同相的成分含量(原子分数)　　单位：%

	Fe	Co	Cr	Ni	Mo	C
浅灰色	36.6±1.43	25.9±1.04	5.8±0.14	27.2±1.58	1.0±0.33	—
深灰色	27.5±1.81	12.3±0.65	46.7±2.11	3.5±0.24	7.9±0.46	
黑色	10.1±0.93	7.0±0.63	19.9±1.31	7.2±1.23	10.2±1.70	45.6±5.97

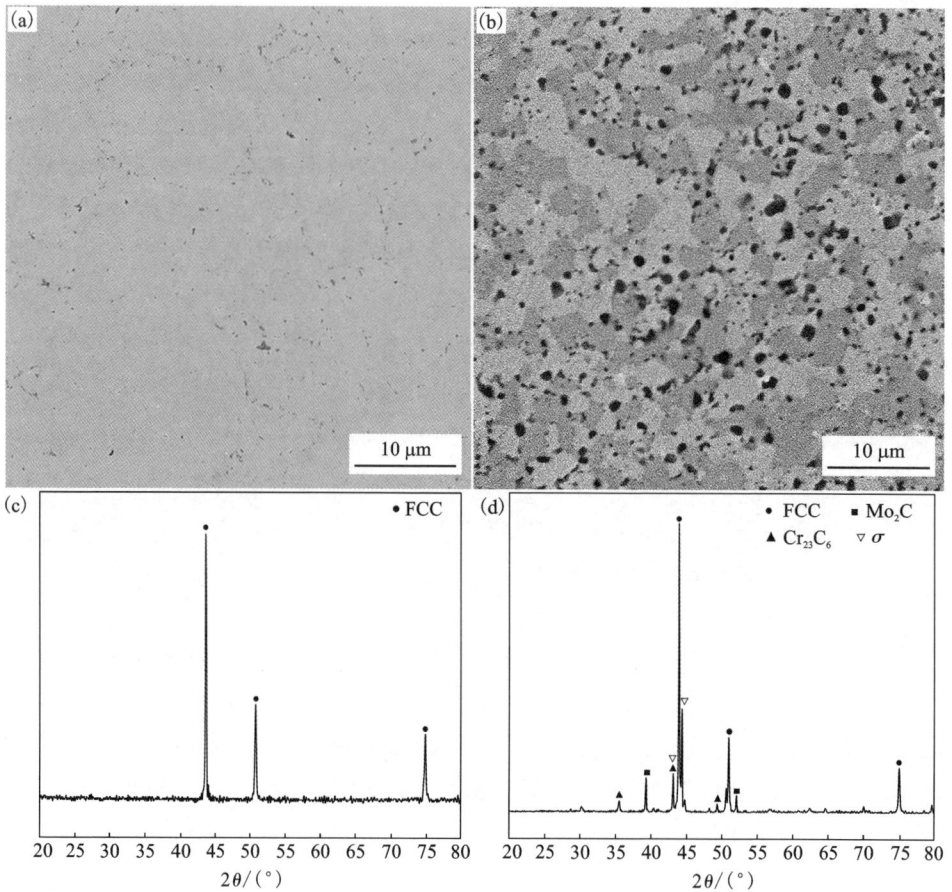

(a)、(c)SPS；(b)、(d)热压烧结。

图 3-18 FeCoCrNiMo$_{0.15}$ 多主元合金的显微组织和相组成

在烧结过程中，多主元合金粉末与高纯石墨模具不可避免地会发生接触。由于 SPS 技术的烧结温度较低(950 ℃)，保持时间较短(8 min)，C 元素扩散程度较弱，因此 SPS 样品中未生成碳化物。但是，在 1200 ℃ 的烧结温度和 1 h 的保温时间下进行热压烧结时，由于烧结时间长、烧结温度高，石墨模具中的 C 元素大量扩散进入多主元合金中。与 Fe、Co 和 Ni 相比，Cr、Mo 与 C 元素具有更负的混合焓，分别为 -61 kJ/mol 和 -67 kJ/mol，因此更易于形成碳化物。此外，在 Cr 和 Mo 的碳化物中，Mo$_2$C 和 Cr$_{23}$C$_6$ 的吉布斯自由能最低，在相同条件下更容易形成。

表 3-5 中列出了不同烧结工艺下制备的 FeCoCrNiMo$_{0.15}$ 样品的密度和致密度。热压烧结制备的样品的致密度为 94.4%，而 SPS 制备的样品为 95.1%。与热压烧结工艺相比，SPS 工艺的烧结温度更低，保温时间更短，样品的密度却更高。

这是由于 SPS 烧结过程中，在电场作用下可产生等离子体，能净化和活化粉末表面；同时，粉末颗粒间发生放电现象，通过自发热来获得高温，粉末颗粒快速结合，从而使样品获得更高的致密度。

表 3-5　不同烧结工艺条件下制得的 FeCoCrNiMo$_{0.15}$ 试样的密度和致密度

烧结工艺	密度/(g · cm^{-3})	致密度/%
SPS	7.88±0.02	95.1±0.2
VHP	7.82±0.03	94.4±0.3

对烧结试样进行显微硬度测量，热压烧结试样的平均显微硬度约为 683 HV，SPS 试样为 474 HV。这是由于热压烧结试样中存在大量的 σ 相和碳化物相。其中，σ 相是一种具有四方晶格结构的硬而脆的金属间化合物，显微硬度为 900~1000 HV。Mo$_2$C 是紧密堆积的六方碳化物，硬度为 1500 HV。Cr$_{23}$C$_6$ 是一种复杂的立方碳化物，其硬度为 1000~1140 HV。因此，热压烧结(简称为 VHP)试样的显微硬度相对较高。

SPS 和 VHP 试样的断裂位移和横向断裂强度列于表 3-6 中。SPS 和 VHP 试样的横向断裂强度分别为 1872 MPa 和 1205 MPa。SPS 样品的断裂位移约为 0.55 mm，VHP 样品的断裂位移为 0.36 mm。SPS 试样的横向断裂强度和位移约为 VHP 的 1.5 倍，表现出良好的断裂韧性。而 VHP 样品中存在大量高硬度的 σ 相和 Mo$_2$C、Cr$_{23}$C$_6$ 碳化物相，导致试样脆性断裂，如图 3-19 所示。

表 3-6　SPS 和 VHP 试样的断裂位移和横向断裂强度

烧结工艺	断裂位移/mm	横向断裂强度/MPa
SPS	0.55	1872
VHP	0.36	1205

图 3-20 是 SPS 和 VHP 试样的摩擦系数-时间变化曲线。SPS 样品的摩擦系数在摩擦开始时达到 0.61 的峰值，然后逐渐降低到 0.45 并在 30 s 内稳定下来。VHP 样品的摩擦系数在 30 s 时达到 0.44 的峰值，然后大幅波动，总体趋势为逐渐下降并趋于稳定。图 3-21 分别是采用 SPS 技术和 VHP 工艺制备的 FeCoCrNiMo$_{0.15}$ 多主元合金的磨痕形貌。SPS 样品表面存在大量连续的剥落表面和少数犁沟，这表明磨损机制以黏着磨损为主，并伴有少量磨粒磨损。对于 VHP 样品，磨损表面中黏着磨损的形态相对减少，并且存在许多不连续的剥落表面和

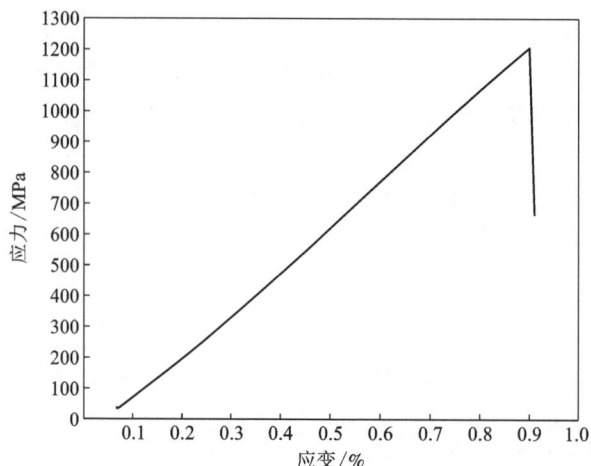

图 3-19　采用 VHP 工艺制备的试样的横向断裂应力-应变曲线

相对较少的犁沟，表明磨粒磨损占主导地位，并伴随着少量的黏着磨损。磨损面上的犁沟窄而浅的原因：VHP 样品中有更多的硬质碳化物颗粒，例如 Mo_2C 和 $Cr_{23}C_6$。这些硬质碳化物颗粒分散在多主元合金基体中，可以有效抵抗碎小磨粒的切割。因此，表面犁沟很浅，磨损率降低，耐磨性提高。此外，经过相同的磨损时间，VHP 样品的磨损质量为 0.003 g，仅为 SPS 样品的 1/10，显示出良好的耐磨性。

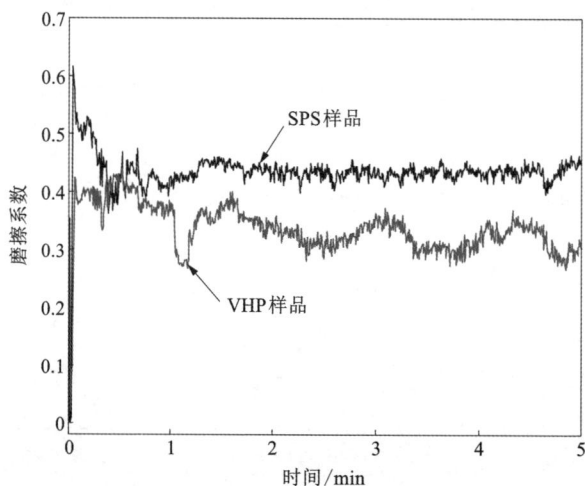

图 3-20　SPS 和 VHP 试样的摩擦系数-时间变化曲线

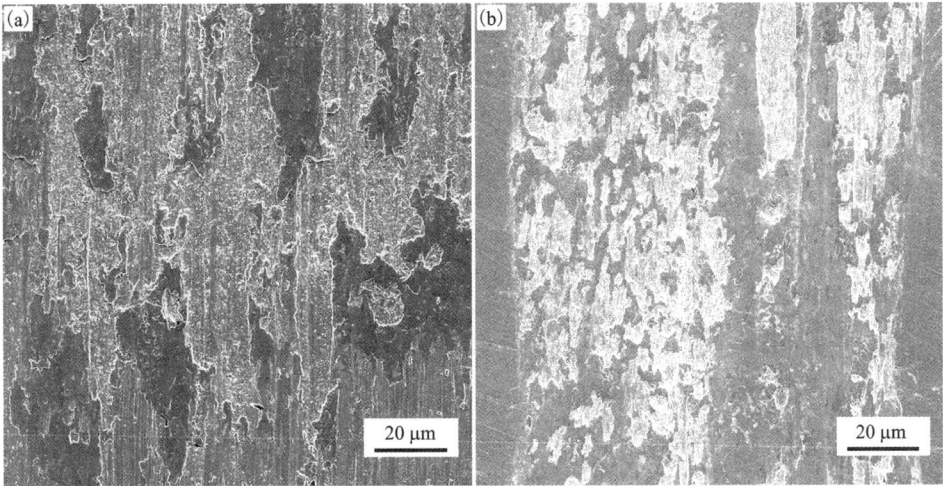

（a）SPS；（b）热压烧结。

图 3-21　采用 SPS 技术和 VHP 工艺制备的 FeCoCrNiMo$_{0.15}$ 多主元合金的磨痕形貌

综上所述，对比 VHP 工艺与 SPS 工艺制备的 FeCoCrNiMo$_{0.15}$ 多主元合金，发现 VHP 合金中存在明显的富 Cr 的 σ 相偏析，并伴随有 Mo$_2$C 和 Cr$_{23}$C$_6$ 碳化物生成。VHP 工艺制备的多主元合金由于在高温下保温时间较长，导致多主元合金中的过饱和固溶体失去高熵效应，析出金属间化合物相，材料的硬度和耐磨性提高，但是塑性和韧性有所降低。

3.3　粉末热挤压（PE）

3.3.1　技术原理

金属粉末挤压（powder extrusion，PE）是一种以粉末为原料，利用塑性挤压工艺实现粉末致密化来制取型材的技术，可制造其他工艺难以或不能生产的线材、管材和棒材。金属粉末挤压有两种，一种为黏结剂辅助挤压，即将粉末与具有流变特性的黏结剂混合后进行挤压，其生产过程和金属注射成形（MIM）相似；另外一种则是金属粉末热挤压。金属粉末热挤压是粉末冶金与热挤压相结合的工艺，该工艺不但能制造出其他方法难以加工的线性型材，而且由于其制造工艺过程较短和粉末变形量大，还可制备显微组织非常细小、力学性能优异的材料。

金属粉末热挤压有三种基本方法。第一种是将粉末松装于热挤压筒中，将粉末直接从挤压模中挤出。这种工艺已经用于挤压某些镁合金粗粉末（70～450 μm）。在没有保护气氛的条件下，将装有粉末的挤压筒加热，使其在15～30 s内上升到所需温度，然后将粉末保温加热到一定温度进行挤压。第二种是先将粉末进行冷压，而后热压成致密坯体，再进行热挤压。也有报道称，冷等静压后的钼粉压坯不用装包套，将其加热到挤压温度就可挤压。第三种金属粉末热挤压方法是将金属粉末装于金属包套中加热，然后带包套一起挤压，如图3-22所示。在粉末热挤压中，可将金属粉末生坯装于包套中，或用适度的压力将粉末冷压于金属包套中；也可采用振动方式，使球形粉末达到高的振实密度，即不需要预压。装填好粉末后，将抽气管的端面板焊接在包套上，在室温或高温下抽真空，然后将抽气管封死，之后再将包套与粉末进行加热挤压。在挤压温度下，包套材料应尽量与被挤压粉末具有相同的刚性，并且不与粉末发生反应，通常用铜和低碳钢作为包套材料。挤压后，用浸蚀或机械剥离等方法可以很容易地将包套清除掉。

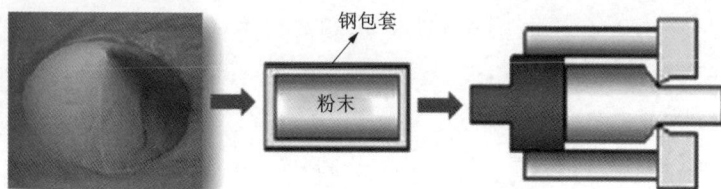

图3-22　金属粉末热挤压示意图

3.3.2　PE制备多主元合金的性能

粉末热挤压是制备高纯度、高致密度、高性能粉末冶金多主元合金材料的有效手段。通过该方法制备的合金块体材料具有致密度高、无原始粉末颗粒边界、晶粒细小等优点。下面以FeCoCrNi、FeCoCrNiAl$_{0.5}$C$_{0.05}$和Fe$_{23.3}$Co$_{25.1}$Cr$_{18.8}$Ni$_{22.6}$Al$_{1.7}$Ta$_{8.5}$三种材料为例，介绍多主元合金粉末的挤压成形及性能。

1. PE制备FeCoCrNi多主元合金

以气雾化FeCoCrNi多主元合金粉末为原料，粉末中位径为35 μm，具有BCC单相结构。将粉末装入不锈钢圆筒包套中，包套内径腔尺寸为ϕ60 mm×150 mm。将包套加热到500 ℃并进行抽真空除气，随后进行焊接封装。热挤压前，将包套件加热至1200 ℃并保温1 h，然后以10：1的挤压比和10 mm/s的挤压速度完成挤压，去除包套后获得粉末冶金FeCoCrNi多主元合金棒材。图3-23为粉末热挤压制备的FeCoCrNi多主元合金棒材及其显微结构。棒材表面质量较高，无明显宏观裂纹缺陷，致密度超过99.5%，几乎观察不到残余孔隙。FeCoCrNi多主元合金显微组织细小均匀，具有FCC单相结构。图3-24为粉末热挤压制备的

FeCoCrNi 多主元合金的 EBSD 结果。由此可见，合金的晶粒尺寸细小，且尺寸大小主要为 10~20 μm。挤压方向和横向方向分别形成了较弱的 ⟨101⟩ 和 ⟨001⟩ 方向的丝织构。从晶粒取向差统计结果可知，大部分晶界均为大角度晶界，说明在热挤压过程发生了较完全的动态再结晶。此外，晶粒内部存在大量退火孪晶，反映了 FeCoCrNi 合金的层错能较低。总体而言，采用粉末热挤压制备 FeCoCrNi 多主元合金可以获得全致密、晶粒尺寸细小、FCC 单相结构的显微组织。

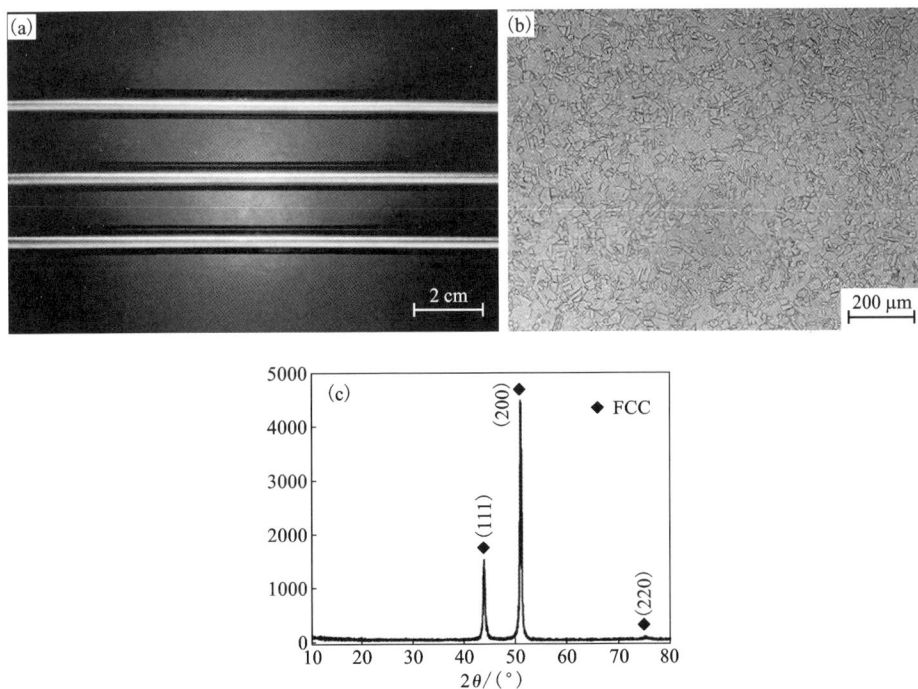

（a）棒材宏观照片；（b）金相组织；（c）XRD 图。

图 3-23　粉末热挤压制备 FeCoCrNi 多主元合金棒材及显微结构

粉末热挤压制备的 FeCoCrNi 多主元合金的室温拉伸曲线及断口形貌如图 3-25 所示，合金的屈服强度为 359 MPa，抗拉强度为 712 MPa，室温下应变硬化能力较好，伸长率高达 56%。表 3-7 给出了不同工艺下制备的 FeCoCrNi 系列多主元合金的室温力学性能。常规铸锭冶金工艺制备的 FeCoCrNi 多主元合金屈服强度仅为 165 MPa，经过冷轧加工后，其屈服强度可提升到 205 MPa，但仍明显低于粉末热挤压制备的合金强度。此外，与奥氏体 TRWP 钢相比，粉末热挤压制备的 FeCoCrNi 多主元合金塑性和屈服强度相当，而抗拉强度显著提升，主要原因是多主元合金的应变硬化能力高于 TRWP 钢。从断口形貌来看［图 3-25（b）］，

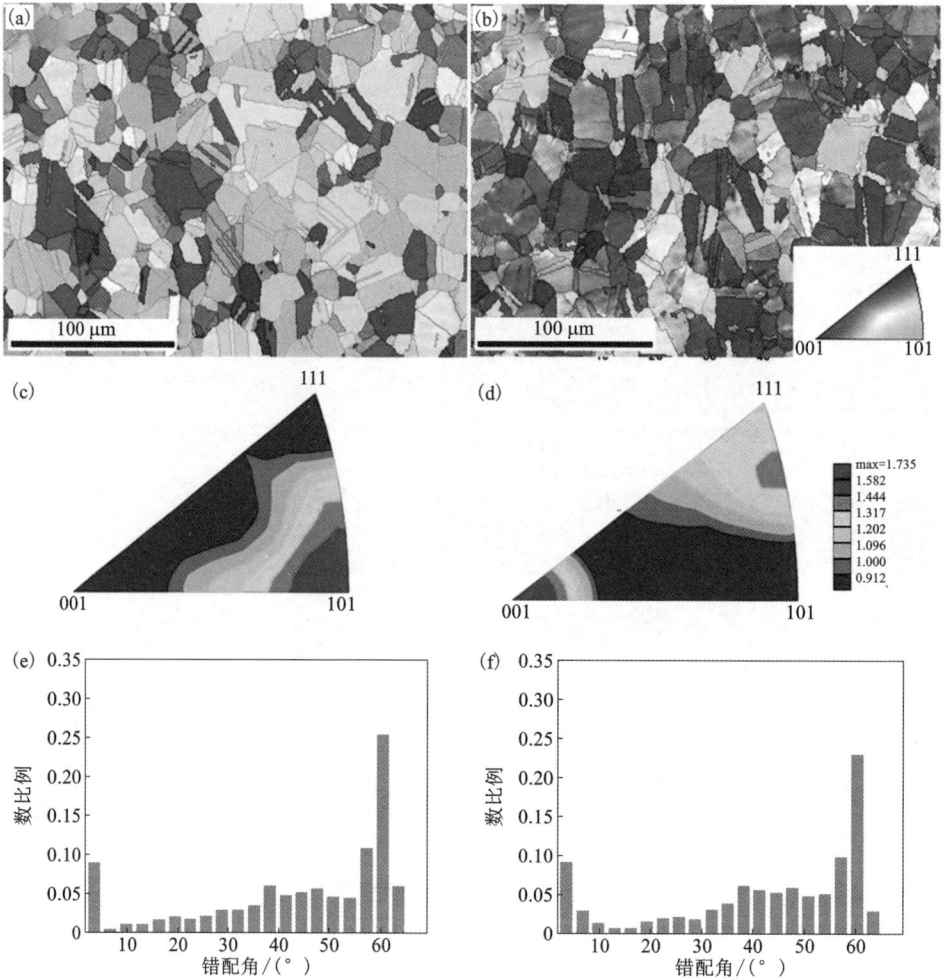

(a)挤压方向的 IPF 图；(b)横向的 IPF 图；(c)挤压方向的反极图；
(d)横向的反极图；(e)挤压方向的晶粒取向差分布；(f)横向的晶粒取向差分布。

图 3-24　粉末热挤压制备的 FeCoCrNi 多主元合金的 EBSD 结果

FeCoCrNi 多主元合金断口由大量细密韧窝构成，反映了合金具有良好的断裂韧性。粉末热挤压制备 FeCoCrNi 合金的强化机制主要包括细晶强化和固溶强化。以铸态粗晶 FeCoCrNi 合金为对比（平均晶粒尺寸为 290 μm），采用 Hall-Petch 模型计算，得到细晶强化效果约为 25 MPa。气雾化粉末中含有 720 μg/g 氧，在挤压后以固溶原子的形式存在于合金中。计算间隙氧原子的固溶强化效果约为 165 MPa，远高于细晶强化效果。因此，粉末热挤压制备 FeCoCrNi 合金中的间隙固溶强化效果显著。这也是粉末冶金多主元合金成分和性能方面的独特之处。

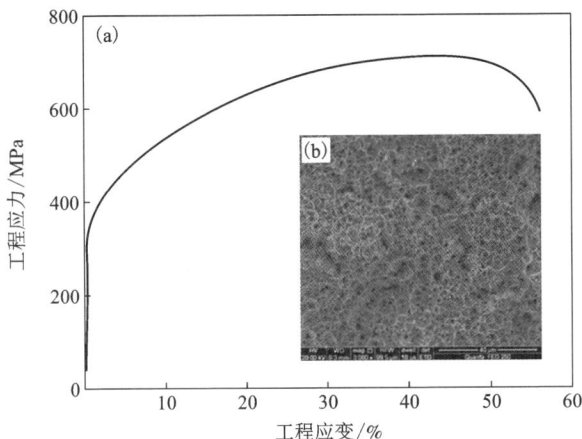

图 3-25　粉末热挤压制备的 FeCoCrNi
多主元合金的室温拉伸曲线及断口形貌

表 3-7　不同工艺下制备的 FeCoCrNi 系列多主元合金的室温力学性能对比

材料	制备工艺	屈服强度/MPa	抗拉强度/MPa	伸长率/%
FeCoCrNi	铸造	165	400	68
FeCoCrNi	铸造+轧制	205	580	70
FeCoCrNi	PE	359	712	56
$Fe_{70.04}Mn_{28}Al_{1.6}Si_{0.28}C_{0.08}$	铸造	325	495	64
$Fe_{68.25}Mn_{27}Al_{4.1}Si_{0.52}Nb_{0.05}C_{0.08}$	铸造	383	548	61

2. PE 制备 $FeCoCrNiAl_{0.5}C_{0.05}$ 多主元合金

与常规的 FeCoCrNi 合金不同，$FeCoCrNiAl_{0.5}C_{0.05}$ 多主元合金由于添加了 C 元素，在热挤压过程可以促进碳化物第二相的析出，并对合金结构和力学性能产生显著影响。

将气雾化 $FeCoCrNiAl_{0.5}C_{0.05}$ 多主元合金粉末装入尺寸为 $\phi60$ mm×150 mm 的不锈钢包套内，后在 500 ℃下抽气 12 h 并焊合抽气口，以确保罐内的真空状态。将封装有粉末的不锈钢包套经 1150 ℃ 预加热 1 h 后，立即通过大吨位挤压机将材料热挤压成棒材，挤压比为 6：1，冷却方式为空冷。经热挤压固结后，在 XRD 衍射图谱上可观察到 $M_{23}C_6$ 碳化物的衍射峰，如图 3-26 所示。热挤压态

FeCoCrNiAl$_{0.5}$C$_{0.05}$ 多主元合金的相结构由 FCC 基体、少量 B2 相及 M$_{23}$C$_6$ 碳化物组成。另外，FCC 相异常的衍射峰比例表明其可能形成了〈200〉方向的织构。图 3-27 所示为热挤压态 FeCoCrNiAl$_{0.5}$C$_{0.05}$ 多主元合金的微观组织达到了全致密状态，且无明显的原始粉末颗粒边界。结合图 3-26 的 XRD 衍射图谱可知，图 3-27(b) 中基体相为 FCC 相；灰色、近椭圆状的为 M$_{23}$C$_6$ 碳化物；黑色沿挤压方向被拉长的为 B2 相。结合元素分析发现，Ni、Al 元素主要分布在 B2 相中；Cr、C 元素聚集在 M$_{23}$C$_6$ 碳化物中；FCC 基体中各个元素分布得较为均匀。

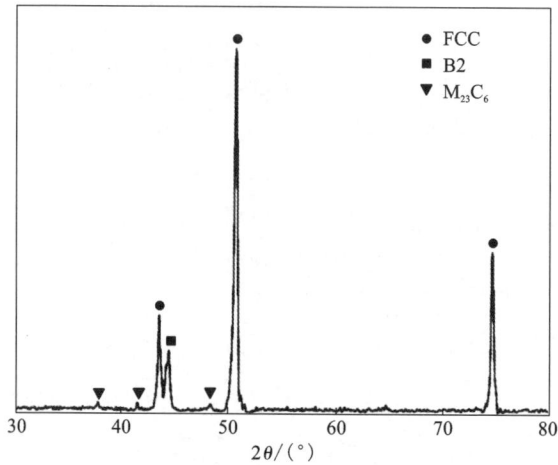

图 3-26　热挤压固结后 FeCoCrNiAl$_{0.5}$C$_{0.05}$
多主元合金的 XRD 衍射图

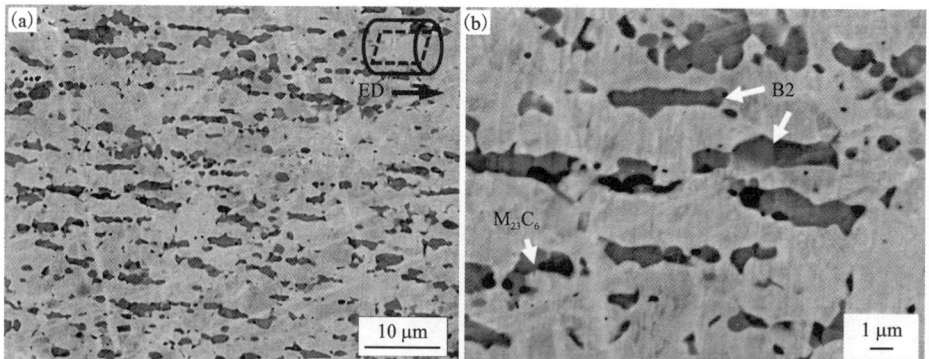

(a)SEM 照片；(b)放大照片。

图 3-27　热挤压态 FeCoCrNiAl$_{0.5}$C$_{0.05}$ 多主元合金的组织结构

图 3-28 为热挤压态 FeCoCrNiAl$_{0.5}$C$_{0.05}$ 多主元合金的 EBSD 图。图 3-28(b) 中的 KAM 图的取向差范围为 0~2°, KAM 图能直接反映晶粒内部的微小取向变化, 取向差值越大, 表明该区域的微观应变越大、位错密度更高。由图可知, 残留塑性变形所导致的取向差主要分布在靠近相界的 FCC 晶粒内, 但平均 KAM 值并不高, 仅有 0.25°。由该多主元合金的反极图可以进一步确认⟨100⟩纤维织构的形成[图 3-28(c)], 说明组织仍处于未完全再结晶态。

组元间原子半径差异所导致的严重的晶格扭曲会使晶格处于非稳态, 进而加大了多主元合金的相变驱动力。δ 是用来定量表征多主元合金中的原子尺寸差异代表参数。Al 的原子半径(r_{Al} = 0.143 nm)是其他 Cr、Fe、Co、Ni 四种元素的 1.15 倍, δ 的计算值为 4.21。这意味着大原子半径元素 Al 的添加会加速相转变。然而, 高的冷却速度及 Al 元素的添加导致气雾化多主元合金粉末处于 FCC 亚稳态, 导致 M$_{23}$C$_6$ 碳化物在热挤压过程中被析出。M$_{23}$C$_6$ 碳化物也是 FCC 结构, 成分分析表明其主要元素是 Cr, 同时含有其他 3d 过渡元素的固溶体。研究表明在 Cr、Fe、Co、Ni 四种元素组成的多主元合金中, Cr 具有最大的扩散系数和最低的碳化物形成焓。此外, 少量 C 元素可导致 CrMnFeCoNi 合金在 700 ℃下退火过程中析出 M$_{23}$C$_6$ 碳化物。综上所述, 富 Cr 的 M$_{23}$C$_6$ 碳化物易于在热挤压过程中析出。

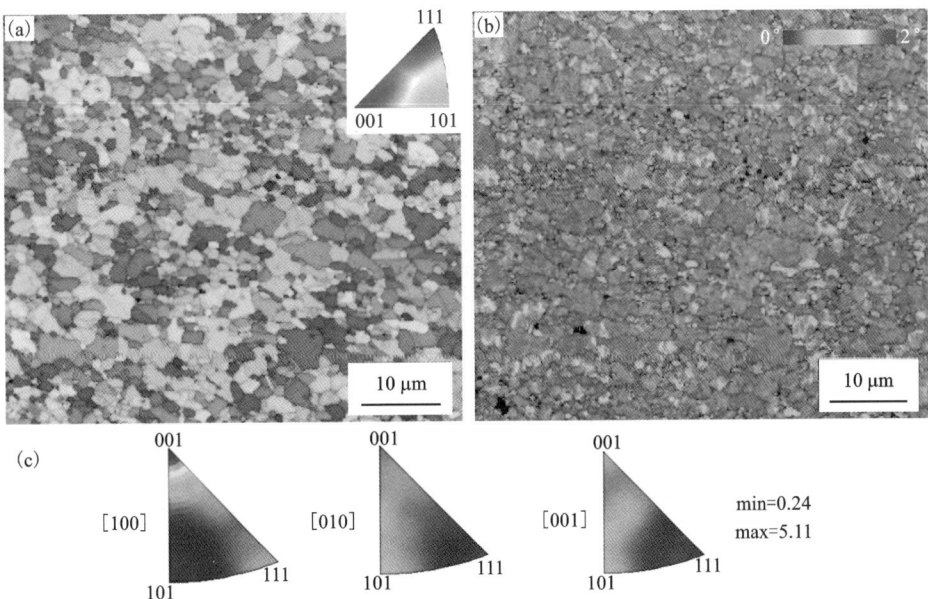

图 3-28　热挤压态 FeCoCrNiAl$_{0.5}$C$_{0.05}$ 多主元合金的 EBSD 图

图 3-29 为热挤压态 FeCoCrNiAl$_{0.5}$C$_{0.05}$ 多主元合金的纳米压痕载荷-位移曲

线。由图可知,最大载荷为 300 μN 时,FCC 基体就已经展现出典型的塑性变形特征。卸载过程中,最大载荷深度 h_t 为 40.3 nm,卸载残余深度 h_r 为 30.5 nm,变形回复应变 $\varepsilon_r = (h_t - h_r)/h_t \approx 24.3\%$。随着最大载荷增加,材料会经历更多的塑性变形,回复更少的应变,导致 ε_r 值减小。当最大载荷增大至 2000 μN 时,变形回复应变 ε_r 仅减小至 17%。这说明 FCC 基体屈服强度低,塑性好。据报道,具有相似成分的 $Al_{0.3}CrFeCoNi$ 多主元合金的屈服强度也仅为 490 MPa。在载荷 2000 μN 下,$M_{23}C_6$ 碳化物上的最大载荷深度比 FCC 基体低,变形回复应变比 FCC 基体大($\varepsilon_r = 37.2\%$)。这说明 $M_{23}C_6$ 碳化物硬度大,不易产生塑性变形。图 3-30(a)为热挤压态 $FeCoCrNiAl_{0.5}C_{0.05}$ 多主元合金在室温下的拉伸工程应力-应变曲线。合金屈服强度为 710 MPa;抗拉强度为 1127 MPa;室温伸长率为 13%。图 3-30(b)为试样室温拉伸后的断口形貌,可以看出大量 $M_{23}C_6$ 碳化物分布在延性韧窝内部。图 3-30(c)为热挤压态 $FeCoCrNiAl_{0.5}C_{0.05}$ 多主元合金力学性能和断口形貌。通过文献可知,热挤压态 $FeCoCrNiAl_{0.5}C_{0.05}$ 多主元合金的抗拉强度超过大多数的钢材及已报道的多主元合金。

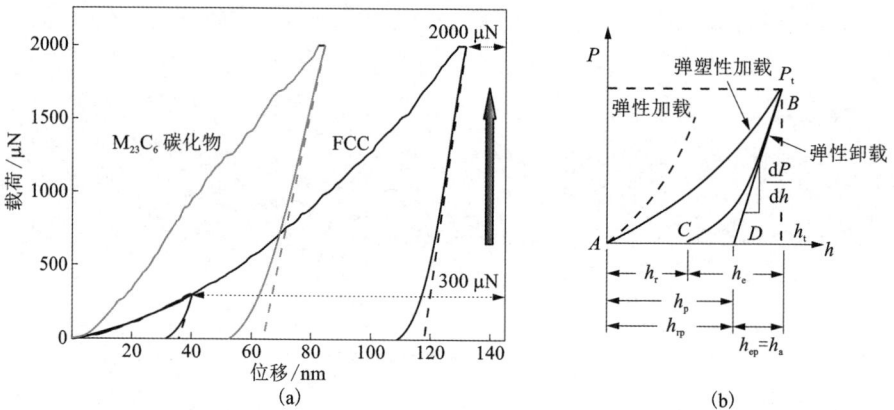

(a)载荷-位移曲线;(b)弹塑性加载弹性卸载载荷-位移曲线示意图。

图 3-29　热挤压态 $FeCoCrNiAl_{0.5}C_{0.05}$ 多主元合金纳米压痕载荷-位移曲线

3. PE 制备共晶多主元合金

以粒径尺寸为 50~100 μm 的气雾化 $Fe_{23.3}Co_{25.1}Cr_{18.8}Ni_{22.6}Al_{1.7}Ta_{8.5}$ 共晶多主元合金粉末为原料,通过包套热挤压方法制备得到粉末冶金共晶多主元合金棒材。采用的热挤压温度为 1150 ℃,挤压速度为 10 mm/s,坯料加热保温时间为 1 h,挤压比为 5∶1,冷却方式为空冷。挤压后,对共晶多主元合金棒材进行时效处理,时效处理温度为 1000 ℃,时间为 1~100 h。

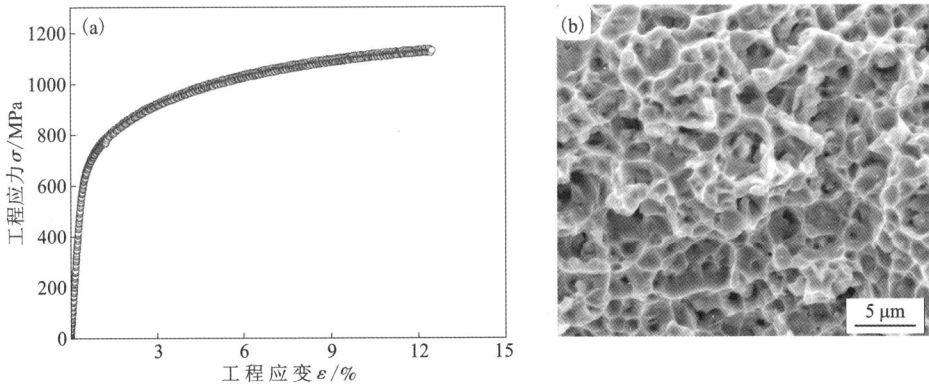

(a)工程应力-应变曲线；(b)断口形貌。

图 3-30　热挤压态 FeCoCrNiAl$_{0.5}$C$_{0.05}$ 多主元合金的室温拉伸性能

图 3-31 为粉末热挤压制备的 Fe$_{23.3}$Co$_{25.1}$Cr$_{18.8}$Ni$_{22.6}$Al$_{1.7}$Ta$_{8.5}$ 共晶多主元合金的棒材及其微观组织。气雾化多主元合金粉末具有由 FCC 相与 C14 Laves 相组成的共晶组织结构。气雾化粉末在挤压成形后仍由 FCC 相和 C14 Laves 相组成，在退火处理之后还能观察到 Co$_3$Ta 相的衍射峰。粉末截面的背散射电子(BSE)图 [图 3-31(c)]显示，由于气雾化的高冷却速率，粉末中具有超细层间距(50 nm)的共晶结构，其中暗区为 FCC 相，亮区为 Laves 相。在 1150 ℃下预热 60 min 后，Laves 相发生生长和球化[图 3-31(d)]。挤压后的合金中 Laves 相被细化为等轴形态[图 3-31(e)]，合金内形成超细等轴共晶组织。

对挤压态 Fe$_{23.3}$Co$_{25.1}$Cr$_{18.8}$Ni$_{22.6}$Al$_{1.7}$Ta$_{8.5}$ 共晶多主元合金在 1000 ℃下进行不同时间的退火处理，其微观组织和力学性能如图 3-32 所示。退火 20 h 后，Laves 相略有粗化，尺寸从 0.9 μm 增加至 1.5 μm。随退火时间继续延长，Laves 相尺寸基本保持不变，表明 Laves 相具有较好的热稳定性。图 3-32(e)为 800 ℃下挤压态和退火态合金的拉伸应力-应变曲线。所有退火样品均未发生应变软化，挤压态合金的断裂伸长率最高(33.3%)，但屈服强度最低(554 MPa)。经 20 h 和 50 h 退火处理的合金，其均匀伸长率高于挤压态合金。在 1000 ℃下退火 100 h 后，合金屈服强度可进一步增加到 800 MPa，且具有良好的拉伸塑性(ε_F = 16%)。经 TEM 分析后，发现合金内有极细小的 L1$_2$ 相析出(尺寸在 5 nm 左右)。细小的 L1$_2$ 析出相对位错运动的阻碍效应增强，从而提高了合金的强度。与传统的层片状的共晶组织相比，等轴晶状态的 Laves 相与 FCC 相之间的界面结合效果更好，在高温拉伸状态下晶粒间更易协调变形，从而减少了裂纹的萌生，增强了合金的塑性。图 3-32(f)对比了粉末冶金热挤压共晶多主元合金和其他高温合金在

图3-31 粉末热挤压制备的共晶多主元合金的棒材及其微观组织

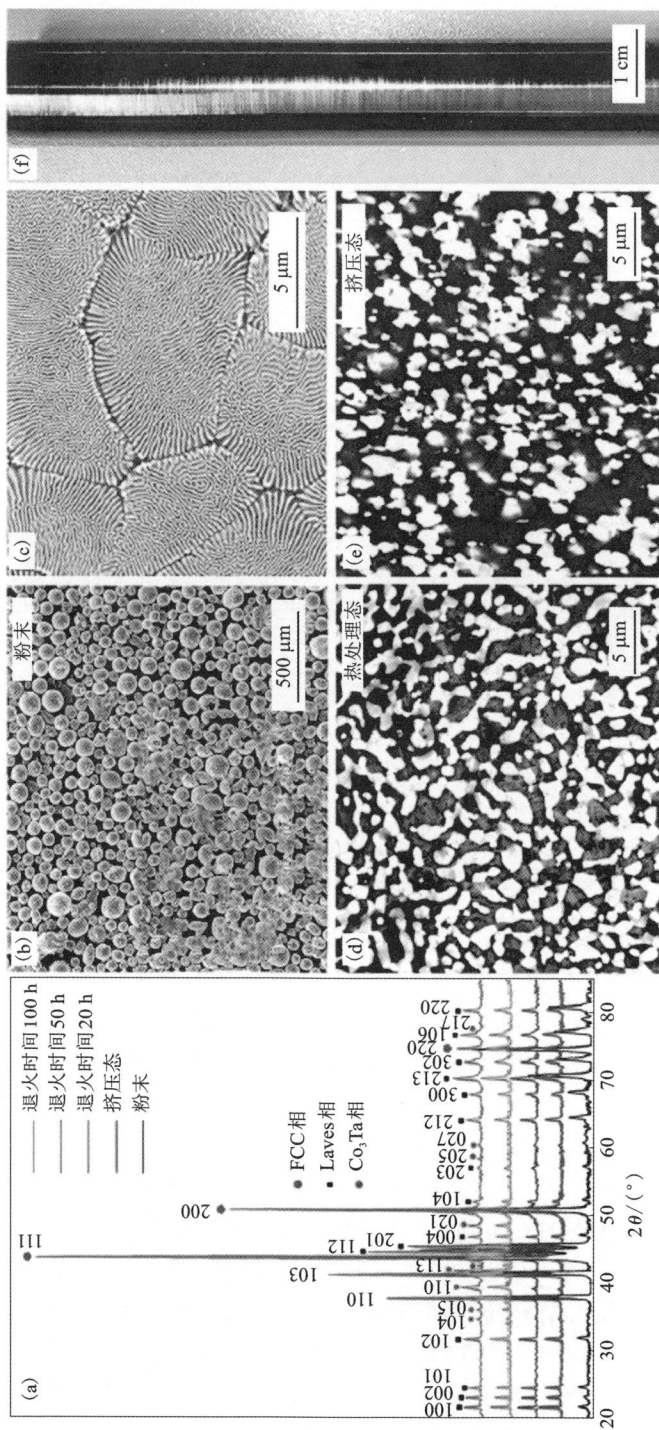

(a) XRD衍射图谱；(b) 共晶多主元合金粉末形貌；(c) 粉末内部微观组织；(d) 加热保温1h后的微观组织；
(e) 热挤压后的微观组织；(f) 热挤压共晶多主元合金棒材。

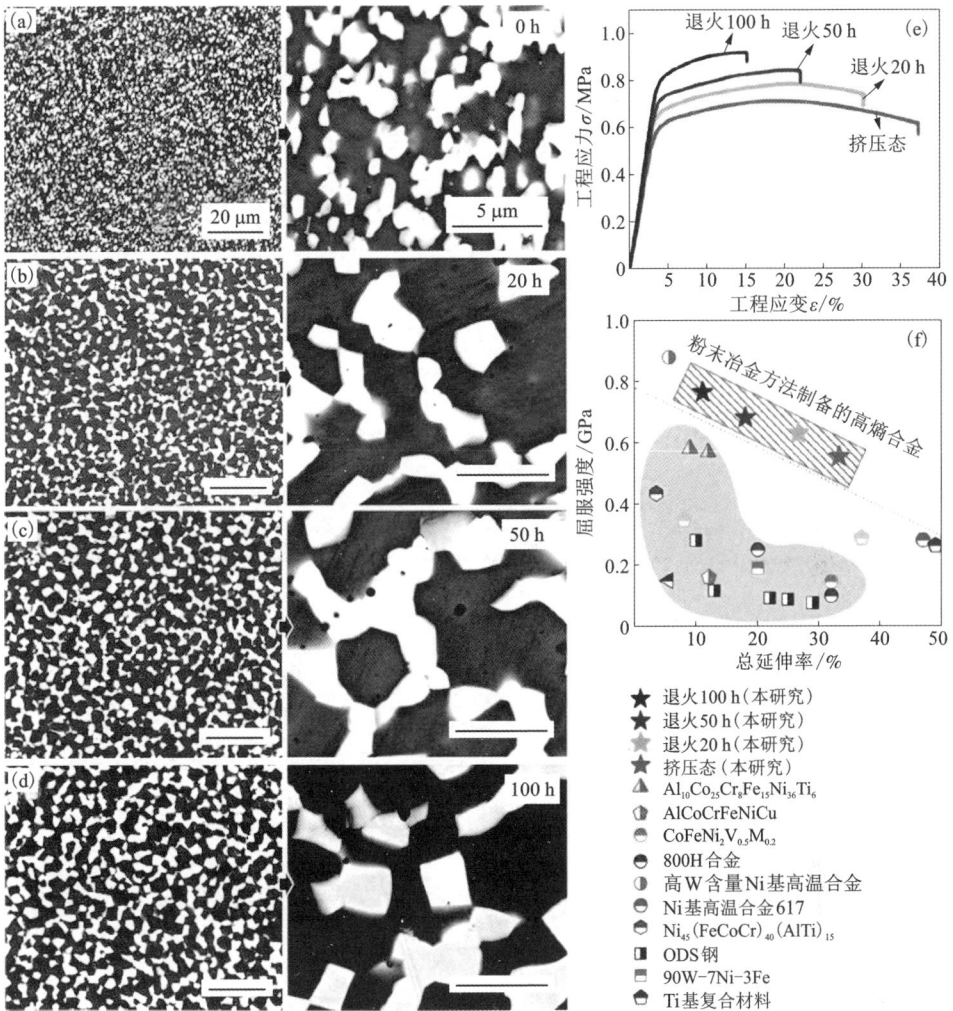

（a）～（d）1000 ℃下退火处理不同时间的微观组织；
（e）800 ℃下高温拉伸曲线；（f）800 ℃下高温力学性能对比。

图 3-32　热处理后共晶多主元合金组织及性能

800 ℃下的拉伸屈服强度与断裂伸长率。采用粉末冶金方法制备的共晶多主元合金具有较高的屈服强度和拉伸塑性，其高温性能优于常规高温合金材料。

　　气雾化合金粉中 FCC 相在选区电子衍射图中呈现为简单 FCC 结构，未观察到超晶格斑点[图 3-33（a）]，但 HAADF-STEM 图表明该相中也存在一定的局部化学有序[图 3-33（b）（c）]。挤压态合金中 FCC 相具有超晶格点阵的 L1$_2$ 有序结构，同时在 HAADF-STEM 图中也发现了高密度的纳米析出物。析出物与基体保持完全共格的位相关系，平均尺寸为 4~5 nm。即便进行 100 h 的退火处理也没有改变纳米析出物的尺寸，表明其具有良好的热稳定性。

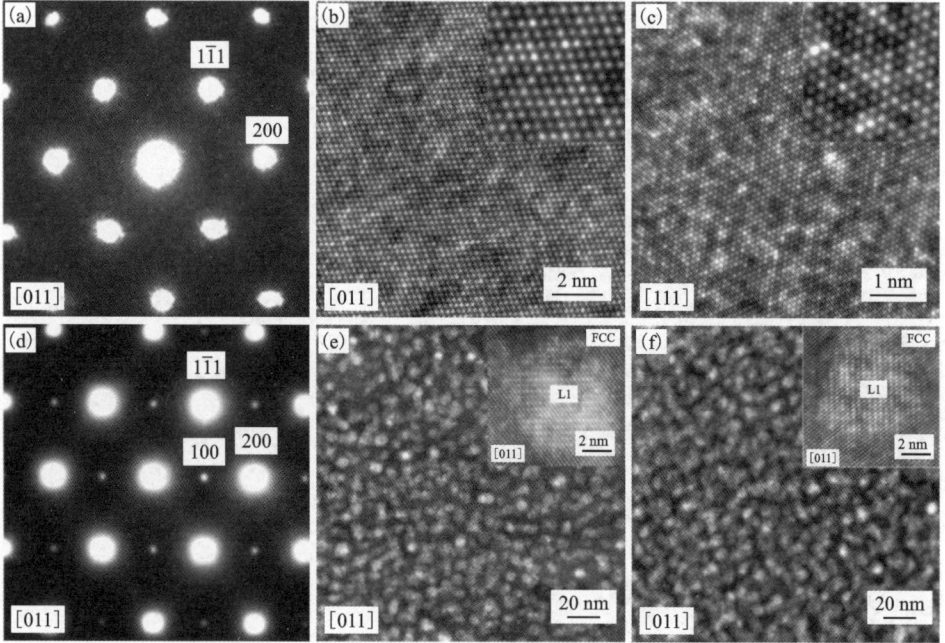

（a）粉末中 FCC 相的 SAED 衍射花样；（b）（c）粉末中 FCC 相的 HAADF-STEM 图；
（d）挤压态合金中 FCC 相的 SAED 衍射花样；（e）（f）挤压态合金中 FCC 相的 HAADF-STEM 图。

图 3-33 粉末及挤压态合金中 FCC 相的微结构

对 $L1_2$ 相的化学成分进行 APT 分析，挤压态和 100 h 退火态的合金中 $L1_2$ 相的化学成分分别为 $(Ni_{45.3\pm6.0}, Fe_{6.2\pm2.5}, Co_{19.1\pm4.1})_{70.6}(Ta_{22.0\pm2.6}Al_{4.6\pm2.5}Cr_{2.8\pm1.5})_{29.4}$ 和 $(Ni_{52.0\pm3.2}, Fe_{3.4\pm1.2}, Co_{17.6\pm2.5})_{73.0}(Ta_{14.2\pm2.2}Al_{12.0\pm2.1}Cr_{0.8\pm0.5})_{27.0}$（图 3-34），表明挤压态合金中的非化学计量比 $(Ni、Fe、Co)_{70.6}(Ta、Al、Cr)_{29.4}$ 相经退火后逐渐接近化学计量比 $(Ni、Fe、Co)_{73.0}(Ta、Al、Cr)_{27.0}$，其中 Ni+Fe+Co 接近 75%（原子分数）的 Ni_3Al 型化合物。

图 3-35（a）为拉伸断裂后挤压态共晶多主元合金的 LAADF-STEM 图像，可见大量位错在 FCC 晶粒内聚集。图 3-35（b）表明 FCC 相与 $L1_2$ 沉淀相存在相互作用。图 3-35（c）中的伯氏回路表明此处的位错是螺旋型的，Shockey 不全位错与 $L1_2$ 析出相相互作用造成反应前沿发生形变。这表明有序/无序界面处的强晶格阻力可对位错进行强烈钉扎。图 3-35（d）和图 3-35（e）显示在断裂后 Laves 相

(a)

(b)

扫一扫，看彩图

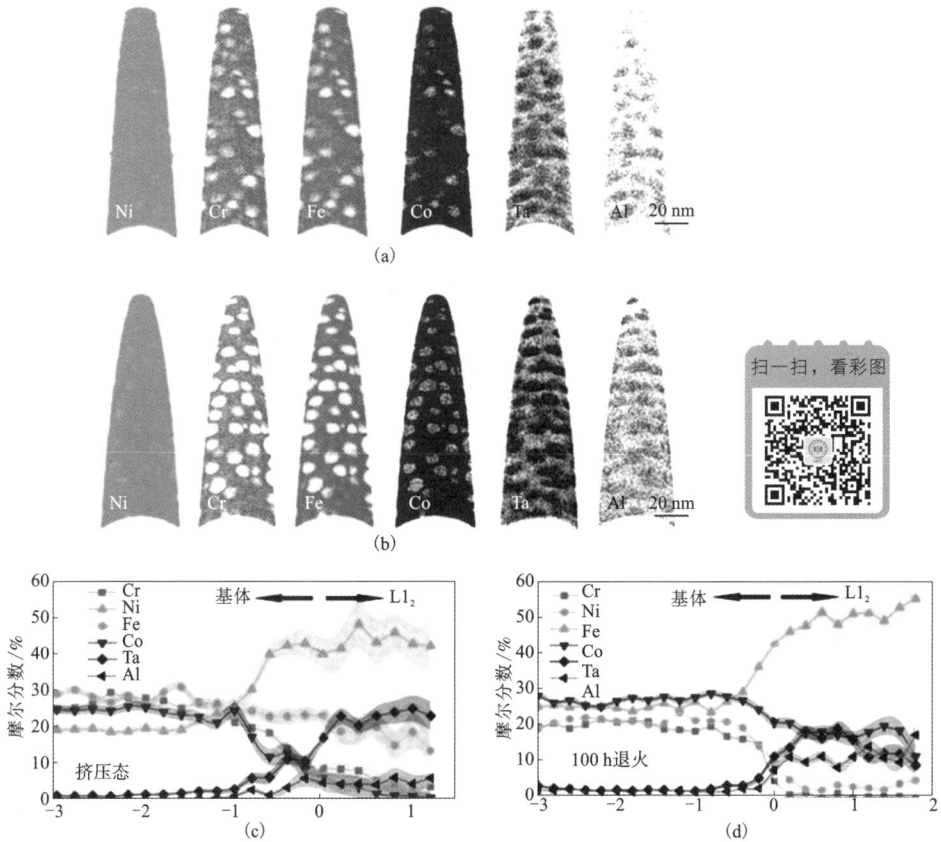

（a）挤压态合金的元素分布重构；（b）退火态 100 h 合金的元素分布重构；
（c）挤压态合金的元素线分布；（d）退火态 100 h 合金的元素线分布。

图 3-34　L1$_2$ 相化学成分的 APT 分析

形成微裂纹，裂纹主要在三种类型的平面上形成，即 $(\bar{1}100)_{Laves}$、$(\bar{1}101)_{Laves}$ 和 $(\bar{1}102)_{Laves}$，它们分别对应 C14 结构的棱柱型、一级和二级金字塔型滑移。

　　综上，粉末热挤压制备共晶多主元合金的高强度可归因于纳米级析出相的强化作用，因为 L1$_2$/FCC 相界面对位错滑移有显著的阻碍效应；而细小等轴的 Laves 相则有利于延展性。在断裂失效过程中，Laves 相的裂纹是由棱柱面和锥面的位错滑移引起的，Laves 相的等轴形态有助于缓解共晶多主元合金的应力集中和断裂的各向异性，从而使材料保持良好的伸长率。

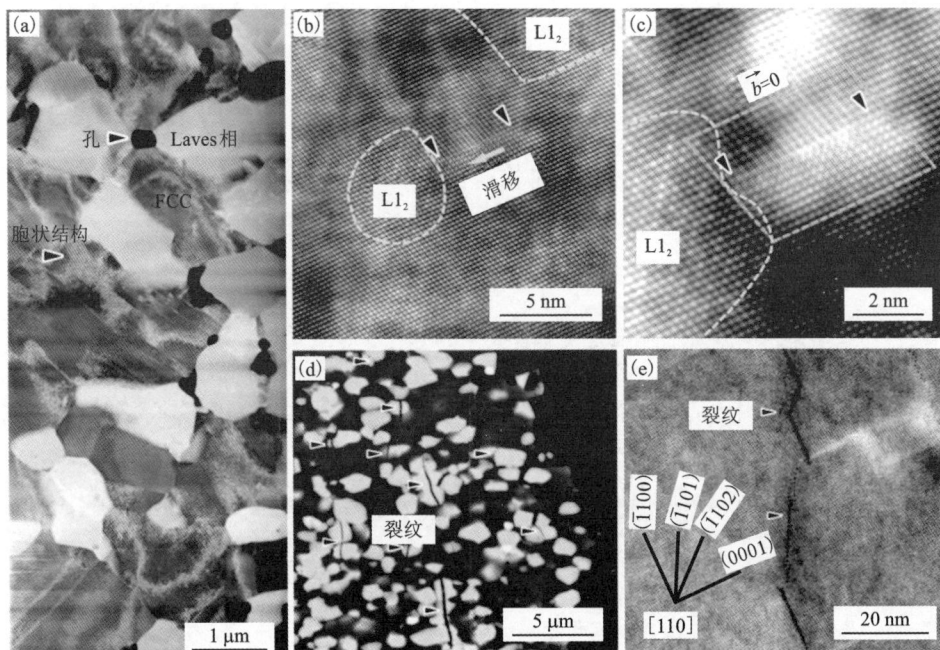

（a）FCC 相中的位错组织；（b）螺位错与 L1$_2$ 相的放大图；

（c）螺位错与 L1$_2$ 相的交互作用；（d）（e）断口附近的裂纹形貌。

图 3-35　挤压态 EHEA 拉伸后变形组织

第 4 章
多主元合金增材制造

4.1　增材制造技术

近年来，随着计算机辅助设计（CAD）和自动控制技术的进步，增材制造（additive manufacturing，AM，又称 3D 打印）技术得到了长足的发展。增材制造技术是一种基于三维数字模型，对目标产品进行建模分层，采用逐层制造方式将材料结合起来形成实体原型的工艺，其工艺流程如图 4-1 所示。由此可知，增材制造技术不同于传统的减材加工。该技术首先利用计算机辅助设计出材料实体的三维数据模型，精确描述模型各处的尺寸，之后通过激光、电子束或等离子体等高能量输入将原料粉末完全熔化，并一层一层地黏合在一起，采用自下而上逐层累加的方式直接制造实体零件。增材制造技术缩短了生产周期，并为制造复杂形状的零件提供了一种快捷有效的方法。这种逐层制造的特点给其带来了一系列的优

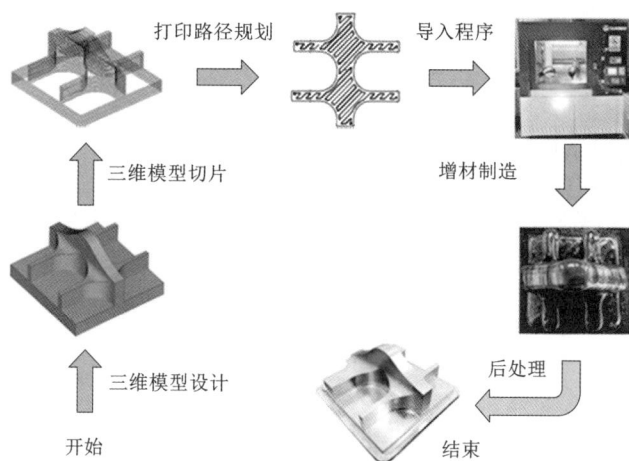

图 4-1　增材制造技术工艺流程示意图

势，如近净成形几何形状复杂的构件、拥有非常高的设计自由度和更高的加热和冷却速率，可以延缓原子扩散速度，从而抑制制造过程中的相变，获得简单的固溶体相和超细均质组织，并抑制脆性金属间化合物的形成。

图4-2(a)为增材制造技术制备多主元合金的种类随年限增长图。大部分研究可归为三种主要制造技术：两种基于粉末床系统(选择性激光熔化和电子束熔化)和一种基于送粉系统(直接激光沉积)。图4-2(b)为不同增材制造技术制备

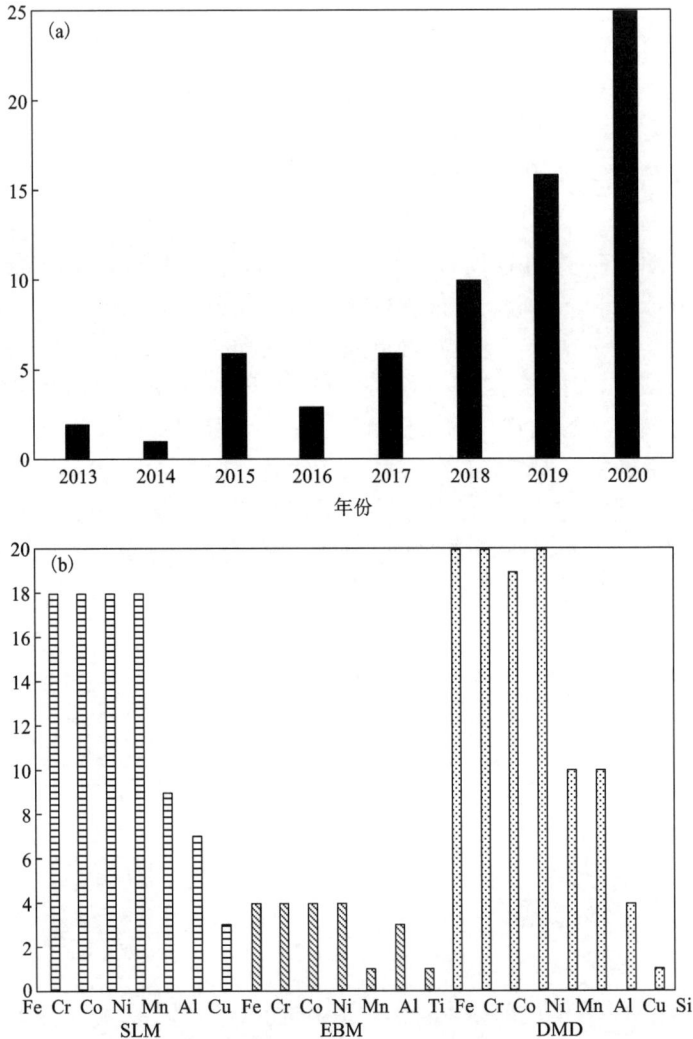

(a)增材制造技术制备多主元合金的种类随年限增长图；
(b)增材制造技术制备多主元合金中各元素的出现频率(论文数量)。

图4-2　增材制造多主元合金研究的发展趋势

多主元合金中所使用的合金元素的频率分析。由图 4-2 可知，最常用的元素为 Fe、Ni、Cr、Co 和 Mn 元素，说明增材制造技术制备最多的多主元合金为 FeNiCrCoMn 多主元合金。此外，也有在该合金基础上添加或替换 Al、Cu 等元素的研究报道。这主要是因为多主元合金中 FeCoCrNiMn 的研究最早也最广泛，且易于进行增材制造。

目前，增材制造技术已被广泛应用于各个领域，主要成形的材料有铝合金、钛合金、镍基高温合金、多主元合金以及陶瓷等。增材制造技术依据其成形方法可分为很多种，其中用于多主元合金研究较多的为直接激光沉积（DLD）和选区激光熔化（SLM），也有部分研究使用选区电子束熔化（SEBM）。

直接激光沉积又称为激光熔化沉积，是多主元合金制造和研究广泛的技术。该方法通过喷嘴喷送粉末，在成形平台上形成粉末聚集的焦点，同时使激光束照射在该焦点处，让粉末熔化形成熔池并沉积。粉末与激光按照切片层零件信息同步移动，所形成的熔池轨迹不断熔合，在每一层重复这一过程，最终形成具有一定形状尺寸的零件，如图 4-3 所示。该技术通过惰性气体送粉，一般不需要密闭的加工环境，理论上对成形零件的尺寸没有限制，并且具有较高的成形效率，但成形精度和表面粗糙度较 SLM 工艺低，成形件还需要进行少量的后续机械加工。激光功率、送粉速度、扫描速度和熔化距离是直接激光沉积的关键加工参数，会

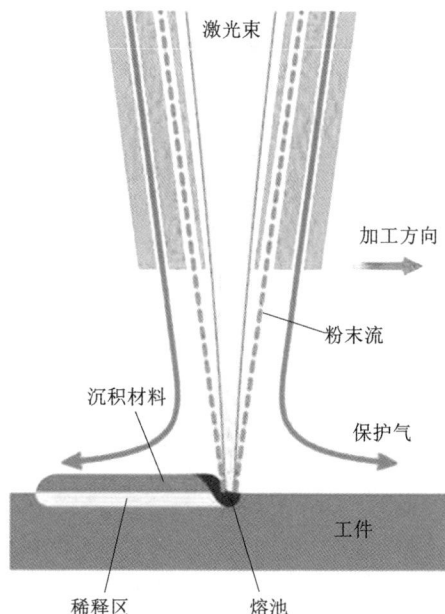

图 4-3　直接激光沉积过程示意图

影响制备的多主元合金的性能。如激光功率和扫描速度决定了熔池的冷却速度，进而决定了材料的相和微观结构特征。冷却速度随着激光功率的降低和扫描速度的加快而增加。高冷却速率会大大抑制相偏析和元素分配。此外，较高的冷却速率由于增强了凝固驱动力(过冷)而提高了成核速率，因此为打印的多主元合金提供了精细的微观结构。与激光粉末床增材制造技术不同，直接激光沉积方法能够在加工过程中调整多主元合金的化学成分，如在加工过程中通过控制送粉率还可以实现合金成分的梯度变化，从而制备梯度结构材料。然而，与直接激光沉积相比，选区激光熔化和选区电子束熔化工艺因为光束直径而更细，具有更高的分辨率，在调整微结构方面更具优势。

选区激光熔化是一种基于粉末床的工艺方法，该方法通过使用高能激光束选择性熔化和固结金属粉末薄层，以逐层模式制造三维零件。粉末层的厚度通常为 $20\sim100~\mu m$。该方法通过刮刀或铺粉辊将粉末平铺到基板上，随后利用高能激光束在每层切片的选定区域进行扫描，将当前零件切片轮廓内的金属粉末完全熔化。加工完一层后，成形平台下降一层高度(该高度指三维模型每层切片的厚度)，然后再继续下一层的铺粉、激光扫描，最终直接成形零件，如图 4-4 所示。此外，该方法的成形过程多在惰性气体的保护气氛下进行，以防止金属与空气中的氧、氮、水蒸气等发生化学反应。选区激光熔化是目前成形精度最高的金属增材制造工艺之一，可直接由三维模型形成最终的零件，无需模具且基本不需要大的后续机械加工。

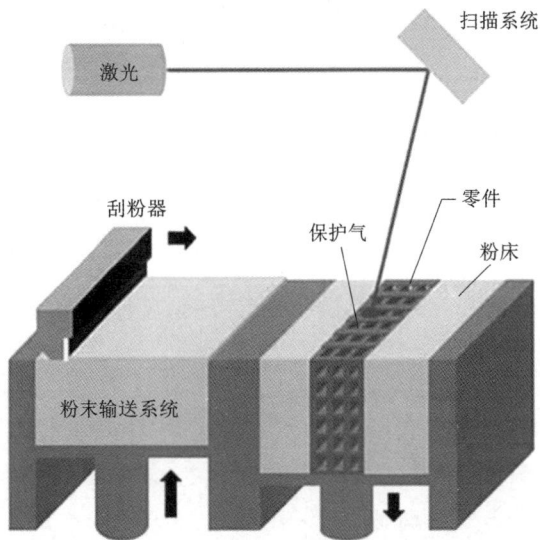

图 4-4　选区激光熔化过程示意图

　　直接激光沉积和选区激光熔化的主要区别在于送粉方式。直接激光沉积方法中粉末是从喷嘴吹出的，而选区激光熔化使用刀片或滚筒将粉末散布在基板上。这种主要差异会导致不同的液体流动和金属蒸发，从而产生不同的元素分布行为。此外，与直接激光沉积方法相比，多主元合金的选区激光熔化的研究稍晚。

　　选区电子束熔化的工作原理与选区激光熔化技术相似，差别主要是热源不同，使用电子束而不是激光束。因此，选区电子束熔化需要在高真空条件下（10^{-4} mbar① 以上）工作。电子束在电磁偏转线圈的作用下对粉末层中特定区域进行扫描熔化，一层加工完成后，成形平台下降一层高度，进行下一层的铺粉与电子束扫描熔化，经过层层堆积直至加工完成，如图 4-5 所示。此外，在扫描和熔化之前通过电子束对粉末床进行高温预热（高达 1100 ℃）是选区电子束熔化的另一个独特的工作条件。与选区激光熔化相比，预热降低了选区电子束熔化的热梯度和冷却速率，从而减少了选区电子束熔化的热裂和变形。同时，预热过程还可能导致打印的多主元合金中的相组成产生差异。目前利用选区电子束熔化方法制备多主元合金的研究还较少。

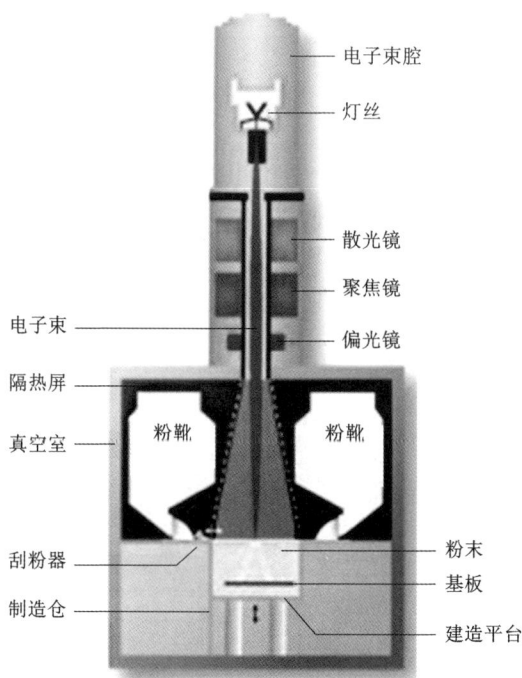

图 4-5　选区电子束熔化过程示意图

---

① 注：1 bar＝0.1 MPa。

　　增材制造用多主元合金粉末通常需要定制，因此价格较昂贵，制造周期也较长。在粉末床系统中，一般使用完全预合金化的高纯度球形粉末（如气雾化粉末）。通常，选区激光熔化使用的多主元合金粉末粒度范围为 15~53 μm，直接激光沉积使用的多主元合金粉末粒度范围为 75~150 μm，而选区电子束熔化使用的多主元合金粉末粒度范围为 45~105 μm。不同增材制造技术对粉末的球形度要求也不同，其中选区激光熔化由于铺粉均匀性和成形精度的要求较高，需要粉末具有较好的球形度。而直接激光沉积由于采用同轴送粉技术，对粉末的球形度和流动性要求相对较低。对于采用黏合剂的增材制造技术，粉末的合金化程度和球形度要求更低，甚至可以使用元素粉混合料进行打印成形。

4.2　增材制造多主元合金

　　Brif 等首次报道采用 SLM 制备了 FeCoCrNi 多主元合金。但是相对于传统合金，如不锈钢（316L、304L）、铝合金（AlSi10Mg）、Ni 基高温合金（（Inconel 625、Inconels 718）、钛合金（Ti6Al4V）等工艺成熟的合金体系，对 SLM 成形的多主元合金的研究还相对较少。下面以典型的 FeCrNi 多主元合金为例，介绍增材制造技术对多主元合金微结构和性能的影响。

4.2.1　增材制造显微组织

　　SLM 中激光功率（P）、扫描速度（v）、扫描间距（h）及层厚（t）是控制材料成形的主要参数，其中激光功率和扫描速度是最重要的两个参数。采用不同的激光功率和扫描速度制备 FeCrNi 多主元合金时，其密度与工艺参数的关系如图 4-6 所示。

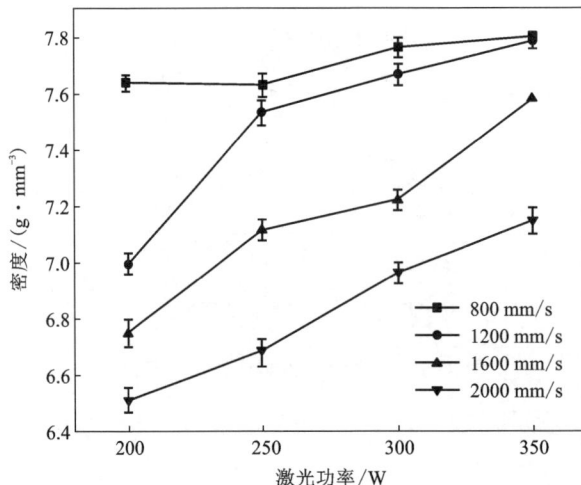

图 4-6　SLM 成形的 FeCrNi 多主元合金密度与工艺参数关系

在相同的激光功率下，随着激光扫描速度的减小，单位能量输入越高，样品密度逐渐增大。在扫描速度相同时，随着激光功率的提高，合金密度整体上呈现出增加的趋势。扫描速度为 800 mm/s 时，样品的平均密度最高，可达 7.80 g/mm³，相对密度为 98.8%。

SLM 的工艺参数会直接影响制备过程中温度场与应力场的分布。激光扫描速度决定着激光光斑在粉床上的停留时间，对熔池的尺寸、热影响区以及成形效率影响较大。图 4-7 是 SLM 成形的 FeCrNi 多主元合金的孔隙 SEM 图。从图中可以看出，其他参数相同的条件下，激光扫描速度越小，截面上孔隙越少，激光扫描速度为 800 mm/s 时孔隙最少，且无较大的孔隙；激光扫描速度为 2000 mm/s 时，孔隙较多，且形状不规则，尺寸为 50~150 μm。在 200 W、2000 mm/s 参数下成形后，可见未熔化的球形粉末附着在孔隙边缘。孔隙内部的贝壳状条纹是由于熔体凝固形成的，表明扫描速度过快，光斑停留时间过短，粉末未能完全熔化就已经凝固。激光扫描速度越小时，在相同功率下，粉体吸收的激光能量越大，越

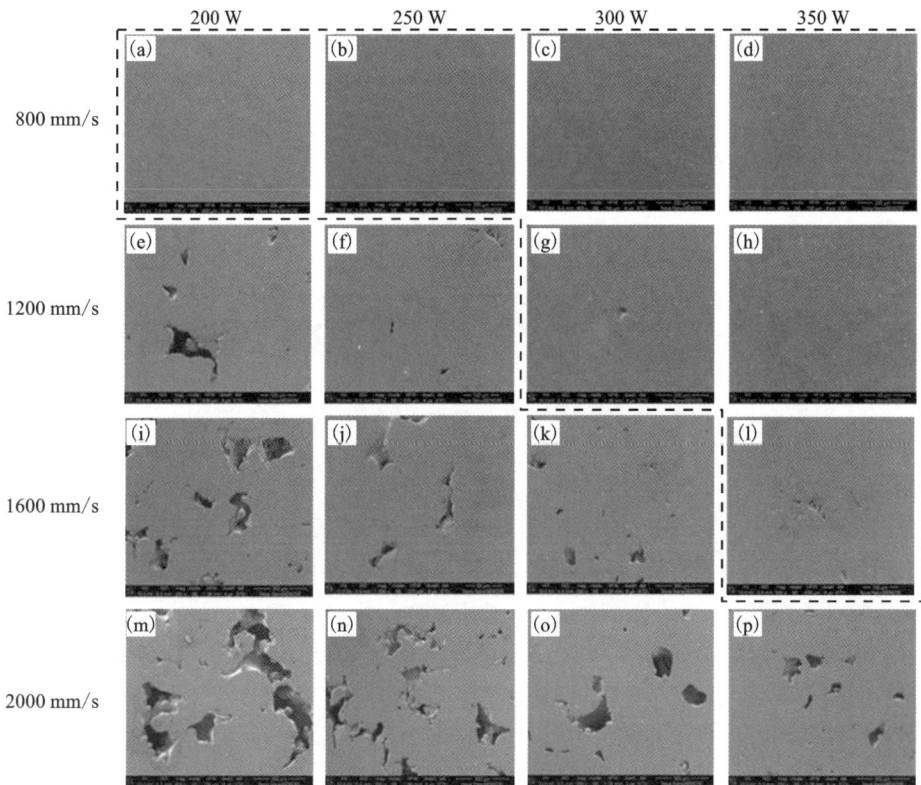

图 4-7　SLM 成形的 FeCrNi 多主元合金的孔隙 SEM 图

能充分熔化，材料的致密度越高。激光功率直接关系到激光能量输入，对粉末的熔化、温度场的分布影响较大。从图 4-7 可以看出，增大激光功率，SLM 成形的 FeCrNi 多主元合金样品孔隙率减小。这是由于当激光功率过小时，输入的能量不足以熔化粉末，导致形成未熔透孔隙。当激光功率较小时，熔池温度较低，热影响区范围较小，导致熔体润湿性变差，也会使得大量孔隙未被熔体填充。总体来说，激光扫描功率的增大可以减少未熔孔隙的形成。

图 4-8 为不同工艺参数下 SLM 成形的 FeCrNi 多主元合金的 XRD 图。4 组样品的打印参数在图中标出，其中 P 代表激光功率、v 代表扫描速度。从图中可以看出，不同参数下 SLM 成形的 FeCrNi 多主元合金的衍射峰与原料粉末一致，保持着单相 FCC 结构。但不同参数下的衍射峰强度不一致，表明可能有择优取向。

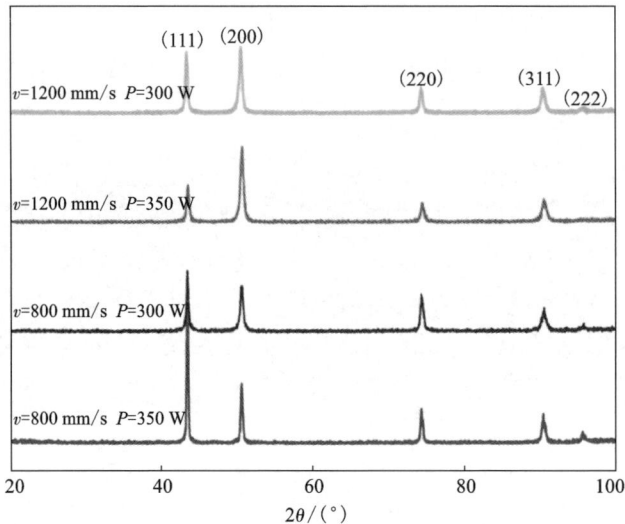

图 4-8 不同工艺参数下 SLM 成形的 FeCrNi 多主元合金的 XRD 图

图 4-9 为扫描能量密度为 77.9 J/mm^3 时 SLM 成形的 FeCrNi 多主元合金的金相组织。显微组织是由高温熔池凝固而成的。为了观察熔池的形成，对平行于建造方向[图 4-9(a)]与垂直于建造方向[图 4-9(b)]的样品截面进行了腐蚀。从图 4-9(a)中可以看到激光熔化粉末凝固后形成的平行熔道。由于激光能量高，整体的热量呈现高斯分布，导致熔池尺寸大于光斑直径。在熔池中央可见尺寸较小（小于 20 μm）的晶粒，而熔道边缘形成了尺寸较大的柱状晶（大于 50 μm）。这是由于熔池中央温度梯度较小，晶粒生长驱动力不足，使得晶粒较小；随后，熔池中晶粒以熔池边界作为晶体形核位点，向熔池中央生长，形状为柱状。图 4-9(b)为熔道的侧视图，从图中可以看出弧形的熔池边界（采用黑色虚线标

出），熔池深度大约为 100 μm，其中存在大量熔池界面。建造过程中，由于激光能量密度高，在熔化下一层粉末过程中，会对上一层乃至两层已经凝固的熔池进行再熔化以及热处理处理，导致上一层熔池中的晶粒能够连续生长于多个不同的熔池中，形成长条状的柱状晶，部分柱状晶的长度大于 100 μm，宽度为 10 μm 左右。

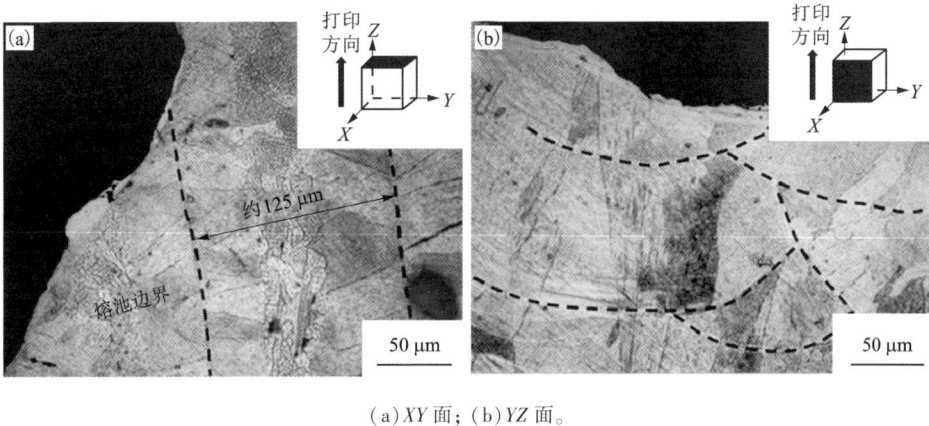

(a)XY 面；(b)YZ 面。

图 4-9 扫描能量密度为 77.9 J/mm³ 时 SLM 成形的 FeCrNi 多主元合金的金相组织

图 4-10 是 SLM 成形的 FeCrNi 多主元合金 YZ 面的 EBSD 图，扫描能量密度为 77.9 J/mm³。图 4-10(b) 是 SLM 成形的 FeCrNi 多主元合金 YZ 面的 IPF 图。如图 4-10 所示，垂直于建造方向截面(YZ)的晶粒形状大部分为柱状晶，在大晶粒中有柱状亚结构存在，而熔池边界为尺寸较小的等轴晶。图 4-10(c) 是 SLM 成形的 FeCrNi 多主元合金相应区域的晶界图，柱状的亚结构是由小角度晶界(LGABs)分离的亚晶界。图 4-10(e) 是 SLM 成形的 FeCrNi 多主元合金的晶界取向差统计图，小角度晶界的占比高达 55%；通过大角度晶界(HAGBs)统计，得出晶粒平均尺寸为 54 μm。图 4-10(d) 是 SLM 成形的 FeCrNi 多主元合金的 KAM 图，大角度晶界和小角度晶界都有较高的局部取向差，表明存在大量的几何必须位错(GND)。对图 4-10(d) 中的局部取向差进行了定量统计，其结果如图 4-10(f) 所示。经过计算，平均局部取向差为 0.9273°。该数值反映了合金晶格错配的程度比铸造合金的高，这表明 SLM 成形 FeCrNi 多主元合金存在更高的位错密度。

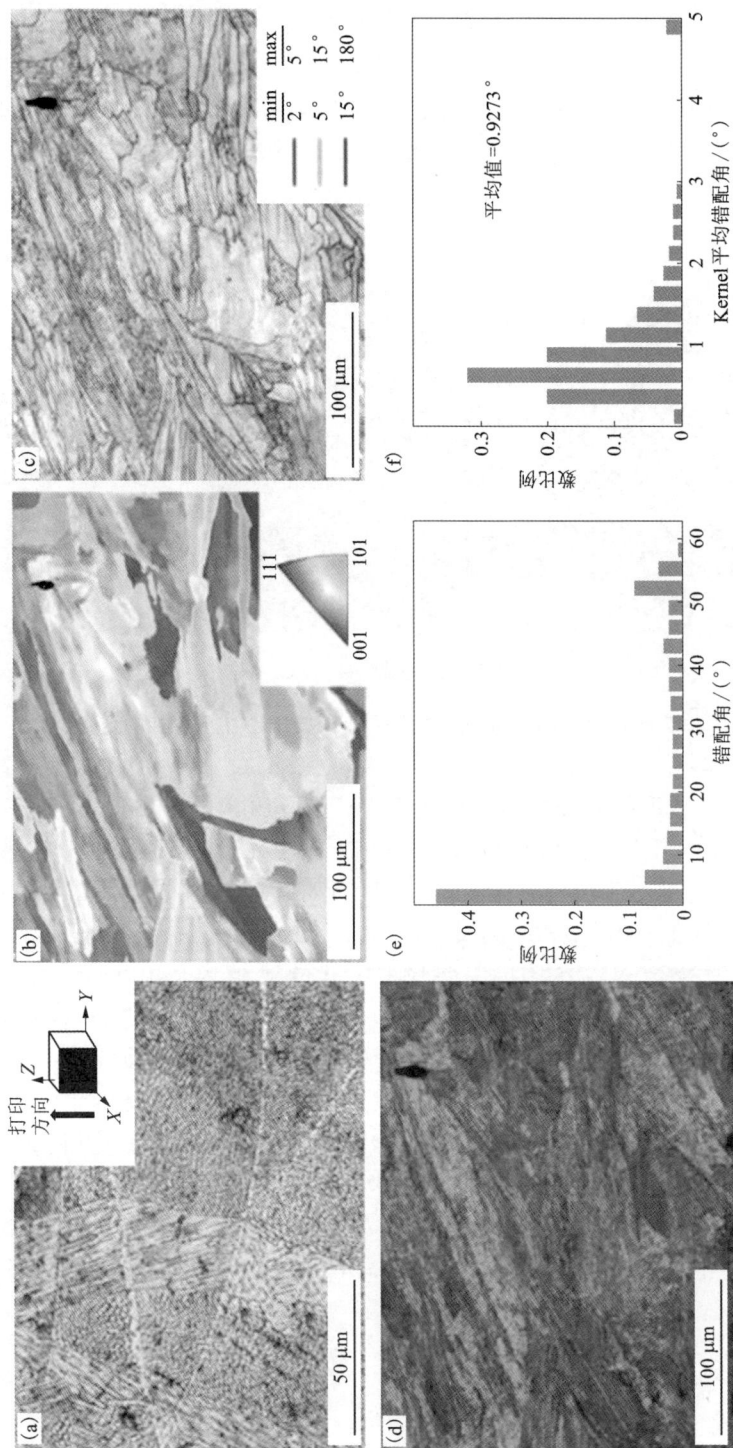

(a) SLM成形的FeCrNi多主元合金熔池金相图；　(b) SLM成形的FeCrNi多主元合金的YZ面的IPF图；　(c) EBSD IQ图；
(d) KAM图；　(e) 晶粒取向差统计图；　(f) KAM统计图

图4-10　SLM成形的FeCrNi多主元合金YZ面的EBSD图

图 4-11 是 SLM 成形的 FeCrNi 多主元合金胞状晶结构及位错胞结构。观察的方向为 YZ 平面，从图中可见粗晶粒中存在细小的胞状晶结构。由图 4-11(b)的放大图可见规则的胞状晶组织。根据统计，胞状晶尺寸为 416~714 nm，平均尺寸为 618 nm，胞壁宽度小于 10 nm。该胞状晶结构是一种典型的非平衡凝固组织。由于 SLM 过程中冷却速度可达 10^6~10^8 K/s，在熔池中央及边界会存在较大的温度差异，因此随着温度梯度与晶粒生长速率的比值(G/R)的增加，结晶形貌由等轴状变为树枝状、胞状和平面状。根据界面稳定性理论，胞状晶结构还取决于凝固前沿的运动速度和固液界面上的溶质原子重新分配。图 4-11(c)所示的 TEM 明场像中，高密度位错在胞状组织边界处聚集。位错胞的尺寸在 600 nm 左右，其形态与文献报道的类似。

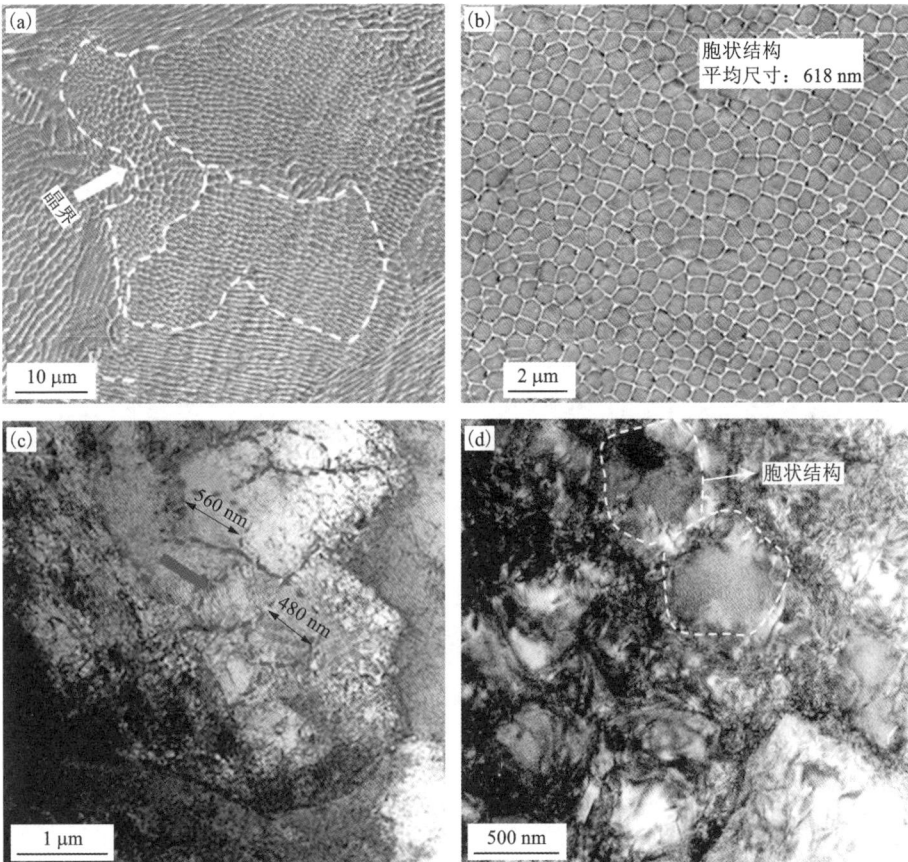

(a)SLM 成形的 FeCrNi 多主元合金 SEM 图；(b)粗晶粒内部胞状晶结构；
(c)(d)与(b)中胞状晶对应的位错胞 TEM 明场像。

图 4-11　SLM 成形的 FeCrNi 多主元合金胞状晶结构及位错胞结构

图 4-12 是 SLM 成形的 FeCrNi 多主元合金 EPMA 元素面分布，可知 SLM 制备的 FeCrNi 多主元合金内部元素分布总体较均匀。为了进一步分析 FeCrNi 多主元合金位错胞的成分，采用三维原子探针（APT）检测技术对样品进行了表征。图 4-13(a) 为重构后的 Cr、Fe 和 Ni 元素分布图。此外，可发现少量 C 元素的存在，但其总体含量较低（摩尔分数低于 0.1%），与 FeCrNi 预合金粉末的碳元素含量接近。然而，在胞状晶界面上，观察到 C 元素富集，且该元素富集区恰好与位错胞边界相对应。这是因为 C 元素的原子尺寸较小，在动力学上扩散得较为迅速，通常易于在界面富集。图 4-13(b) 中为胞状晶边界成分，其界面上也存在较多的 C 元素富集。为了进一步定量地分析界面上的元素分布，绘制了元素组成的剖面图。胞状组织边界可见明显的 C 元素及 Cr 元素的富集 [图 4-13(c)]，其中 Cr 元素原子含量最高可达 50%，C 元素原子含量最高可达 3.5%。相较于胞状组织边界，尺寸较大的 C 元素团簇中心包含约 15% 的 C 元素以及高达 70% 的 Cr 元素，预示了 $Cr_{23}C_6$ 型碳化铬的析出。由于这些碳化物数量少，尺寸也小，所以较难通过扫描电镜观察到。

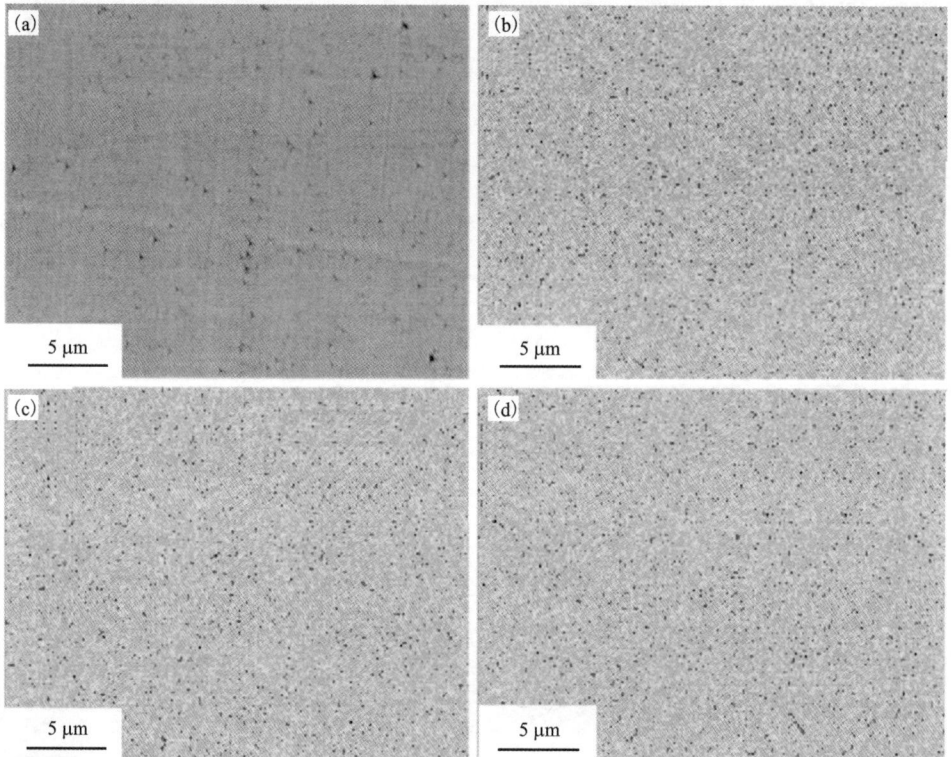

(a)SEM 图；(b)Fe 元素；(c)Cr 元素；(d)Ni 元素。

图 4-12   SLM 成形的 FeCrNi 多主元合金 EPMA 元素面分布

扫一扫，看彩图

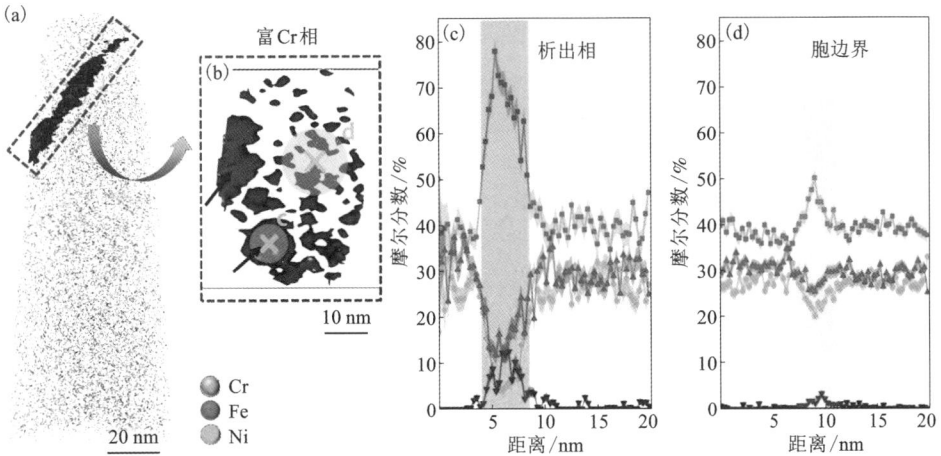

(a)胞状组织边界元素偏聚；(b)元素偏聚区前视图；
(c)胞状边界截面的元素含量图；(d)富 C 区团簇的元素含量图。

**图 4-13　SLM 成形的 FeCrNi 多主元
合金的三维原子探针(APT)局部化学元素分析**

这种胞状组织沿边界 Cr/C 偏析的形成可以用 BMI (bernard marangoni，热毛细对流效应)和 PAS (particle accumulated structure formation，颗粒堆积结构形成)机制来解释。根据这些机制，胞状晶结构的凝固更倾向于动力学控制，而不是热力学控制。在 SLM 成形过程中，由于冷却速率可达 $10^6 \sim 10^8$ K/s，由 Fe 和 Ni 元素组成的奥氏体组织首先凝固，使得熔体中有过量的 C 元素，从而扩大了其溶解度极限，由低熔点的 FCC 相组成元素占据着胞状组织中心。相反，在表面张力的作用下，高熔点铁素体形成元素 Cr 在胞状晶界区域积累，并在晶界处凝固，使得胞状组织界面上有大量 Cr 元素的偏聚。在 Al-Si 合金、CoCrMo 合金和 316L SS 中也有类似的结果，它们在 SLM 成形的过程中形成了具有明显高熔点元素 Si、Mo、Cr 偏析的胞状晶结构。

4.2.2　力学性能

SLM 成形的 FeCrNi 多主元合金存在粗大柱状晶-亚微米级胞状晶结构的多层级组织。这种组织在采用增材制造技术制备的传统合金中也有发现，如在 SLM 成形的 316L 不锈钢中，会形成尺寸约为 580 nm 的胞状晶，使得材料屈服强度相对于铸态提高 5 倍，甚至超过锻造合金，同时具有优良的塑性。据报道，在 AlSi10Mg 合金中也发现有尺寸为 500 nm 左右的胞状晶存在，使得该合金具有较高的抗拉强度和应变硬化性能，优于传统粉末冶金和铸造方法制备的 Al-Si 合金。此外，在 Ni 基高温合金、CoCrMo 合金中，都会存在亚微米级的胞状晶结构。

在 SLM 多主元合金中也易出现亚微米级乃至纳米级胞状晶结构,使得所制备的合金具有优异的力学性能。

图 4-14 是 SLM 成形的 FeCrNi 多主元合金显微硬度与激光功率的对应关系。当扫描速度为 800 mm/s 时,该合金的显微硬度最高为 316 HV(激光功率为 200 W);激光功率为 300 W 时,合金的显微硬度最小(291 HV)。这是由于随着激光功率的提高,晶粒尺寸的增大,导致合金硬度减小。材料的硬度不仅取决于晶粒尺寸,还取决于位错密度、孔隙率等诸多因素。当激光功率为 350 W 时,致密度最高(7.80 g/mm^3)。当扫描速度为 700 mm/s 时,随着激光功率的提高,样品显微硬度减小,这是晶粒尺寸增加导致的。此外,由于能量密度过大,可能会产生球化缺陷,导致合金的硬度值较低。

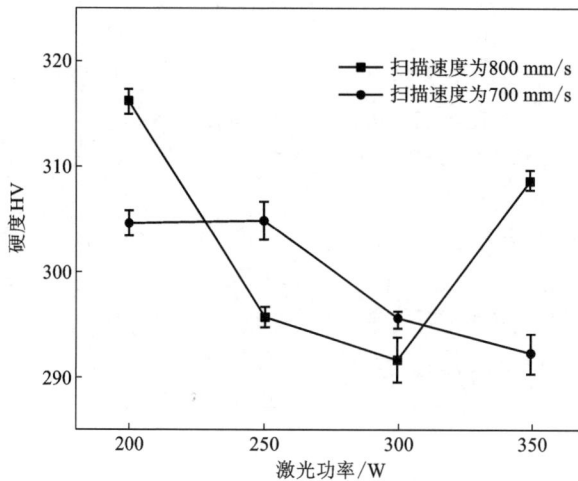

图 4-14 SLM 成形的 FeCrNi 多主元合金
显微硬度与激光功率对应关系

图 4-15 所示为激光功率为 350 W 时,不同扫描速度下 SLM 成形的 FeCrNi 多主元合金室温应力-应变曲线。随着扫描速度的减小,FeCrNi 多主元合金的强度和塑性随之增加。扫描速度为 1000 mm/s 时,该合金具有较好的力学性能,屈服强度为 740.5 MPa,抗拉强度为 885.1 MPa,断后伸长率为 20.4%。这是由于扫描速度越低,孔隙率越小,裂纹源更少。

图 4-16 是扫描速度为 800 mm/s 时,不同激光功率下制备的 FeCrNi 多主元合金的室温应力-应变曲线。在该参数下制备的样品致密度都接近全致密,孔隙缺陷少。随着激光功率的提高,熔池温度高,使得合金的晶粒尺寸增加,材料强度降低。

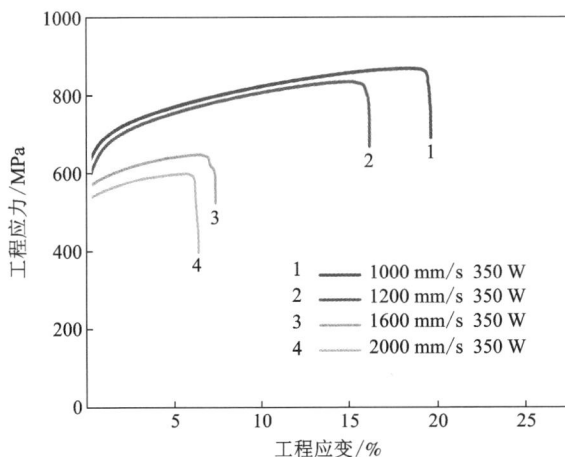

图 4-15　激光功率为 350 W 时不同扫描速度下 SLM
成形的 FeCrNi 多主元合金的室温应力-应变曲线

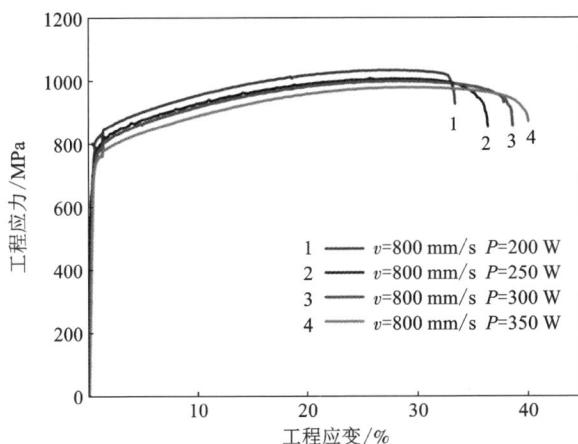

图 4-16　扫描速度为 800 mm/s 时不同激光功率下
制备的 FeCrNi 多主元合金室温应力-应变曲线

　　图 4-17 是扫描速度为 800 mm/s 时 SLM 成形的 FeCrNi 多主元合金室温拉伸后的断口形貌图。其断口形貌为纤维状，表面有少量的孔隙。如图 4-17(a) 所示，孔洞的尺寸在 10 μm 左右，激光功率越小，断面上的孔洞数量越多。用更高倍数观察时，如图 4-17(d) 所示，FeCrNi 多主元合金为典型的韧窝结构，其尺寸为 600 nm 左右。该尺寸接近于胞状组织的平均尺寸，说明裂纹可能是沿着胞状组织边界扩展导致失效的。

　　图 4-18(a) 是能量密度为 77 J/mm³ 时 SLM 成形的 FeCrNi 多主元合金的室温拉伸工程应力-应变曲线。可见，SLM 成形的 FeCrNi 多主元合金的屈服强度是

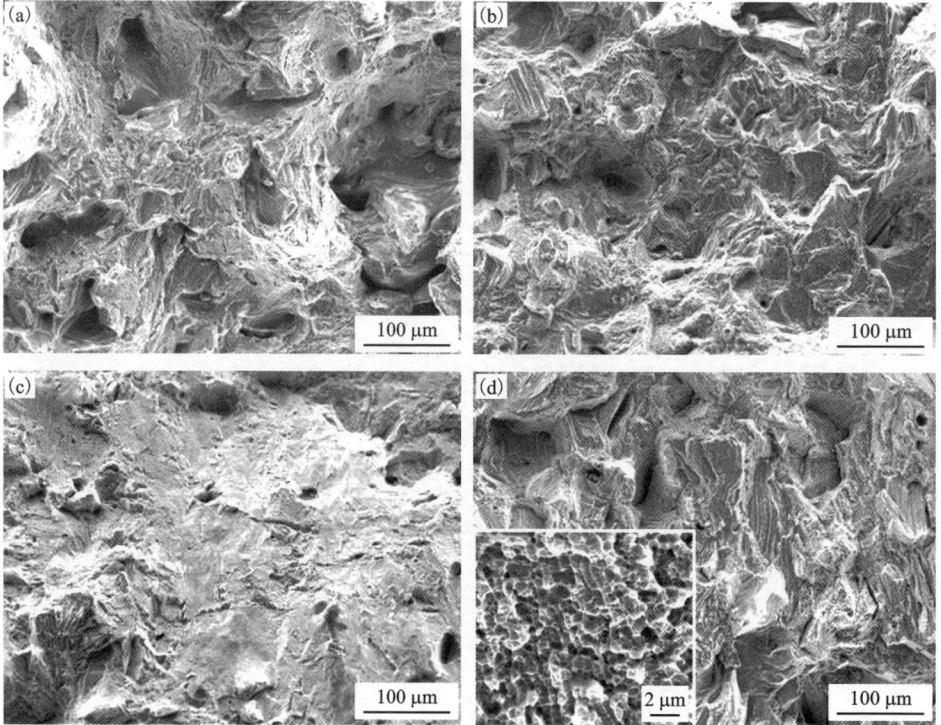

(a)200 W；(b)250 W；(c)300 W；(d)350 W。

图 4-17　扫描速度为 800 mm/s 时 SLM 成形的 FeCrNi 多主元合金室温拉伸后断口形貌图

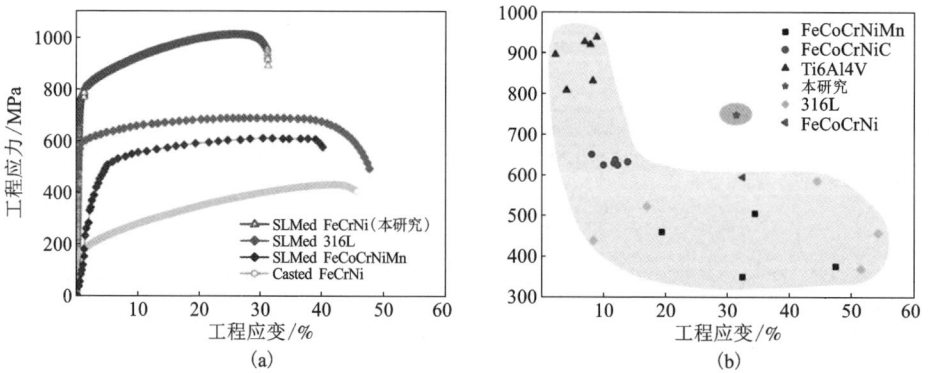

(a)拉伸曲线对比；(b)强塑性对比。

图 4-18　SLM 成形的 FeCrNi 多主元合金与常见 SLM 成形金属材料的强韧性对比

SLM 制备的 FeCoCrNiMn 多主元合金的 1.5 倍。图 4-18(b)给出了包括 FeCrNi 多主元合金及 SLM 制备的其他合金(如 Ti6Al4V 合金、316L 不锈钢、FeCoCrNi/C 和 FeCoCrNiMn 等)的力学性能。总体来说,SLM 成形的 FeCrNi 多主元合金表现出优异的强度和塑性组合。

4.3　增材制造含间隙元素多主元合金

FeCoCrNi 作为一种单相的多主元合金,具有良好的塑性、优异的低温力学性能、耐腐蚀性能和抗氧化性能。但面对严苛的工业服役要求时,单相多主元合金的力学性能,尤其是屈服强度明显不足。向单相多主元合金引入间隙元素是一种提高力学性能的有效方式。例如,向 FeCoCrNiMn 多主元合金中加入适量的碳元素能够提高材料的硬度;向 $Fe_{40.4}Ni_{11.3}Mn_{34.8}Al_{7.5}Cr_6$ 多主元合金中加入碳元素能够显著提高材料的抗拉强度。这主要是因为碳元素为基体提供了固溶强化作用,而碳元素与铬元素结合形成碳化物则为基体提供了析出强化作用。另外,有研究表明,与碳元素相比,氮元素可能是一种更有效的间隙强化元素。引入氮元素能够有效提高奥氏体钢的拉伸性能和抗疲劳性能。这种力学性能上的改善原因主要在于显微组织发生了改变,例如,晶粒尺寸减小,基体中析出了氮化物以及一些短程有序的原子团簇。因此,本节重点介绍增材制造含碳和含氮多主元合金的组织与性能。

采用选区激光熔化技术制备含 C 和 N 的 FeCoCrNi 多主元合金。将氩气雾化制备好的预合金球形粉末置于设备的粉缸内。在惰性气氛的保护下,利用激光熔化成形。制备两种多主元合金时采用的保护气氛不同,FeCoCrNi-C 多主元合金采用氩气气氛保护,FeCoCrNi-N 多主元合金采用氮气气氛保护。打印结束后,将样品进行去应力退火。选区激光熔化的参数为功率 200~400 W,扫描速度 800~2000 mm/s,层厚 40 μm,激光束斑 110 μm。去应力退火时采用的温度为 420 ℃,升温速率为 5 ℃/min,保温 6 h。

4.3.1　含碳多主元合金

选区激光熔化态的 FeCoCrNi-C 多主元合金的 XRD 分析如图 4-19 所示。衍射峰出现的位置分别对应晶面(111)、(200)、(220),由此可知选区激光熔化态的 FeCoCrNi-C 多主元合金仍是 FCC 单相结构。

选区激光熔化态的 FeCoCrNi-C 多主元合金的显微组织图如图 4-20 所示。可以看出,选区激光熔化态的 FeCoCrNi-C 多主元合金内部出现了微观缺陷,包括裂纹以及孔隙。微裂纹的出现主要是由于冷却速度太快,引起热应力集中,导致局部微裂。微空隙主要是由熔体凝固收缩引起的。微观缺陷是影响合金塑性的重要因素。选区激光熔化态 FeCoCrNi-C 多主元合金的成分分析如图 4-21 所示。由图可知,各种元素都呈现出均匀分布的状态。这主要是因为雾化制粉以及选区激光熔化过程的冷却速度均很快,避免了元素的宏观偏析。

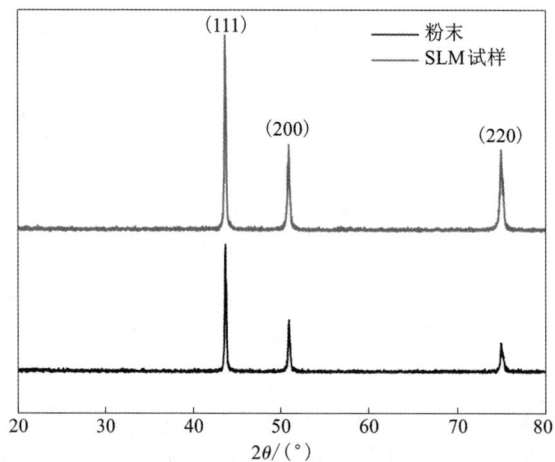

图 4-19　选区激光熔化态 FeCoCrNi-C 多主元合金的 XRD 图

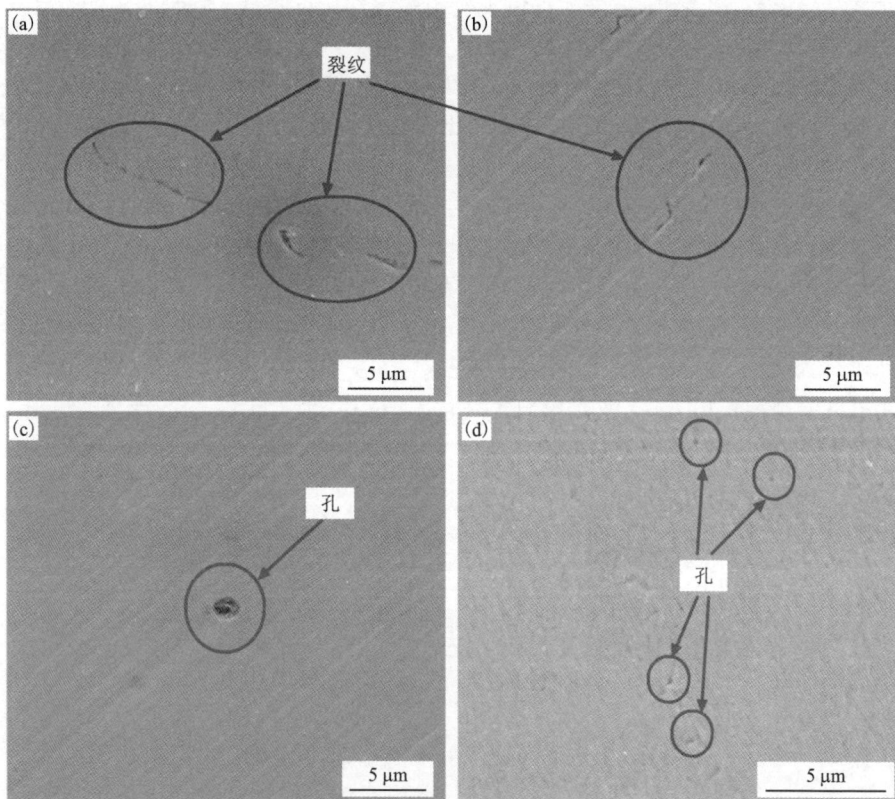

（a）400 W，1200 mm/s；（b）400 W，800 mm/s；（c）250 W，800 mm/s；（d）350 W，800 mm/s。

图 4-20　不同成形参数下选区激光熔化态 FeCoCrNi-C 多主元合金的 SEM 图

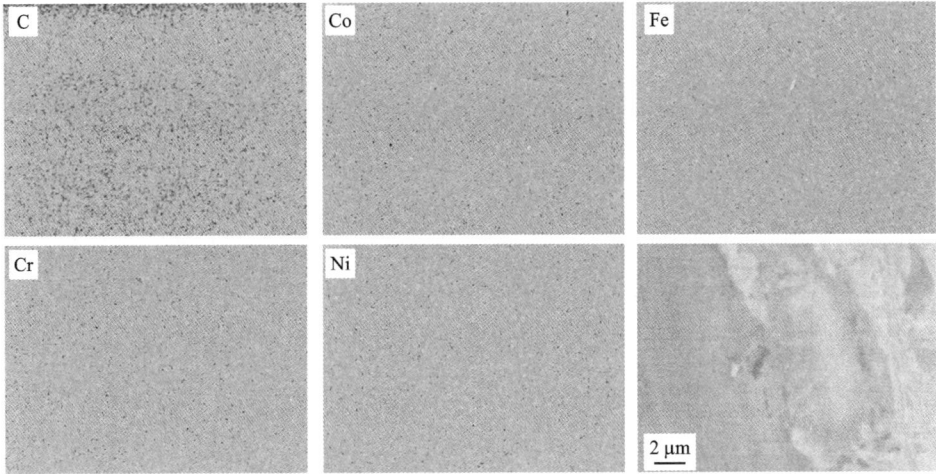

图 4-21　选区激光熔化态 FeCoCrNi-C 多主元合金的元素面分布图

选区激光熔化过程中，由于样品底部与基板接触，顶部是成形的最前端，所以热自上而下流动，这就导致了样品在不同位置的显微组织差别。将选区激光熔化态 FeCoCrNi-C 沿打印方向分为顶部、中部、底部三个部分，其 EBSD 分析结果如图 4-22 所示。由反极图可知，三个不同区域的晶粒均为自由取向，无择优取向。

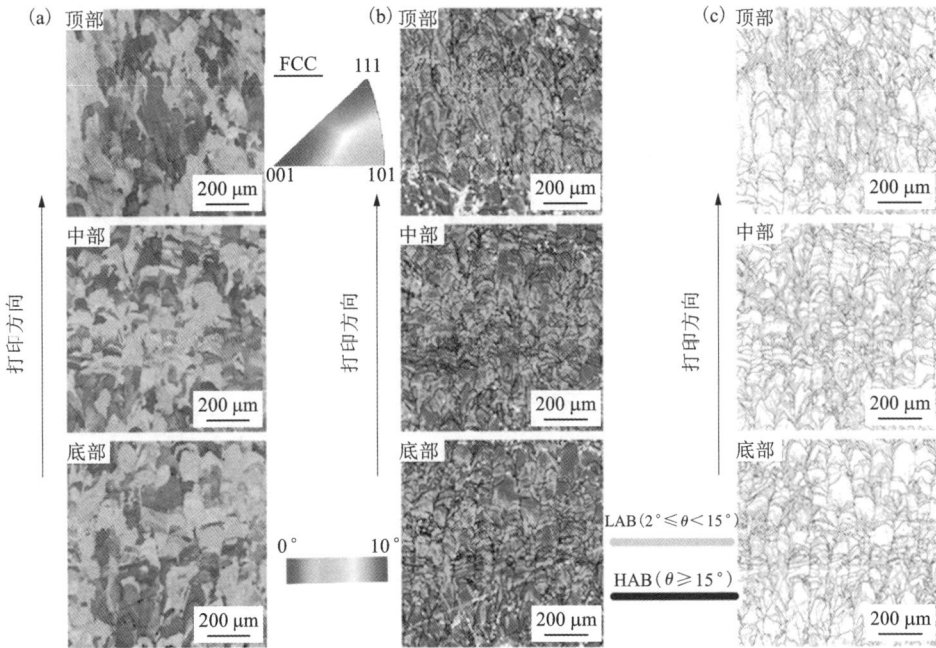

（a）反极图；（b）局部取向差图；（c）晶界分布图。

图 4-22　选区激光熔化态 FeCoCrNi-C 多主元合金的 EBSD 分析图

中部与底部的晶粒以等轴晶为主，而顶部的晶粒以柱状晶为主。局部取向差图反映了选区激光熔化合金中具有较高程度的局部形变，而局部形变可能导致微裂纹。晶界分布图则显示了选区激光熔化合金中含有大量的小角度晶界。

图 4-23 是不同成形参数下选区激光熔化态 FeCoCrNi-C 多主元合金的 EBSD 反极图。由图可知，在 400 W、800 mm/s 的条件下，晶粒大部分呈现出规则的等轴状；但在 250 W、800 mm/s 的条件下，晶粒大部分呈现出不规则的形状。整体而言，在一定参数范围内，随着输入功率的降低，扫描速度的提高，晶粒呈现出愈加不规则的趋势。采用 EBSD 对不同成形参数下成形的选区激光熔化态 FeCoCrNi-C 多主元合金晶粒尺寸进行统计，然后取平均值。图 4-24 为平均晶粒

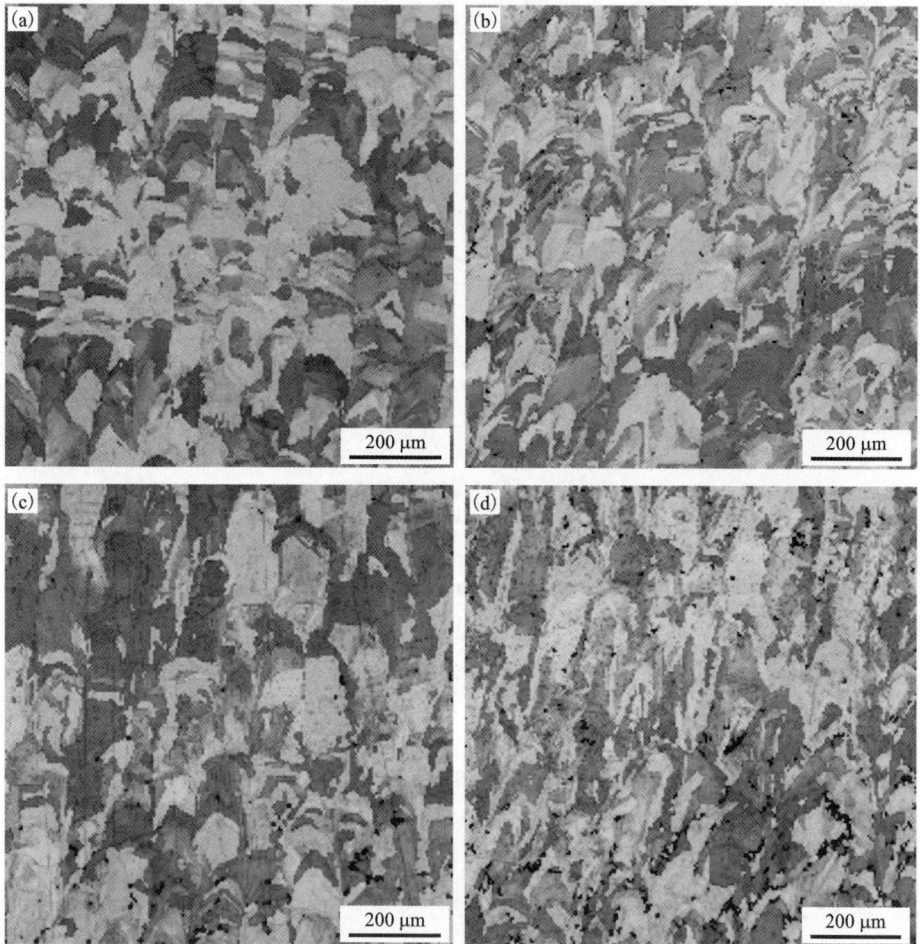

（a）400 W，800 mm/s；（b）400 W，1200 mm/s；（c）300 W，800 mm/s；（d）250 W，800 mm/s。

图 4-23　不同成形参数下选区激光熔化态 FeCoCrNi-C 多主元合金的 EBSD 反极图

扫一扫，看彩图

尺寸随输入功率以及扫描速度变化的情况。由图可知，当输入功率为 400 W 时，随着扫描速度从 800 mm/s 升高到 1200 mm/s 时，平均晶粒尺寸由 49 μm 变小到 41 μm；当扫描速度为 800 mm/s 时，随着输入功率从 250 W 提高到 400 W，平均晶粒尺寸从 42 μm 增大至 50 μm。图 4-25 是选区激光熔化态 FeCoCrNi-C 多主元合金(400 W，800 mm/s)的 TEM 图。由图可知，激光熔化态的 FeCoCrNi-C 合金内部形成大量的胞状结构，胞状结构的尺寸为 0.5~1 μm，胞壁上包含了大量的位错。经过拉伸变形后，胞状结构的形状发生了改变，由原来的等轴状变为条状，并且变形后，胞内的位错密度发生了增殖。另外，在变形后的组织内部没有明显的变形孪晶形成。这与传统方法制备的 FeCoCrNi 多主元合金有较为明显的区别。

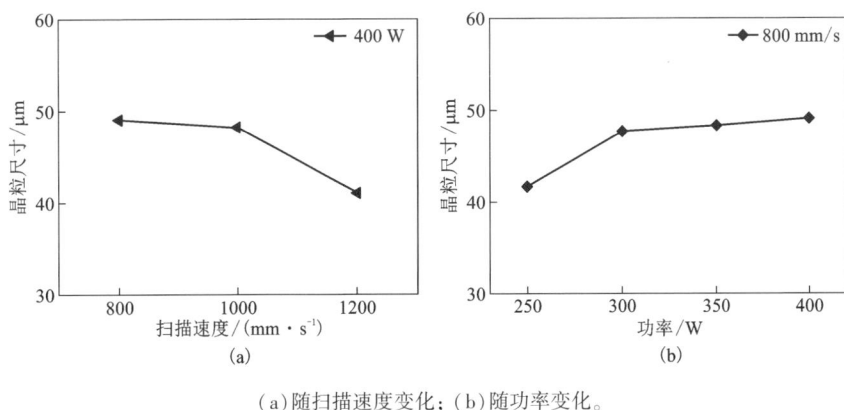

(a)随扫描速度变化；(b)随功率变化。

图 4-24　选区激光熔化态 FeCoCrNi-C 多主元合金的晶粒尺寸变化图

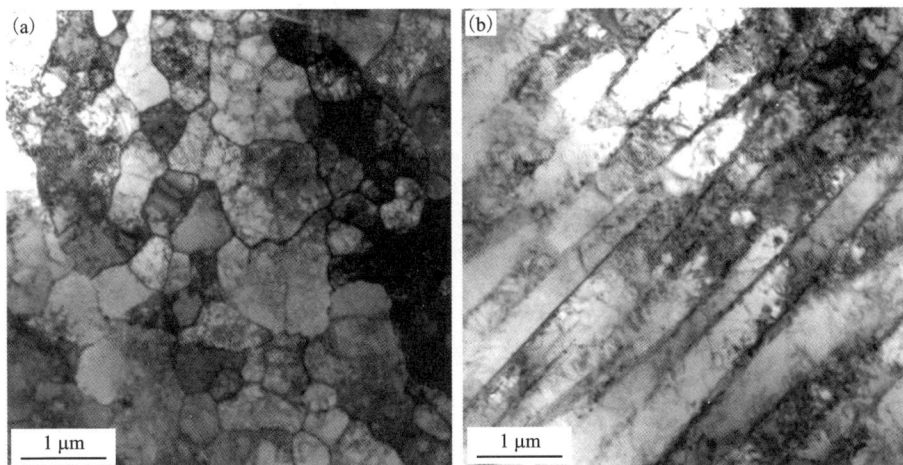

(a)烧结态；(b)拉伸形变态。

图 4-25　选区激光熔化态 FeCoCrNi-C 多主元合金的 TEM 图

选区激光熔化态 FeCoCrNi-C 多主元合金的相对密度与成形参数的关系如图 4-26 所示。由图可知,当扫描速度较低时(800 mm/s),输入功率控制在 200~400 W,相对致密度均可达 99% 以上。而当扫描速度较高时(1200 mm/s,1600 mm/s,2000 mm/s)时,相对致密度与输入功率高度相关。当扫描速度为 1200 mm/s 时,将输入功率从 200 W 升高到 400 W,相对致密度从 92% 提高到 99%。当扫描速度更高时(1600 mm/s,2000 mm/s),相对致密度也与输入功率成正相关关系,但总体低于扫描速度为 1200 mm/s 时的相对致密度。

图 4-27 是选区激光熔化态 FeCoCrNi-C 多主元合金的硬度随输入功率变化关系图。由图可知,样品硬度为 260~330 HV,当扫描速度一定时,随着输入功率的提高,样品的硬度总体呈现增长的趋势。硬度作为一个力学性能的指标,受诸多因素的影响,例如样品的致密度、位错、裂纹等宏微观缺陷。因此,硬度随成形参数变化的趋势与相对致密度的变化并不完全一致。

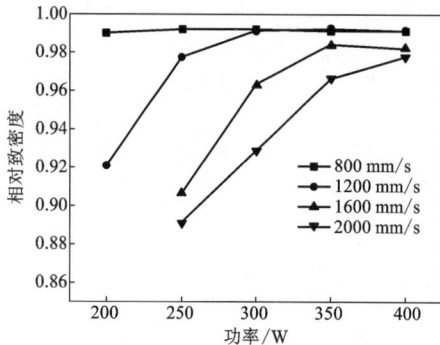

图 4-26 选区激光熔化态 FeCoCrNi-C
多主元合金的相对密度与成形参数的关系

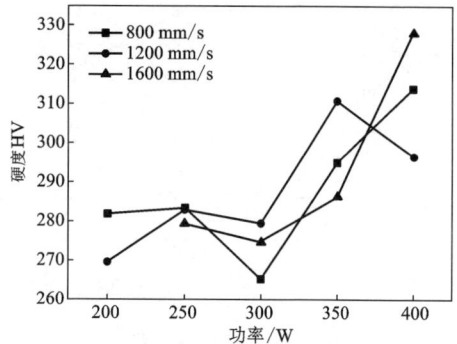

图 4-27 选区激光熔化态 FeCoCrNi-C
多主元合金的硬度随输入功率变化关系图

选区激光熔化态 FeCoCrNi-C 多主元合金的室温拉伸应力-应变曲线如图 4-28 所示,其力学性能指标见表 4-1。由图 4-28 和表 4-1 可知,成形参数对屈服强度和极限强度几乎没有影响。在 400 W、1200 mm/s 条件下,屈服强度最高,为 656 MPa。在 400 W、800 mm/s 条件下,极限拉伸强度最高,为 797 MPa。与强度指标不同,伸长率受成形参数的影响非常明显。在 400 W、800 mm/s 的条件下,伸长率为 13.5%;但在 400 W、1200 mm/s 的条件下,伸长率仅为 7.7%。此外,伸长率随成形参数的改变呈现规律性变化趋势。当扫描速度一定时(1200 mm/s),伸长率随输入功率的提高而增大;当输入功率一定时(400 W),伸长率随扫描速度的增加而减少。

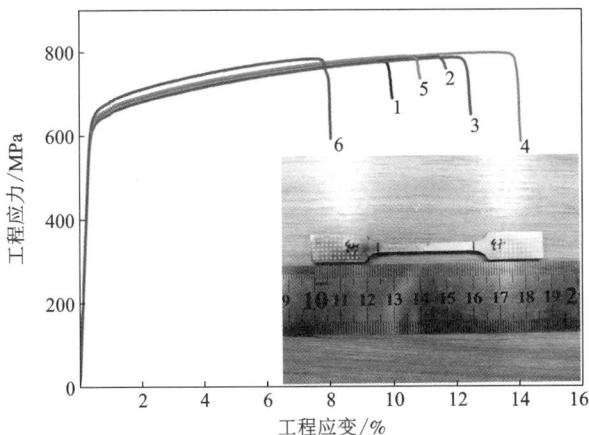

（图中数字与表 4-1 相关）

**图 4-28　选区激光熔化态 FeCoCrNi-C
多主元合金的室温拉伸应力-应变曲线图**

表 4-1　激光熔化态样品的成形参数以及拉伸性能

编号	功率/W	扫描速度/(mm·s^{-1})	极限强度/MPa	$\sigma_{0.2}$/MPa	ε_f/%
1	250	800	776	630	9.6
2	300	800	788	635	11.3
3	350	800	786	630	11.9
4	400	800	797	638	13.5
5	400	1000	789	643	11.5
6	400	1200	783	656	7.7

图 4-29 为不同成形参数下，选区激光熔化态 FeCoCrNi-C 多主元合金的拉伸断口形貌图。所有样品都呈现出韧性断裂特征的形貌。大量的韧窝均匀分布在断口上，尺寸在 1 μm 左右。另外，断口表面还出现了一些 10 μm 左右的孔洞。并且，当功率较小时，断口表面的孔洞越多[图 4-29(a)]。在扫描速度比较高的样品断口[图 4-29(d)]还出现了少量的河流状花样。

在选区激光熔化过程中，对相对致密度起决定性作用的是输入能量密度 E。计算能量密度 E($\mathrm{J/mm^3}$)的公式为：

$$E=\frac{P}{vht} \tag{4-1}$$

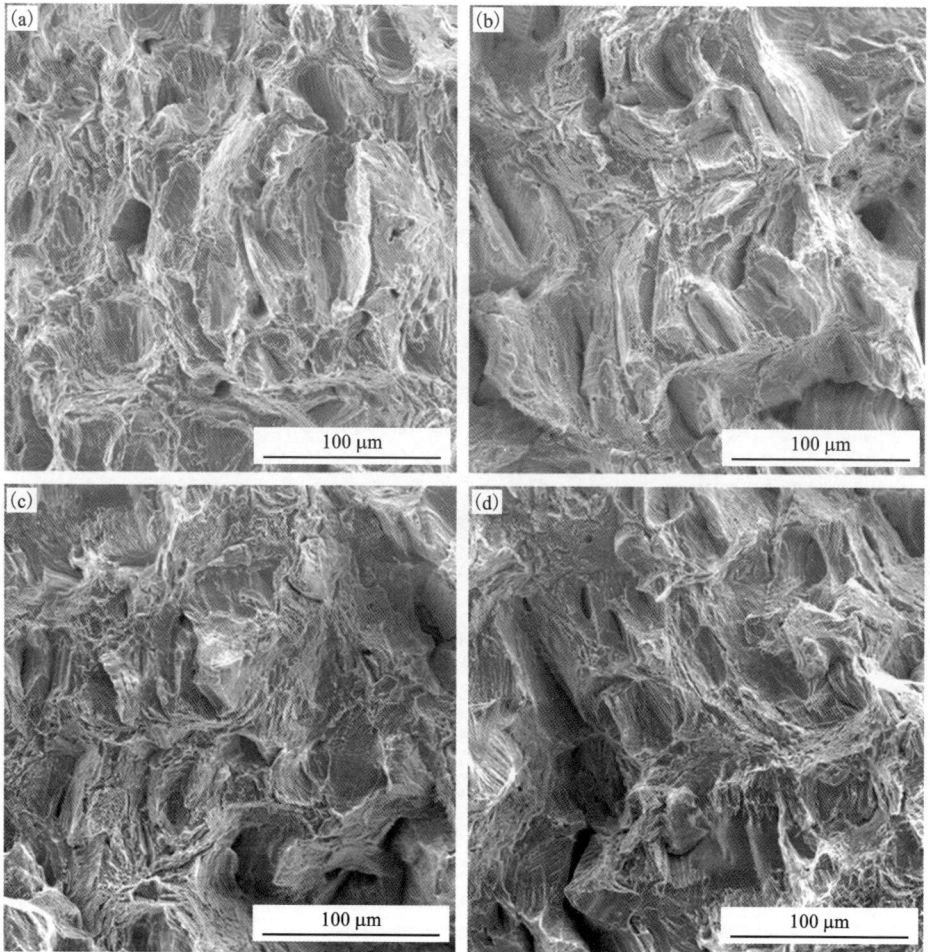

(a)250 W, 800 mm/s; (b)350 W, 800 mm/s; (c)400 W, 800 mm/s; (d)400 W, 1200 mm/s。

图 4-29　选区激光熔化态 FeCoCrNi-C 多主元合金的拉伸断口形貌图

式中: P 为选区激光熔化过程中的输入功率; v 为扫描速度; t 为建造层厚; h 为扫描轨迹宽度。

由公式可知, 输入能量密度随着输入功率的增加而提高, 随着扫描速度的增加而降低。根据式(4-1)计算各个样品的输入能量密度, 绘制出输入能量密度与相对致密度的关系图, 如图 4-30 所示。由图可知, 当输入能量密度达到 52 J/mm³ 时, 样品的相对致密度可达到 99%。继续提高输入能量密度, 相对致密度保持相对恒定。高输入能量密度可以制备高致密度样品的主要原因分析如下。提高输入能量密度, 熔池的温度也随之升高, 进一步降低了熔体液面的表面张力。与此同时，熔体与固相界面的润湿性也得到改善。另外，提高输入能量密度，可以为熔体在固相上的铺展提供更加充足的时间，使熔体的铺展更加充分。同时，熔体具有更高的温度，也利于改善样品内部层与层之间的冶金结合，最终提高相对致密度。

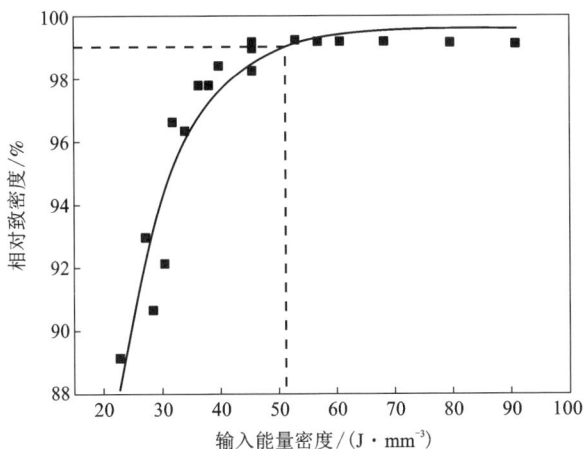

图 4-30　选区激光熔化态 FeCoCrNi-C
多主元合金的相对致密度与输入能量密度的关系图

传统铸造方法制备的 FeCoCrNi 多主元合金的晶粒非常粗大(尺寸为 290 μm)。因此，铸造态 FeCoCrNi 多主元合金的力学性能较差。采用选区激光熔化法制备的 FeCoCrNi-C 多主元合金的晶粒尺寸为 40~50 μm，相较于铸造态的合金，其晶粒尺寸明显细小。晶粒细化主要是因为选区激光熔化过程中很高的冷却速度(大概 10^6 K/s)。研究表明，高的冷却速度能够促使熔池内产生大的过冷度，从而达到细化晶粒的效果。在选区激光熔化中，样品不同位置的微观组织形貌有所区别。相较于样品的中部和底部，顶部的晶粒尺寸更大。这主要是因为在选区激光熔化过程中，当新的一层粉末在激光作用下熔化并开始沉积的时候，前一层样品在激光的作用下会发生重熔以及再次快速冷却。这个过程类似于淬火，可以达到细化晶粒的效果。相较于样品的中部与底部区域，顶部进行的反复热处理次数更少。因此，顶部区域的晶粒尺寸更加粗大。另外，提高扫描速度、降低输入功率也可以增加过冷度，形成更加细小的显微组织。

不同成形参数下的致密样品的强度非常接近，但伸长率却具有很大的差别。这可能是由孔隙或微裂纹等缺陷造成的。根据图 4-29(a)可知，低输入功率(250 W)制备的样品，其断口表面的孔隙更多，从而降低了伸长率。图 4-29(d)中出现的微裂纹，也容易扩展成宏观裂纹，从而降低伸长率。尽管图 4-29(b)(c)中也存在一些孔隙，但数量很少，对伸长率影响不大。此外，当提高激光扫描速度时，温度梯度会更陡，局部应力集中现象会更加严重，从而容易形成微裂纹。当降低输入功率时，熔池的温度降低，在相邻固相界面处铺展不充分，从而容易形成孔隙。因此，合理的输入功率以及扫描速度对选区激光熔化态 FeCoCrNi-C 多主元合金的伸长率至关重要。

表 4-2 为 FeCoCrNi 系多主元合金的抗拉性能比较。可知，选区激光熔化法制备的 FeCoCrNi-C 多主元合金具有更高强度。首先，选区激光熔化法制备的 FeCoCrNi-C 多主元合金具有细小的显微组织，包括亚微米尺度的胞状结构以及细晶结构。而传统方法制备的多主元合金组织较粗大，且不具备这种细小的胞状组织。其次，碳元素产生的固溶强化以及细小碳化物析出强化均能提高材料的强度。因为形变后的基体内没有出现孪晶，所以加工硬化主要是由位错与胞壁以及碳化物颗粒的相互作用引起的。

表 4-2　文献中 FeCoCrNi 系多主元合金的抗拉性能比较

材料	晶粒尺寸/μm	屈服强度/MPa	极限强度/MPa
FeCoCrNi（铸态）	289.7	165	400
FeCoCrNi（铸造+冷轧）	60~80	205	580
FeCoCrNi（粉末冶金）	35	359	713
FeCoCrNi（铸态）	—	155	473
FeCoCrNi（SLM）	—	600	745
本研究的 SLM FeCoCrNi-C$_{0.05}$	40~50	656	797

4.3.2　含氮多主元合金

选区激光熔化态的 FeCoCrNi 和 FeCoCrNi-N 多主元合金的 XRD 图谱如图 4-31 所示。图谱中衍射峰出现的位置分别对应晶面（111）、（200）、（220）、（311）、（222），由此可知选区激光熔化态的 FeCoCrNi 和 FeCoCrNi-N 多主元合金均是 FCC 单相结构。N 元素没有改变选区激光熔化态多主元合金的晶体结构。图 4-31（a）（b）分别是 FeCoCrNi 和 FeCoCrNi-N 多主元合金垂直于建造方向平面的反极图。由图可知，在选区激光熔化态 FeCoCrNi 多主元合金中，晶粒取向分布是随机的，没有择优取向；大部分的晶粒是等轴晶；晶粒的平均尺寸为 70 μm。并且，选区激光熔化态 FeCoCrNi 多主元合金中的显微组织呈现出条带状的形态；条带的宽度均匀，大致在 120 μm 左右。然而，在选区激光熔化态 FeCoCrNi-N 多主元合金中出现的条带状的显微组织并不均匀。这种非均匀的条带组织是由粗晶带与细晶带交替分布组成的。其中，粗晶带的宽度约 70 μm，细晶带的宽度约

30 μm。另外，细晶带中平均晶粒尺寸为 18 μm，粗晶带中平均晶粒尺寸为 52 μm。由此可见，相较于 FeCoCrNi 多主元合金，FeCoCrNi-N 多主元合金的晶粒更细。FeCoCrNi-N 多主元合金中，大部分细晶带中的晶粒为等轴状，但大部分粗晶带中的晶粒为柱状。图 4-31(d) 显示的是平行于块材建造方向的反极图。由图可知，该处晶粒沿 〈101〉 方向外延生长。

(a)FeCoCrNi 反极图；(b)、(d)FeCoCrNi-N 反极图；(c)两种合金的 XRD 图。

图 4-31　选区激光熔化态 FeCoCrNi 和 FeCoCrNi-N 合金的显微组织

图 4-32 是选区激光熔化态 FeCoCrNi 和 FeCoCrNi-N 多主元合金试样的 EBSD 图。图中，红线代表小角度晶界，度数范围为 2°~5°；绿线代表次小角度晶界，度数范围为 5°~15°；蓝线代表大角度晶界，度数范围为 15°~180°。由图可知，FeCoCrNi-N 多主元合金中，小角度晶界的密度更高。而高的缺陷密度，有利于材料获得良好的强化效果。图 4-33 是选区激光熔化态 FeCoCrNi-N 多主元合金中的 N 元素面分布图。由图可知，N 元素在 FeCoCrNi-N 多主元合金中的不同显微组织形貌中仍分布均匀，无氮化物形成。

图 4-34 是选区激光熔化态 FeCoCrNi 和 FeCoCrNi-N 多主元合金的工程应力-应变曲线以及加工硬化率曲线。由图可知，FeCoCrNi-N 多主元合金具有更高的屈服强度和极限强度，分别为 650 MPa 和 860 MPa。并且，随着 N 元素的引入，材料的伸长率也有少量增加(从 30% 增加到 34%)。由加工硬化率曲线可知，随着塑性变形的进行，FeCoCrNi 和 FeCoCrNi-N 多主元合金的加工硬化率越来越高。另外，FeCoCrNi-N 多主元合金的加工硬化率高于 FeCoCrNi 多主元合金。图中的

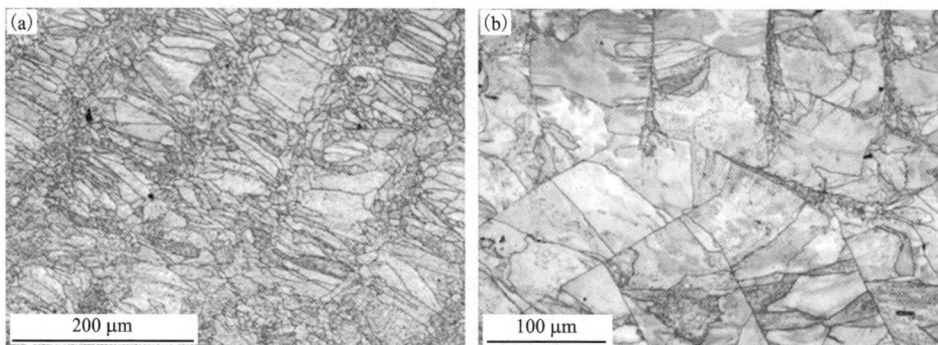

图 4-32　选区激光熔化态 FeCoCrNi 和 FeCoCrNi-N
多主元合金试样的 EBSD 图

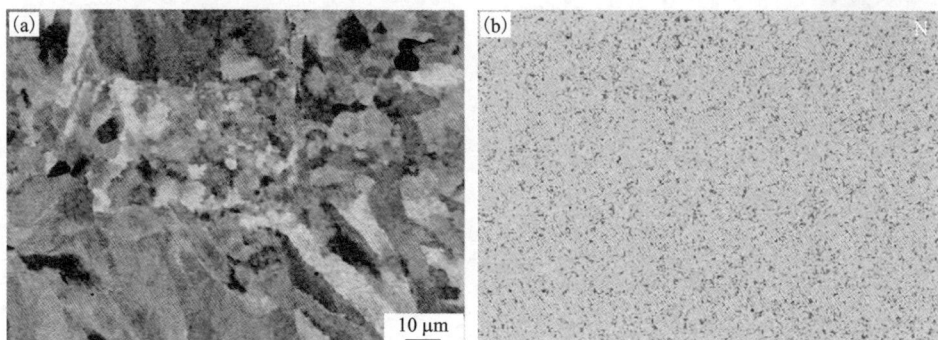

图 4-33　选区激光熔化态 FeCoCrNi-N 多主元合金的 EPMA 中 N 元素面分布图

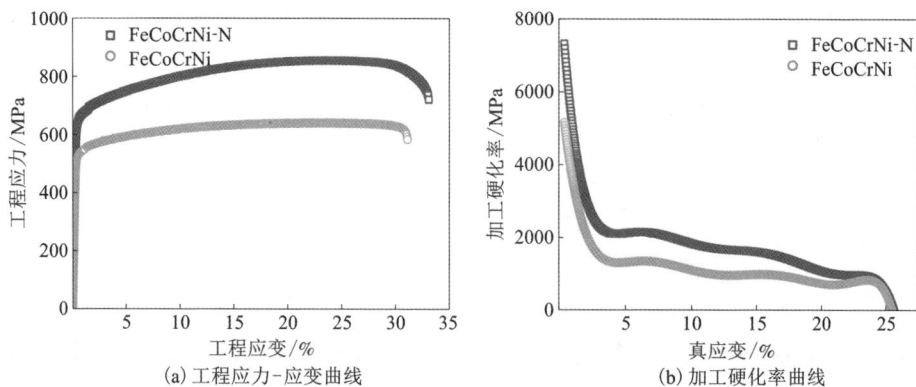

(a) 工程应力-应变曲线　　　　(b) 加工硬化率曲线

图 4-34　选区激光熔化态 FeCoCrNi 和 FeCoCrNi-N 多主元
合金的工程应力-应变曲线图以及加工硬化率曲线图

加工硬化行为可以分为两个阶段：第一阶段，加工硬化率随着真应变的增长而陡降；第二阶段，加工硬化率随着真应变的增长缓慢降低。由此可知，该材料的塑性变形主要由位错滑移机制主导。图 4-35 是选区激光熔化态 FeCoCrNi-N 多主元合金的室温拉伸断口 SEM 图，其断面上分布了大量的韧窝，尺寸约 600 nm。

图 4-35 选区激光熔化态 FeCoCrNi-N 多主元合金的的室温拉伸断口 SEM 图

图 4-36(a)是选区激光熔化态 FeCoCrNi 和 FeCoCrNi-N 多主元合金在加载-卸载-重新加载实验中的真应力-应变曲线，可大致测量材料在形变过程中的背应力。由图可知，选区激光熔化态的多主元合金在变形过程中，存在显著的包申格效应，迟滞回环明显。与 FeCoCrNi 多主元合金相比，选区激光熔化态 FeCoCrNi-N 多主元合金的包申格效应更加明显。并且，随着形变程度增加，其真应变率提高，迟滞回环的面积也逐渐增大。根据异构材料研究方法，背应力的计算公式为：

$$\sigma_{back} = (\sigma_{flow} + \sigma_{rev})/2 + (\sigma^*/2) \tag{4-2}$$

式中：σ_{flow} 为在卸载过程中的流变应力；σ^* 为考虑了热力学部分存在的流变应力；σ_{rev} 为在卸载过程中的残余应力。

另外，图 4-36(c)展示了相关参数的意义。图 4-36(d)是选区激光熔化态的 FeCoCrNi 和 FeCoCrNi-N 多主元合金中的背应力随真应力变化而变化图。由图可知，在拉伸变形过程，FeCoCrNi-N 多主元合金发生屈服时，背应力的数值大约为 460 MPa，明显高于 FeCoCrNi 多主元合金(394 MPa)。这主要是因为，FeCoCrNi-N 多主元合金中的显微组织是由非均匀的粗晶细晶带交替组成的；FeCoCrNi 多主元合金的显微组织则是由均匀的较粗晶带组成的。而非均匀带状组织的材料具有更高的背应力和背应力增长率。因此，随着拉伸形变的进行，两种合金的背应力差距越来越大。

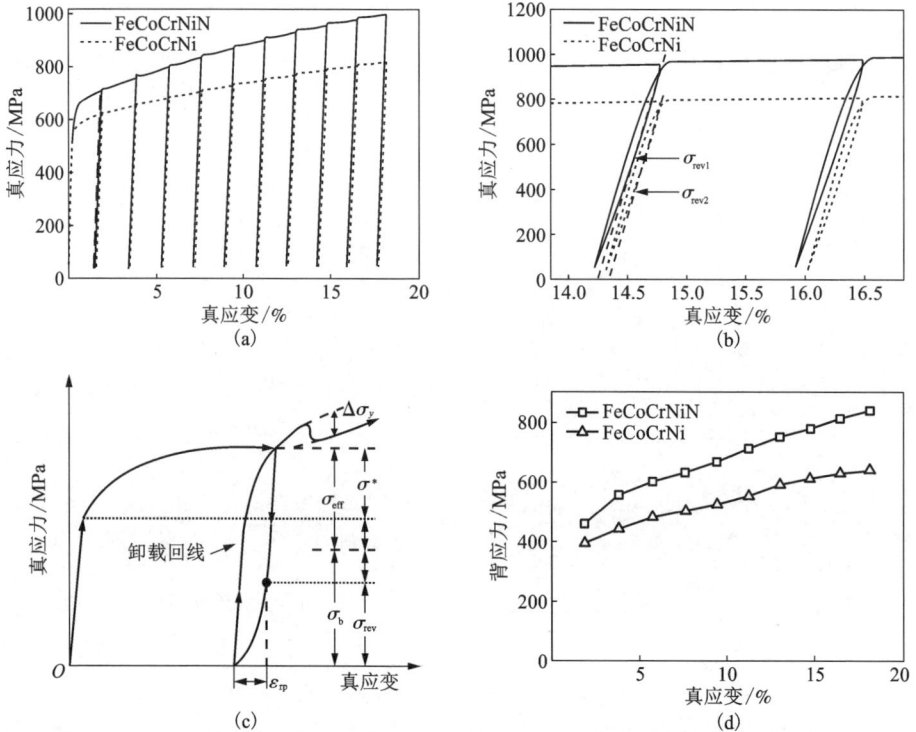

(a)在加载-卸载-重新加载情况下的真应力-应变曲线;(b)迟滞回环;
(c)背应力计算示意图;(d)背应力随真应力变化而变化的折线图。

图 4-36 选区激光熔化态 FeCoCrNi 和 FeCoCrNi-N 多主元合金的循环加卸载分析结果

　　层状显微组织结构是选区激光熔化态多主元合金中的普遍现象。然而,随着 N 元素的加入,选区激光熔化态的多主元合金由均质层状结构向非均质层状结构转变。这主要是因为,固溶氮元素在奥氏体合金中有细化晶粒的作用。图 4-37 是采用选区激光熔化技术制备 FeCoCrNi 和 FeCoCrNi-N 多主元合金过程的示意图。由图可知,在选区激光熔化过程中,相邻熔道存在搭接的现象,熔道搭接区域发生了块体凝固后的重熔。在选区激光熔化制备 FeCoCrNi 多主元合金的过程中,块体材料的重熔并不能细化晶粒,最终由均匀的层状结构组成。但在合金发生熔化以及快速凝固的过程中,引入 N 元素能够对晶粒起到细化作用。选区激光熔化态 FeCoCrNi-N 多主元合金的熔道搭接区域有两次熔化凝固过程,因此该区域的晶粒较之其他区域的晶粒更加细小。最终,FeCoCrNi-N 多主元合金内部形成了粗晶带与细晶带交替分布的非均质层状结构。

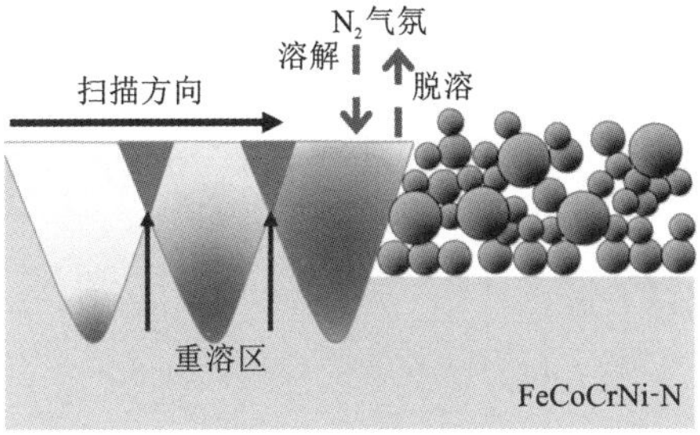

图 4-37　采用选区激光熔化技术制备 FeCoCrNi 和 FeCoCrNi-N 多主元合金过程的示意图

　　通常，向多主元合金中引入间隙元素，通过固溶强化能够提高材料的强度，但伸长率会降低。有趣的是，在选区激光熔化技术制备的 FeCoCrNi 多主元合金中，引入 N 元素可同时提高强度以及伸长率。这种强度和塑性的共同提高主要得益于非均质结构的形成。当拉伸应力加载时，粗晶层较软，较早发生屈服并且开始塑性变形，此时位错在粗晶层内发生滑移，并且塞积在某些界面处，例如晶界、层与层的边界。但是，位错在细晶硬质的细晶层内却很难滑移，细晶层还处于弹性阶段。粗晶层的两侧受到细晶层的束缚，从而使粗晶层的塑性变形受到阻碍，即背应力提高了粗晶层的屈服强度。因此选区激光熔化态的 FeCoCrNi-N 多主元合金具有较高的屈服强度。随着拉伸应力的增加，硬质的细晶层也开始发生塑性变形。位错在细晶层内滑移，并塞积在晶界的晶界处，从而导致材料内部产生应力集中。这种应力集中可以诱导相邻粗晶晶内的位错增殖、滑移，从而降低了细晶层内的应力集中的程度。粗晶层内供位错滑移的空间比较充足，应力集中较难发生。最终，选区激光熔化态的 FeCoCrNi-N 多主元合金也具有良好的伸长率。总之，非均质层状结构内粗晶层与细晶层协调变形使 FeCoCrNi-N 多主元合金均有优异的拉

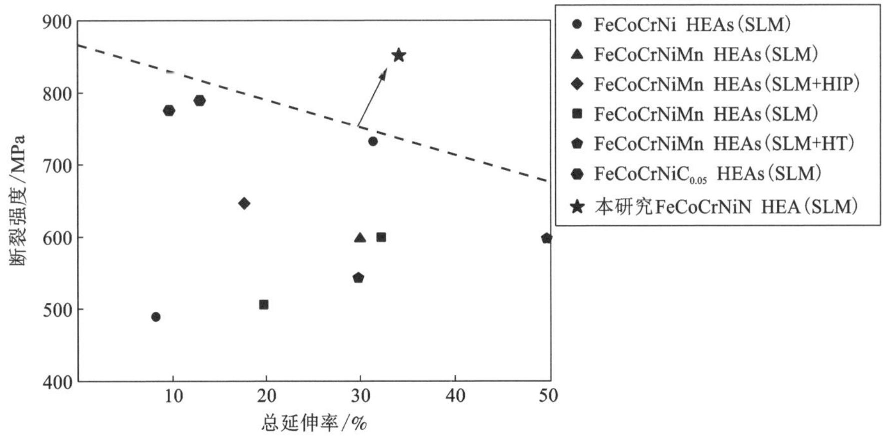

图 4-38　选区激光熔化态 FeCoCrNi 基多主元合金的拉伸性能总结图

伸性能。图4-38是选区激光熔化态FeCoCrNi基多主元合金的拉伸性能总结。由图可知，选区激光熔化态FeCoCrNi-N多主元合金位于图的右上角，这说明其具有优异的综合力学性能。

4.4　增材制造纳米相强化多主元合金

4.4.1　增材制造(FeCoNi)-TiAl型多主元合金

FCC结构多主元合金在变形过程可激活多种塑性变形机制，因而具有良好的塑性，但其在强度方面仍然不足。向合金中引入$L1_2$析出相或异质结构是强化FCC结构多主元合金的重要方法。$L1_2$相为有序结构，与FCC基体之间呈共格关系，能有效降低变形过程中析出相与基体之间的应力集中，因此可在增强合金强度的同时减少合金塑性的损失。此外，增材制造在逐层熔化-凝固的加工过程中，不断经历加热-冷却循环，获得的微观组织具有一定程度的不均匀性，有利于形成异质结构。异质结构可使合金在变形过程中在界面处形成长程应力，协调合金强度和塑性。以上因素的协同效应有利于显著提高多主元合金的力学性能。作者团队采用选区激光熔化(SLM)技术制备了$L1_2$相强化型$(FeCoNi)_{86}Ti_7Al_7$多主元合金，对其微观组织与力学性能进行表征与测试。

SLM-$(FeCoNi)_{86}Ti_7Al_7$多主元合金的XRD分析如图4-39所示，可见烧结态合金为FCC单相。经排水法测试，合金的密度为7.745 g/cm³。采用相同的密度测试方法，测得相同成分的铸造多主元合金密度为7.783 g/cm³。计算可得SLM-$(FeCoNi)_{86}Ti_7Al_7$多主元合金的致密度为99.5%。图4-40(a)与(b)中的低倍

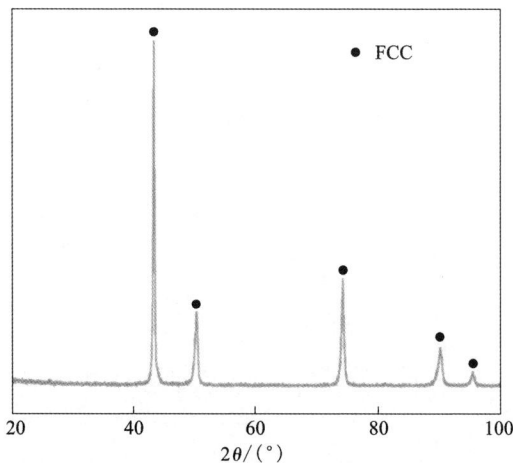

图4-39　SLM-$(FeCoNi)_{86}Ti_7Al_7$多主元合金的XRD图

SEM 形貌表明，合金表面无明显裂纹与孔隙，与合金较高的致密度相符。合金中成分分布均匀，无明显偏聚现象。图 4-40(h)为选区激光熔化成形的过程示意以及样品对应的坐标轴。

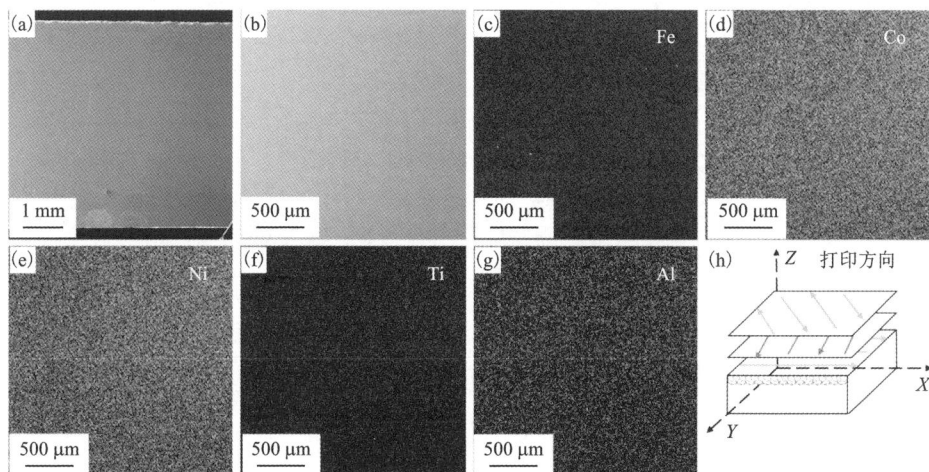

（a）~（g）合金 XY 平面的低倍 SEM 图与对应的元素分布；（h）选区激光熔化成形过程示意图。

图 4-40　SLM-(FeCoNi)$_{86}$Ti$_7$Al$_7$ 多主元合金的元素分布情况

图 4-41(a)(c)为 SLM-(FeCoNi)$_{86}$Ti$_7$Al$_7$ 多主元合金样品 XY 面的晶粒形貌与表面形貌图。由图 4-41(a)可见，合金样品中晶粒尺寸分布不均匀，晶粒宽度为 10~20 μm 的较大尺寸晶粒与直径低于 10 μm 的较小尺寸晶粒呈现相间排列。图 4-41(b)为图 4-41(a)中方框处对应的局部放大图，白色箭头所指为较大晶粒，黑色箭头所指为较小晶粒。图 4-41(d)~(f)为 SLM-(FeCoNi)$_{86}$Ti$_7$Al$_7$ 多主元合金样品 XZ 面的晶粒形貌与表面形貌图。如图 4-41(d)所示，合金的晶粒呈现为拉长的放射状形貌。堆叠的晶粒形貌反映了分层成形过程。在局部放大图 4-41(e)中可观察到与图 4-41(a)(b)中类似的较大尺寸晶粒与较小晶粒尺寸相间排列现象。图 4-41(f)中可见因分层成形而形成的重叠的熔池边界。合金 XY 面与 XZ 面的晶粒形貌表征结果显示，SLM-(FeCoNi)$_{86}$Ti$_7$Al$_7$ 多主元合金中的晶粒均为柱状晶。在选区激光熔化成形过程中，激光光斑的照射使某一区域的预合金粉末熔化形成一个小的熔池；成形过程中，激光光斑持续移动，离开刚形成的熔池，熔池开始凝固；因熔池的体积非常小，熔池的凝固速度极快，熔池边界与熔池中心之间的温度梯度极大，使得晶粒易在熔池底部形核，沿温度梯度以柱状晶的形状垂直熔池边界向熔池中心生长，形成图 4-41(d)与图 4-41(e)中白色箭头所指的倾斜放射状柱状晶。同时，因激光光斑移动速度极快，且存在重复熔化的现象，熔池的交界处和重叠处，以及熔道的交叠处易出现尺寸较小的晶粒，最终形成较大尺寸的晶粒与较小尺寸的晶粒相间排列的现象。

（a）合金 XY 面的反极图；（b）（a）图的局部放大图；
（c）（b）图对应的前散射 SEM 图；（d）合金 XZ 面的反极图；
（e）（d）图的局部放大图；（f）（e）图对应的前散射 SEM 图（EBSD 扫描步长为 0.5 μm）。

图 4-41　SLM-(FeCoNi)$_{86}$Ti$_7$Al$_7$ 多主元合金的 EBSD 图

图 4-42（a）与图 4-42（b）为 SLM-(FeCoNi)$_{86}$Ti$_7$Al$_7$ 多主元合金 XY 面与 XZ 面的局部取向差图。由图可知，合金在 XY 面与 XZ 面上的局部取向差均出现了明显的不均匀性。合金中的局部取向差可用于计算几何必要位错（GND）的密度，计算公式如下：

$$\rho_{GNDs} = 2\theta_{KAM}/\mu b \tag{4-3}$$

式中：θ_{KAM} 为平均局部取向差值；μ 为 EBSD 表征收集数据过程中使用的步长；b 为样品的柏氏矢量值。

可见，局部平均取向差值越大的区域，GND 的密度越大。由图 4-42（a）可见，合金 XY 面上 GNDs 密度高的区域并未呈现规律的分布，但合金 XZ 面上 GND 密度高的区域明显集中于熔池的底部与熔池的中心线区域，如图 4-42（b）和其中方框区域的局部放大图及其对应的 FSD 图所示。

合金中的位错以其在合金中积累方式的不同，被区分为统计存储位错（statistically stored dislocation，SSD），以及前述提到的 GND。在塑性变形过程中，位错密度不断增加，而位错的移动能力不断减弱，因此位错将发生塞积。当位错与位错之间以随机的方式移动、相遇随后发生累积，此类位错被称为 SSD。而合金内部可能因变形能力不同发生不均匀变形，为维持合金的整体性，合金内部会存在梯度应变，在梯度应变场中累积的位错即为 GND。SSD 的塞积是随机的，SSD 之间的柏氏矢量方向、大小也是随机的，因此 SSD 的存在不会使材料形成局部取向差异，其造成的晶格畸变在较大范围内可忽略不计，如图 4-43（a）与图 4-43（d）所示。而 GND 的塞积是为了维持材料内部的梯度应变，往往在柏氏矢量方向一致或接近，因此累积的大量 GND 使材料形成局部取向差异，以及明显的晶格畸变，如图 4-43（b）、图 4-43（c）和图 4-43（e）所示。因此，通过 EBSD KAM 图表征得到的局部取向差异是由 GND 产生的，也可由此计算材料中 GND 的密度。

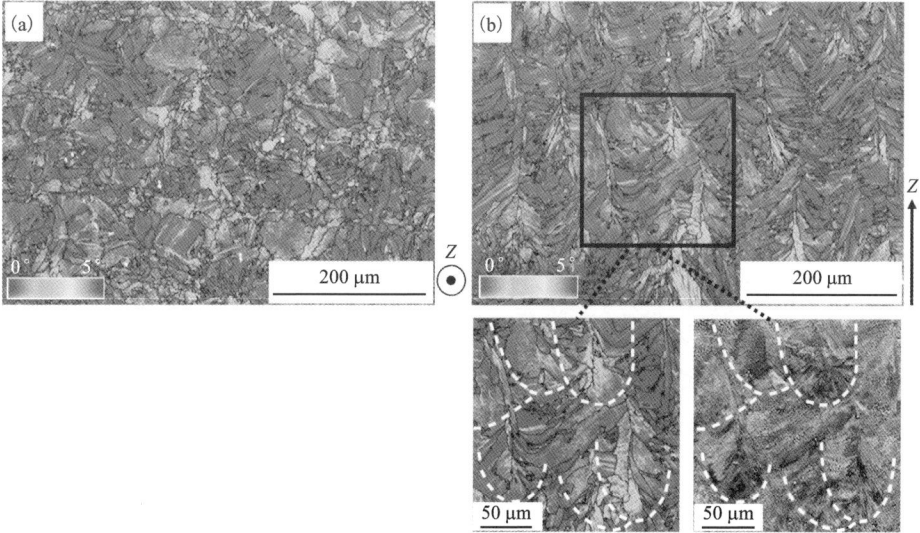

（a）合金 XY 面的局部取向差图；（b）合金 XZ 面的局部平均取向差图。

图 4-42　SLM-（FeCoNi）$_{86}$Ti$_7$Al$_7$ 多主元合金的局部取向差图

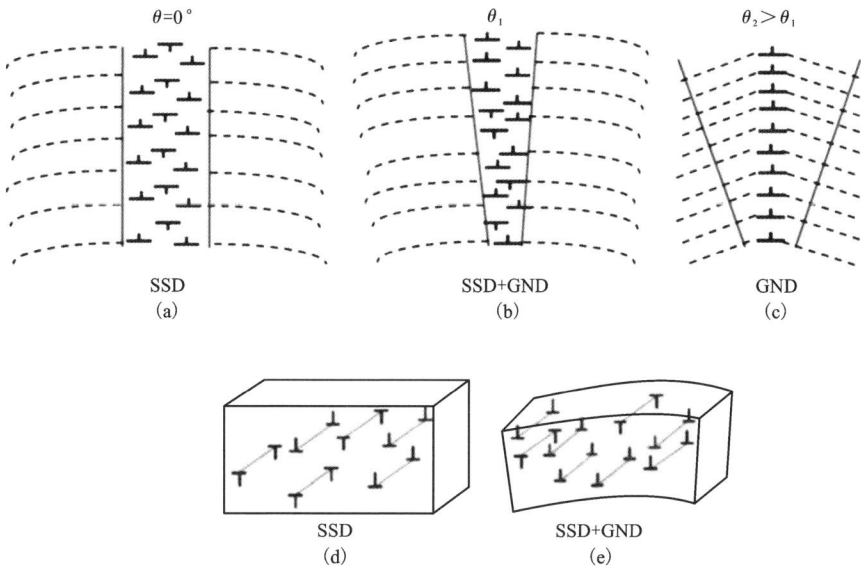

（a）（c）GND 的累积增加晶体间的取向差；（d）（e）GND 的累积造成晶格畸变。

图 4-43　晶体中 SSD 与 GND 的累积过程示意图

如前所述，SSD 的塞积是随机的，使得 SSD 在热驱动下容易发生滑移，也容易在滑移过程中与相反的位错发生相消反应进而湮灭。GND 的排列具有方向性，使得 GND 的移动需要发生攀移，因此在热驱动下较之 SSD 更难发生移动。为在一定程度消除材料中的残余应力，在样品成形加工完毕后，便对合金样品进行了 623 K、3 h 的去应力退火。此过程中，大量 SSD 可被消除，而仍被保留下来的原位生成位错中，GND 占据主要部分。

SLM-(FeCoNi)$_{86}$Ti$_7$Al$_7$ 多主元合金中 GNDs 的不均匀分布是由成形过程中合金内部的不均匀变形造成的。在选区激光熔化成形过程中，晶粒在不均匀的温度场影响下发生热膨胀和热收缩，使得材料中存在残余应力。在热膨胀与热收缩过程中，材料局部发生类似拉伸与压缩的微变形，使得选区激光熔化成形材料中往往存在大量原位生成的位错。因成形过程中温度场不均匀，热应力的分布与材料局部的变形也可能是不均匀的。Mirkoohi 等的研究表明，熔池的底部与熔池中心区域的热应力最高，因此材料的中心区域与熔池底部的应变更大。为保持材料的整体性，材料内部可能出现梯度应变，进而产生 GNDs 的累积。尽管退火可以消除残余应力，但微变形产生的游离位错与不均匀分布的 GNDs 不一定会被完全消除，可能被保留下来，从而使材料具备如图 3-7 所示的不均匀的 KAM 分布。

图 4-44 展示了 SLM-(FeCoNi)$_{86}$Ti$_7$Al$_7$ 多主元合金晶粒内部的显微结构。合金的晶粒形貌由如图 4-44(a)(b)所示的胞状与如图 4-44(c)(d)所示的柱状亚结构构成。实际上，胞状与柱状结构是因所表征的柱状晶的取向不同而呈现出不同的形貌，后续将统称此类晶粒内亚结构为胞状结构。合金中胞状结构的尺寸也存在显著差异，如图 4-44(e)和 4-44(f)所示。此外，胞状结构边界上存在直径小于 200 nm 的析出相，如图 4-44(g)所示。析出相的附近可见明显位错缠结，如图 4-44(h)所示。

为进一步确定胞状结构边界上析出相的结构，对 SLM-(FeCoNi)$_{86}$Ti$_7$Al$_7$ 多主元合金进行 TEM 表征。如图 4-45(a)所示，直径约为 1 μm 的胞状结构边界上存在位错缠结，并分布有析出相，胞状结构内部也包含大量游离位错。对图 4-45(b)中胞状结构内部的标记处进行选区电子衍射分析，可见合金基体为 FCC 结构。此外，衍射斑点中出现了特征消光斑点［如图 4-45(c)中虚线所标记］，标定结果为 L1$_2$ 相。对特征消光斑点进行暗场成像，可见合金基体中存在均匀分布的尺寸小于 5 nm 的 L1$_2$ 相。对图 4-45(e)中胞状结构边界上的析出相进行 SAED 分析，经标定可知该析出相为 L2$_1$ 相。值得注意的是，合金 XRD 图谱中没有出现这两种析出相的衍射峰，可能是因为析出相的体积分数较小，低于可检测到的最低范围。对合金局部区域进行 EDS 成分分析，其分析结果如图 4-46 所示。可见合金胞状结构边界存在明显 Ti 元素偏聚和 Fe 元素贫化现象。

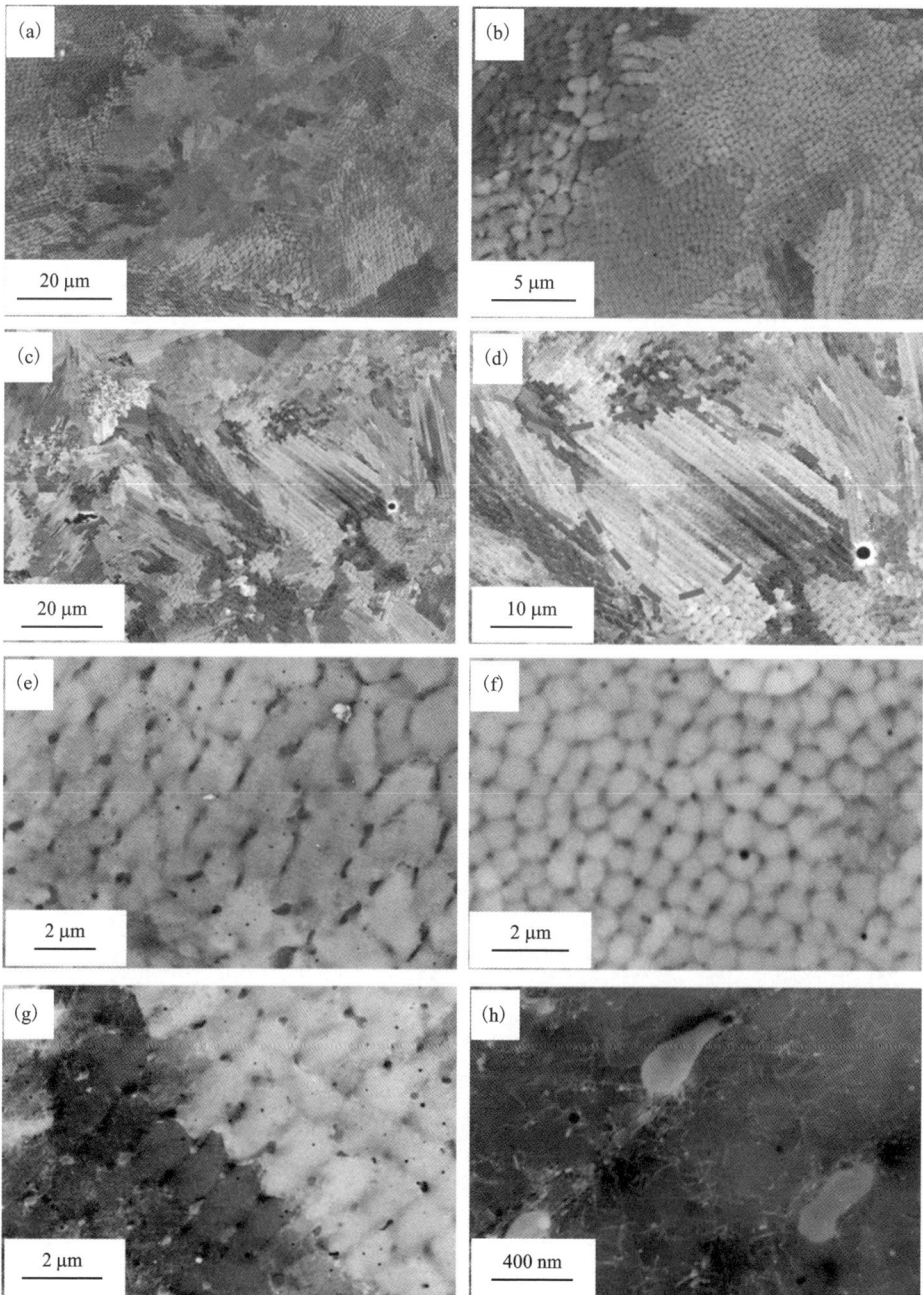

（a）（b）由胞状组织构成的晶粒；（c）（d）由胞状组织与柱状组织构成的晶粒；
（e）（f）不同尺寸的胞状结构（相同放大倍数）；（g）胞状结构边界上的析出相颗粒；
（h）析出相颗粒附近存在位错缠结。

图 4-44　SLM-（FeCoNi）$_{86}$Ti$_7$Al$_7$ 多主元合金晶粒及内部结构的 SEM 图（XY 面）

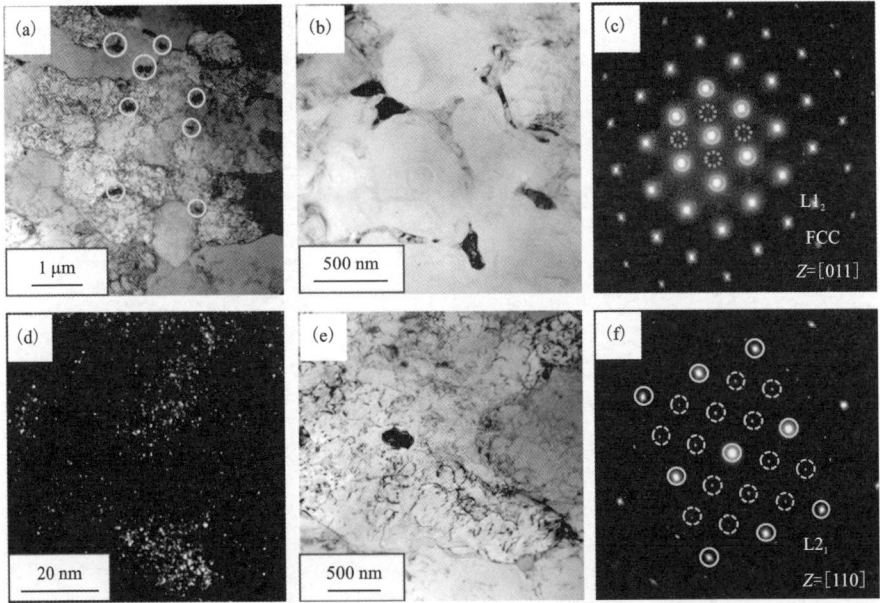

（a）（b）边界上分布有析出相和缠结位错的胞状结构的明场像；（c）（b）中标记区域的 SAED 图谱；
（d）（c）中消光斑点对应的 L1₂ 相的暗场像；（e）胞状边界上 L2₁ 相的明场像；
（f）（e）中标记的胞状边界析出相的 SAED 图谱。

图 4-45　SLM-（FeCoNi）₈₆Ti₇Al₇ 多主元合金的 TEM 图

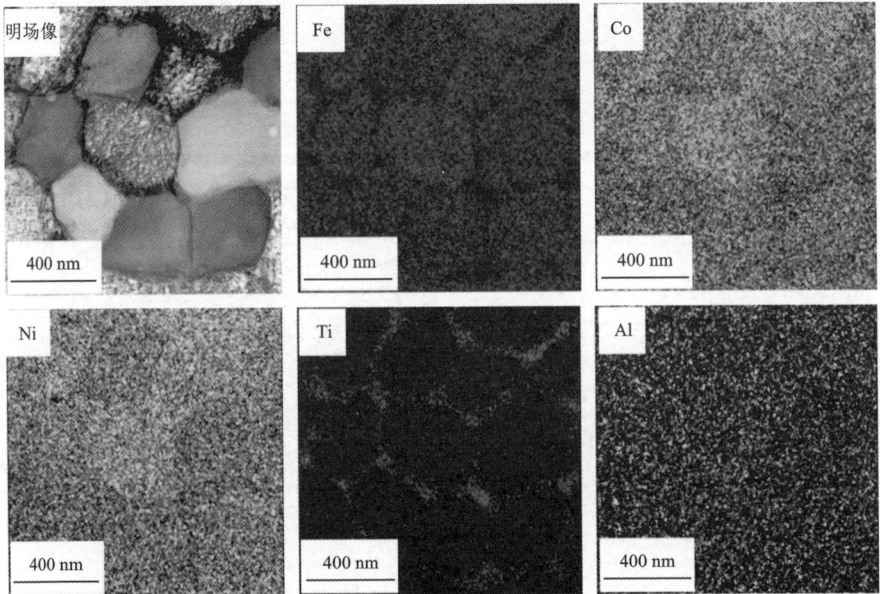

图 4-46　SLM-（FeCoNi）₈₆Ti₇Al₇ 多主元合金中
胞状结构的明场像及其对应的 TEM-EDS 元素分布

　　以上微观组织结果表明，SLM-$(FeCoNi)_{86}Ti_7Al_7$ 多主元合金在基体与析出相上均表现出异质结构的特点。在基体方面，合金表现出不均匀的晶粒形貌与 GNDs 密度；在析出相方面，合金胞状结构边界分布有尺寸在几十到几百纳米之间的 $L2_1$ 相，同时合金 FCC 基体上存在均匀分布的、尺寸小于 5 nm 的 $L1_2$ 相。

　　如前所述，选区激光熔化成形过程中，合金将多次经历加热-冷却的循环，这种过程可起到类似时效热处理的效果，使得合金在成形过程中析出细小的 $L1_2$ 相与 $L2_1$ 相。Ti 元素的原子半径比合金中其他类型元素的原子半径大，作为替换式固溶元素，更倾向于向合金中原子排列疏松的区域移动，因此 Ti 元素易在胞状结构边界处偏聚。表 4-3 与表 4-4 统计了图 4-47(a)(d)中共 24 处基体与 24 处 $L2_1$ 相的 SEM-EDS 点成分分析结果，其中基体处由方框标注，析出相处由圆圈标注。由结果可知，与胞状结构内部相比，$L2_1$ 析出相中 Ti/Al 元素比更高。Kai 等研究了 Ti、Al 元素对 FeCoCrNi 基多主元合金中金属间化合物析出相的影响，结果表明较高的 Ti/Al 元素比会促进 $L2_1$ 相的形成，与表 4-3 与表 4-4 的统计结果相符。比较图 4-47(a)(b)与 4-47(c)(d)，可见在胞状结构尺寸较大的区域[图 4-47(a)(b)]，其胞状结构边界上的 $L2_1$ 相尺寸也更大，该区域基体内的 Ti、Al 元素含量更低。由此可知，胞状结构的尺寸与合金凝固过程中的溶质成分偏聚密切相关。Ti、Al 元素的偏析促使 $L2_1$ 相在胞状结构边界处析出，元素偏聚更为明显的区域，其胞状结构的尺寸更大。此外，$L2_1$ 相是一种 BCC 结构的析出相，与 FCC 结构的合金基体之间不共格，因此也更容易在胞状结构边界这样的缺陷处形核。

表 4-3　图 4-47(a)(d)中合金基体(方框位置)平均 SEM-EDS 成分分析结果

位置	$x_{Ti}/\%$	$x_{Al}/\%$	$x_{Ti+Al}/\%$	Ti/Al
1	6.71±0.17	3.87±0.02	10.58±0.16	1.73±0.05
2	6.79±0.20	3.78±0.05	10.57±0.17	1.80±0.07
3	7.49±0.20	3.93±0.03	11.41±0.17	1.90±0.07
4	7.22±0.16	3.92±0.05	11.14±0.15	1.84±0.05

表 4-4　图 4-47(a)(d)中 $L2_1$ 相(圆圈位置)平均 SEM-EDS 成分分析结果

位置	$x_{Ti}/\%$	$x_{Al}/\%$	Ti/Al
1	9.68±0.32	4.15±0.19	2.34±0.16
2	9.47±0.32	4.15±0.22	2.29±0.19

续表4-4

位置	$x_{Ti}/\%$	$x_{Al}/\%$	Ti/Al
3	7.93±0.55	3.97±0.06	2.00±0.16
4	8.91±0.51	4.07±0.46	2.22±0.32

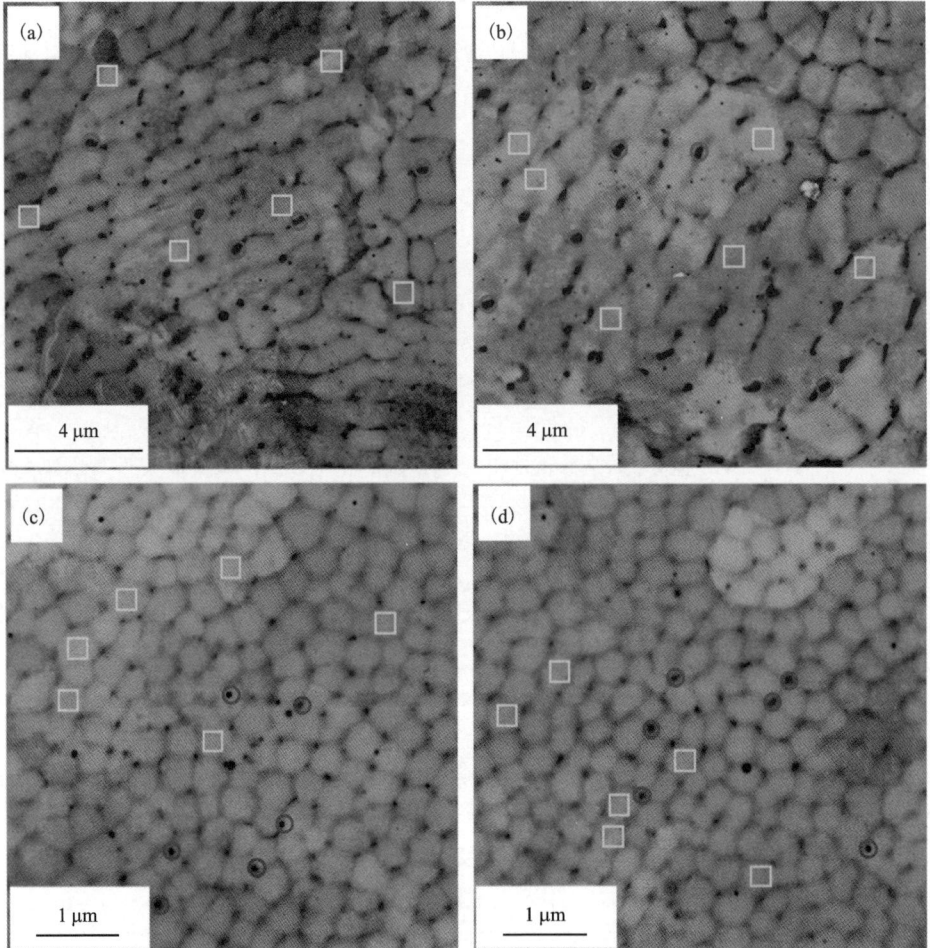

(a)(b)胞状结构尺寸较大的区域; (c)(d)胞状结构尺寸较小的区域。

图4-47 SLM-(FeCoNi)$_{86}$Ti$_7$Al$_7$ 多主元合金 XY 面上不同区域的 SEM 图

关于选区激光熔化成形的 FCC 结构合金中胞状结构的形成机制,至今仍没有明确定论。一些研究将其归因于成形过程中极快的冷却速度,合金溶质再分配或成分偏析，以及熔池中不平衡的凝固环境的共同作用。本研究发现，胞状结构的尺寸与其对应区域的溶质元素偏析程度之间存在对应关系，这说明合金溶质再分配与胞状结构的形成之间存在必然联系。除溶质原子的偏聚外，胞状结构边界上还存在大量位错缠结。溶质原子的偏聚与位错的生成和缠结现象之间是否有关，二者之间的相互作用机制如何，仍不清晰。据报道，在使用选区激光熔化成形制备的纯 Cu 块体中，依然存在大量原位生成的位错和胞状结构，因此推断成形过程中反复的加热-冷却带来的微观压缩-拉伸变形是合金中位错的起源，这与本研究中发现的 GNDs 不均匀分布现象相符。但大量原位生成的位错并不是形成胞状结构的必要条件。在选区激光熔化成形的 Ti 合金中，同样存在大量原位生成的位错，但合金的显微组织中并没有与 FCC 结构合金中类似的胞状结构。因此，胞状结构的形成，以及位错在胞状边界处缠结构成的所谓"位错网"现象，也与合金的结构有关。

选区激光熔化态 $(FeCoNi)_{86}Ti_7Al_7$ 合金的室温拉伸性能如图 4-48 所示。合金的屈服强度为 773 MPa，抗拉强度为 1085 MPa，均匀伸长率为 24%。真应力-真应变曲线和加工硬化率曲线表明，即使真应变超过 20%，该合金也可保持足够高的加工硬化率，避免过早的失效。图 4 - 49 中比较了本研究中的 $(FeCoNi)_{86}Ti_7Al_7$ 多主元合金与其他选区激光熔化成形多主元合金的室温拉伸力学性能，发现 SLM-$(FeCoNi)_{86}Ti_7Al_7$ 合金的强度和塑性匹配性较好，但是其强韧性优势不够突出。

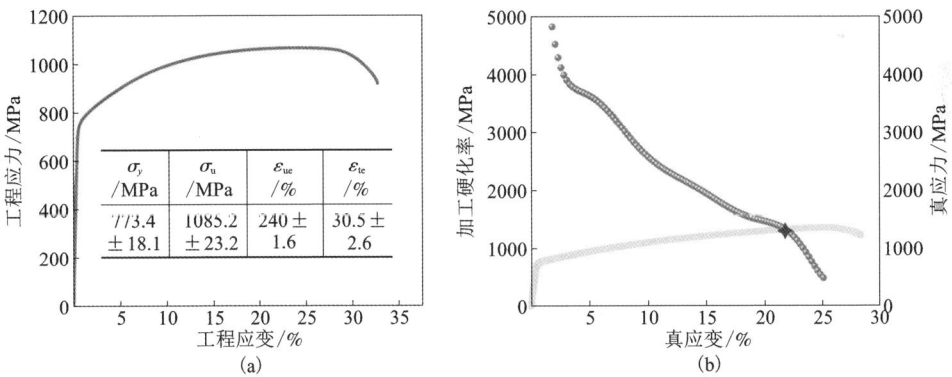

（a）SLM-$(FeCoNi)_{86}Ti_7Al_7$ 多主元合金的室温拉伸工程应力-应变曲线；

（b）与（a）中工程应力-应变曲线对应的真应力-真应变曲线与加工硬化率曲线。

图 4-48　选区激光熔化态 $(FeCoNi)_{86}Ti_7Al_7$ 合金的室温拉伸性能

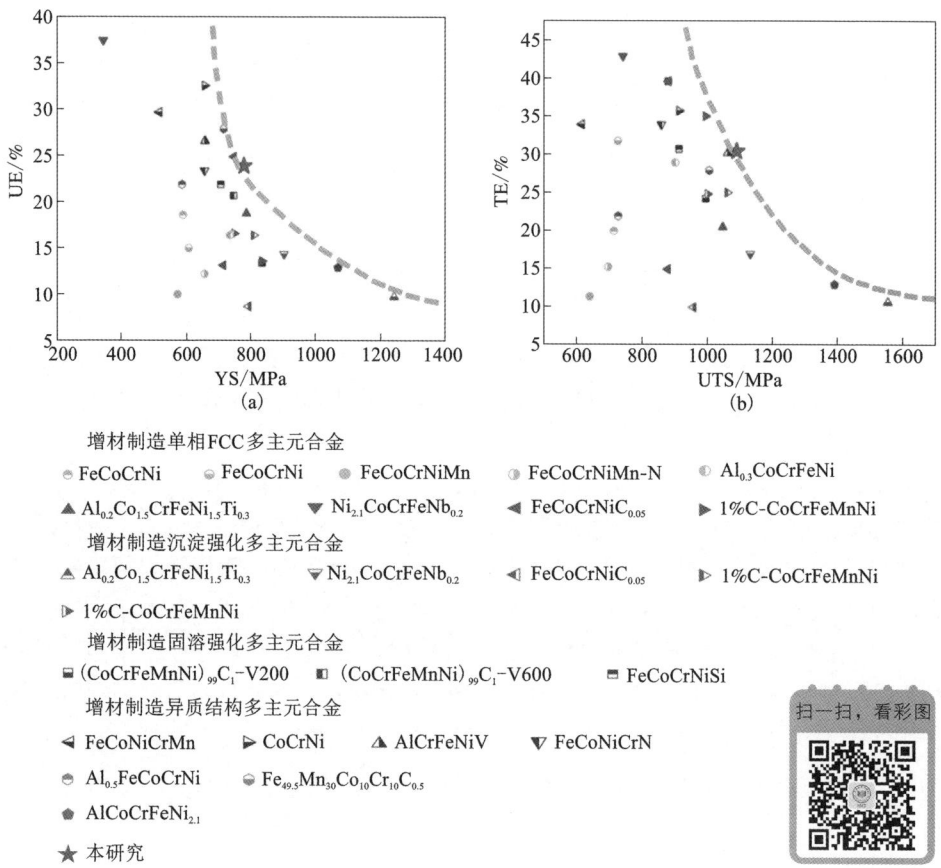

图 4-49　本研究中的 $(FeCoNi)_{86}Ti_7Al_7$ 多主元合金与其他
选区激光熔化成形多主元合金的室温拉伸力学性能比较

4.4.2　增材制造(CoCrNi)-TiAl 系多主元合金

尽管 FeCoNi 多主元合金基体对 Ti、Al 元素有较高的固溶度，有利于大量引入 $L1_2$ 强化相，但 FeCoNi 多主元合金基体的强度有限，在低温与中高温度区的力学性能较差，同时其耐腐蚀性能也有待提高。此外，合金中的 Ti、Al 元素并不能全部作为 $L1_2$ 相析出，还可能因含量过高，使合金在选区激光熔化成形的不平衡凝固过程中析出有害的脆性相，降低合金性能。研究表明，CoCrNi 多主元合金具有较高的强度，也可作为 $L1_2$ 相的强化基体。同时因合金层错能较低，CoCrNi 系列合金在液氮温度下表现出优异的力学性能。Cr 元素的存在，还有可能提高合金的耐腐蚀性，以及在中高温度下的抗氧化性能。

作者团队对 CoCrNi-TiAl 体系合金进行了成分优化，采用选区激光熔化成形

技术制备了 $Co_{42}Cr_{20}Ni_{30}Ti_4Al_4$ 多主元合金，并对合金进行 973 K、64 h 的时效热处理，引入大量 $L1_2$ 相，系统分析了打印态合金(未经过时效热处理的状态)与时效态合金(经历时效热处理后的状态)的力学性能与微观组织之间的关系。

由图 4-50 中选区激光熔化成形 $Co_{42}Cr_{20}Ni_{30}Ti_4Al_4$ 多主元合金打印态与退火态样品的 XRD 分析图谱[图 4-50(a)(b)]可知，打印态合金为单相 FCC 结构，退火态合金析出了 $L1_2$ 相，其相组成为 FCC+$L1_2$ 相。因选区激光熔化成形分层打印的成形方式不同，成形块体不同平面上的微观组织形貌有所不同，图 4-50(c)给出了选区激光熔化成形样品对应的坐标轴和平面示意图。

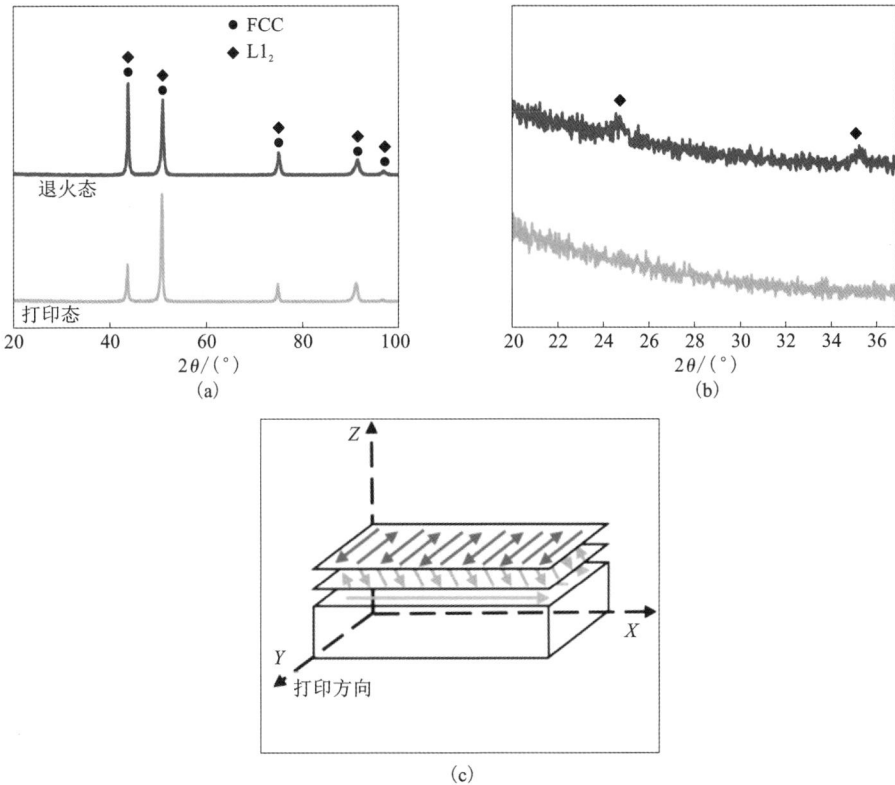

(a)打印态与时效态 $Co_{42}Cr_{20}Ni_{30}Ti_4Al_4$ 合金的 XRD 图谱；
(b)图(a)中 20°~37°区域的放大图；(c)选区激光熔化成形过程示意图。

图 4-50　选区激光熔化成形 $Co_{42}Cr_{20}Ni_{30}Ti_4Al_4$ 合金的相结构分析图

图 4-51 是熔化态合金与退火态合金的 EBSD 图。可见，熔化态合金 XY 面呈现较大晶粒与较小晶粒相间分布，较小的晶粒集中于熔道处。由 XZ 面的表征结

果可见，合金晶粒为典型的柱状晶。KAM 图显示合金中位错分布较为均匀，晶界分布图显示合金中存在大量小角度晶界。经过时效后，合金中出现大量小晶粒，KAM 图显示合金中位错密度降低，小角度晶界大量减少。这说明合金在时效过程中发生了再结晶。

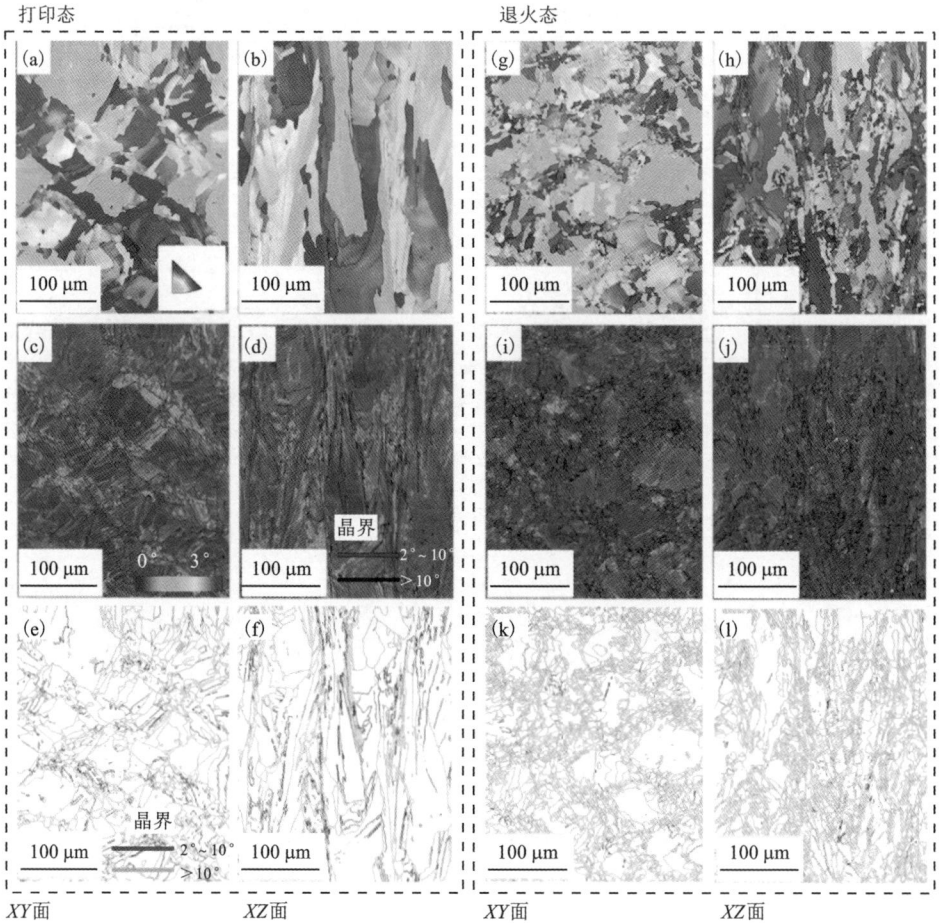

打印态合金：(a)XY 面与(b)XZ 面的 IPF 图；(c)XY 面与(d)XZ 面的 KAM 图；
(e)XY 面与(f)XZ 面的晶界分布图。

退火态合金：(g)XY 面与(h)XZ 面的 IPF 图；(i)XY 面与(j)XZ 面的 KAM 图；
(k)XY 面与(l)XZ 面的晶界分布图。

图 4-51　选区激光熔化态与退火态 $Co_{42}Cr_{20}Ni_{30}Ti_4Al_4$ 合金的 EBSD 图

由 SEM 表征结果(图 4-52)可见，熔化态合金晶粒主要为尺寸均匀的胞状结构，无明显可见的析出相。退火热处理后，合金中的胞状结构粗化，晶界附近出现不均匀分布的不连续析出相。不连续析出相呈典型的片状或短棒状形貌，如图 4-52(b) 中箭头指示处所示。对晶粒内部进行更高倍数的表征，可见不连续析出相不仅发生在合金晶界处，晶粒内部也存在更细小的、呈短棒或椭球状的不连续析出相，如图 4-52(c) 所示。退火态合金中还可观察到新形成的再结晶晶粒 [图 4-52(d)] 与退火孪晶 [图 4-52(e)]，这两类晶粒中也存在不连续析出相。上述区域中，析出相的析出方式均为不连续析出 (discontinuous precipitation, DP)，因此统称此类区域为 DP 区。但退火态合金局部区域的晶粒中仍保持有原始的胞状结构，胞状结构的尺寸未长大，内部也无明显的析出相，如图 4-52(f) 所示。

(a) 熔化态合金中均匀的胞状结构组织；(b) 退火态合金中胞状结构明显长大，晶界处存在明显的不连续析出相；(c) 退火态合金中晶粒内部也存在不连续析出相；(d) 退火态合金中的再结晶晶粒和晶粒内部的不连续析出相；(e) 退火态合金中的退火孪晶和晶粒内部的不连续析出相；(f) 退火态合金中未发生变化的胞状结构组织，内部无可见的析出相。

图 4-52　选区激光熔化态与退火态 $Co_{42}Cr_{20}Ni_{30}Ti_4Al_4$ 合金 XY 面的 SEM 图

为进一步确定合金中析出相的结构与成分，对熔化态合金与退火态合金分别进行了 TEM 表征。图 4-53(a) 为熔化态合金的明场像，可见合金晶粒由尺寸为

0.5~1 μm 的胞状结构组成。此区域对应的 SAED 图谱显示打印态合金为 FCC 单相结构，合金内无 L1$_2$ 析出相。图 4-53(b) 与图 4-53(c) 显示，胞状结构边界由大量缠结的位错构成。与图 4-53(c) 所示区域相对应的 EDS 元素分析显示，胞状结构边界存在 Ti 元素的偏聚与 Co、Cr 元素的轻微贫化现象。

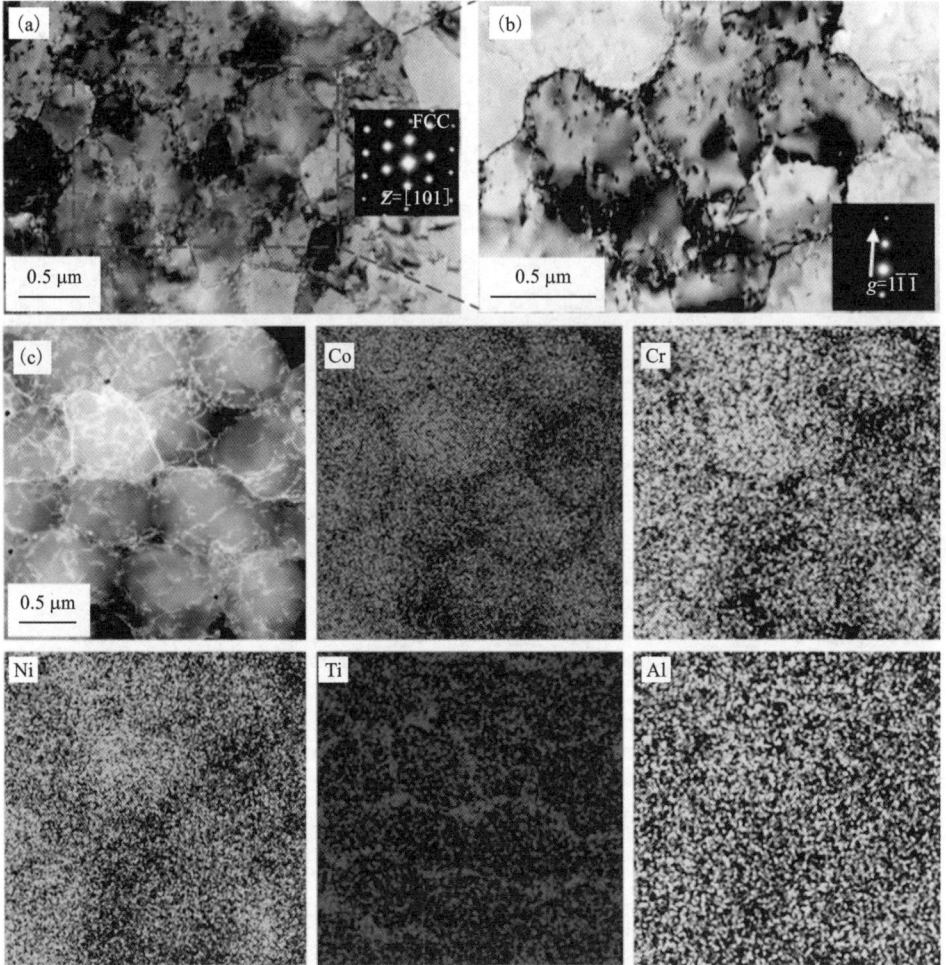

(a)打印态合金的明场像，合金组织呈现明显的胞状结构；(b)双束条件下 TEM 明场像显示胞状结构边界由位错构成；(c)胞状结构的 LAADF-STEM 图及其对应的 STEM-EDX 结果。

图 4-53　选区激光熔化态 Co$_{42}$Cr$_{20}$Ni$_{30}$Ti$_4$Al$_4$ 合金的 TEM 图

图 4-54(a) 展示了熔化态合金中不连续析出相区域的 TEM 明场像。该区域的 SAED 图谱显示合金基体为 FCC 结构，析出相为 L1$_2$ 结构。图 4-54(b) 清晰展

示了不连续析出相的形貌。由图 4-54(c) 可见，经过退火热处理后，合金中的胞状结构被大量消除，图中箭头所指的区域可见少量残余的位错。对比图 4-54(d) 与图 4-53(c)，可见合金中的位错被大量消除。同时可见，退火态合金晶粒内部区域的不连续析出相分布呈现出胞状结构的轮廓，析出相形貌呈拉长的片状、短棒状和椭球形。与图 4-54(d) 对应的 EDS 元素分析如图 4-54(e) 所示，可见 Ni、Ti、Al 元素作为 L1$_2$ 相的组成成分，其富集呈胞状结构的形状说明，在原来胞状结构边界的区域存在 L1$_2$ 析出相的富集。

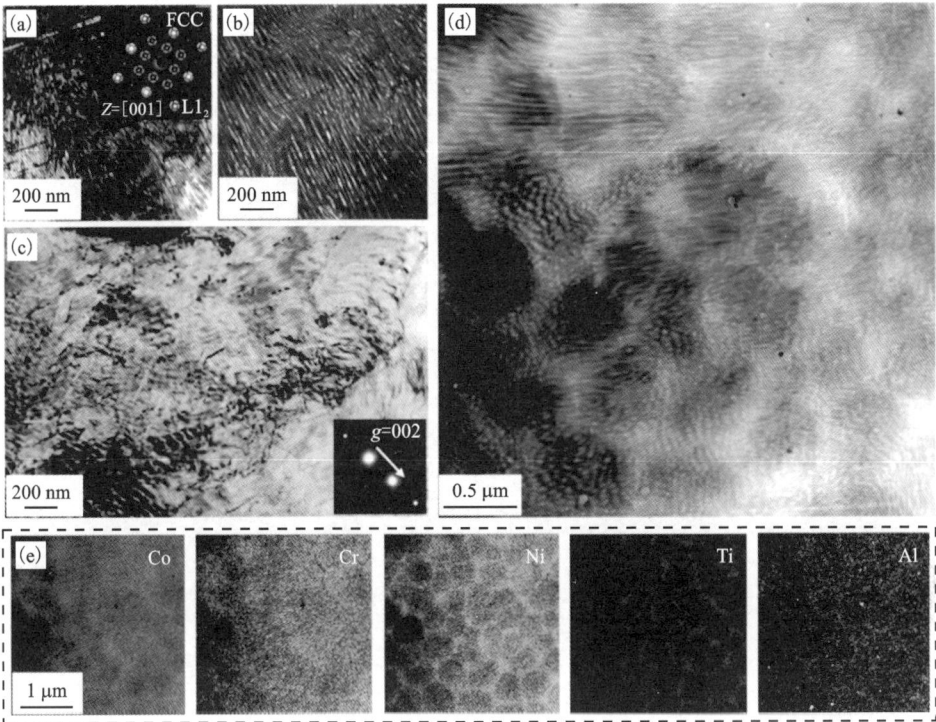

(a) DP 区的 TEM 明场像与对应的 SAED 图；(b) 与 (a) 对应的 TEM 暗场像；(c) DP 区的双束条件下的 TEM 明场像；(d) DP 区的 LAADF-STEM 图像；(e) 与 (d) 对应的 STEM-EDX 结果。

图 4-54　选区激光熔化成形退火态 Co$_{42}$Cr$_{20}$Ni$_{30}$Ti$_4$Al$_4$
合金中 DP 区的 TEM 图与 STEM 图

图 4-55 为退火态合金中，胞状结构未消失区域的 TEM 表征结果。如图 4-55(a) 所示，此区域内由位错构成的胞状结构仍清晰可见。SAED 图谱显示合金基体为 FCC 结构，析出相为 L1$_2$ 结构。图 4-55(a) 方框标记的区域中 L1$_2$ 相对应的暗场像如图 4-55(b) 所示。可见在此区域内，L1$_2$ 析出相分布均匀，尺寸

极细小，析出方式为连续析出（continuous precipitation，CP）。因此将此类区域称为 CP 区。图 4-55(c) 为 $L1_2$ 相连续析出区域的低角度环形暗场像。可见，此处由位错构成的胞状结构边界仍完好。图 4-55(c) 对应的 EDS 元素分析结果如图 4-55(d) 所示，可见 $L1_2$ 相的组成元素 Ni、Ti、Al 于胞状结构边界处富集，说明胞状结构边界处存在 $L1_2$ 相的富集。

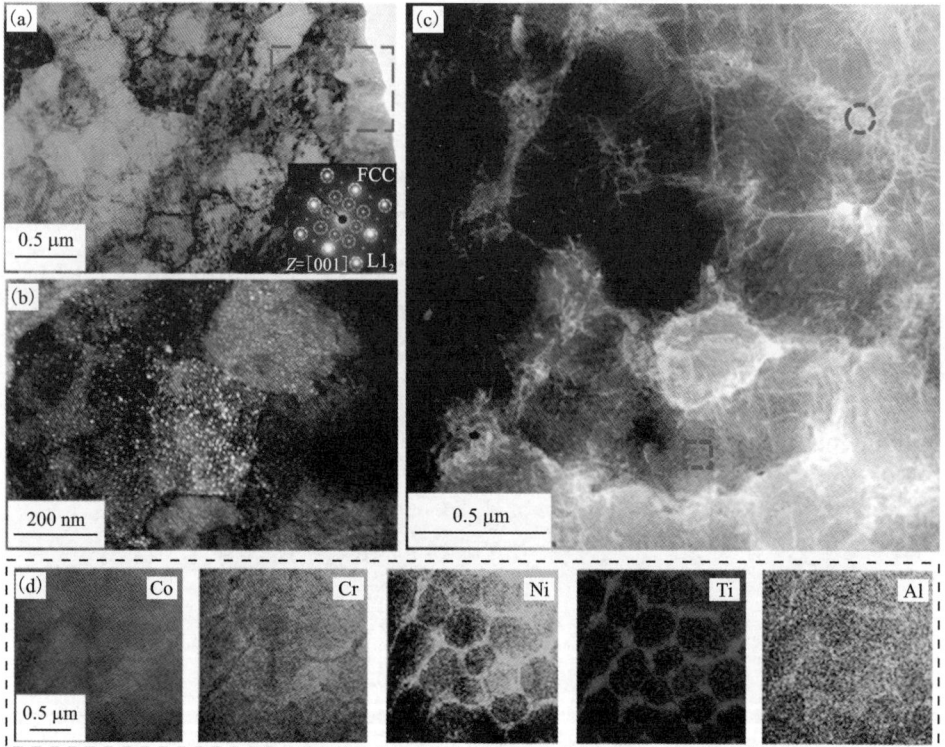

(a) CP 区的 TEM 双束条件明场像以及对应的 SAED 图谱；(b) 在 (a) 中虚线方框处对应区域内的 $L1_2$ 析出相的暗场像；(c) CP 区的 LAADF-STEM 图像；(d) 与 (c) 对应的 STEM-EDX 结果。

图 4-55　选区激光熔化成形退火态 $Co_{42}Cr_{20}Ni_{30}Ti_4Al_4$ 合金中 CP 区的 TEM 与 STEM 图

图 4-56(a) 为胞状结构边界处小范围的低角度环形暗场像及其对应的 EDS 元素分析结果，可见 Ni、Ti、Al 元素呈现椭球状的富集，说明了胞状边界上存在 $L1_2$ 相的富集。图 4-56(b) 为胞状结构内部小范围的低角度环形暗场像及其对应的 EDS 元素分析结果，可见 Ni、Ti、Al 元素呈现球状的富集，说明了合金基体内 $L1_2$ 相的连续分布。增材制造 $Fe_{28}Co_{29.5}Ni_{27.5}Ti_{8.5}Al_{6.5}$ 合金中也发现了类似的

位错-析出相骨架结构。胞状结构边界上与胞状结构内部析出相之间形状的细微区别被归因于管道扩散机制与溶质的缓慢扩散效应。

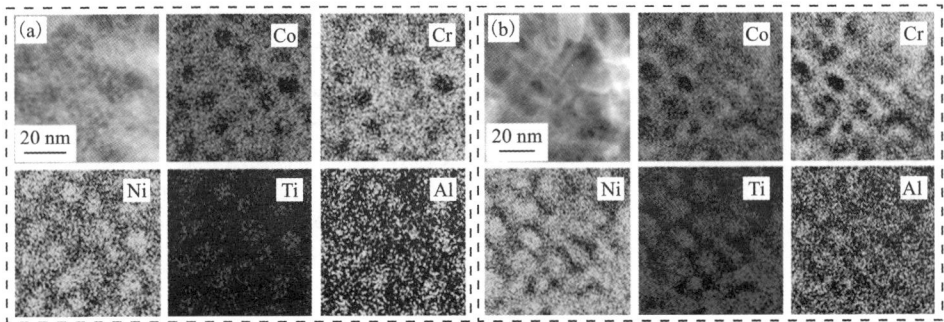

（a）图 4-55（c）中圆圈标记的胞状结构边界区域的 STEM 图像和 STEM-EDX 结果；
（b）图 4-55（c）中方框标记的胞状结构内部 STEM 图像和 STEM-EDX 结果。

图 4-56　选区激光熔化成形退火态 $Co_{42}Cr_{20}Ni_{30}Ti_4Al_4$ 合金中胞状结构成分分析

由此，可对时效态 $Co_{42}Cr_{20}Ni_{30}Ti_4Al_4$ 多主元合金的微观组织总结如下：合金基体发生了部分再结晶，因部分再结晶与 $L1_2$ 相的析出同时发生，使得合金中存在微观形貌不同的 DP 区与 CP 区。合金通过晶界弓出的形式形成新的再结晶晶粒，同时 $L1_2$ 相在弓出的晶界处形核。伴随新形成的晶粒的长大，晶界不断向相邻原始晶粒中发生迁移，$L1_2$ 相随着晶界的迁移以不连续析出的方式析出，因此形成短棒状或长条状的形貌，在此过程中不连续析出区域的胞状结构被消除。但由于晶界推动速度快，溶质原子扩散的速度有限，合金原胞状结构处的 Ti 元素偏聚未能被完全消除，因此随着时效的进行，元素偏聚处有更多的 $L1_2$ 相析出，以致形成胞状轮廓。而未发生再结晶的区域，由位错缠结构成的胞状结构得以保留，$L1_2$ 相以连续析出的方式析出。

为对合金在不同温度下的力学性能进行综合评估，对打印态合金进行了77 K、298 K、773 K 和 873 K 下的拉伸力学性能测试。为进行比较，也对打印态合金进行了 77 K 与 298 K 下的拉伸力学性能测试。对应拉伸测试的工程应力-应变曲线如图 4-57（a）所示。测试得到的力学性能结果总结于表 4-5 中。

对比 298 K 下的力学性能，打印态合金在 77 K 下的强度和塑性都出现了提升。经过时效热处理后，退火态合金对比打印态合金，其 298 K 下的强度得到了大幅度提升；屈服强度由（734±9）MPa 提升至（1180±10）MPa，抗拉强度由（995±7）MPa 提升至（1586±11）MPa，同时仍保持了（22.7±0.3）%的塑性。当测试温度降至 77 K 时，其屈服强度与抗拉强度分别升高至（1341±17）MPa 与（1944±6）MPa。同时，退火态合金的塑性没有受到影响，仍保持在（22.6±2.9）%。当测试温度提高，时效态合金在 773 K 下保持了(1263±10)MPa 的抗拉强度与(13.8±1.4)%的伸长率, 在 873 K 下保持了(1147±16)MPa 的抗拉强度与(9.1±0.6)%的伸长率。

表 4-5　选区激光熔化态与退火态合金在不同温度下的力学性能

合金	测试温度/K	屈服强度/MPa	断裂强度/MPa	总延伸率/%
打印态	77	953±4	1370±14	49.9±2.5
	298	734±9	995±7	37.7±1.0
退火态	77	1341±17	1944±6	22.6±2.9
	298	1180±10	1586±11	22.7±0.3
	773	977±3	1263±10	13.8±1.4
	873	926±11	1147±16	9.1±0.6

图 4-57(b)为与图 4-57(a)中工程应力-应变曲线对应的真应力-真应变曲线和加工硬化率曲线。可见对打印态合金或退火态合金来说, 合金均在 77 K 下表现出最高的加工硬化率, 说明合金的加工硬化率与温度有关。对比同样测试温度下的打印态与退火态合金, 退火态合金的加工硬化率更高。

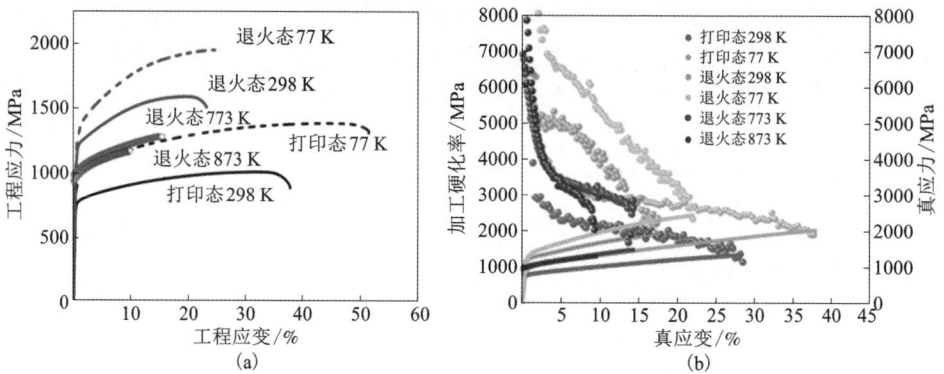

(a)不同温度下合金的拉伸测试工程应力-应变曲线;
(b)与图(a)中工程应力-应变曲线对应的真应力-真应变曲线(实线)和加工硬化率曲线(点状线)。

图 4-57　选区激光熔化态和退火态 $Co_{42}Cr_{20}Ni_{30}Ti_4Al_4$ 合金在不同温度下的力学性能

图 4-58 为退火态合金与其他增材制造合金在不同温度下力学性能的对比图, 其中包括多主元合金、多主元合金/TiC 复合材料、共晶合金、Inconel718 镍基合金、625 镍基合金、316L 不锈钢、AISI 4140 钢。在液氮低温下, 退火态合金在

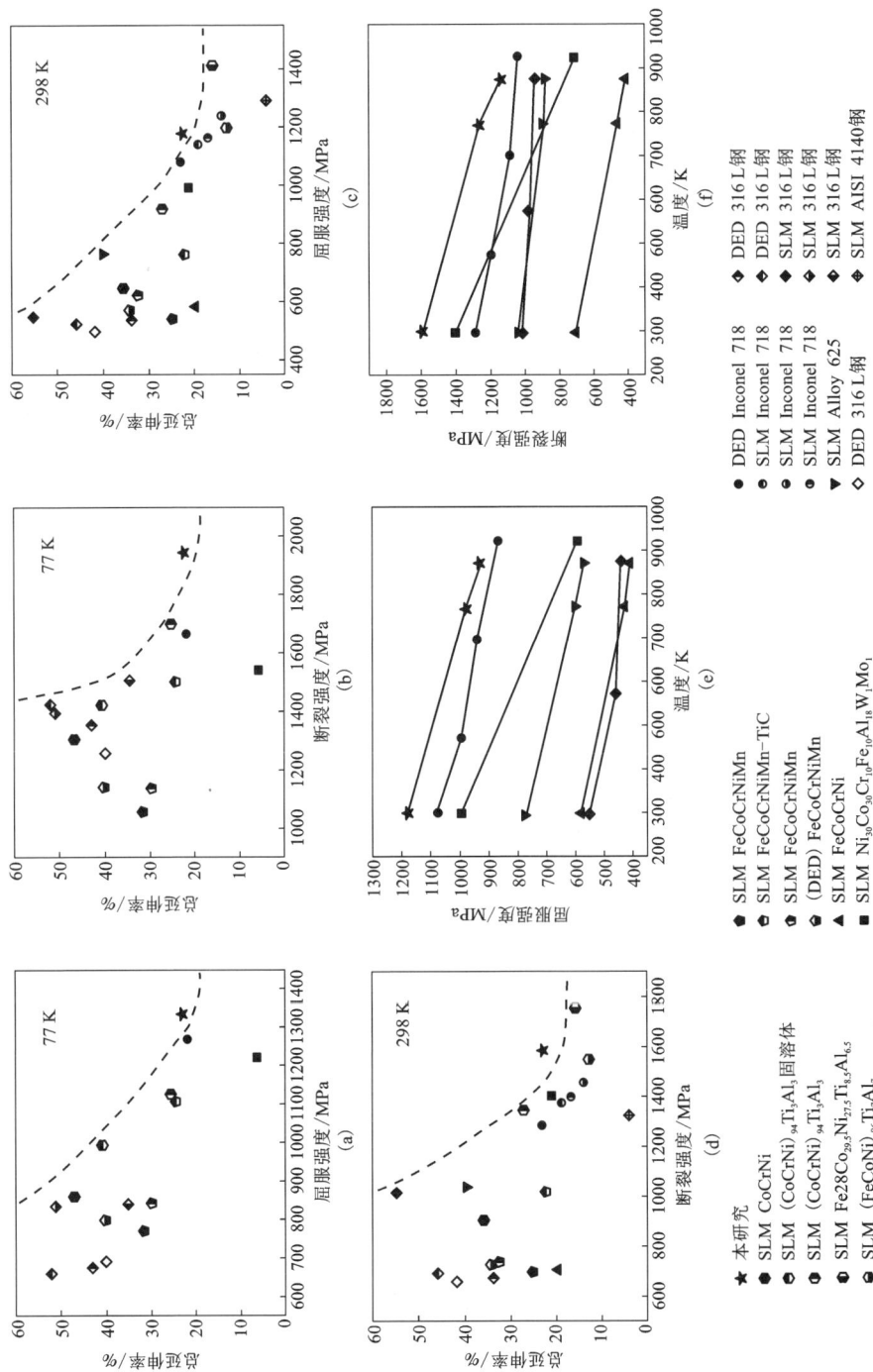

图4-58 选区激光熔化成形退火态 $Co_{42}Cr_{20}Ni_{30}Ti_4Al_4$ 合金与其他增材制造合金在不同温度下力学性能的对比
(a) (b) 77 K；(c) (d) 298 K；(e) (f) 中温段。

与其他合金塑性相当的情况下，在屈服强度与抗拉强度上均表现出明显的优势。而在室温下，如图4-58(c)与(d)所示，尽管时效态合金的强度不是最高的，但其在具有较高强度的同时还保持了较好的塑性，且强度-塑性结合表现良好。在中温段，时效态合金在强度方面优于其他增材制造合金。总体来说，选区激光熔化成形时效态 $Co_{42}Cr_{20}Ni_{30}Ti_4Al_4$ 多主元合金在 77~873 K 的温度段均具有良好的力学性能，尤其是在 77 K 下。

基于对合金显微组织的表征结果，可知时效态合金屈服强度的提高可归因于以下几个方面：固溶强化($\Delta\sigma_{ss}$)、晶界强化($\Delta\sigma_{gb}$)、位错强化($\Delta\sigma_{dis}$)，以及析出强化($\Delta\sigma_{ppt}$)。因此熔化态合金和时效态合金在 298 K 下的屈服强度可用以下式子表达：

$$\sigma_{y-as\ built} = \sigma_{fr} + \Delta\sigma_{ss} + \Delta\sigma_{gb} + \Delta\sigma_{dis} \tag{4-4}$$

$$\sigma_{y-annealed} = \sigma_{fr-matrix} + \Delta\sigma_{ss} + \Delta\sigma_{gb} + \Delta\sigma_{dis} + \Delta\sigma_{ppt} \tag{4-5}$$

$$\sigma_{fr-matrix} = \sigma_{fr} \times f_{matrix} \tag{4-6}$$

式中：σ_{fr} 为烧结态合金的晶格摩擦应力；f_{matrix} 为时效态合金中合金基体的体积分数。晶界强化的贡献 $\Delta\sigma_{gb}$ 可通过 Hall-Petch 公式计算：

$$\Delta\sigma_{gb} = k_{gb} \cdot d^{-1/2} \tag{4-7}$$

式中：k_{gb} 为系数；$k_{gb} = 568 \dfrac{MPa}{\mu m^{1/2}}$；$d$ 为合金的平均晶粒尺寸，熔化态与时效态合金的平均晶粒尺寸分别为 11.9 μm 和 3.5 μm。

因此由计算可得，熔化态与时效态合金中晶界强化对合金屈服强度的贡献分别为 164.3 MPa 和 303.6 MPa。位错强化的贡献可用 Bailey-Hirsch 公式计算：

$$\Delta\sigma_{dis} = M\alpha Gb\rho^{1/2} \tag{4-8}$$

$$\rho_{GND} = \frac{2\theta}{ub} \tag{4-9}$$

式中：α 为材料系数，且 $\alpha = 0.2$；b 为柏氏矢量，通过 XRD 表征结果可计算得到熔化态合金 $b = 0.2532 \times 10^{-9}$ m，时效态合金 $b = 0.2527 \times 10^{-9}$ m；ρ 为合金中的 GND 密度；θ 为合金中平均局部取向差，可由 KAM 图获得；u 为合金 EBSD 表征使用的步长，$u = 0.2$ μm。

依据 KAM 图的结果，计算得到 $\rho_{as\ built} = 3.10 \times 10^{14}$ m^{-2}，$\rho_{annealed} = 2.73 \times 10^{14}$ m^{-2}。最终计算得到位错强化对打印态和退火态合金屈服强度的贡献分别为 242.0 MPa 和 225.4 MPa。值得注意的是，合金中 SSD 的强化作用不能通过该公式计算。因此，使用 XRD 测试对合金中的总位错密度进行估算。结果表明在打印态合金中，通过 XRD 估算得到的位错密度值为 3.20×10^{14} m^{-2}，与使用上述公式，通过 EBSD 表征结果计算得到的 GNDs 的密度值接近。由此说明，去应力退火消除了合金中大量的 SSD，因此在此处计算中，可只考虑 GND 的贡献。退火态合金变形后组织的表征结果显示，合金中的连续析出相会被层错切过。因此使用切过机制的计算公式，对析出强化的作用进行计算：

$$\Delta\sigma_{ppt} = 0.81M\frac{\gamma_{APB}}{2b}\left(\frac{3\pi f}{8}\right)^{1/2} \tag{4-10}$$

式中：f 为析出相的体积分数，$f = 28.3\%$；γ_{APB} 为反向畴界能，$\gamma_{APB} = 143 \ \mathrm{mJ/m^2}$。

计算可得析出强化对退火态合金屈服强度的贡献为 404.8 MPa。低温下，合金的摩擦应力会发生变化，其对应的公式如下：

$$\sigma_f(T) = \frac{2G}{1-\nu}\exp\left(\frac{-2\pi\omega_0}{b}\right)\times\exp\left(\frac{-2\pi\omega_0}{bT_m}T\right) \tag{4-11}$$

式中：ν 为泊松比；ω_0 为 0 K 下的位错宽度；T 为合金所在温度；T_m 为合金的熔点。

值得注意的是，尽管柏氏矢量 b 会随着温度变化，但其变化程度十分有限，此处视为恒定值。G_{FCC} 与 ν 也不随温度变化。已知 $\sigma_{fr}(298 \ \mathrm{K}) = 218 \ \mathrm{MPa}$，$G_{FCC}(298 \ \mathrm{K}) = 88.7 \ \mathrm{GPa}$，$\nu(298 \ \mathrm{K}) = 0.314$，$T_m = 1664 \ \mathrm{K}$，计算可得 $\omega_0 \approx 0.958b$。代入 $G_{FCC}(77 \ \mathrm{K}) = 93.5 \ \mathrm{GPa}$，$\nu(77\mathrm{K}) = 0.308$，可得 77 K 下打印态与退火态合金的摩擦应力值分别为 498.9 MPa 与 357.7 MPa。

因合金的平均晶粒尺寸和析出相的体积分数不随温度变化而变化，对应计算公式中各参数随温度变化的值也可忽略不计，$\Delta\sigma_{gb}$ 与 $\Delta\sigma_{ppt}$ 不随测试温度变化而变化。在固溶强化方面，忽略 ε_s 的变化，77 K 下固溶强化对打印态与退火态合金屈服强度的贡献值分别为 64.5 MPa 和 17.8 MPa。在位错强化方面，G 随测试温度变化而改变，因此位错强化的贡献会发生变化。最终计算得到，77 K 下位错强化对熔化态与时效态合金屈服强度的贡献值分别为 255.1 MPa 和 237.6 MPa。

由此可见，对于时效态合金而言，析出强化对合金屈服强度的贡献最大，晶界强化与位错强化次之。退火态合金通过结合增材制造技术与后续时效热处理工艺，实现了析出强化，即晶界强化与位错强化的结合。

打印态合金的室温变形组织如图 4-59(a)与图 4-59(b)所示。与图 4-53 中所示变形前的微观组织相比，变形后的微观组织中位错密度大大提高，说明合金在塑性变形中，位错大量增殖。胞状结构边界处位错缠结现象加剧，胞状结构边界增厚，表明胞状结构边界在合金变形中起到了阻碍位错运动的作用。图 4-59(b)展示了合金中位错构成的 $\{111\}$ 面上的滑移带。在室温条件下，熔化态合金中没有观察到层错或变形孪晶，说明合金在室温下的主要变形机制为位错的滑移。但在低温下变形后，打印态合金中出现大量层错与变形孪晶，分别如图 4-59(c)与图 4-59(d)所示。层错与变形孪晶可缩短位错的平均自由程(mean free path)，阻碍位错的滑移，即所谓的动态 Hall-Petch 效应；孪晶的形成说明合金在更高的流变应力下开启了新的变形机制，因而熔化态合金在77 K 下的强度与塑性均实现了提升。

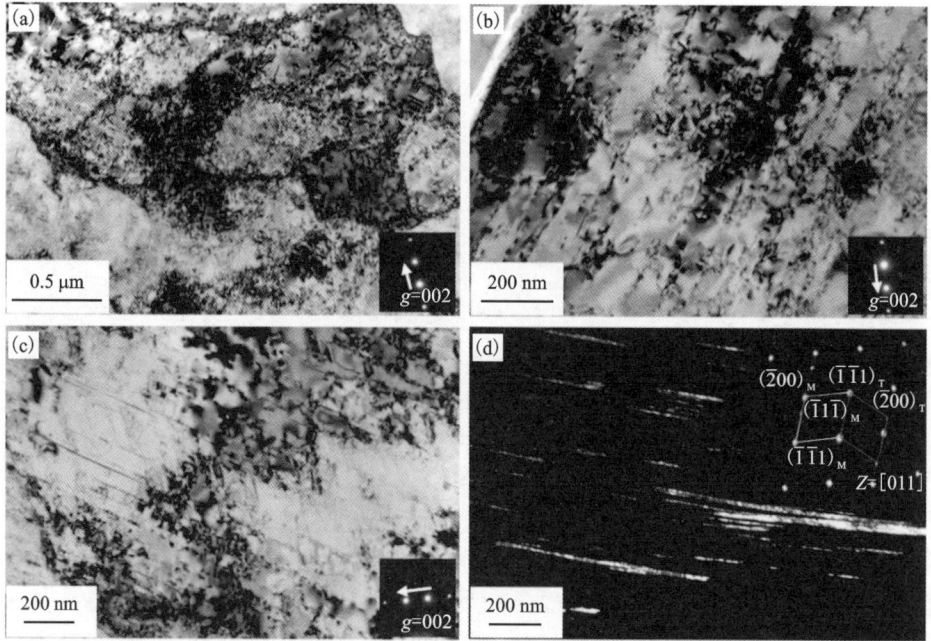

(a)(b)298 K 下变形后的微观组织；(c)(d)77 K 下变形后的微观组织。

图 4-59　选区激光熔化态 $Co_{42}Cr_{20}Ni_{30}Ti_4Al_4$ 合金变形组织的 TEM 图

图 4-60 与图 4-61 分别为退火态合金在 298 K 与 77 K 下变形后微观组织的 TEM 图，退火态合金主要通过形成层错来维持塑性变形。如图 4-60(a)所示，室温下在退火态合金的连续析出区域，层错可在两个 {111} 晶面上大量形成，层错之间互相交错。而在不连续析出区域，层错多沿一致的方向形成，如图 4-60(b)所示。当退火态合金在 77 K 下变形后，如图 4-61(a)所示，退火态合金的连续析出区域可观察到交错的滑移带。图 4-61(b)为连续析出区域的 TEM 高分辨图，结合傅里叶转换得到的衍射图谱可知合金中的层错切过 $L1_2$ 析出相，形成了如图中局部放大插图所示的反向畴界。如图 4-61(c)所示，在经历低温变形后，合金内的不连续析出区域也可观察到交错的层错。与室温下的变形组织对比，低温下层错交错的现象加剧，层错数量增多，层错之间的距离缩短，部分区域可形成图中标注所示的层错网结构。如图 4-61(d)所示，交错的层错可形成不动位错，也被称为 Lomer-Cottrell locks（即 L-C locks）。上述结构均对合金变形过程中位错的移

动起到更为强烈的阻碍作用，因此退火态合金在 77 K 下的加工硬化率升高，使得合金在 77 K 下的抗拉强度进一步提高。

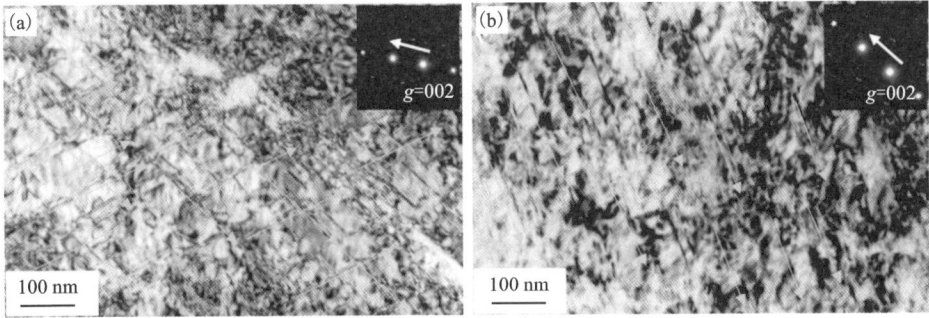

（a）CP 区；（b）DP 区。

图 4-60　选区激光熔化成形退火态 $Co_{42}Cr_{20}Ni_{30}Ti_4Al_4$
合金在 298 K 下变形后微观组织的 TEM 图

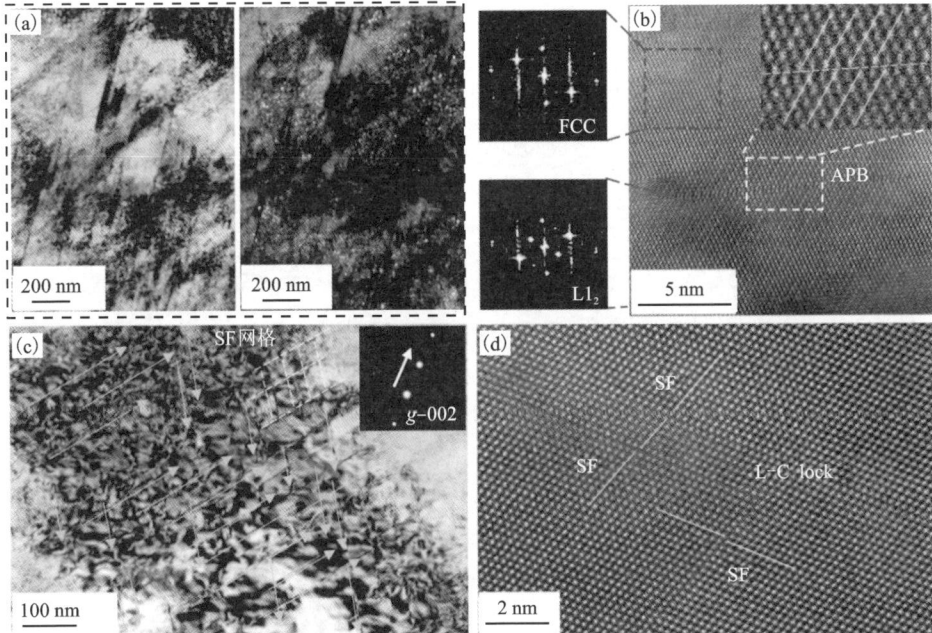

（a）CP 区的滑移带；（b）被层错切过的 $L1_2$ 相的 HR-TEM 图像；

（c）DP 区的交错的层错；（d）交错层错形成的 L-C Locks。

图 4-61　选区激光熔化成形退火态 $Co_{42}Cr_{20}Ni_{30}Ti_4Al_4$
合金在 77 K 下变形后微观组织的 TEM 图

图 4-62(a)与图 4-62(b)为退火态合金在 773 K 下变形后的微观组织。图 4-62(a)所示为连续析出区域，可见层错的数量减少，长度缩短。在图 4-62(b)所示的不连续析出区域，仍可观察到交错的层错。而在 873 K 下变形后，如图 4-62(c)与图 4-62(d)所示，合金中的层错的数量进一步减少，在连续析出区域与不连续析出区域都观察不到交错的层错。这与合金在 773 K 与 873 K 下加工硬化率降低，强度也随之降低的现象相符。

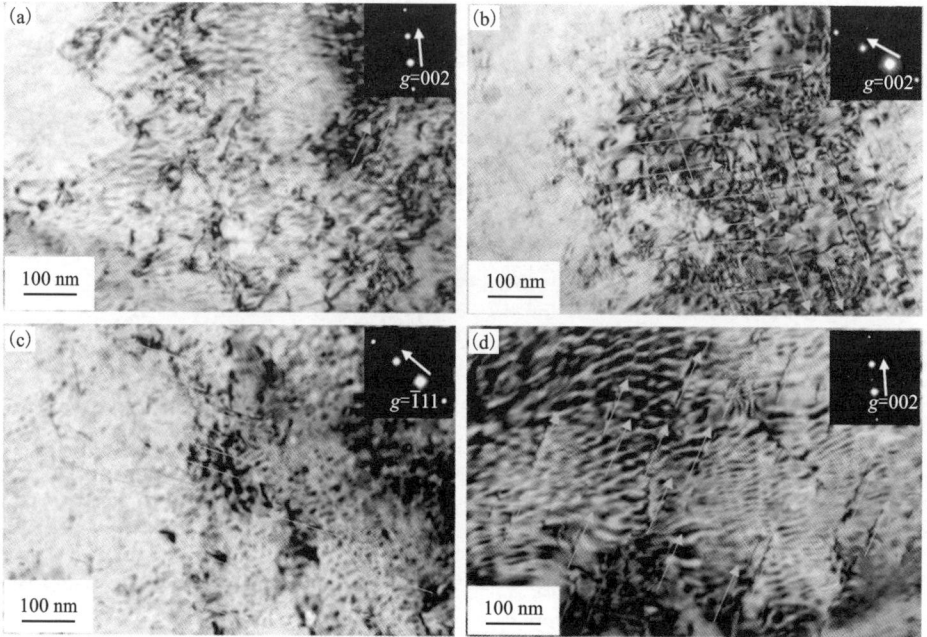

(a)773 K 下变形后的 CP 区；(b)773 K 下变形后的 DP 区；
(c)873 K 下变形后的 CP 区；(b)873 K 下变形后的 DP 区。

图 4-62   选区激光熔化成形退火态 $Co_{42}Cr_{20}Ni_{30}Ti_4Al_4$
合金在 773 K 和 873 K 下的变形组织的 TEM 图

由以上内容可知，退火态合金的加工硬化率表现出明显的温度依赖性，该现象与合金中层错的形成密切相关。合金中层错的形成与合金的层错能密切相关：

$$\tau_{SF} = \frac{2\gamma_{SF}}{b_p} \tag{4-12}$$

式中：γ_{SF} 为层错能；τ_{SF} 为位错分解并形成层错所需要的临界分解切应力；b_p 为不全位错的柏氏矢量。

FCC 结构多主元合金和不锈钢的相关研究都表明，此类 FCC 结构合金的层错能随温度的升高而降低。可见退火态合金在 77 K 下的层错能将低于在 298 K 下的层错能。由上述计算可知，层错能越低，开启层错的临界应力就越低，因此合金在 77 K 下的层错数量更多，交错的层错之间形成层错网与 L-C locks，表现出更高的加工硬化率。当温度升高至 773 K 和 873 K 时，合金的层错能将高于 298 K 下的层错能，合金形成层错的临界应力升高，导致合金中的层错数量减少，加工硬化率随之降低。由此可见，合金加工硬化率对温度的依赖性与层错能随温度发生变化有关。

值得注意的是，层错能不是合金加工硬化率的唯一影响因素。Pierce 等通过分析合金的变形组织与加工硬化行为，可获得合金在不同温度下开启孪生的临界分切应力。虽然开启孪生的临界分切应力也与变形温度呈现相关性，但具体的计算结果显示随温度变化的层错能不是主要影响因素。Pierce 等认为合金摩擦应力随温度升高而降低，也是影响开启孪生的临界分切应力的重要因素。随着合金摩擦应力降低，合金在变形中将更容易开启交滑移，使得合金中局部应力集中的现象减少，故在更高温度下和更高的流变应力条件下，合金才能开启孪晶。

Wu 等利用 Peierls-Nabarro 应力模型描述并推导得到单相多主元合金与多主元合金的晶格摩擦应力与温度的关系：

$$\sigma_{\mathrm{p}} = \frac{2G}{1-v} \exp\left(\frac{-2\pi\omega_0}{b}\right) \times \exp\left(\frac{-2\pi\omega_0}{b}\alpha T\right) \tag{4-13}$$

式中：G 为剪切模量；v 为泊松比；ω_0 为 0 K 下的位错宽度；b 为柏氏矢量的模。

Wu 等还结合实验验证了合金的晶格摩擦应力如式(4-13)所描述的随温度升高呈指数规律下降的规律。推导中假定 b 随温度的变化很小，对位错宽度 ω 随温度的变化关系进行了线性近似处理。该模型预测结果与实验结果相符，说明多主元合金的晶格摩擦应力的温度依赖性与位错宽度随温度发生变化有关。在 773 K 与 873 K 下，合金晶格摩擦应力下降，同时伴随一定的位错动态回复。合金变形过程中的流变应力将有一定程度的下降，也可能使位错与层错不足以切过 L1$_2$ 相。L1$_2$ 相的析出强化作用以及提升加工硬化率的作用均被削弱，使得高温下合金的强度与塑性均有所降低。图 4-57(a) 中 773 K 与 873 K 下的拉伸曲线未展现出明显的软化，表明动态再结晶不是影响合金高温力学性能的主要原因。此外，时效态合金中晶界附近粗大的不连续析出 L1$_2$ 相也是造成合金中温脆性的原因之一。

目前已有报道的 CoCrNi 多主元合金与 CoCrNiTiAl 多主元合金，在室温变形中一般会生成变形孪晶，而在本研究中，仅有打印态合金在 77 K 下出现变形孪晶，退火态合金在 77 K 与 298 K 下均未出现变形孪晶。孪生的启动需要足够低的层错能。含有 Ti、Al 元素的多主元合金的相关研究显示，Ti、Al 元素的添加会提高合金的层错能，因此烧结态合金在室温下难以产生孪生。当温度降至 77 K 时，合金的层错能随温度的降低而降低，形成大量层错，使流变应力升高，进而开启孪生的变形机制,使得合金的强度与塑性同时得到提升。

合金的晶粒尺寸也会影响开启孪生的临界剪切应力,其影响可由以下公式描述:

$$\sigma_T = M \frac{\gamma}{b_p} + \frac{k_T}{\sqrt{d}} \tag{4-14}$$

式中:σ_T 为临界剪切应力;M 为泰勒因子;γ 为层错能;b_p 为部分位错的柏氏矢量;k_T 为孪晶的 Hall-Petch 系数;d 为晶粒尺寸。在时效热处理后,因发生部分再结晶,合金的平均晶粒尺寸从 9.6 μm 降低至 3.5 μm。因此合金的临界剪切应力增加,发生孪生的难度更大。

合金经过时效热处理后析出的大量 $L1_2$ 相会减小 FCC 基体的通道宽度,这也使得孪生的发生更困难。已经报道的一些由 $L1_2$ 相增强的 CoCrNi 基合金,即使在低温下也未观察到变形孪晶。$L1_2$ 析出相本身的层错能比 FCC 基体高,$L1_2$ 相的析出也使得整个体系的层错能升高,从而提高了形成孪晶的临界分切应力,使孪晶的形成被抑制。

综上所述,退火态选区激光熔化成形 $Co_{42}Cr_{20}Ni_{30}Ti_4Al_4$ 多主元合金在 77 K 到 873 K 的温度范围内都表现出良好的力学性能。析出强化、晶界强化与位错强化的共同作用使合金的屈服强度得到提高,展现了增材制造技术结合多种强化机制的优势。层错变形是退火态选区激光熔化成形 $Co_{42}Cr_{20}Ni_{30}Ti_4Al_4$ 多主元合金的主要变形方式。由于层错能随着温度的升高而升高,合金的加工硬化率表现出明显的温度依赖性。在 77 K 下,合金中大量层错之间形成层错网与不动位错,层错切过 $L1_2$ 相形成反向畴界,使合金表现出较好的加工硬化能力。

4.5 增材制造共晶多主元合金

从第 3 章可知,$Fe_{23.3}Co_{25.1}Cr_{18.8}Ni_{22.6}Ta_{8.5}Al_{1.7}$ 共晶多主元合金由 FCC 相和 Laves 相构成。通过热挤压制备的共晶多主元合金在高温条件下可实现强度与韧性的良好匹配。该材料中 Laves 相的存在使其室温脆性增强,在增材制造高热应力作用下可能会产生裂纹。选区激光熔化(SLM)与选区电子束熔化(SEBM)由于工作温度不同,熔池具有不同的冷却速度和温度梯度,使得材料内热应力积累程度和凝固组织发生改变。因此,作者团队对比了两种增材制造方法制备共晶多主元合金的特点与区别。

4.5.1 选区激光熔化共晶多主元合金

图 4-63 显示了气雾化共晶多主元合金粉末的形貌。气雾化粉末主要呈球形,少量粉末上附着有卫星粉。球形粉末具有较好的流动性,可保证粉末被均匀

地铺展在工作区，增强 SLM 过程的稳定性。

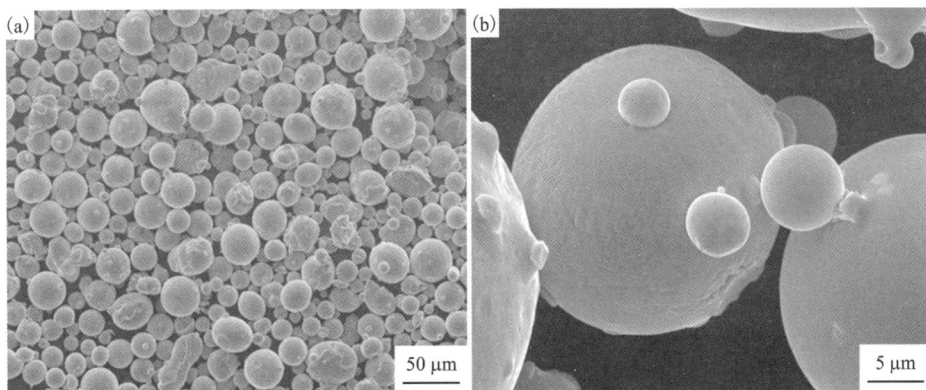

（a）粉末形貌；（b）卫星粉。

图 4-63 共晶多主元合金粉末的形貌

图 4-64 为用于 SLM 工艺的共晶多主元合金粉末粒度分布。粉末粒度主要分布在 15 μm 和 53 μm 之间，中位粒径为 25.7 μm。

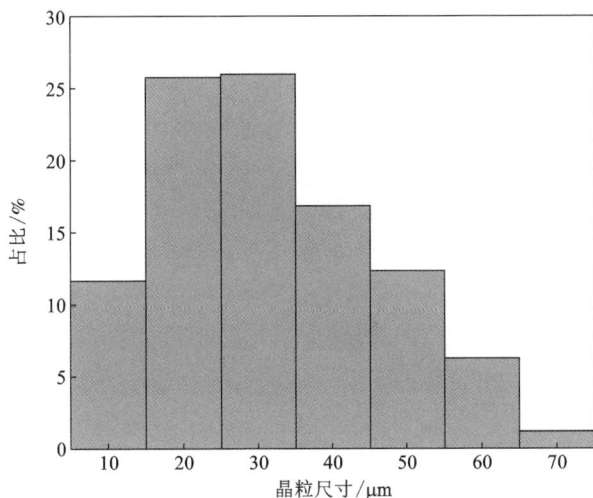

图 4-64 共晶多主元合金粉末粒度分布

对气雾化共晶多主元合金粉末进行 XRD 测试表明，粉末由 FCC 相和 Laves 相构成，如图 4-65 所示。这与铸态共晶多主元合金的相组成一致。图 4-66 显示了 SLM 制备共晶多主元合金粉末的显微组织。粉末由 FCC 相枝晶和层片状共晶构成。在气雾化高冷却速率下,共晶组织的层片间距较小。

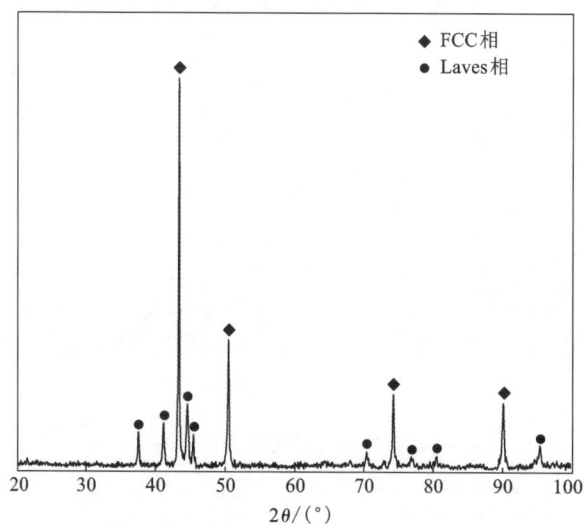

图 4-65　共晶多主元合金粉末 XRD 图谱

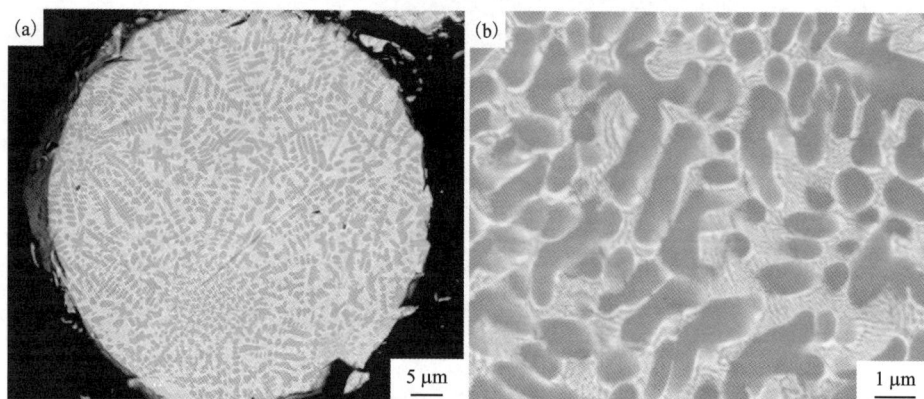

(a)15~53 μm 的粉末;(b)共晶与枝晶组织形貌。

图 4-66　SLM 工艺用共晶多主元合金粉末显微组织

作者团队采用不同的激光功率、扫描速度和基板预热温度研究共晶多主元合金粉末的成形性。图 4-67 显示了在基板未预热条件下 SLM 制备共晶多主元合金的情况。图 4-67(a)中材料产生了较强的开裂,材料开裂的一侧表面会翘起,影响铺粉过程,甚至会与刮刀发生碰撞,造成成形过程中断。对此,进一步提升激光功率[图4-67(b)]，材料的开裂程度有所缓解，但材料表面仍形成了较多贯通式裂纹。随后，降低扫描速度，以增加能量输入，如图4-67(c)所示。可以发现，材料的裂纹形成情况与图4-67(b)无明显差异。

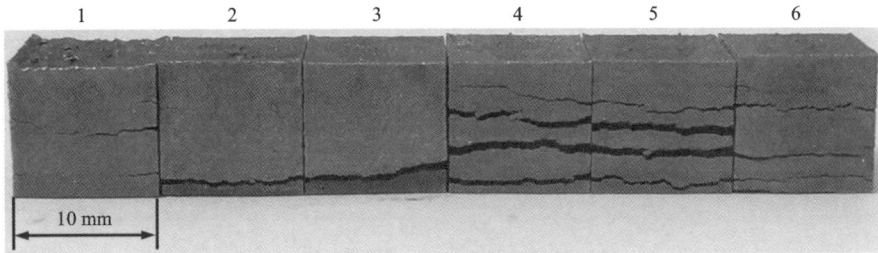

(a)

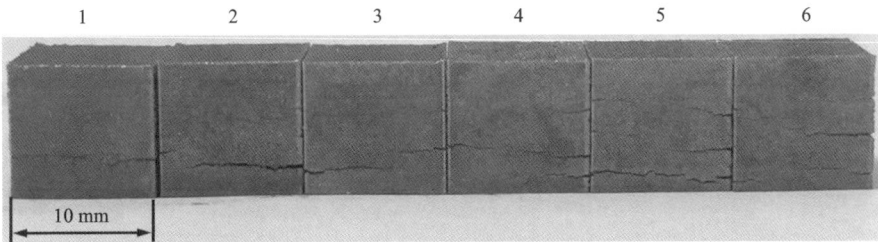

(b)

(c)

1~6号材料的扫描间距分别为0.06 mm、0.08 mm、0.10 mm、0.12 mm、0.14 mm、0.16 mm；
(a)激光功率为160 W，扫描速度为1000 mm/s；(b)激光功率为190 W，扫描速度为1000 mm/s；
(c)激光功率为190 W，扫描速度为800 mm/s。

图4-67　基板未预热条件下SLM制备共晶多主元合金宏观照片

图4-68显示了裂纹的轮廓及断面形貌。图4-68(a)中裂纹两侧的轮廓可完整拼合，并且在图4-68(b)的裂纹断面上可观察到河流状花纹，这是典型的冷裂纹特征。冷裂纹主要由SLM过程中的高热应力累积造成，脆性材料在SLM工艺下易形成冷裂纹。基板预热是降低热应力积累的有效途径，是降低冷裂纹形成趋势的有效手段。

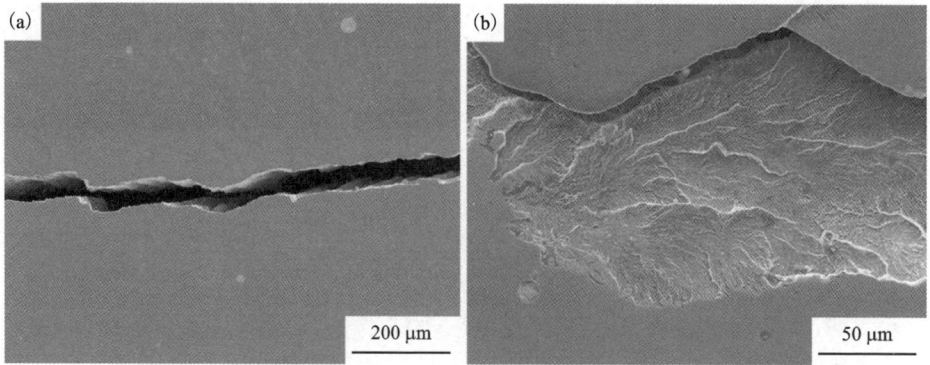

(a)裂纹轮廓；(b)裂纹断面。

图4-68　SLM制备共晶多主元合金中裂纹轮廓及断面

进一步在基板预热(200℃)条件下SLM制备共晶多主元合金，如图4-69所示。从图4-69(a)中可以发现，基板预热后，材料表面的开裂情况有所缓解，但无法消除宏观裂纹。图4-69(b)为提高激光功率后制备的材料，发现仍存在开裂趋势，并且高能量输入会造成材料过熔，严重降低材料表面成形质量。

由此可知，$Fe_{23.3}Co_{25.1}Cr_{18.8}Ni_{22.6}Ta_{8.5}Al_{1.7}$共晶多主元合金由于室温脆性较强，在SLM工艺高温度梯度和高热应力累积的特点下，易形成宏观裂纹，很难较好地成形。宏观裂纹的形成主要是由于冷裂纹的扩展，基板预热可降低冷裂纹的形成趋势。但SLM工艺中的基板可预热温度较低，不能完全消除冷裂纹，需考虑在更高预热温度下成形。

图4-70为SLM制备共晶多主元合金的XRD图。对比图4-65发现，气雾化粉末中含有FCC相和Laves相，而SLM制备的合金中主要为FCC相，Laves相的峰强较弱。这种差异是由SLM工艺产生的高冷却速率导致的，因为快速凝固条件可促使固溶体的形成。值得注意的是，气雾化工艺与SLM具有相近的冷却速率。因此，相组成差异不能只考虑冷却速率的变化。气雾化过程中的熔化金属液滴以均质形核为主，凝固过程中的潜热将通过金属液滴向外排出，导致液滴中出现再辉现象，降低了凝固过冷度。而SLM熔池内的熔化金属以非均质形核为主，凝固过程中的潜热可通过上层已凝固基体导出，从而保持较高的冷却速率和过冷度。因此，两种工艺凝固时过冷度的差异导致了最终相组成的区别。

图4-71显示了激光功率对SLM制备共晶多主元合金凝固组织的影响。在图中可观察到两类凝固组织形态：胞状和树枝状。随激光功率提高，熔池冷却速度降低，凝固组织尺寸增加。在不同的激光功率下，凝固组织以树枝状为主，伴随有少量胞状组织。

(a)

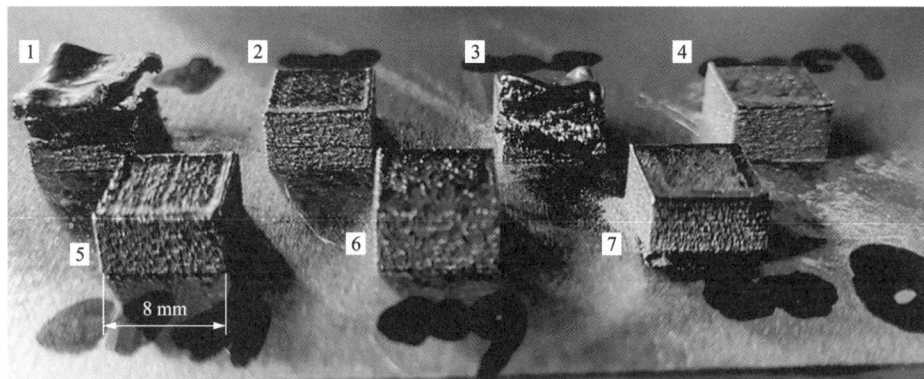

(b)

（a）激光功率为190 W；（b）1~4号材料激光功率为300 W，5~7号材料激光功率为250 W。

图 4-69　基板预热 200 ℃条件下 SLM 制备共晶多主元合金宏观照片

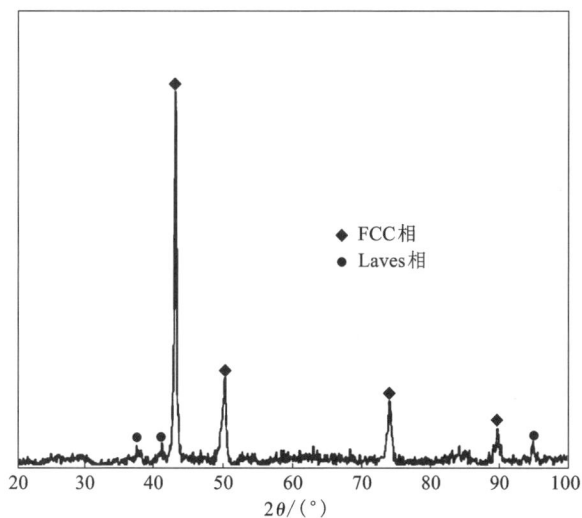

图 4-70　SLM 制备共晶多主元合金的 XRD 图

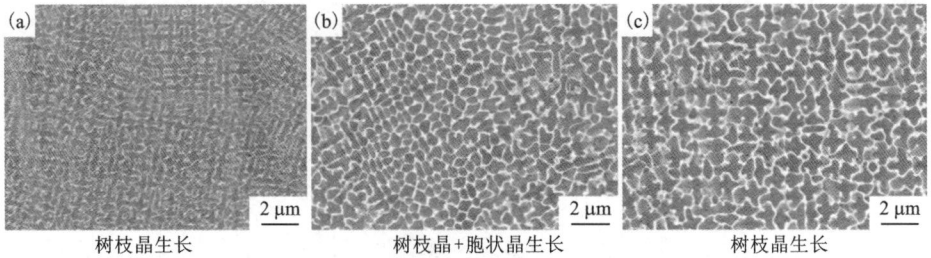

树枝晶生长 树枝晶+胞状晶生长 树枝晶生长

扫描速度为 600 mm/s；
(a)激光功率为 190 W；(b)激光功率为 250 W；(c)激光功率为 300 W。

图 4-71 激光功率对 SLM 制备共晶多主元合金显微组织的影响

图 4-72 为扫描速度对 SLM 制备共晶多主元合金显微组织的影响。随着扫描速度的提高，凝固组织的生长方式由树枝状生长逐步过渡到胞状生长；且其组织尺寸略微细化。降低功率及提高扫描速度均可以提高冷却速率，细化凝固组织。扫描速度对凝固组织形态的影响较为明显，而激光功率对凝固组织影响不大。SLM 工艺下，激光功率降低主要引起熔池内温度梯度增加，而扫描速度提高则会造成凝固速度增加。凝固组织形态的改变主要依赖于材料凝固速度，随凝固速度的变化，枝晶会呈现树枝状生长或胞状生长两种生长方式。由此可知，扫描速度对组织形态的影响比激光功率大。

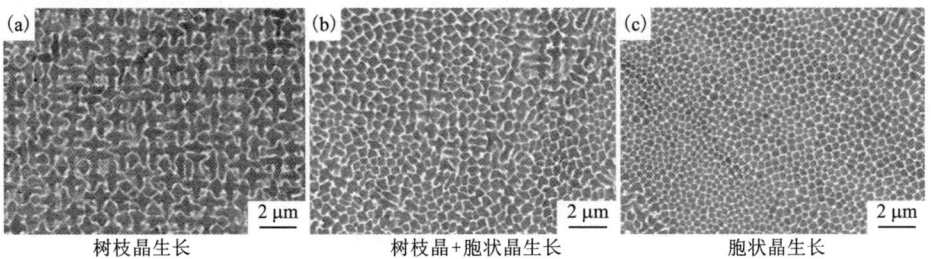

树枝晶生长 树枝晶+胞状晶生长 胞状晶生长

激光功率为 190 W；
(a)扫描速度为 600 mm/s；(b)扫描速度为 800 mm/s；(c)扫描速度为 1000 mm/s。

图 4-72 扫描速度对 SLM 制备共晶多主元合金显微组织的影响

在 SLM 制备的合金的纵截面可观察到明显的鱼鳞状形貌[图 4-73(a)]，这是 SLM 工艺所制备合金的典型特征。鱼鳞状结构表示 SLM 逐层堆积的过程，不同熔池之间紧密搭接形成致密的材料。其中，扫描间距是影响熔池搭接率的主要因素。在合适的扫描间距下，熔池之间充分搭接，相邻熔池与上层金属基体均产生部分重熔,从而加强了熔池与熔池、熔池与上层金属基体之间的结合[图4-73(b)]。当扫描间距过大时,相邻两道熔池无法很好地结合,从而导致在两熔池间形成未熔合的孔洞,降低了合金的致密度[图4-73(c)]。也可能因为相邻熔池搭接率不高,两熔池间存在未熔化的金属基体。这部分基体被激光加热到较高温度再冷却,形成热影响区。热循环会使部分基体被反复加热-冷却,类似一种特殊的热处理过程,从而导致组织严重粗化[图4-73(d)]。

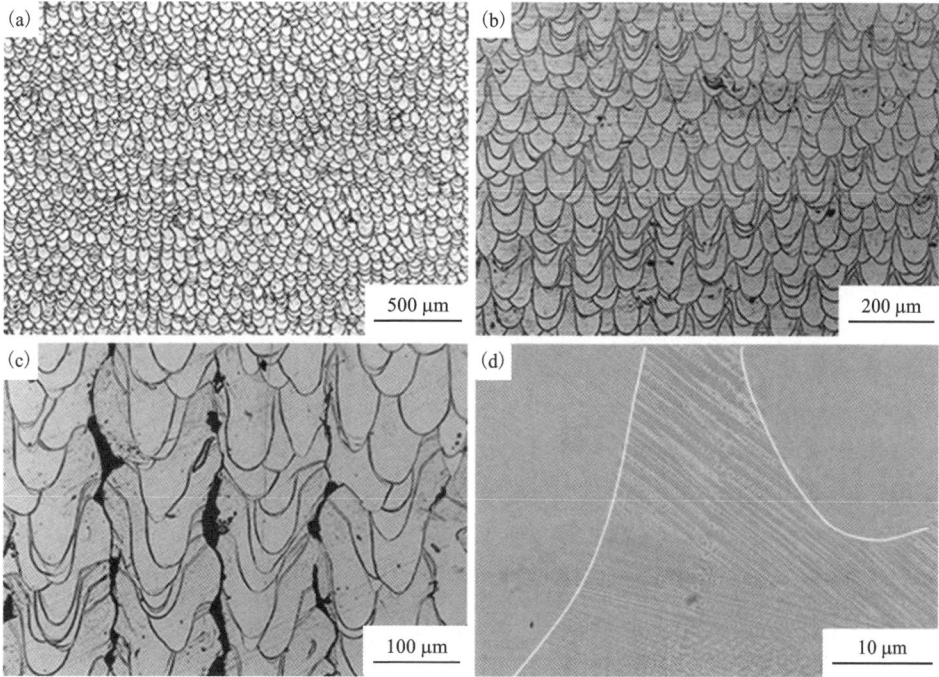

(a)、(b)扫描间距为0.08 mm;(c)、(d)扫描间距为0.14 mm。

图4-73 扫描间距对SLM制备的共晶多主元合金显微组织的影响

图4-74为不同扫描策略下SLM制备的共晶多主元合金的显微组织。图4-74(a)、(b)为带状扫描下的组织形态。图4-74(b)中可观察到少量共晶组织,这些共晶组织分布在胞状FCC相之间。图4-74(c)、(d)为带状扫描策略下的凝固组织,由于带状扫描策略存在更多的重熔部分,导致单位区域内能量输入增大。因此,在图4-74(d)中可观察到明显的共晶组织。由此可见,提高能量输入可有效促进共晶组织形成。高能量输入在一定程度上降低了熔池冷却速率及温度梯度,但在SLM固有的高冷却速率下,共晶组织的生长趋势依然小于FCC相枝晶的生长趋势。

总体来看，$Fe_{23.3}Co_{25.1}Cr_{18.8}Ni_{22.6}Ta_{8.5}Al_{1.7}$ 共晶多主元合金在 SLM 工艺下的成形性较差，其在成形过程中易产生宏观裂纹。这类裂纹属于冷裂纹，由 SLM 高热应力积累造成。预热基板可降低裂纹的扩展趋势，但无法完全消除宏观裂纹。SLM 制备的共晶多主元合金的显微组织由 FCC 相枝晶及枝晶间的网状 Laves 相构成。由于枝晶生长方式不同，显微组织形态可呈现胞状或树枝状。扫描速度及扫描策略对凝固组织形成有较大影响，扫描速度增加会使凝固组织由树枝状转变为胞状；带状扫描策略下，由 Laves 相构成的网状结构会转变为由层片状共晶构成的网状结构。

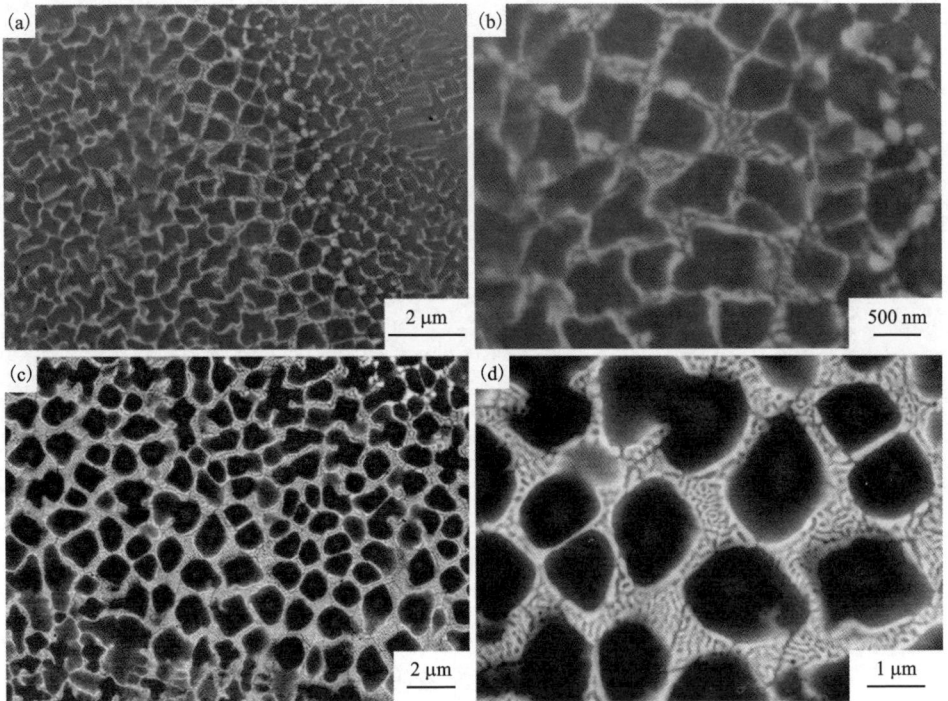

（a）、（b）交替扫描；（c）、（d）带状扫描。

图 4-74　扫描策略对 SLM 制备的共晶多主元合金显微组织的影响

4.5.2　选区电子束熔化共晶多主元合金

选区电子束熔化（selective electron beam melting, SEBM）工艺可将基板预热至 1100 ℃，能够缓解热应力积累。相比于 SLM 方法，SEBM 可以更有效地抑制热裂纹产生。图 4-75 为 SEBM 工艺制备的共晶多主元合金粉末粒度分布。

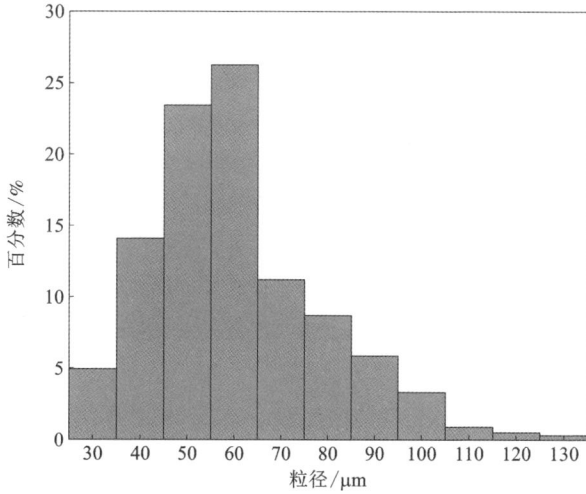

图 4-75　SEBM 工艺制备的共晶多主元合金粉末粒度分布

图 4-76 为 SEBM 制备的共晶多主元合金粉末的显微组织。可以发现，粉末同样由 FCC 相枝晶和层片状共晶构成。由于 SEBM 工艺使用的粉末粒径比 SLM 工艺使用的粉末粒径更粗，而冷却速率相对较低，因此其凝固组织尺度更大。

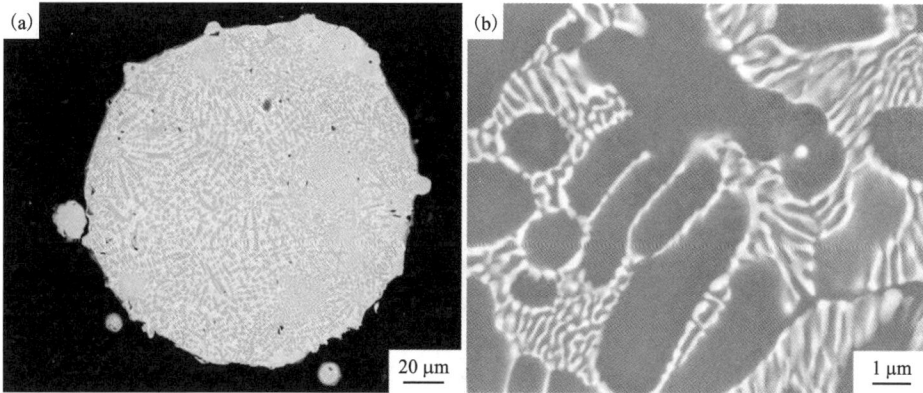

（a）53~100 μm 的粉末；（b）共晶组织与枝晶组织形貌。

图 4-76　SEBM 工艺用共晶多主元合金粉末的显微组织

将基板预热到 950 ℃后，进行选区电子束熔化共晶多主元合金工艺。高预热温度降低了材料热应力的积累，并且金属材料在高温下通常具有更好的塑性，因此材料冷裂纹得到了有效的抑制，如图 4-77 所示。图 4-77 中每个试样的成形参数均不同，各试样表面均未观察到宏观裂纹，具有较好的成形效果。这表明在选区电子束熔化高预热温度下，可消除因材料脆性而造成的冷裂纹。该共晶多主元合金在选区电子束熔化工艺下具有较好的成形性。

图 4-77　基板预热至 950 ℃条件下 SEBM 制备的共晶多主元合金的宏观照片

图 4-78 为选区电子束熔化制备共晶多主元合金的工艺参数对材料表面质量的影响。线能量密度 E_{LB} 表示电子束功率(P)和扫描速度(v)对成形质量的影响，其表达式为 $E_{LB} = P/v$。当 $E_{LB} < 0.15$ J/mm 时，低能量输入无法完全熔化合金粉末，材料表面存在凹坑，处于欠熔状态。当 $E_{LB} > 0.28$ J/mm 时，高能量输入使得材料表面突起，在后续铺粉过程中，突起处无法铺展合金粉末。因此，突起的金

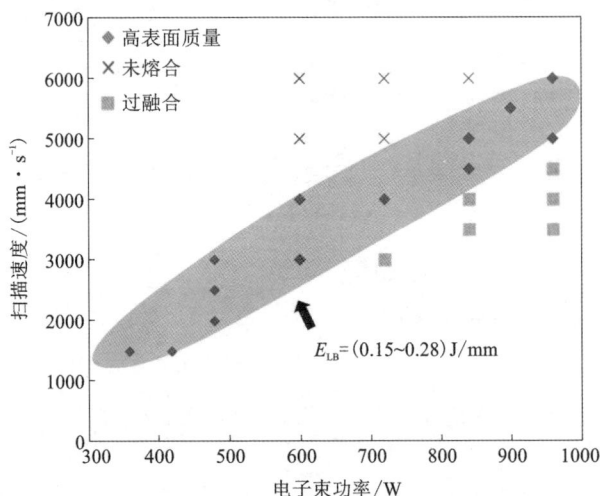

图 4-78　选区电子束熔化制备
共晶多主元合金的工艺参数对材料表面质量的影响

属基体不断重熔,处于过熔状态。当 0.15 J/mm ≤ E_{LB} ≤ 0.28 J/mm 时, SEBM 过程中材料表面平整,成形过程稳定,可得到高表面质量的材料。图 4-78 中未标出功率小于 300 W(电流小于 5 mA)的工艺参数,因为低功率需要匹配低扫描速度才能保证合金粉末熔化。在此工艺参数下, SEBM 过程中材料表面会产生严重的球化现象。基于此,合适的工艺窗口为:功率 $P>300$ W, $E_{LB}=(0.15\sim0.28)$ J/mm。

图 4-79 为选区电子束熔化共晶多主元合金的 XRD 图。对比可知,气雾化粉末与 SEBM 制备的共晶多主元合金均由 FCC 相和 Laves 相构成,但 SEBM 制备的合金中 FCC 相(200)晶面的强度最大,而粉末的最强峰出现在(111)晶面。这说明 SEBM 过程中特殊的散热条件促使晶粒沿⟨100⟩方向择优生长。

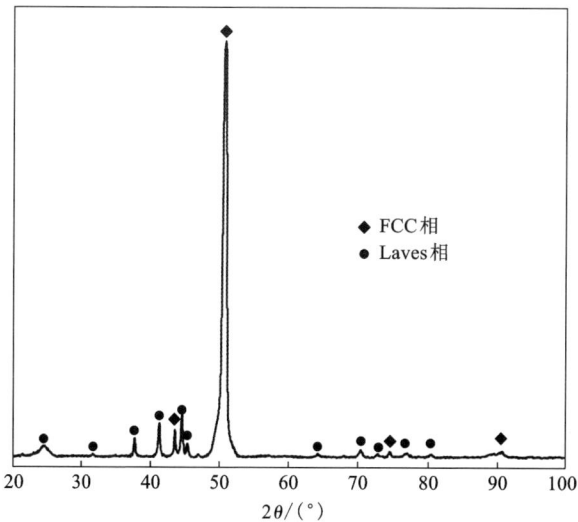

图 4-79 SEBM 制备的共晶多主元合金的 XRD 图

SEBM 制备的共晶多主元合金纵截面与横截面存在交替分布的两类组织,如图 4-80 所示。纵截面可观察到共晶组织与枝晶组织沿高度方向交替分布[图 4-80(a)],横截面存在柱状组织与等轴组织交替分布现象[图 4-80(b)]。图 4-80(a)中共晶区呈带状垂直于高度方向分布,并且可以观察到部分贯穿共晶区的 FCC 相枝晶臂。这种共晶和枝晶交替出现的形貌是选区电子束熔化逐层堆积的结果。Srikanth 等计算了高能束作用金属粉末增材制造工艺下熔池深度与冷却速率的关系。发现,随着熔池深度的增加,冷却速率减小,凝固速率降低。因此,基于共晶和枝晶的竞争生长关系,共晶组织更容易在熔池底部形成,单层熔池凝固过程为在底部先以共晶组织生长,之后逐渐转变为枝晶生长。同时,枝晶区域的枝晶臂生长方向与高度方向基本一致。贯穿共晶区域的 FCC 相枝晶臂表明在选区电子束熔化过程中，柱状晶在高温度梯度下沿最大热流方向生长，这在一定程度上说明 SEBM 制备的合金呈现各向异性的原因。

图 4-81（a）为 SEBM 制备的共晶多主元合金横截面等轴区的显微组织。Laves 相在该区域呈近等轴状分布在 FCC 相枝晶间，在 FCC 相中存在细小的针状析出相。图 4-81(b)显示了横截面共晶区的显微组织。该区域共晶组织与 FCC 相枝晶组织混合生长，在共晶组织内存在层片状和棒状两种共晶组织。在 FCC 相枝晶边界存在连续的链状 Laves 相，链状 Laves 相分割了共晶组织与枝晶组织，形成较长的共晶组织和枝晶组织的界面。图 4-81（c）~（h）为图 4-81(b)的元素分布。可以发现，Fe、Cr 在 FCC 相枝晶中存在轻微的偏聚，而 Ta 则主要集中在共晶区域，Co、Ni、Al 在组织中分布较为均匀。

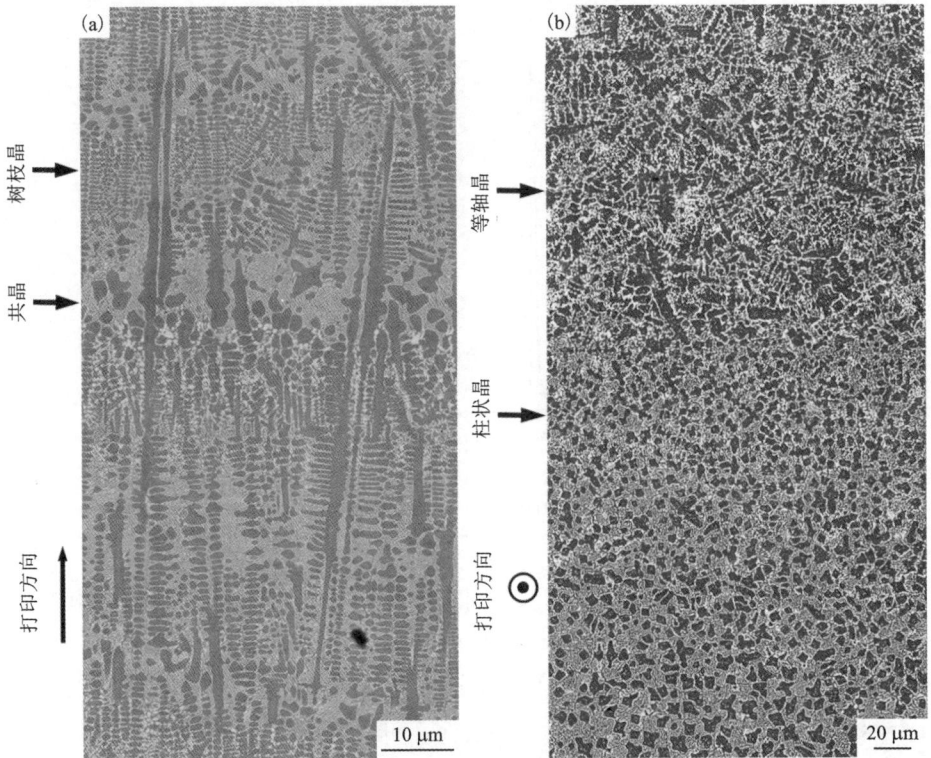

（a）纵截面；（b）横截面。

图 4-80　SEBM 制备的共晶多主元合金的显微组织

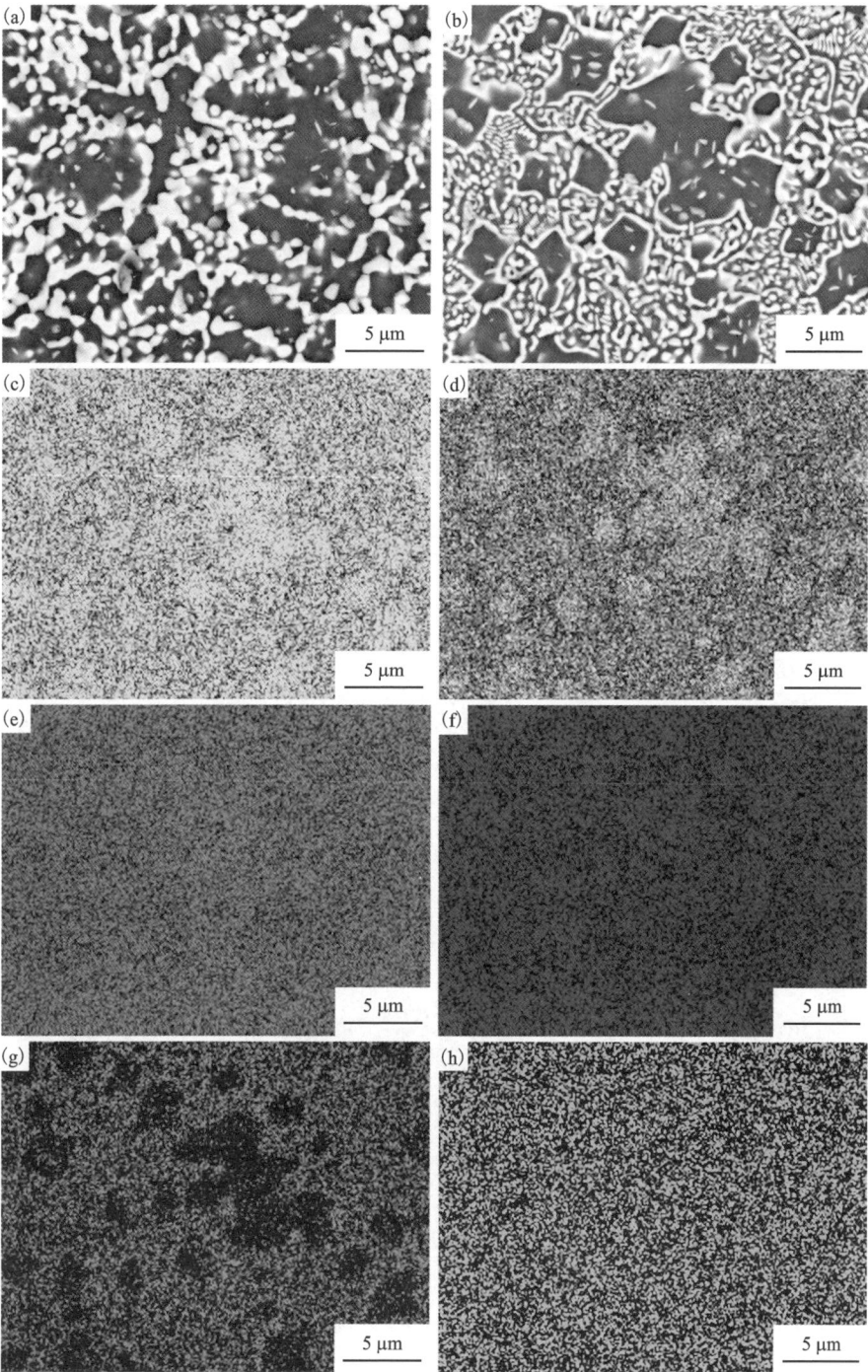

(a)、(b)横截面显微组织；(c)~(h)为图(b)中 Fe、Cr、Co、Ni、Ta、Al 元素分布。

图 4-81 SEBM 制备共晶多主元合金显微组织与元素分布

图 4-82 为不同电子束功率与扫描速度下共晶多主元合金纵截面共晶区的显微组织。由图 4-82(a)、(c)、(e)可以发现，当扫描速度为 4000 mm/s，电子束功率由 720 W 增加至 960 W 时，共晶组织的层片间距由约 290 nm 细化至约 160 nm。扫描速度增加同样会细化共晶组织。如图 4-82(c)、(d)所示，在电子

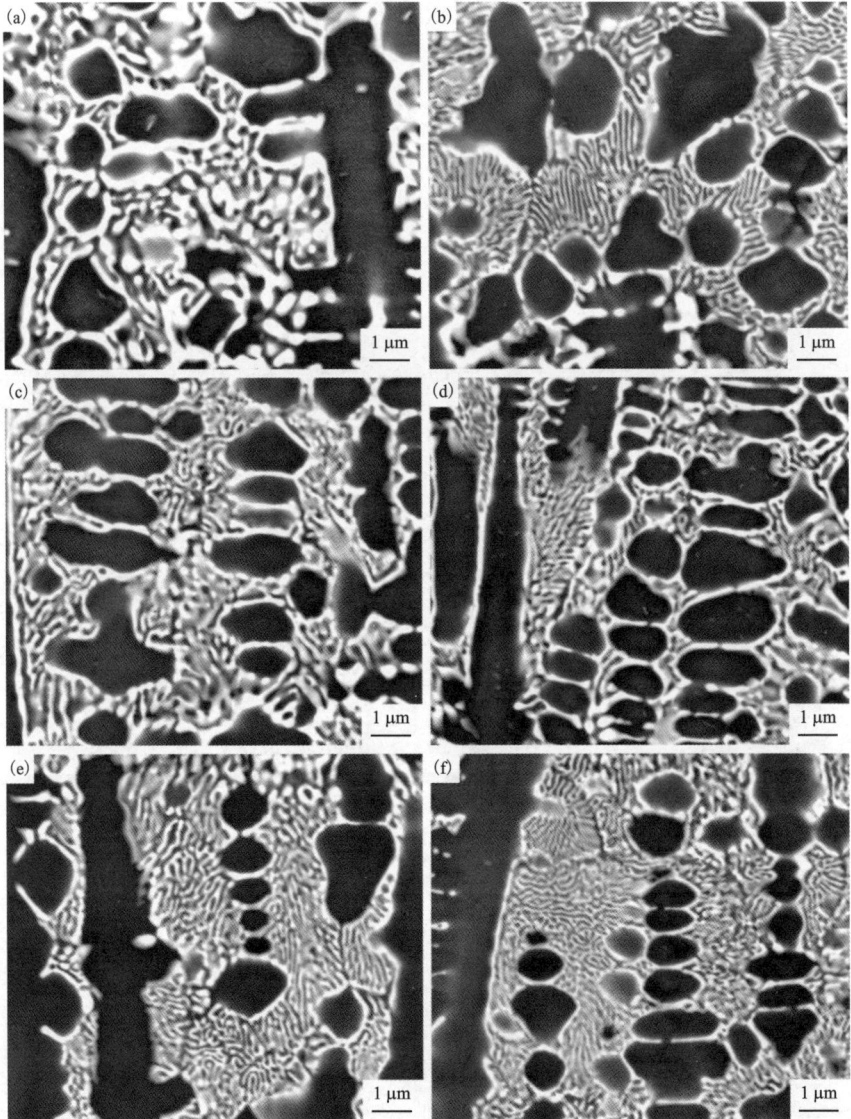

(a)、(b)电子束功率为 720 W；(c)、(d)电子束功率为 840 W；(e)、(f)电子束功率为 960 W；
(a)、(c)、(e)扫描速度为 4000 mm/s；(b)、(d)、(f)扫描速度为 6000 mm/s。

图 4-82　SEBM 制备共晶多主元合金纵截面显微组织

束功率为 840 W 时，扫描速度由 4000 mm/s 增加至 6000 mm/s，共晶组织的层片间距由约 240 nm 细化至约 190 nm。共晶层片间距通常随组织凝固速度增加而减小，由此可见，提高电子束功率或增加扫描速度可以增加共晶区域的组织凝固速度。

图 4-83 为电子束功率对共晶多主元合金等轴晶形成的影响。在 SEBM 制备的共晶多主元合金的纵截面可观察到细长柱状晶以及垂直于高度方向呈带状排列

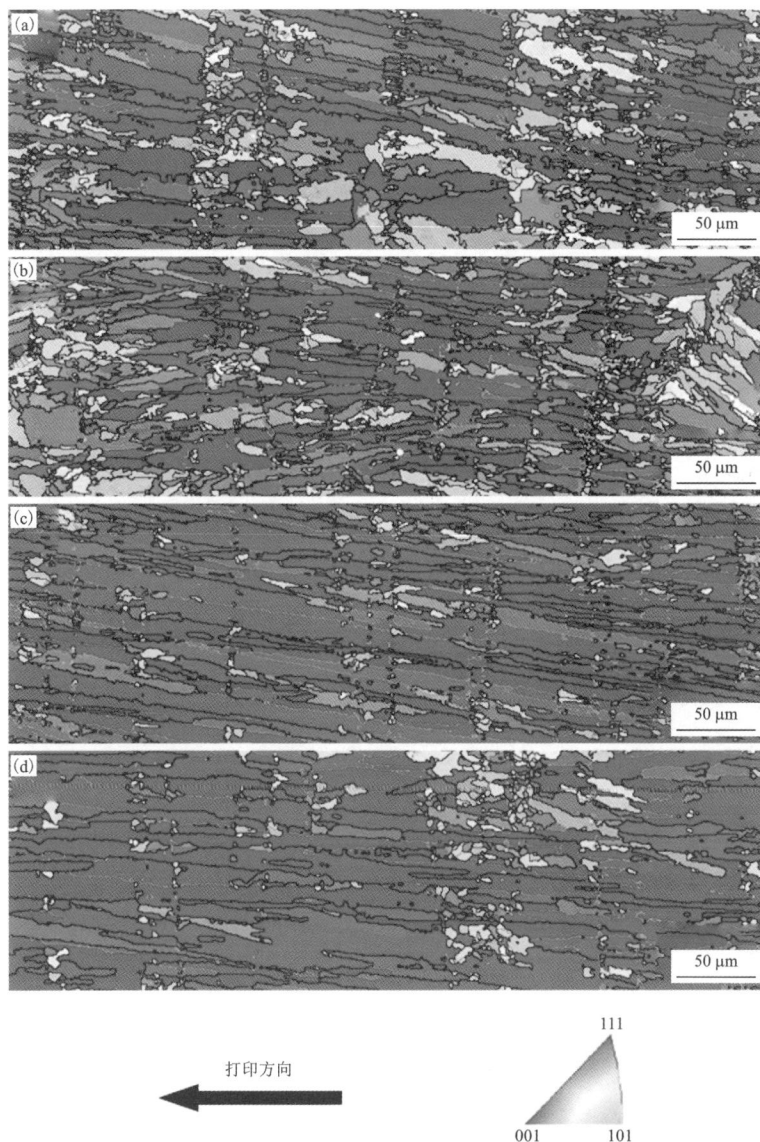

（a）电子束功率为 600 W；（b）电子束功率为 720 W；（c）电子束功率为 840 W；（d）电子束功率为 960 W。

图 4-83　不同电子束功率下 SEBM 制备的共晶多主元合金纵截面 EBSD 分析

的等轴晶。随电子束功率增加，等轴晶的尺寸减小，说明增加能量输入会增强柱状晶生长，抑制等轴晶生长。结合选区电子束熔化逐层堆积的工艺特点可知，带状排列的等轴晶形成于熔池底部。

SEBM 过程层间扫描方向会旋转 90°，导致熔池底部热流方向与上层不一致，抑制了上层柱状晶的生长，使得等轴晶有更大的生长趋势。图 4-84 为图 4-83 中相应材料的晶粒度，由图 4-84 可知，电子束功率增加，粒径为 10 μm 左右的晶粒减少。

在不同线能量密度下制备了共晶多主元合金，并测试了材料的密度与硬度，其工艺参数及测试结果见表 4-6。由此可知，不同线能量密度下合金的密度主要集中在 9.23 g/cm³ 左右，而硬度与能量输入未表现出明显的关联性。

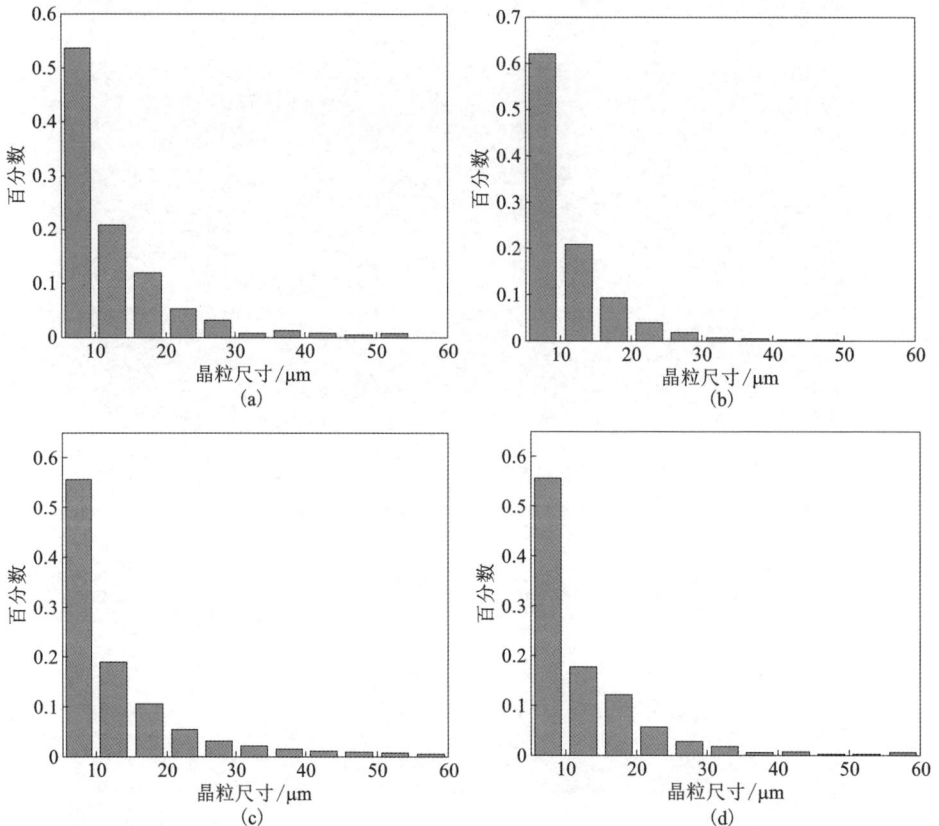

（a）电子束功率为 600 W；（b）电子束功率为 720 W；（c）电子束功率为 840 W；（d）电子束功率为 960 W。

图 4-84　不同电子束功率下 SEBM 制备的共晶多主元合金晶粒度分析

表 4-6　SEBM 制备的共晶多主元合金工艺参数

	线能量密度 /(J·mm⁻¹)	电子束功率 /W	扫描速度 /(mm·s⁻¹)	密度 /(g·cm⁻³)	硬度 HV
E1	0.160	960	6000	9.24±0.01	586±8
E2	0.168	840	5000	9.18±0.02	611±13
E3	0.187	840	4500	9.32±0.01	604±17
E4	0.192	480	2500	9.23±0.02	657±11
E5	0.280	420	1500	9.23±0.01	597±11

　　选取致密度与硬度均相对较高的 E3 合金进行后续力学性能测试，图 4-85 为 E3 合金室温拉伸性能曲线，其抗拉强度可达 1260 MPa，而伸长率只有 1.1%。由此可见，在室温条件下，SEBM 制备的共晶多主元合金具有较强的脆性。

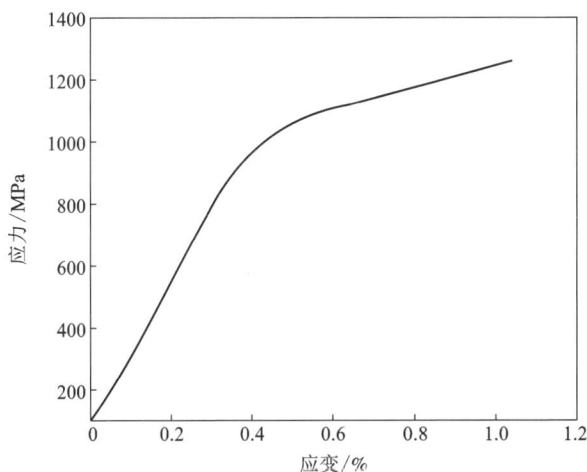

图 4-85　SEBM 制备的共晶多主元合金室温拉伸应力-应变曲线

　　图 4-86 显示了 E3 合金室温拉伸断口的形貌。在拉伸断口处可观察到河流状花纹[图 4-86(a)]，该材料发生了脆性断裂。在放大图 4-86(b)中可看到断裂的层片状共晶结构，表明断裂模式为穿晶断裂。该共晶多主元合金中片状分布的 Laves 相脆性较强，在变形中 Laves 相的断裂导致整个片状结构迅速失效。表 4-7 为图 4-86(b)中点 1、点 2 处的 EDS 分析结果。从表 4-7 中可知，图 4-86(b)点 1 处突起的组织为贫 Ta 的 FCC 相，点 2 处平整的断口组织为富 Ta 的 Laves 相。

(a)河流状花纹；(b)断裂的共晶组织。

图 4-86 SEBM 制备的共晶多主元合金室温拉伸断口形貌

表 4-7 图 4-86(b)中点 1 和点 2 的 EDS 分析结果　　　　　单位：%

	w_{Al}	w_{Ta}	w_{Cr}	w_{Fe}	w_{Co}	w_{Ni}
点 1	1.53	4.33	21.94	25.32	24.97	21.90
点 2	1.27	11.67	18.94	22.45	28.46	17.26

图 4-87 为 E3 合金在 800 ℃的拉伸性能，其抗拉强度达 595 MPa，伸长率为 23.8%。图 4-88(a)、(b)为 E3 合金拉伸断口形貌，断口处未观察到明显河流状花纹，表明材料在 800 ℃下已具备一定的塑性。此外，断口处可观察到部分孔隙，孔隙的存在可能造成材料过早失效。图 4-88(c)、(d)为 E3 合金在 800 ℃时拉伸后断口附近的显微组织。可以发现，在共晶与枝晶界面处形成了微孔，并且可观

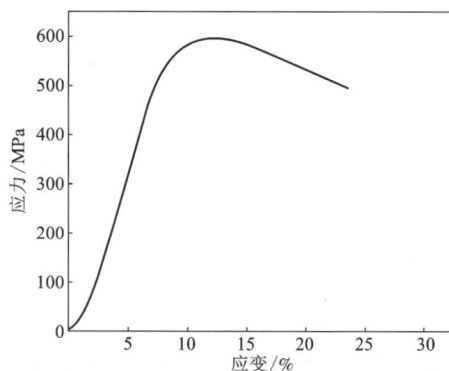

图 4-87 SEBM 制备的共晶多主元合金 800 ℃时拉伸应力-应变曲线

察到部分 Laves 相断裂。随变形量增加，共晶与枝晶界面处的孔隙与断裂 Laves 相形成了裂纹聚合，造成材料失效。

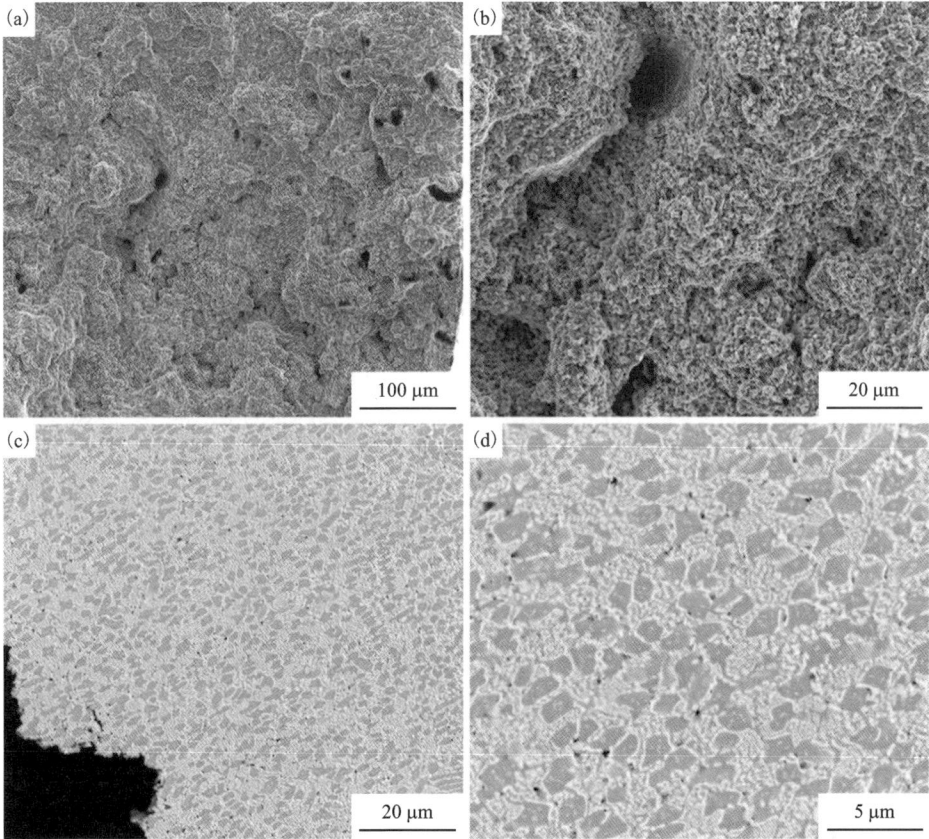

(a)、(b)断口形貌；(c)、(d)断口处变形组织。

图 4-88　SEBM 制备的共晶多主元合金在 800 ℃时拉伸后断裂区域显微组织

　　针对 SEBM 制备的共晶多主元合金脆性较大的问题，进一步采用热等静压工艺消除材料孔隙，并改善其显微组织。将 E3 合金热等静压后（后称 H3）检测其密度与硬度。发现 E3 合金热等静压后，材料的致密度由 99.7%提升至 99.9%，硬度由 604 HV 降低至 522 HV。热等静压可进一步提升材料的致密度，而硬度降低可能是由于热等静压后材料内应力释放和晶粒粗化。

　　图 4-89 为热等静压后共晶多主元合金（H3）的显微组织。在图 4-89(a)中可观察到细 Laves 相聚集区以及粗化 Laves 相聚集区。这两个区域可能是由 SEBM 制备的共晶多主元合金纵截面的共晶区与枝晶区[图 4-89(a)]分别演化形成。细小的 Laves 相较均匀地分散在 FCC 相内，而粗化后的 Laves 相多呈条状。图 4-89(b)为 H3 合金横截面显微组织。可以发现，细小的等轴状 Laves 相以及

条状 Laves 相混合分布在 FCC 相内。

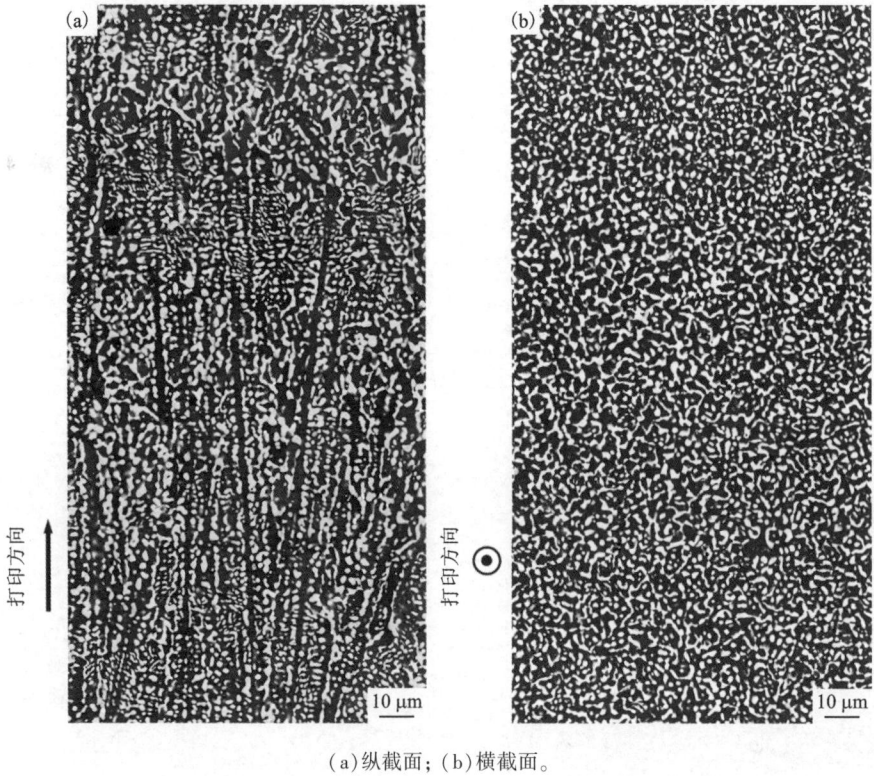

(a)纵截面；(b)横截面。

图 4-89　热等静压后共晶多主元合金的显微组织

图 4-90 为放大的 H3 合金截面显微组织。在纵截面[图 4-90(a)]可以观察到 Laves 相互相连通成条状，横截面[图 4-90(b)]存在细 Laves 相与棒状 Laves 相，且分布较为均匀。结合横、纵截面 Laves 相形态可知，热等静压后共晶多主元合金中 Laves 相可能以等轴状、柱状或片状分布在 FCC 相中。图 4-90(c)~(h)为图 4-90(b)的元素分布图，可知 Co、Al 在基体中均匀分布，Ta 主要集中在 Laves 相中，而 Fe、Cr、Ni 则在 FCC 相中偏聚。对比图 4-81 与图 4-90 发现，Ni 在 SEBM 制备的合金中分布较为均匀，而经过热等静压后，在 FCC 相中偏聚。这表明 SEBM 过程形成了过饱和固溶体，经过热等静压后元素向平衡态组织扩散。

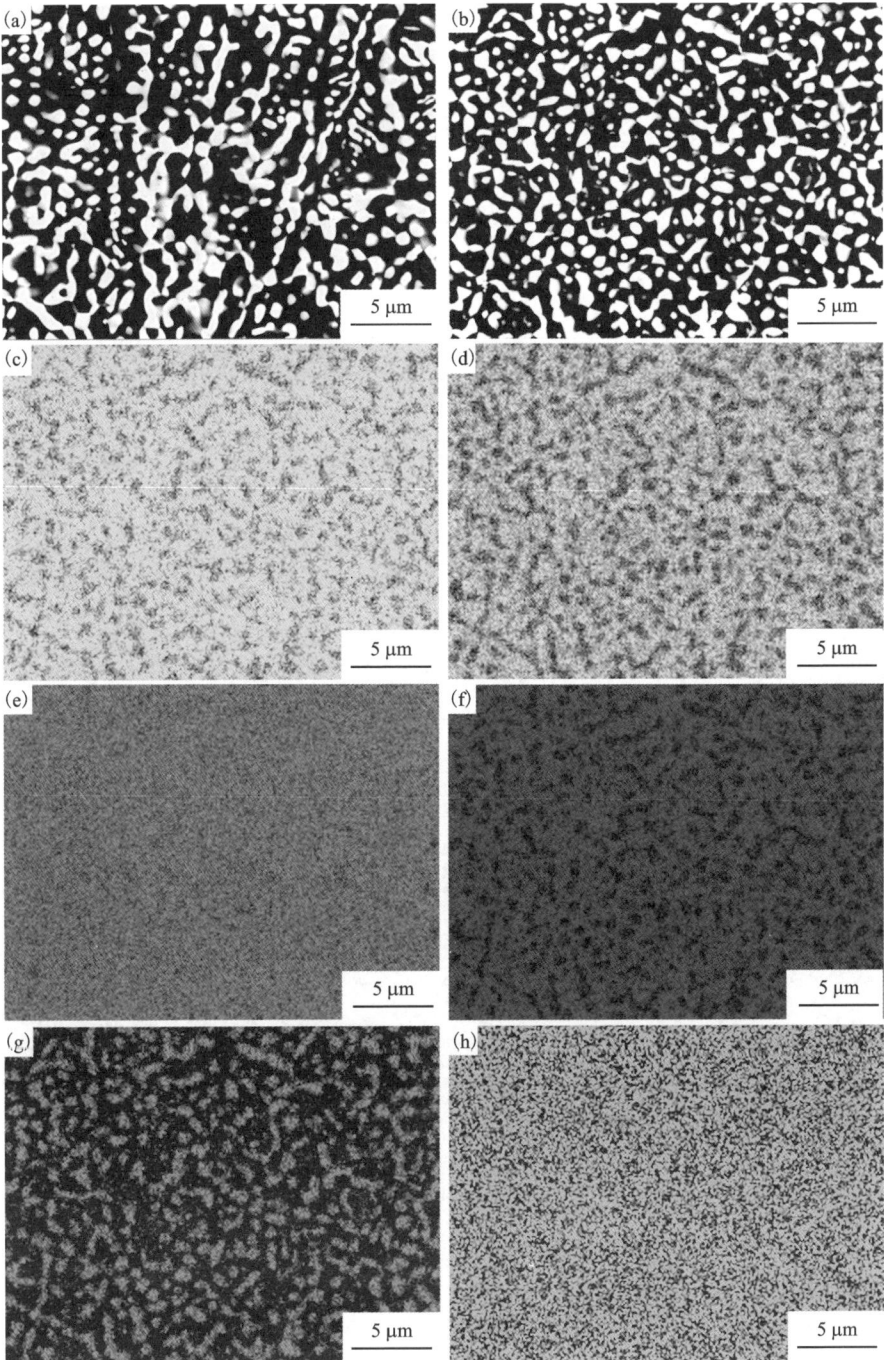

(a)纵截面显微组织；(b)横截面显微组织；(c)~(h)分别为图(b)中 Fe、Cr、Co、Ni、Ta、Al 元素分布图。

图 4-90　热等静压后共晶多主元合金放大的显微组织与元素分布

图 4-91(a)为 H3 合金室温拉伸性能曲线，与 E3 合金室温拉伸性能(图 4-85)对比发现，热等静压后的 H3 合金抗拉强度与 E3 合金相当，而 H3 合金伸长率提高至 2.4%。可见，热等静压有效提升了材料的室温伸长率。在断口处可观察到较多平坦的断裂组织[图 4-91(b)]，并且平面组织内存在裂纹[图 4-91(c)]，材料主要发生穿晶断裂。在拉伸测试中，材料的拉伸方向垂直于高度方向。结合图 4-90(a)可知，材料内存在较多的条状 Laves 相，这些 Laves 相内裂纹一旦形成便会迅速扩展，断口处平坦的组织是由断裂的 Laves 相形成的。

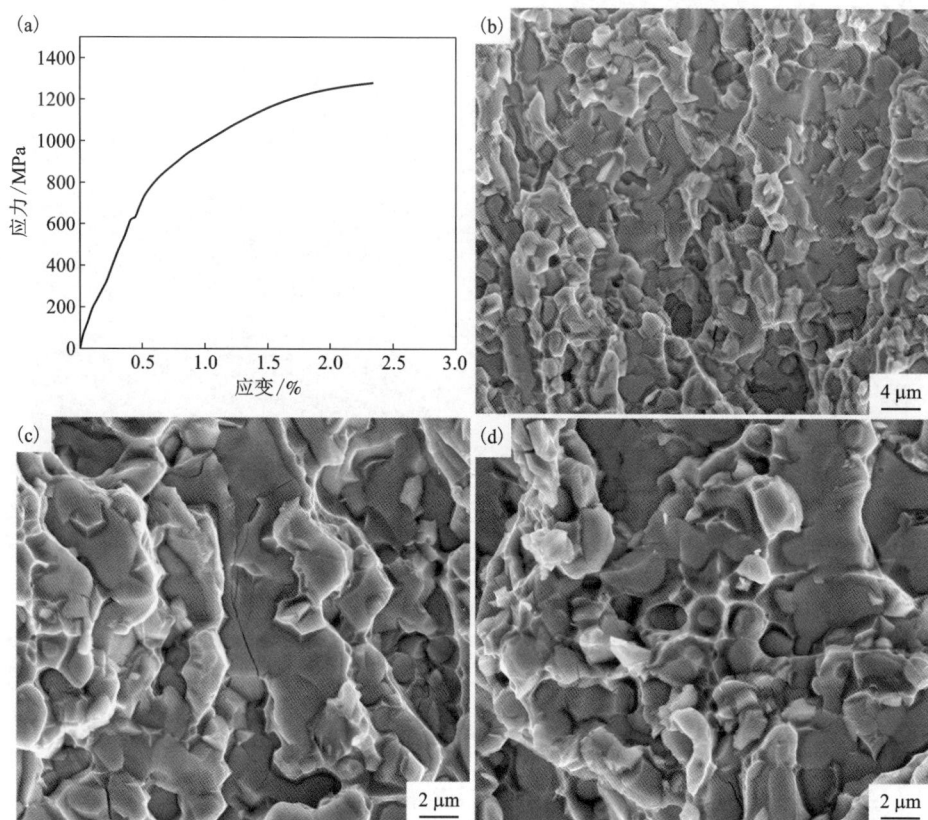

(a)H3 合金室温拉伸应力-应变曲线；(b)、(c)、(d)室温拉伸断口形貌。

图 4-91　热等静压后共晶多主元合金室温拉伸性能及断口形貌

图 4-92 显示了 H3 合金在 800 ℃时的拉伸性能，其抗拉强度为 589 MPa，伸长率为 28.1%，热等静压后材料高温拉伸的伸长率也略有提升。图 4-93(a)~(b)为 H3 合金的拉伸断口形貌。可以发现，H3 合金在热等静压后已达高致密状

态，虽在断口处未观察到缺陷，但可以观察到明显的韧窝[图4-93(b)]，表明材料在高温条件下转变为韧性断裂。图4-93(c)、(d)为 H3 合金高温拉伸断裂区域的显微组织。在图4-93中可观察到 Laves 相中存在裂纹，裂纹并不沿单一方向扩展[图4-93(d)]，在拉伸断裂区域没有观察到孔隙。与图4-90(d)对比可以发现，热等静压后，Laves 相在 FCC 相中等轴化分布可有效抑制高温拉伸过程中微孔的形成。

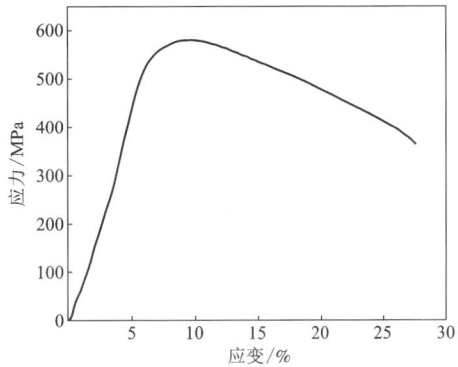

图 4-92　热等静压后共晶多主元合金在 800 ℃时的拉伸应力-应变曲线

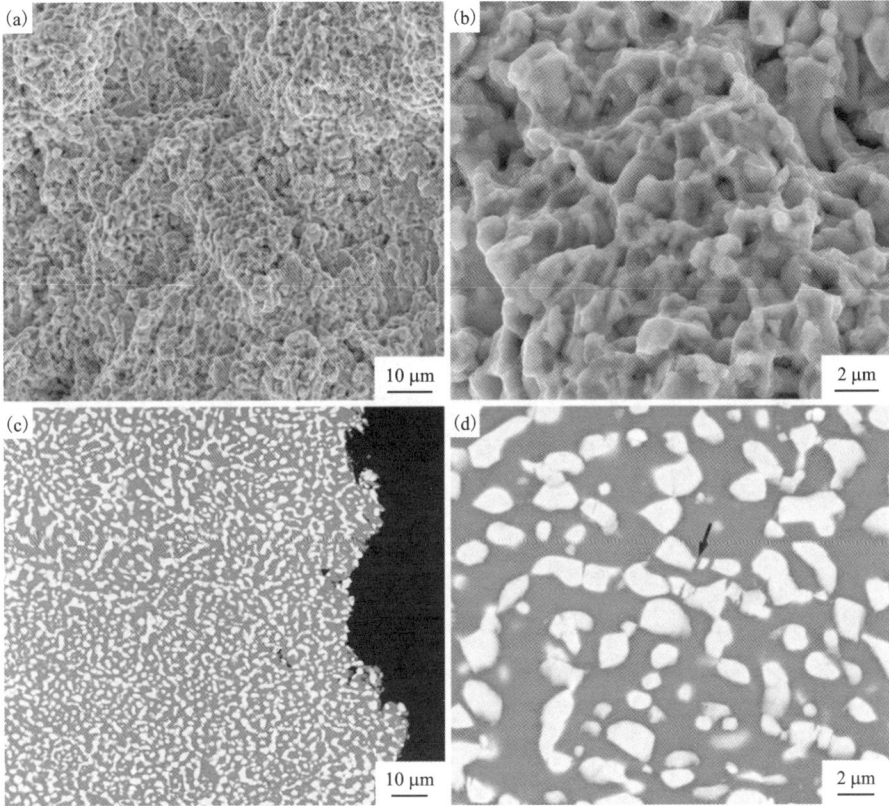

(a)、(b)H3 合金断口形貌；(c)、(d)断口处变形组织。

图 4-93　热等静压后共晶多主元合金高温拉伸断裂区域显微组织

第 5 章
多主元合金室温性能及变形行为

5.1　室温力学性能

5.1.1　力学性能

1. 压缩性能

通过粉末冶金方法制备的多主元合金常采用压缩测试来评估其力学性能，这主要和样品尺寸、宏微观缺陷、合金塑性偏低等有关。通过机械合金化和放电等离子烧结方法制备的 $Al_{0.6}CoNiFeTi_{0.4}$ 多主元合金具有高密度的纳米孪晶，其室温压缩屈服强度和抗压强度分别为 2732 MPa 和 3172 MPa，同时保持了 10% 的压缩塑性。$FeNiCrCo_{0.3}Al_{0.7}$ 多主元合金在通过机械合金化后形成了 BCC 过饱和固溶体，在随后的放电等离子烧结中分解成了富含 Fe-Cr 的无序 BCC1 相、富含 Ni-Al 的有序 BCC2 相以及与名义成分相近的 FCC 相。由于两种 BCC 相强度都很高，合金室温压缩强度和抗压强度分别为 2033 MPa 和 2635 MPa，接近熔铸态合金强度的 2 倍，但其压缩塑性仅为 8.1%。同样，在粉末冶金制备的 CoNiFeAlTi 多主元合金中也存在类似的现象。各种元素混合粉末在机械合金化之后，形成了 BCC 和 FCC 固溶体相，而在放电等离子烧结之后形成了 BCC 相、Al_3Ti 金属间化合物相和 FCC 固溶体相，其中 BCC 相和 FCC 相都为超细晶粒，而 Al_3Ti 金属间化合物相尺寸为超细甚至纳米晶粒。固溶强化、超细晶强化以及 Al_3Ti 金属间化合物析出强化使合金具有很高的抗压强度，达 2988 MPa，但其压缩塑性仅为 5.8%。

此外，添加间隙元素也可提高粉末冶金多主元合金的强度，如添加了 0.1%（原子分数）N 元素的 CoCrFeNiMn 多主元合金相比基体合金，其屈服强度和抗压强度分别提高了 203 MPa 和 115 MPa，但塑性略有下降。总之，相对于铸造合金，粉末冶金多主元合金通常表现出更高的压缩强度，但压缩塑性较低。

2. 拉伸性能

对于一些大尺寸和塑性较好的粉末冶金多主元合金，也有很多室温拉伸性能的研究，包括 CoCrFeMnNi、HfNbTaTiV 等多主元合金。以 CoCrFeMnNi 多主元合金为例，熔铸方法制备的 CoCrFeMnNi 多主元合金具有高的拉伸塑性（60%），但其屈服强度仅为 350~400 MPa。而通过选区激光熔化制备的 CoCrFeMnNi 多主元合金的屈服强度提高至 601 MPa，但同时塑性下降为 35% 以下；热等静压后 CoCrFeMnNi 多主元合金的屈服强度提高至 649 MPa，但拉伸塑性低于 20%。也有研究者使用元素粉末进行选区激光熔化制备 CoCrFeMnNi 多主元合金，该合金的屈服强度提高至 681 MPa，但其拉伸塑性降低至 12.5%。此外，有研究者还通过机械合金化和放电等离子烧结方法制备了具有更高强度的 CoCrFeMnNi 多主元合金。由于引入了 ZrO_2 和碳化铬颗粒以及超细晶结构，合金的拉伸屈服强度高达 1574 MPa，但由于硬质颗粒的存在，其拉伸塑性不到 1%，如图 5-1 所示。

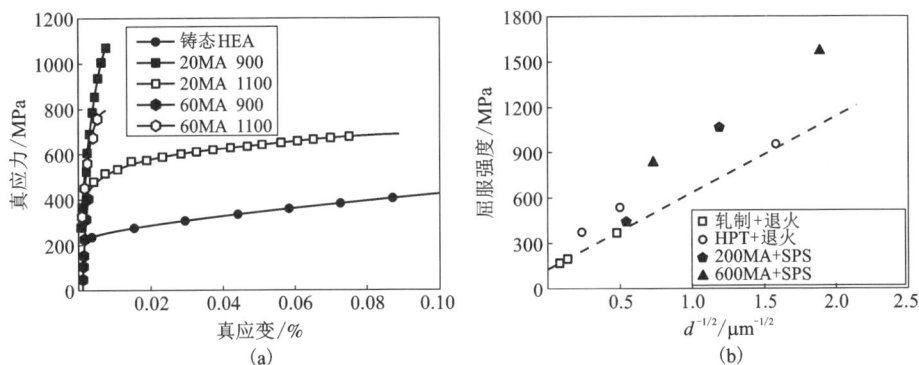

（a）CoCrFeMnNi 多主元合金的拉伸应力-应变曲线；
（b）不同加工条件下 CoCrFeMnNi 合金晶粒尺寸和第二相的影响。

图 5-1　不同加工条件下 CoCrFeMnNi 多主元合金力学性能

3. 疲劳性能

强韧性决定了多主元合金工程应用中的承载能力，而疲劳性能决定实际应用中结构件的使用寿命，因此研究多主元合金疲劳裂纹起始、扩展的具体过程及其微观机制也是十分必要的。对于韧性金属材料而言，决定疲劳裂纹扩展的因素有很多，诸如加载频率 f、应力比 R、环境温度和微观结构等。但当加载条件确定后，疲劳裂纹扩展速率 da/dN（a 为裂纹长度，N 为循环次数）主要取决于裂纹尖端应力强度因子的变化 ΔK。在 da/dN-ΔK 曲线上，可将疲劳裂纹萌生、扩展及失效分为 3 个阶段：①初始扩展阶段，当 $\Delta K > \Delta K_{th}$（ΔK_{th} 为疲劳裂纹扩展门槛值）时，裂纹开始扩展，此时扩展速率较低，但很快达到一定的扩展速率（小于 10^{-9} m/次），ΔK_{th} 越大，表明该材料抵抗疲劳裂纹扩展的能力越强；②随后裂纹扩展速率的增长率有所降低，通常采用 Paris 公式描述这一阶段的演化过程，即 $da/dN = c \cdot (\Delta K)^m$，其中 c 和 m 为与材料相关的常数；③进入第三阶段后，裂纹扩展速率 da/dN 已经很高，很快发生失稳扩展，导致材料发生断裂破坏。图 5-2(a) 为 Thurston 等在不同温度下采用定循环载荷($R = 0.1$, $f = 25$ Hz) 研究 FeCoCrNiMn 多主元合金中疲劳裂纹扩展行为所得的 da/dN-ΔK 曲线，图 5-2(a) 中空心圆和方块的数据点分别表示 293 K 和 198 K 温度下测试的结果。随着温度降低，FCC 相多主元合金通常表现为强度和断裂韧性同时提高，疲劳加载时可以看到 ΔK_{th} 随温度降低而增加，由 4.8 MPa·$m^{1/2}$ 升高到 6.3 MPa·$m^{1/2}$，而且第一阶段裂纹扩展速率下降了近一个量级。但是，第二阶段低温条件下曲线的斜率有所上升，即对应的 Paris 公式中幂指数大小由 3 升高到 4.5。这主要是因为低温条件下裂纹扩展机制由沿晶界断裂转变为穿晶断裂。与传统合金钢相比，FCC 多主元合金与 TWIP 钢表现出极为相似的疲劳裂纹扩展行为，且均明显优于奥氏体不锈钢。图 5-2(a) 中还给出了由 FCC 相和 BCC 相组成的铸态 $Al_{0.2}CrFeNiTi_{0.2}$ 和 $AlCrFeNi_{0.2}Cu$ 多主元合金的疲劳裂纹扩展曲线，ΔK_{th} 值升高到 17 MPa·$m^{1/2}$。相较于均匀细晶组织疲劳失效后的平整断口，铸态组织断后表面更加粗糙，裂纹扩展所需能量更多一些，因此对应的裂纹扩展门槛值更高。图 5-2(b) 对比了 $Al_{0.5}CrFeCoNiCu$ 多主元合金与其他传统合金和块体非晶材料的疲劳极限。由此可知，多主元合金在更高的应力水平下表现出更长的疲劳寿命。但是，多主元合金的疲劳性能数据存在一定的分散性，这可能与该多主元合金中存在大量的氧化铝颗粒以及微裂纹有关，因此，一些学者指出，减少这些缺陷的数量能够提高多主元合金的疲劳性能，从而进一步确保多主元合金抗疲劳性能的实际应用。

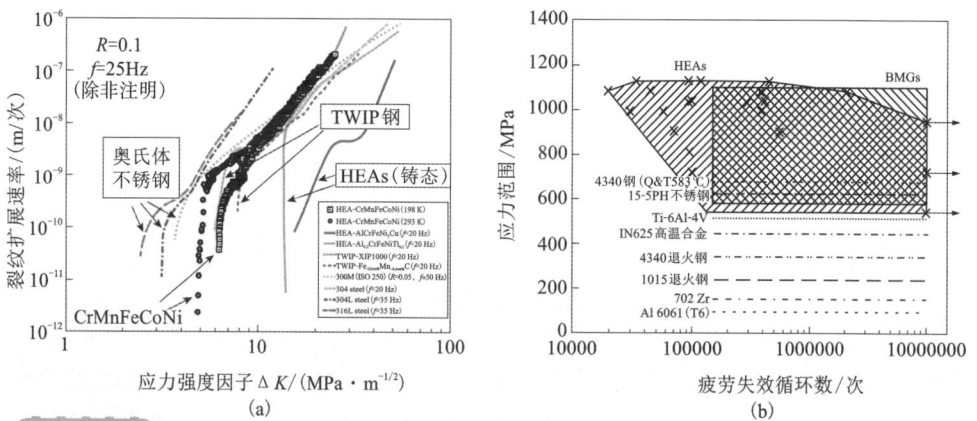

(a)
(b)

扫一扫，看彩图

(a) FeCoCrNiMn 多主元合金疲劳裂纹扩展速率与应力对应关系；
(b) $Al_{0.5}CoCrCuFeNi$ 多主元合金和其他金属的 S-N 曲线对比。

图 5-2　不同多主元合金疲劳性能

目前，有关粉末冶金方法制备的多主元合金的疲劳性能研究较少。Chlup 等采用粉末冶金方法制备了 CoCrFeMnNi 多主元合金，并研究了其微观组织结构对疲劳性能的影响。由此发现，即使微观结构发生较小的变化，也会对合金疲劳寿命产生显著影响。CoCrFeMnNi 多主元合金在放电等离子烧结保温时间为 5 min 和 10 min 时，其极限疲劳强度分别为 1100 MPa 和 1000 MPa，如图 5-3 所示。在保温 10 min 的材料中，异常长大的晶粒成为典型的疲劳源；此外，在循环载荷的作用下，纳米孪晶的形成和位错滑移导致裂纹萌生和扩展。

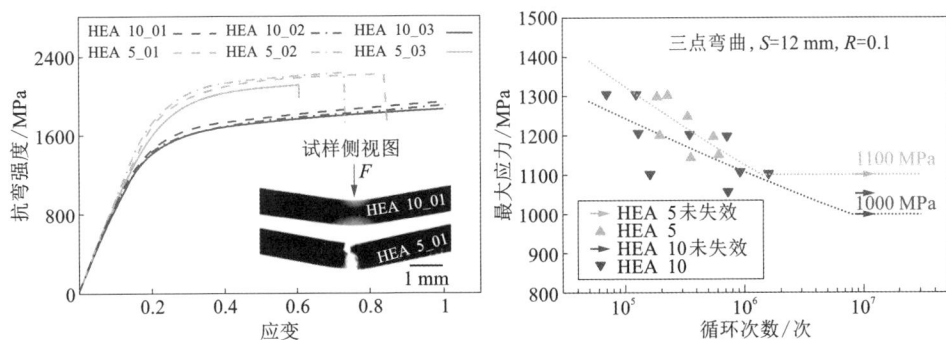

（a）三点弯曲测试的应力-应变加载曲线和试验后试样的侧视图；
（b）合金的 S-N 曲线。

图 5-3　CoCrFeMnSi 多主元合金三点弯曲疲劳性能

5.1.2　室温力学性能的影响因素

多主元合金由于具有独特的原子结构特征，呈现出许多优良的力学性能。但其力学性能仍有提升空间，如 FCC 结构的多主元合金通常塑性较好但强度偏低，而 BCC 结构的多主元合金强度较高但塑性较低。因此，可通过添加合金元素、使第二相析出等方式来调整合金显微组织，从而进一步优化合金力学性能。

对于多主元合金成分调整而言，主要基于不同元素的特性来开展研究。如基于 Al、Si 等元素密度小、抗氧化性强的特点，Rituraj 等发现 AlCoCrCuFeNiSi$_x$ 合金中 BCC 相含量增加，并生成了新的 σ 相，由此导致的固溶强化以及第二相强化使得合金的耐磨耐腐蚀性能得到了提高。Xiang 等研究了粉末冶金方法制备的 TaNbVTiAl$_x$($x=0\sim1.0$) 多主元合金组织及性能。发现，合金都为单一的 BCC 固溶体。随着 Al 含量的增加，合金晶格常数减小，晶面间距变小，屈服强度提高。当 Al 摩尔分数超过 0.2 时，继续增加 Al 含量和降低晶面间距可能使位错难以移动，从而导致合金强度和塑性反而降低，如图 5-4 所示。

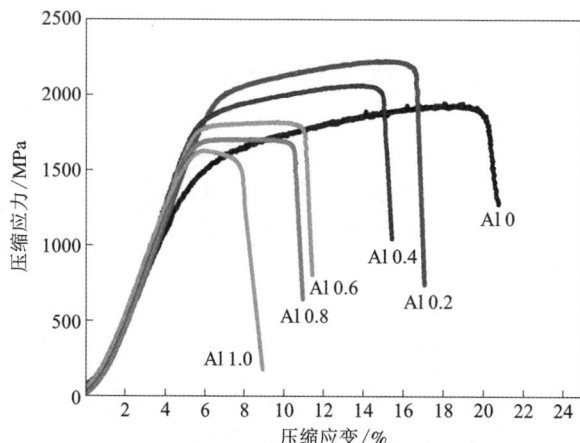

图 5-4   不同 Al 含量 TaNbVTiAl$_x$ 合金的室温压缩应力–应变曲线

此外，也有基于添加元素产生特定的相来优化性能的研究。如 Liu 等在 VNbMoTaW 多主元合金中，采用 Ti 代替 W，提高了合金的延展性，并降低了合金的密度。添加的 Ti 元素会产生显著的固溶强化效应，同时 Ti 会优先与 O、N 等间隙元素反应生成 Ti-(O，N)化合物，从而产生第二相强化。另外，添加元素形成碳化物和氧化物，也可起到第二相强化作用。

氧化物弥散强化(ODS)、碳化物增强等其他颗粒增强多主元合金的研究也有报道。Gwalani 等人采用机械合金化和放电等离子烧结技术制备了 Y$_2$O$_3$ 含量为 0~3%(体积分数)的弥散强化 Al$_{0.3}$CoCrFeMnNi 多主元合金，发现随 Y$_2$O$_3$ 含量的增加，合金的压缩屈服强度显著提高，同时还保持了约 20% 的压缩塑性。与 Y$_2$O$_3$ 含量为 1%(体积分数)的合金相比，在 3%(体积分数)Y$_2$O$_3$ 的合金中氧化物与基体的原位反应更加明显，由于氧化物含量的增加，其与 Al 反应的界面增加，导致新形成的氧化物尺寸较小，如图 5-5 所示。

此外，Hadraba 等通过添加 Y、Ti 和 O 也制备了氧化物颗粒弥散强化 CoCrFeMnNi 多主元合金，如图 5-6 所示。合金中弥散分布着纳米尺寸(15 nm)的氧化物颗粒，在室温和 800 ℃ 时屈服强度分别提高了 30% 和 70%，并保持了良好塑性。

作者团队添加质量分数为 4% 的硬脂酸作为 C 源，制备了粉末冶金 Ti-C-O 增强 NbTaTiV 多主元合金。如图 5-7 所示，合金中包含 BCC 相基体和原位形成的 Ti-C-O 颗粒。Ti-C-O 颗粒分为团聚的大颗粒以及弥散分布的小颗粒，其中大颗粒主要分布在晶界附近，小颗粒均匀分布在晶粒边界与内部。合金在室温下具有 1.76 GPa 的压缩屈服强度和 2.27 GPa 的抗压强度，压缩应变约为 11%。

（a）合金中纳米级氧化物的特征；（b）室温压缩应力-应变曲线；（c）合金的晶粒尺寸和弥散强化关系比较。

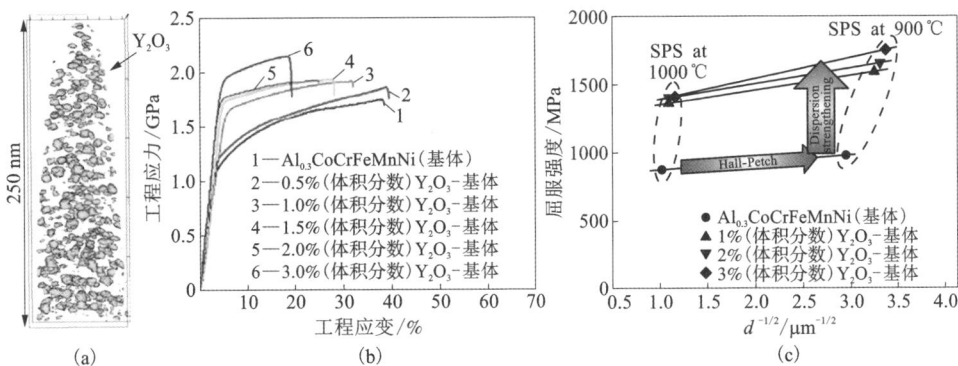

图 5-5　Y_2O_3 增强 $Al_{0.3}$CoCrFeMnNi 合金组织与性能

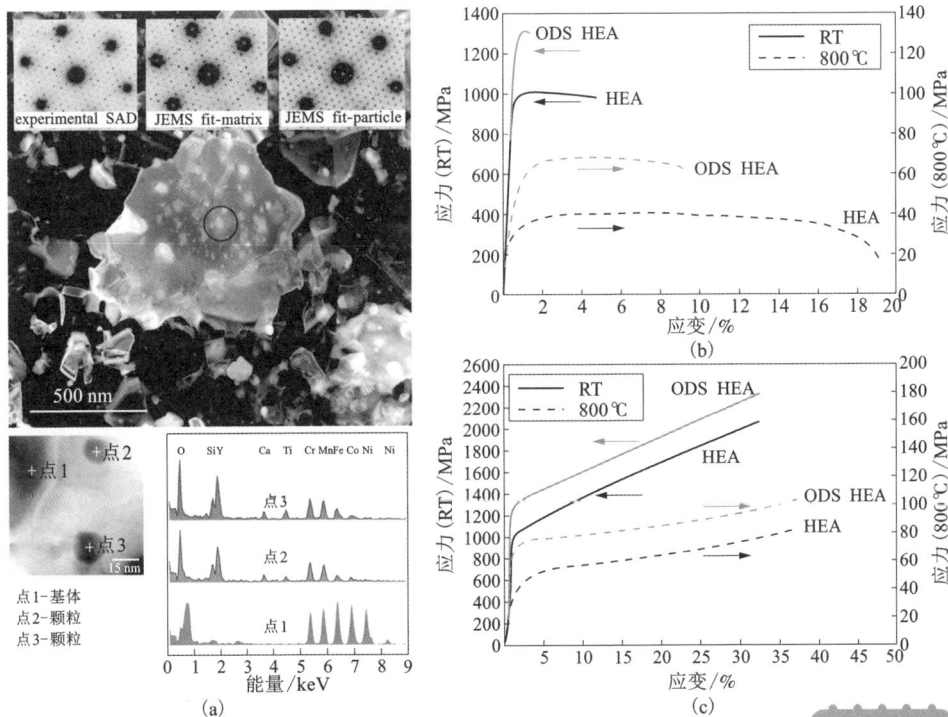

（a）纳米级氧化物的特征；（b）合金的拉伸性能；（c）合金的压缩性能。

图 5-6　氧化物弥散强化 CoCrFeMnNi 多主元合金组织与性能

扫一扫，看彩图

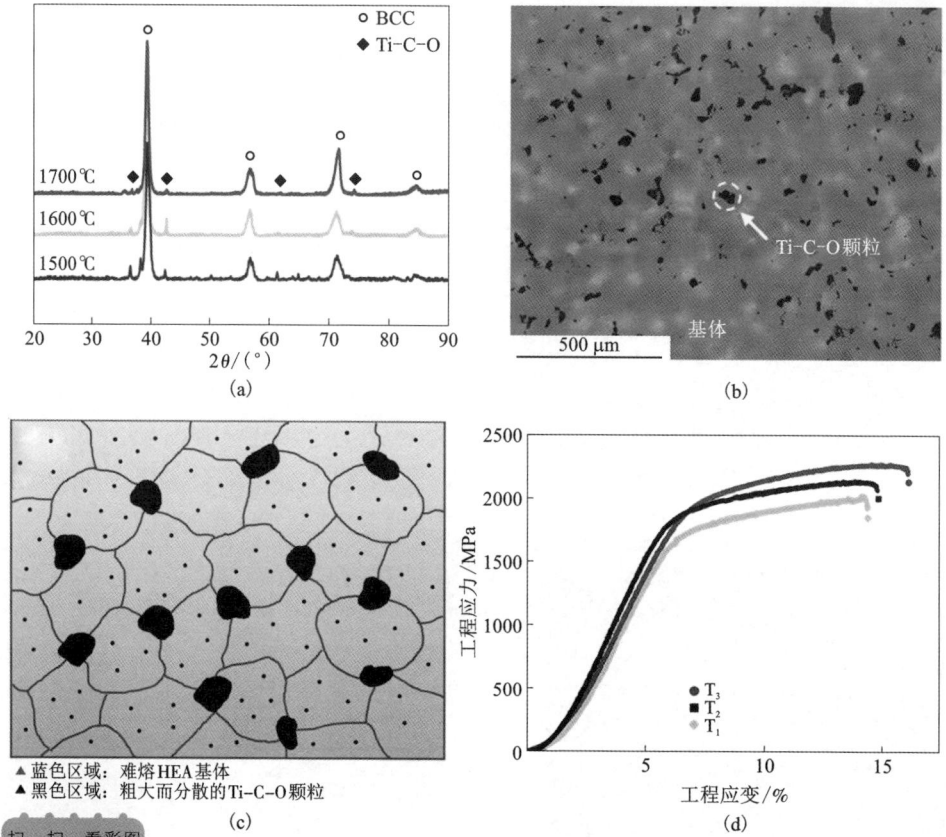

(a)合金的 XRD 图;(b)合金的 SEM 图;
(c)合金的碳化物颗粒分布模型图;(d)合金的室温压缩性能。

图 5-7   NbTaTiV 多主元合金在不同烧结温度下的组织与性能

5.2   室温变形机制

5.2.1   位错运动

对于金属材料来说,位错的增殖和扩展在材料变形过程中起着重要作用。位错的运动形式包括滑移、攀移、分解等,位错滑移包括单滑移、交滑移、双交滑移等。通常来说,位错密度的增加可以有效提高材料强度,但同时会降低塑性。位错在材料中可以以多种形态呈现。传统金属材料,例如镍和铝合金中位错的演变包括位错线、位错增殖、聚集、交互作用、位错缠结以及空间重排,形成位错胞、亚晶粒、小角度晶界和大角度晶界等。

多主元合金由于组成元素的电子价态和原子尺寸差异，具有严重的晶格畸变效应，因此其位错运动方式可能与传统金属不同。Otto 等在 77 K 和 1073 K 温度之间对 FeCoCrNiMn 多主元合金进行工程应变速率为 10^{-3} s^{-1} 的准静态拉伸试验。结果表明，在塑性变形的初始阶段，合金的变形主要通过位错滑移来实现(图 5-8)，同时观察到许多未分解的 $1/2\langle 110\rangle$ 位错以及堆垛层错。这说明合金中的全位错可以分解成肖克莱不全位错。Zhang 等采用原位透射电子显微镜观察 FeCoCrNiMn 多主元合金中的位错运动，发现未分解的位错运动缓慢，导致形成局部平面滑移带，而平面滑移带可以有效地阻碍不全位错的运动。Wang 等研究了具有不同 C 元素含量的 FCC 结构 $Fe_{40.4}Ni_{11.3}Mn_{34.8}Al_{7.5}Cr_6$ 多主元合金在拉伸变形过程中的位错演变，发现添加少量 C 元素，能使多主元合金层错能降低并且增大晶格摩擦力，从而使位错滑移方式从交滑移转变成平面滑移，并且使高应变下的位错胞状结构(位错胞、位错块以及致密位错墙)转变成非胞状结构(泰勒晶格、微观条带以及位错畴界)。

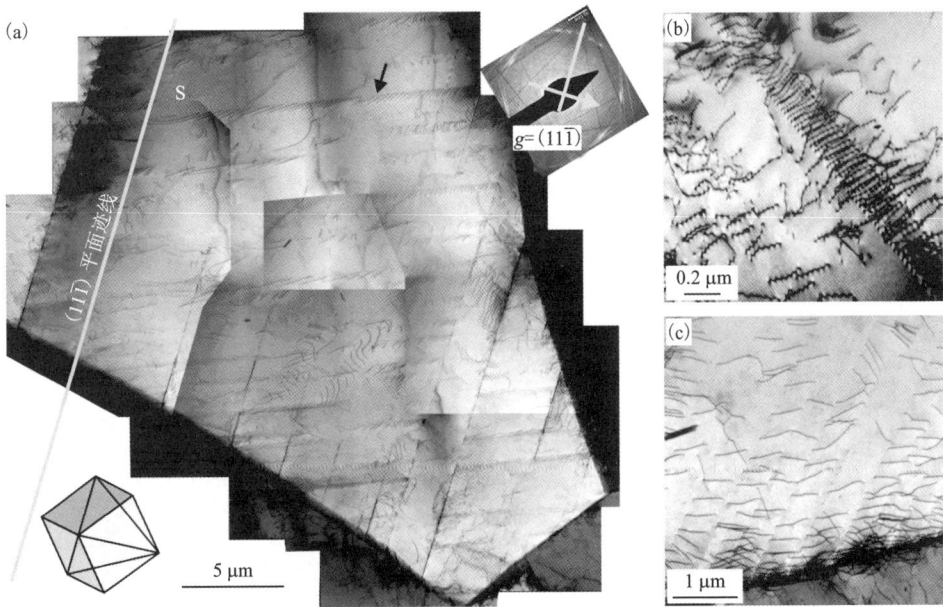

(a)873 K 下应变为 1.7%；(b)77 K 下应变为 2.4%；(c)293 K 下应变为 2.1%。

图 5-8　FeCoCrNiMn 合金在较小应变量时中断拉伸后组织的明场像

对于 FCC 结构的多主元合金，在塑性变形的初期，位错主要在最密排晶面上沿 $1/2\langle 110\rangle$ 方向进行滑移，随后扩展为 $1/6\langle 112\rangle$ 方向的肖克莱不全位错，并伴随有大量层错。对于刃型位错而言，不全位错之间分离的距离为 3~4 nm，而螺型位错可达 5~8 nm，因此位错交滑移较难发生。这也与实验中观察到大面积平面滑移以及晶界附近位错塞积的现象相符合。原位 TEM 观察结果表明，不全位错的滑移能力要强于全位错，但快速移动的不全位错也会受到全位错滑移所形成的平面滑移带的阻碍。在较大应变时，多个滑移系上不全位错被激活，在相交滑移面上相互作用，促使呈平行六面体结构的体缺陷形成，阻碍平面滑移。当位错密度随变形增大到一定程度时，大量胞状位错结构形成，这意味着位错的产生和湮灭已达到动态平衡。在变形的末期，合金中有少量孪晶形成，但此时局部颈缩开始，导致材料快速失效。

由于 BCC 相多主元合金塑性变形能力较差，因此有关其塑性变形机理方面的研究较少。位错运动也是 BCC 结构多主元难熔合金的主要变形机制，例如 TaNbHfZrTi 合金的轧制变形过程主要由位错运动主导，分为以下几个阶段：位错缠结的产生；微观条带的产生；形成包含细小条带的微观剪切带；变形后期条带被截断成若干片段；最后晶粒发生细化。图 5-9 展示了不同压缩应变时 BCC 相多主元合金中位错组态形貌。小应变时，变形由局部区域内螺型位错的平面滑移主导，缺陷分布呈现出一定的非均匀性，可分为包含位错环/偶极子的硬区和未变形的软区。大变形时，随着软区内位错的激活以及交滑移的发生，这些区域中的微结构变得较为均匀，但位错间的相互作用也使得湮灭率升高，应变硬化率有所下降，变形进入局部变形阶段。研究表明，通过控制位错组态的演化可以同时提升 BCC 相多主元合金的强度和延展性。Lei 等在 TiZrHfNb 多主元合金中掺杂了 2%（原子分数）的氧原子，发现，间隙氧原子导致大量有序结构的形成，对位错起到了钉扎和增殖的作用。

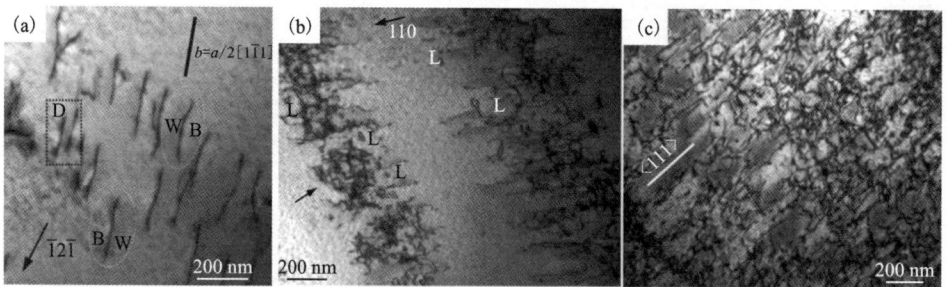

(a) $\varepsilon = 0.85\%$；(b) $\varepsilon = 2.3\%$；(c) $\varepsilon = 10\%$。

图 5-9　不同压缩应变时 BCC 相多主元合金中位错组态

由于目前制备的 HCP 相多主元合金不多，因此其变形机理的研究也很少。已报道的 HCP 相合金主要以镧系稀土元素为主，例如 YGdTbDy 合金。这类合金在晶界处往往存在一些元素富集形成的氧化物，且晶粒内也会弥散分布大量的纳米氧化物颗粒。Soler 等对 YGdTbDyHo 多主元合金微柱沿[$\bar{1}2\bar{1}2$]方向进行压缩加载。结果表明，合金变形以基面滑移系开动为主，而且尺寸效应会影响强度；大直径试样内部弥散氧化物增多，材料强度也会升高。此外，Rogal 等对 HfZrTiSc 多主元合金的研究表明，该合金表现出良好的强塑性匹配度，应变硬化能力很强；在 HCP 固溶相中，大量局部滑移带内部存在很高密度的位错，可见位错滑移仍是主要的塑性变形机制。

5.2.2　孪生变形

孪生变形是具有低层错能的 FCC 金属材料的重要变形机制。形成的变形孪晶可以通过孪晶截断以及位错–孪晶界的相互作用等方式来细化晶粒。通常来说，低层错能、低温、高应变速率可以促进变形孪生的发生。Laplanche 等对 FeCoCrNiMn 多主元合金在液氮温度(77 K)及室温(293 K)条件下进行拉伸试验，发现，合金在较低应变时通过位错运动发生塑性变形，在 77 K、真应变约为 7.4% 和 293 K、真应变约为 25% 的条件下开始出现纳米孪晶；相比于室温变形，合金在 77 K 时变形过程中较早发生纳米孪生，从而提供额外的加工硬化，导致强度和塑性同时提高。Yu 等研究了 FeCoCrNiAl$_{0.1}$ 多主元合金在高压扭转过程中的结构演变，发现其塑性变形机制包括低应变下的位错平面滑移和高应变下的孪生，变形纳米孪晶的厚度只有几纳米到几十纳米，并伴随着一些二次孪晶的产生。Liu 等使用原位透射电子显微镜研究了 FeCoCrNiAl$_{0.1}$ 合金中的孪生机制，结果发现变形孪生通常在共轭平面上发生，通过孪生位错在相邻的(111)晶面上逐层滑动实现；孪生位错来源于由交滑移产生的肖克莱不全位错。

孪晶界一般包括共格孪晶界(coherent twin boundaries，CTBs)以及非共格孪晶界(incoherent twin boundaries，ITBs)。通常 ITBs 作为 CTBs 的前端或者台阶，ITBs 的移动伴随着两条 CTBs 的伸长或缩短，从而导致孪生或退孪生。增加孪晶界的密度可以有效提高材料的强度，并同时保持或改善材料的延展性。这是因为孪晶界不仅可以阻碍位错滑移，还能增加位错存储能力。因此，研究者们期望在多主元合金中引入孪晶增韧(twinning induced plasticity，TWIP)，以获得优异的力学性能。Deng 等制备了一种非等原子比的 Fe$_{40}$Mn$_{40}$Co$_{10}$Cr$_{10}$ 多主元合金，使其在室温下产生机械诱导孪晶，发现合金在低应变(<10% 真应变)下的变形主要由位错平面滑移主导，在高应变(>10% 真应变)下激活变形孪生，引起应变硬化速率的改变。

5.2.3　马氏体相变

马氏体相变是导致亚稳态奥氏体不锈钢具有高塑性的重要因素，可以引起相变增韧。Li 等在双相(FCC+HCP)多主元合金的变形行为中,发现 FCC-HCP 相变,相变增韧效应使合金具有良好的塑性。Miao 等在低温和室温下对 CoCrNi 中熵合金进行中断拉伸试验发现,低应变水平(≤6.5%)时变形亚结构主要包括位错平面滑移以及位错分解形成层错,高应变水平时出现纳米孪晶以及 HCP 结构片层。HCP 片层的体积分数随着应变的增加而逐渐增大,在低温变形时尤其明显。Lin 等在室温(293 K)及低温(77 K、4.2 K)下对 FeCoCrNi 多主元合金进行拉伸变形试验,发现合金在低温下可以发生 FCC-HCP 相变,且降低温度可以促进相变的发生。原子尺度结构表征表明,肖克莱不全位错在每隔一排原子面上滑移,可以实现 FCC-HCP 相变。

5.3 室温变形机制模拟

5.3.1 模拟方法

对于多主元合金这一新型金属材料的变形机制研究不能仅局限于大量实验性工作,广泛地开展数值计算及原子尺度模拟工作也是十分必要的。一方面是由于多主元合金自身微结构特征复杂,建立相应的原子结构模型能够定量地分析结构特征对材料属性及其性能的影响;另一方面,将实验和数值模拟相结合,以精确的模拟结果指导实验的设计,打破以往材料设计过程中低效试错法的传统,可加速新型高性能结构材料的设计进程。

基于密度泛函理论的第一性原理计算是以原子构型作为输入,求解薛定谔方程来预测材料物理性能(其中包括电子结构、相稳定性、热动力学以及力学性能等)的模拟方法。这一方法被认为是进行多组分合金体系模拟研究的理想方法。但当多主元合金的尺寸及组元复杂性增加时,计算成本会呈指数级上升。而多主元合金长程化学无序性正是其主要的原子结构特征,因此在计算时需要对局部原子结构进行恰当的统计平均化处理。目前有两种方法用于解决统计抽样的问题:一种是利用相干势近似模拟随机分布的介质;另一种则是重建与真实结构类似的准随机原子结构。两种方法都能取得较为合理的预测结果。Liu 等在 VASP 计算过程中选用 PAW 伪势和 Perdew-Wang(1991) 进行广义梯度近似处理,研究Fe-CoNiCrCu 多主元合金中原子尺度不均匀性及其堆垛层错能的分布范围。结果表明,多主元合金中各原子对之间键长满足高斯分布,且多组计算结果表明层错能并非一个定值,而是分布在一个较宽的区间之内,如图 5-10 所示。Ding 等则是在建立特殊准随机结构以后采用 Monte Carlo 方法模拟研究了多主元合金CrCoNi 中局部化学有序结构的本质及其形成对材料堆垛层错能的影响,这些微结构的存在会造成材料塑性变形机理的转变,从而影响材料的力学性能。Zhang 等基于第一性原理计算方法进一步研究了环境温度及局部原子特征(如价电子数、d电子密度等)导致多主元合金中层错能表现为负值的原因,并分析了这一现象对变形过程中孪晶及相变等机制形成的影响。可见,第一性原理计算能够帮助我们从原子尺度解析结构对材料属性及性能的影响,并且往往都会归结于对变形机理的作用,因而十分有利于更加清晰地解读"组分-结构-性能"三者之间的关系。

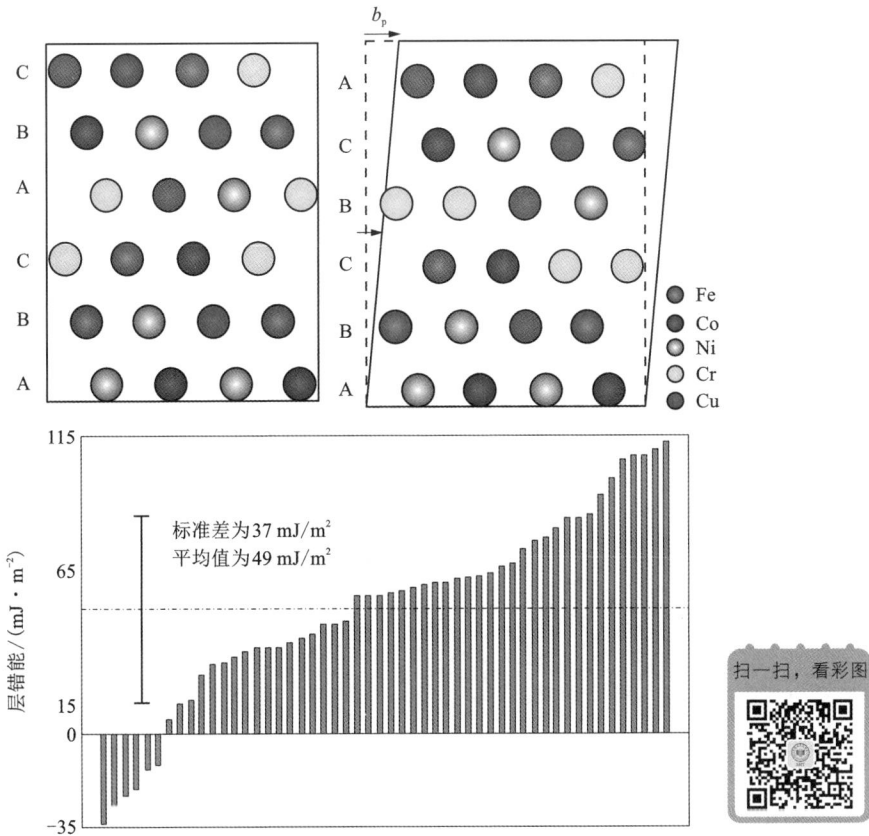

图 5-10 基于密度泛函理论计算所得多主元合金堆垛层错能的分布范围

第一性原理计算虽然计算精度较高,但受计算规模和成本的限制,并不适用于大尺度模型的建立。研究材料变形过程中的缺陷成核及其演化最直接的方法依然是建立分子动力学原子模型(molecular dynamic simulation, MD),在更大规模和时间跨度上进行模拟分析。MD 模拟的精度及效率在很大程度上取决于计算原子能量及力场时所选取的用于描述原子间相互作用的势函数,这也是目前在建立多主元合金 MD 模型时面临的最大问题。多主元合金中元素的种类较多,但现有的势函数中仅有少数几种能够用于描述三元合金之间的相互作用。Sharma 等最早将三元镶嵌原子方法势函数（embedded atom method，EAM）和 Lennard-Jones 势函数结合用于研究五元 $Al_{0.1}CrCoFeNi$ 多主元合金中元素的非均匀性分布及其对力学性能的影响上。Li 等将所预测的物理属性与实验及密度泛函理论计算所得的数据进行了详细对比，发展出一种可用于描述 CoCrNi 三元合金中原子相互作用的 EAM 势函数，并用于分析多主元合金中化学短程有序结构对变形过程中的位错线滑移的作用。如图 5-11 所示，深棕色区域代表 Cr-Co 成键较多的有序区域，绿色线圈标注的区域为位错线切过短程有序微区后滑移扫过的面积，该过程具体描述了多主元合金中局部化学有序原子微区对可移动位错滑移的有效阻碍作用，因而也可以更加具象地理解这些微结构所起到的强化作用。为了能够模拟更复杂元素组分的多主元合金，Choi 等指出 MD 模拟时至少需要包含多主元合金体系中所有二元相互作用的势函数。根据这一研究思路，他们提出了第二近邻改进型 EAM 势形式，并将其用于 Cantor 合金在低温下迟滞扩散效应及形变孪晶形成原因的研究中。除了构建精确的原子相互作用势以外，Wang 等提出了一种介原子

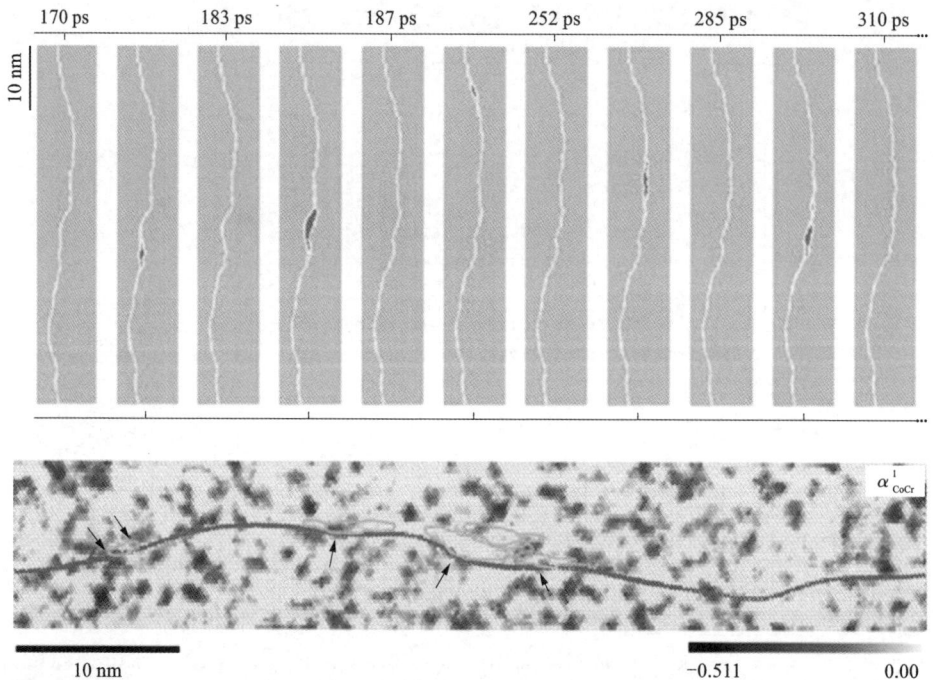

图 5-11　分子动力学模型模拟 CrCoNi 合金受短程
有序结构影响位错线滑移过程中形貌演化的过程

扫一扫，看彩图

分子动力学模拟方法(meta-atom MD method)用于多主元合金的原子尺度模拟。他们认为合金的力学性能主要取决于几种材料参数,例如晶格常数、表面能、内禀/外禀层错能、弹性模量、升华能以及孔洞形成能等。一旦这一整套材料常数被设定,那么拥有同一参数设置的两个合金体系也会表现出相同的力学性能和变形行为。基于这一假设,介原子之间相互作用仅需用一种原子间势函数来表示,引入一个比例因子后可以调整局部晶格畸变的严重程度,根据第一性原理计算结果拟合的整套材料参数可以用于多主元合金力学行为的模拟研究。这一新方法目前已被用于研究复杂合金体系(如 TWIP 钢)中形变孪生对材料塑性变形行为的影响。同时,Wang 等在拟合 Cantor 合金的材料参数后,研究了多主元合金中严重晶格畸变对可移动位错滑移的影响。此外,还有学者提出可以通过机器学习推动多主元势函数的发展;同时,人工神经网络势函数也被认为有望用于多主元合金的模拟研究工作。

5.3.2　多主元合金变形模拟

分子动力学模拟是分析多主元合金变形机制的重要工具,本节基于分子动力学模拟,主要分析多主元合金弹塑性变形行为及强化机制。

1. 模拟方法及模型构建

基于分子动力学模拟,获得合理而且可靠的力场是非常重要的。在本模型中,用经验嵌入原子方法描述 Cr-Fe-Ni、Cu-Cu 和 Al-Al 的相互作用,表示为

$$E = F_\alpha \sum_{j=i} \rho_i(R_{i,j}) + \frac{1}{2} \sum_{j=i} \phi_{\alpha,\beta}(R_{ij}) \tag{5-1}$$

然而,目前没有公开的势函数描述剩余原子之间的相互作用,包括 Cu-Cr、Cu-Fe、Cu-Ni、Al-Cr、Al-Fe、Al-Ni 和 Cu-Al。在这里,用 Morse 势函数来描述它们之间的相互作用。总能 U 表示为

$$U = D\{\exp[-2\alpha(r_{ij}-r_0)] - 2\exp[-\alpha(r_{ij}-r_0)]\} \tag{5-2}$$

式中:D 为内聚能;α 为一个晶格常数;r_{ij} 为两个原子之间的距离;r_0 为平衡距离。可以通过混合 Lorentz-Berthelo 准则来求解材料 A 和 B 的相关 Morse 势函数,可以采用下面的公式进行计算

$$D_{A-B} = \sqrt{D_A D_B} \tag{5-3}$$

$$\alpha_{A-B} = (\alpha_A + \alpha_B)/2 \tag{5-4}$$

$$r_{0A-B} = \sqrt{\sigma_A \sigma_B} + \ln 2/\alpha_{A-B} \tag{5-5}$$

$$\sigma_{A,B} = r_{0A,B} - \ln 2/\alpha_{A,B} \tag{5-6}$$

式中:D_{A-B} 为材料 A 和 B 的拟合内聚能;α_{A-B} 为晶格常数;r_{0A-B} 为平衡距离。使用方程式(5-3)~式(5-6),Morse 势函数的相关参数如表 5-1 所示。

表 5-1　多主元合金 AlCrFeCuNi 的 Morse 势函数参数

原子	D/eV	$\alpha/\text{Å}^{-1}$	$r_0/\text{Å}$
CrCu	0.38904	1.4654	2.6289
FeCu	0.37832	1.3736	2.6454
NiCu	0.37972	1.3893	2.6182
CrAl	0.34541	1.3685	2.8199
FeAl	0.33589	1.2767	2.8376
NiAl	0.33713	1.2924	2.8083
CuAl	0.30444	1.2919	2.8431

　　为了验证混合势函数的有效性，测定了不同晶格多主元合金 AlCrFeCuNi 内聚能与原子密度的分布曲线，如图 5-12 所示。FCC 结构的多主元合金 AlCrFeCuNi 具有最低结合能，因此具有稳定的晶体结构。实验结果表明，AlCrFeCuNi$_x$ 多主元合金由 FCC 相和 BCC 相组成，这与分子动力学模拟结果一致。实验也发现，多主元合金 AlCrFeCuNi$_{1.4}$ 具有稳定的 FCC 结构，比例高达 51.6%，因此，选择 FCC 结构的多主元合金 AlCrFeCuNi$_{1.4}$ 为研究对象。

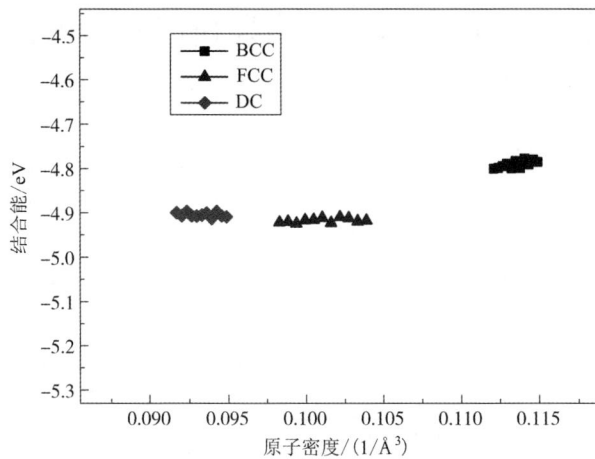

图 5-12　原子密度-晶体结构的内聚能曲线

　　仿照实验方法(多主元合金 AlCrFeCuNi$_{1.4}$ 由电弧熔化和铸造方法制备)，通过分子动力学模拟制备多主元合金过程，从而获得相应的原子模型。具体方法如下：①构建 FCC 晶体结构多主元合金的 AlCrFeCuNi$_{1.4}$，在 300 K 的温度下各种元素按照一定比例随机分布；②在熔炼阶段，所有原子以 0.04 K/fs 的速率加热至 1500 K，并在 1500 K 保持一段时间；③在淬火阶段，快速淬火是以 0.04 K/fs 的速率降温至 300 K，并在 300 K 保持一段时间。

此外，多主元合金 AlCrFeCuNi$_{1.4}$ 的晶格常数可以通过以下方法确定：①根据当前各种元素(铁、铬、铜、铝和镍)的晶格常数 a_0，选取最大值晶格常数建立多主元合金 AlCrFeCuNi$_{1.4}$ 的初始分子动力学模型。L_0 表示分子动力学模型的 x 方向上的初始长度；②将模拟系统加热到 1500 K，在 1500 K 保持一段时间，再快速冷却至 300 K，如图 5-13 所示，由此得到沿 x 方向的新原子模型的长度 L_1；③AlCrFeCuNi$_{1.4}$ 新的晶格常数 $a_1 = a_0 L_1 / L_0$；④利用上述方法，改变原始结构的尺寸，以获得一系列新的晶格参数 a_i，并且计算平均晶格常数 $\frac{1}{n} \sum_{i}^{n} a_i$，这个值被视为多主元合金 AlCrFeCuNi$_{1.4}$ 的晶格常数。

图 5-14 为尺寸为 $20a \times 20a \times 50a$($a$ 为晶格常数)的 AlCrFeCuNi$_{1.4}$ 多主元合金的模型。在 x、y 和 z 方向均使用周期性边界条件。分子动力学模拟的多主元合金 AlCrFeCuNi$_{1.4}$ 包含 8×10^4 个原子。该系统在等压及温度为 300 K 的条件下进行拉伸模拟。以上过程可采用 LAMMPS 软件实现，并且用 Ovito 研究可视化的原子结构。

图 5-13　多主元合金
AlCrFeCuNi$_{1.4}$ 的制备流程图

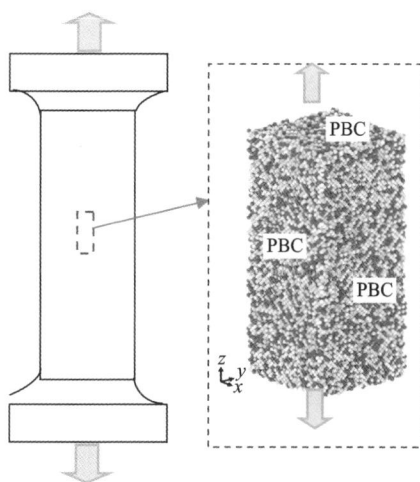

图 5-14　分子动力学模拟多主元合金
AlCrFeCuNi$_{1.4}$ 拉伸的试样示意图

5.3.3 弹性变形

图 5-15 为在室温下多主元合金 AlCrFeCuNi$_x$ ($x = 0.6 \sim 1.4$) 拉伸/压缩的应力-应变曲线。根据实验数据绘制曲线 a-e，根据分子动力学模拟数据绘制曲线 f-j。图 5-15 绘制了不同 Ni 含量的多主元合金 Al$_{0.5}$CrCuFeNi 和 AlCrCuFeNi$_x$ 压缩应力-应变曲线。从图 5-15 发现，在弹性阶段的分子动力学模拟结果与实验结果几乎完全吻合。但是，在塑性变形阶段，纳米结构的 AlCrFeCuNi$_x$ 具有高屈服强度和更加优异的塑性行为。此外，根据应力-应变曲线，并通过线性拟合，可以得到杨氏模量。在经典力学中，杨氏模量被定义为

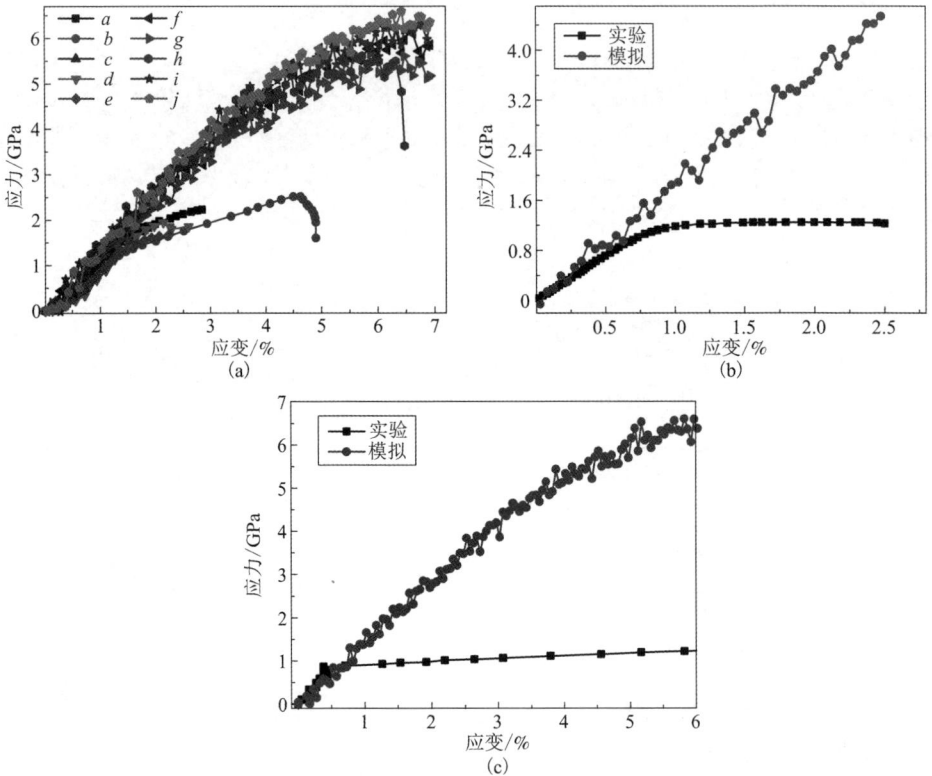

(a) 不同 Ni 含量的多主元合金 AlCrFeCuNi$_x$(0.6~1.4) 的压缩应力-应变曲线：
曲线 a 的 $x = 0.6$，曲线 b 的 $x = 0.8$，曲线 c 的 $x = 1.0$，曲线 d 的 $x = 1.2$，曲线 e 的 $x = 1.4$，
曲线 f 的 $x = 0.6$，曲线 g 的 $x = 0.8$，曲线 h 的 $x = 1.0$，曲线 i 的 $x = 1.2$ 和曲线 j 的 $x = 1.4$；
(b) Al$_{0.5}$CrCuFeNi$_2$ 拉伸应力-应变曲线；(c) AlCrCuFeNi$_2$ 压缩应力-应变曲线。

图 5-15　室温下多主元合金 AlCrFeCuNi$_x$($x = 0.6 \sim 1.4$) 拉伸/压缩的应力-应变曲线

$$E = \sigma / \varepsilon \qquad (5-7)$$

式中：σ 为轴向应力；ε 为应变。根据式(5-7)，可由线性应力-应变弹性变形曲线的斜率获得杨氏模量，AlCrFeCuNi$_x$ 杨氏模量大约为 125 GPa，非常接近实验结果 118 GPa。

5.3.4　塑性变形

图 5-16 为多主元合金 AlCrFeCuNi$_{1.4}$ 的单轴拉伸的应力-应变曲线。在初始变形阶段，随应变增加，应力相应地增加。另外，多主元合金 AlCrFeCuNi$_{1.4}$ 的力学行为更接近理想弹塑性行为，其塑性流动均匀，与实验研究结果一致。为了理解塑性变形过程，分析了多主元合金 AlCrFeCuNi$_{1.4}$ 微观结构演变，如图 5-16(e)所示。初始变形阶段($\varepsilon < 9.1\%$)，随应变的增加，应力线性增加。屈服点之后，基体的形状有明显的变化，见图 5-16(b)~(d)。图 5-16(e)描述了多主元合金 AlCrFeCuNi$_{1.4}$ 的最大塑性变形。在应变为 25% 时，塑性变形由位错运动主导。

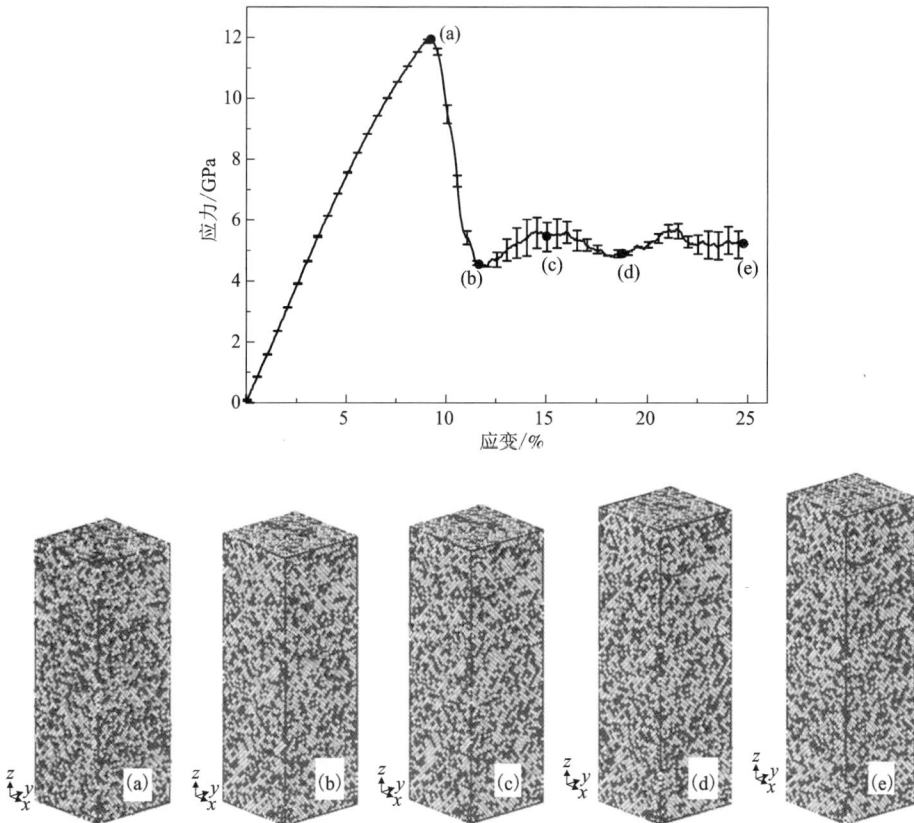

图 5-16　多主元合金 AlCrFeCuNi$_{1.4}$ 单轴拉伸的应力-应变曲线及原子变形过程(a)~(e)

根据共邻近原子分析值(CNA)对多主元合金 AlCrFeCuNi$_{1.4}$ 的原子着色,区分不同的原子结构。其中,绿色表示 FCC 原子,蓝色代表 BCC 原子,红色代表 HCP 原子,灰色表示无序化原子,如图 5-17 所示。从图 5-17 中可知,随应变的增加,孪晶开始增殖,且随着塑性变形的进行,孪晶逐渐长大,而不全位错运动被层错抑制。因此,变形孪晶是多主元合金 AlCrFeCuNi$_{1.4}$ 的主要塑性变形机制。

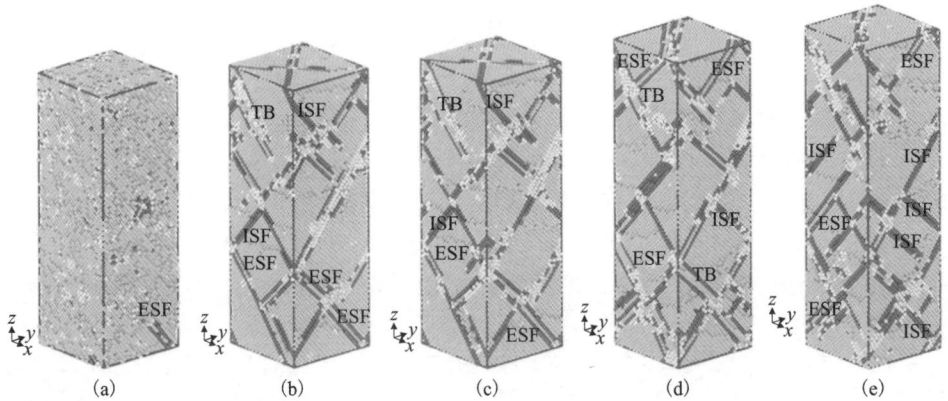

(a)$\varepsilon = 9.1\%$; (b)$\varepsilon = 11.7\%$; (c)$\varepsilon = 15.2\%$; (d)$\varepsilon = 18.8\%$; (e)$\varepsilon = 25\%$。

图 5-17 不同应变下 AlCrFeCuNi$_{1.4}$ 的微观结构演变在不同应变

图 5-18 和图 5-19 比较了多主元合金 AlCrFeCuNi$_{1.4}$ 和单元素金属微观结构和层错结构。结果发现,多主元合金 AlCrFeCuNi$_{1.4}$ 在变形过程中有大量的堆垛层错发生,更多的滑移系被激活,产生了良好的塑性。图 5-18 描述了不同金属的滑移带。在应变为 14.3% 时,多主元合金发生孪晶变形,而随着进一步加载,发生退孪晶现象。当应变大于 25% 时,在 Cu、Ni 和 Cr 材料中可以观察到变形孪晶,但非本征层错(ESF)仅在多主元合金 AlCrFeCuNi$_{1.4}$ 中观察到。多主元合金 AlCrFeCuNi$_{1.4}$ 具有 FCC 固溶体结构和低的堆垛层错能(SFE),变形过程中原子容易发生切变,全位错更加容易分解为不全位错,且不全位错之间具有更大的堆垛层错宽度,导致交滑移和位错攀移困难。

图 5-20 为多主元合金 AlCrFeCuNi$_{1.4}$ 在不同应变下的位移分布,用着色表示原子位移的大小,红色原子表示较大位移的原子。图(a)表示材料在屈服点之前变形。图(b)表示材料处于屈服点。图(c)位于锯齿波动的应力曲线的峰值点。图(d)位于锯齿波动的应力曲线最低点。图(e)对应于最大应变为 25%。由于在基体上的原子非线性移动,导致多主元合金 AlCrFeCuNi$_{1.4}$ 的表面出现凹凸。位移的叠锯齿状揭示了位错滑移依赖原子位移。图 5-21 比较了多主元合金 AlCrFeCuNi$_{1.4}$

（a）AlCrFeCuNi$_{1.4}$；（b）Al；（c）Cu；（d）Fe；（e）Ni；（f）Cr。

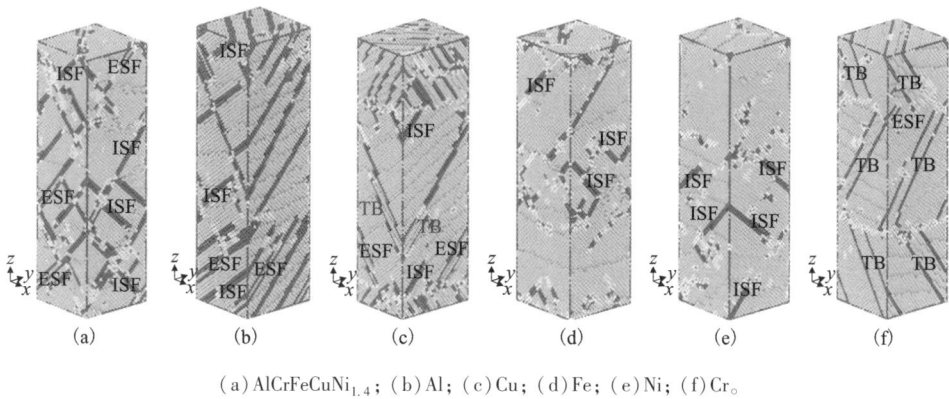

图 5-18 应变为 25％时多主元合金、单元素金属的微观结构

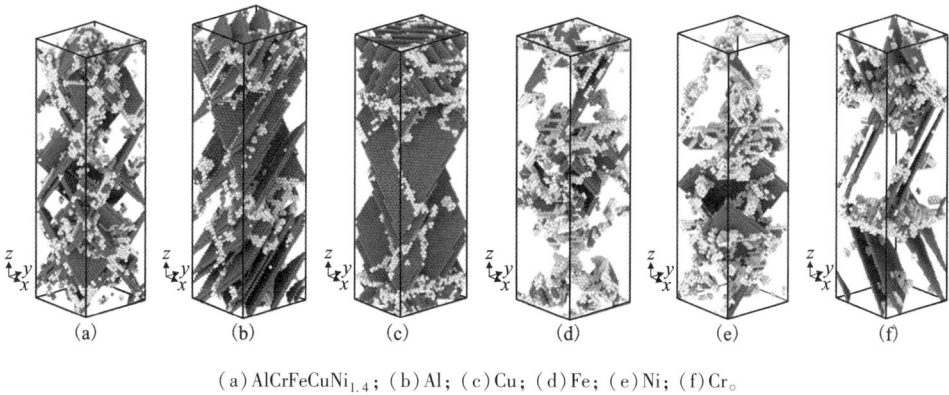

（a）AlCrFeCuNi$_{1.4}$；（b）Al；（c）Cu；（d）Fe；（e）Ni；（f）Cr。

图 5-19 应变为 25％时多主元合金、单元素金属的层错结构

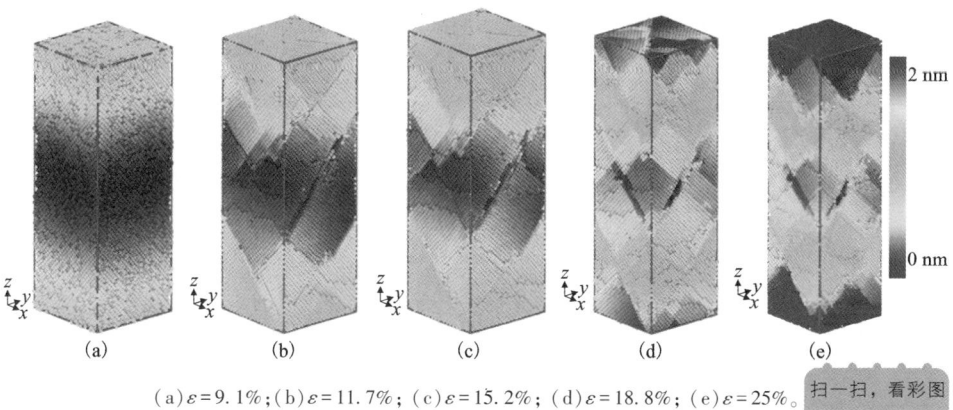

（a）$\varepsilon = 9.1\%$；（b）$\varepsilon = 11.7\%$；（c）$\varepsilon = 15.2\%$；（d）$\varepsilon = 18.8\%$；（e）$\varepsilon = 25\%$。

图 5-20 多主元合金 AlCrFeCuNi$_{1.4}$ 在不同应变下的位移分布

和单元素金属的变形，表明原子位移的低值集中在基体的中间区域，而高值位于基体两端。原子位移的锯齿状也显示多主元合金 AlCrFeCuNi$_{1.4}$ 和单元素金属滑移的各向异性。原子最大的位移出现在铝基体中，而原子最小的位移出现在多主元合金 AlCrFeCuNi$_{1.4}$ 和单晶铁中。这是由于位错和溶质原子之间的相互作用引起的位错钉扎效应。

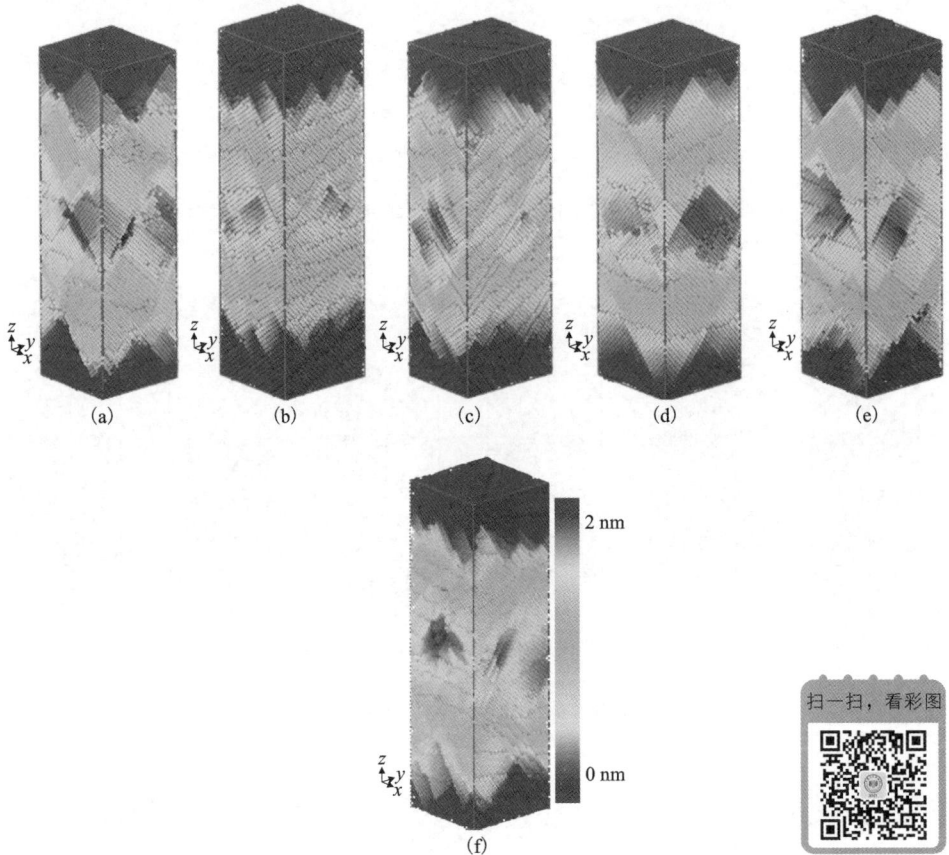

(a) AlCrFeCuNi$_{1.4}$；(b) Al；(c) Cu；(d) Fe；(e) Ni；(f) Cr

图 5-21　应变为 25% 时多主元合金和单元素金属的位移分布

　　通过分子动力学模拟描述单向加载剪切应变分布，如图 5-22 所示。根据原子剪切应变对原子着色，红色的原子表示具有高的剪切应变值。当合金发生塑性变形时，变形模式从平滑变形变为非均匀剧烈变形，导致剪切带形成。图 5-22 描述了一系列剪切带的形成和扩展。剪切带总是从基体表面发生，随后在整个基体内迅速传播，从而导致应力突然下降。在图 5-22(b)~(e) 中发现许多剪切带。应力集中有助于剪切带的形成，从而导致多主元合金的强度降低。多主元合金 AlCrFeCuNi$_{1.4}$ 是由近等摩尔元素组成, 其塑性变形机理介于传统的合金和单金属之间。图 5-23 描述了不同材料的原子应变分布, 表明多主元合金 AlCrFeCuNi$_{1.4}$ 存在显著位错滑移和剪切带。这是由于位错和溶质原子相互作用, 抑制了位错的移动, 并激活了多个滑移系。

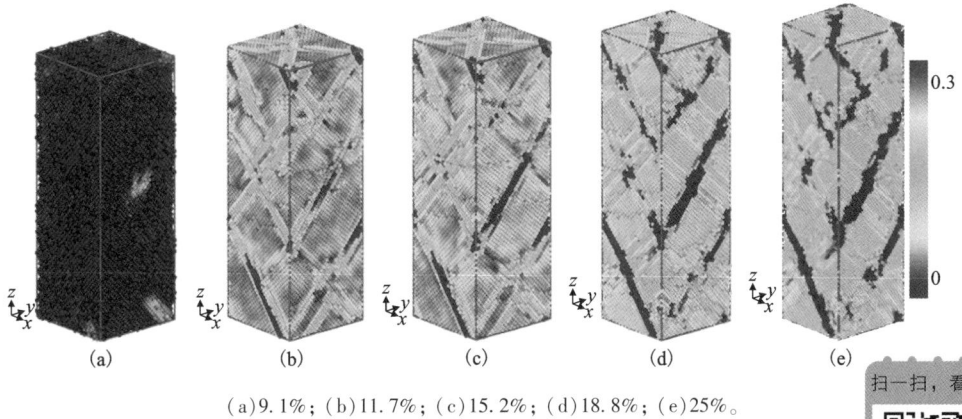

(a)9.1%；(b)11.7%；(c)15.2%；(d)18.8%；(e)25%。

图 5-22　不同应变下多主元合金 AlCrFeCuNi$_{1.4}$ 的剪切应变

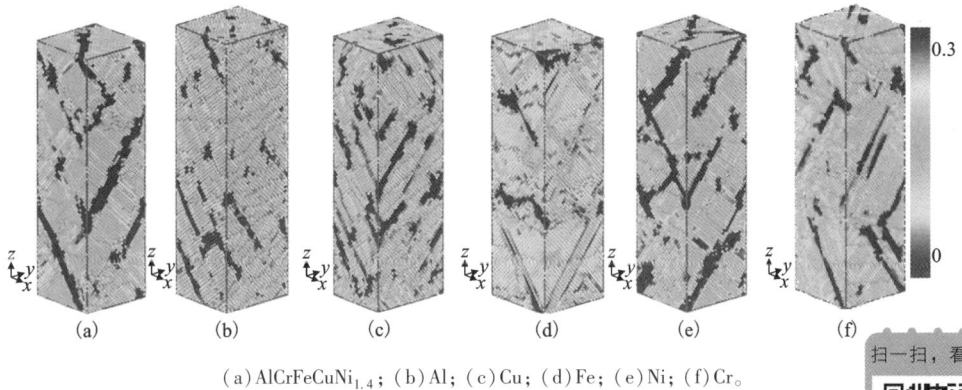

(a)AlCrFeCuNi$_{1.4}$；(b)Al；(c)Cu；(d)Fe；(e)Ni；(f)Cr。

图 5-23　应变为 25% 时多主元合金和单元素金属的应变分布

多主元合金 AlCrFeCuNi$_{1.4}$ 在不同应变下的位错分布如图 5-24 所示。位错数目在应变为 9.1%~11.7% 时迅速增加, 在应变为 11.7%~25% 时缓慢增加。达到临界应力后, 在滑移面 $(1\,1\,1)$、$(1\,\bar{1}\,1)$ 和 $(\bar{1}\,1\,1)$ 上出现部分位错发射, 如图 5-24(a) 所示。位错首先形核, 然后通过三个滑移面滑动, 降低应力集中。位错形核后，通过湮灭或相互反应，产生新的缺陷，如空位和新位错。在应变为25%时，出现了比较完整的位错和更长的肖克莱不全位错，而短肖克莱不全位错主要集中在低应变区域。图5-25描述了多主元合金 AlCrFeCuNi$_{1.4}$ 和单元素基体内部的位错演化。位错本身通过交互作用，阻碍进一步运动，导致材料强化。对变形过程中位错密度 ρ 进行统计，结果表明，多主元合金的位错密度为 $8.469×10^{27}$ m^{-2}，Cr 的位错密度为 $3.122×10^{27}$ m^{-2}，Al 的位错密度为 $2.902×10^{27}$ m^{-2}，Cu 的位错密度为 $6.539×10^{27}$ m^{-2}，Fe 的位错密度为 $5.720×10^{27}$ m^{-2}，Ni 的位错密度为 $4.763×10^{27}$ m^{-2}。由此可以看出，多主元合金的位错密度最大，加工硬化能力最强。此外，与单元素 Al 和 Cr 相比，AlCrFeCuNi$_{1.4}$ 多主元合金存在大量的面角位错、梯杆位错和压杆位错。

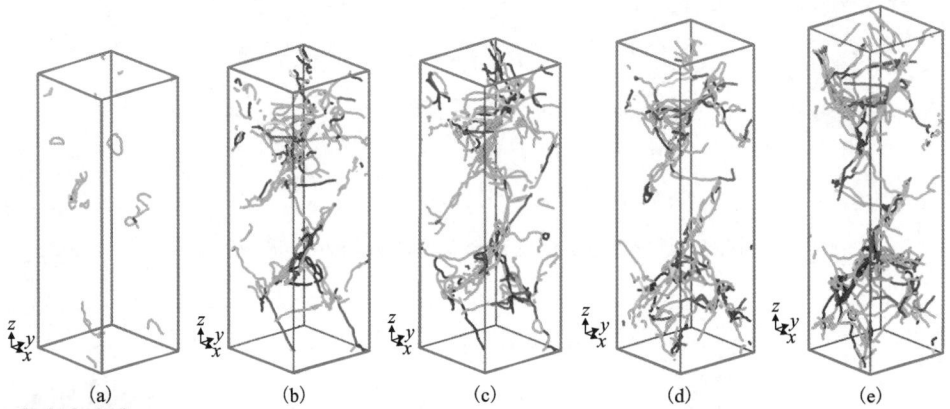

扫一扫，看彩图　(a)$\varepsilon=9.1\%$；(b)$\varepsilon=11.7\%$；(c)$\varepsilon=15.2\%$；(d)$\varepsilon=18.8\%$；(e)$\varepsilon=25\%$。

图 5-24　多主元合金 AlCrFeCuNi$_{1.4}$ 在不同应变下的位错分布

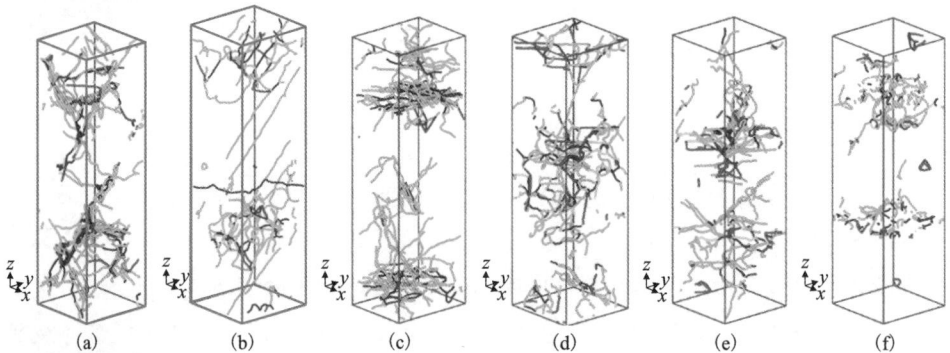

扫一扫，看彩图　(a)AlCrFeCuNi$_{1.4}$；(b)Al；(c)Cu；(d)Fe；(e)Ni；(f)Cr。

图 5-25　应变为 25% 时多主元合金和单元素金属的位错分布

　　综上所述，多主元合金 AlCrFeCuNi$_{1.4}$ 的塑性变形机制具有高的应变敏感性，其塑性变形主要机制是位错滑移与孪生变形，塑性变形行为主要受晶格畸变和位错钉扎的影响。此外，不全位错和堆垛层错交互作用产生 Lomere-Cottrel 锁，导致多主元合金发生显著的应变硬化效应，有利于抑制早期缩颈和提升材料的均匀伸长率。

第6章
多主元合金高温变形行为

6.1 高温力学性能

6.1.1 力学性能

除优异的室温性能外，多主元合金还具有优异的高温性能，有希望在航空发动机、燃气轮机、核工业等高温结构材料领域得到应用，如 NbMoTaW 及 NbMoTaWV 多主元难熔合金，在 1600 ℃时仍然可以保持 400 MPa 以上的压缩强度，远优于镍基高温合金。

1. 压缩性能

相较于室温，材料在高温软化后通常表现出更好的塑性。采用高温压缩，可方便地评判合金高温性能。难熔元素多主元合金基本都为 BCC 相结构，在高温下拥有较高的强度以及适中的塑性，如图 6-1 所示。但合金具有较大的室温脆性，如 NbMoTaW 及 NbMoTaWV 等在室温下的压缩塑性甚至小于 1%。

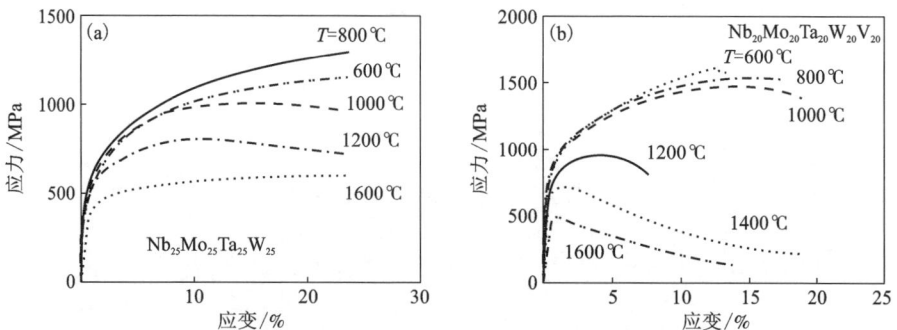

(a) NbMoTaW 多主元合金；(b) NbMoTaWV 多主元合金。

图 6-1　不同温度下多主元合金的压缩工程应力-应变曲线

图 6-2(a)为多主元难熔合金和其他高温合金的压缩屈服强度与温度关系曲线。由此可知,合金的压缩强度随温度升高而降低,且大多数传统单主元合金强度在 1000 K 左右急剧降低。然而,NbMoTaW 和 NbMoTaWV 表现出优异的抗高温软化能力,并在 2000 K 仍保持较高的强度。图 6-2(b)给出了另一种密度更低的 NbTaTiV 多主元合金的屈服强度与温度的关系曲线。由图 6-2 可知,NbTaTiV 和 MoNbTaVW 合金的屈服强度值在 800 ℃ 以上远高于其他单主元高温合金,这可能是多主元合金本身迟滞扩散导致的,同时合金具有优异的抗高温软化性能。

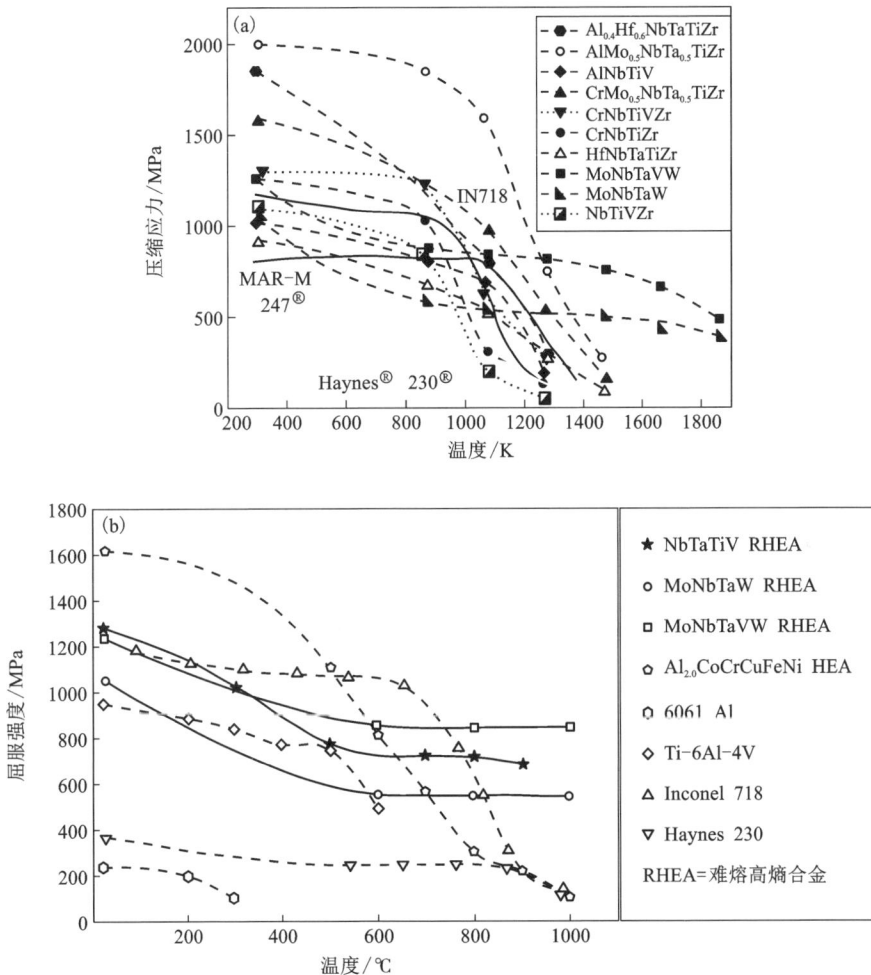

(a)多主元难熔合金压缩屈服强度随温度变化;(b)与其他合金对比。

图 6-2　多主元难熔合金力学性能及与其他合金对比

2. 拉伸性能

对于室温塑性好的多主元合金，可以评价其高温拉伸性能，如 CoCrFeNi 系的多主元合金。研究者通常添加 Mn、Al、Cu、Ti 等元素来进一步提高该类合金强度。

图 6-3 为不同温度下 CoCrFeNi 系的多主元合金的力学性能。由图 6-3 可知，随温度升高，所有多主元合金的强度都降低，但降低幅度不相同，如 $Al_{10.2}Co_{16.9}Cr_{7.4}Fe_{8.9}Ni_{47.9}Ti_{5.8}$ 多主元合金，直到温度升高至约 800 ℃时仍然可以保持高的强度，而 CoCrFeNi 和 CrMnFeCoNi 等多主元合金在 400~600 ℃时的强度就已经明显下降。由于合金的强度较低，测试温度都低于 1000 ℃，且大部分合金的屈服强度在 1000 ℃时都低于 200 MPa。由图 6-3(c)可知，温度对延展性的影响表现出两种相反的趋势。第一种是随拉伸温度的升高，合金的塑性逐渐增加，如 $Al_{10.2}Co_{16.9}Cr_{7.4}Fe_{8.9}Ni_{47.9}Ti_{5.8}$ 多主元合金，室温下基本无塑性，600 ℃时塑性达 50%以上。另一种是随着实验温度升高，合金的伸长率下降，如 CoCrFeMnNi 多主元合金，在室温下的拉伸塑性为 40% 左右，而在 600 ℃拉伸时仅为 20% 左右。

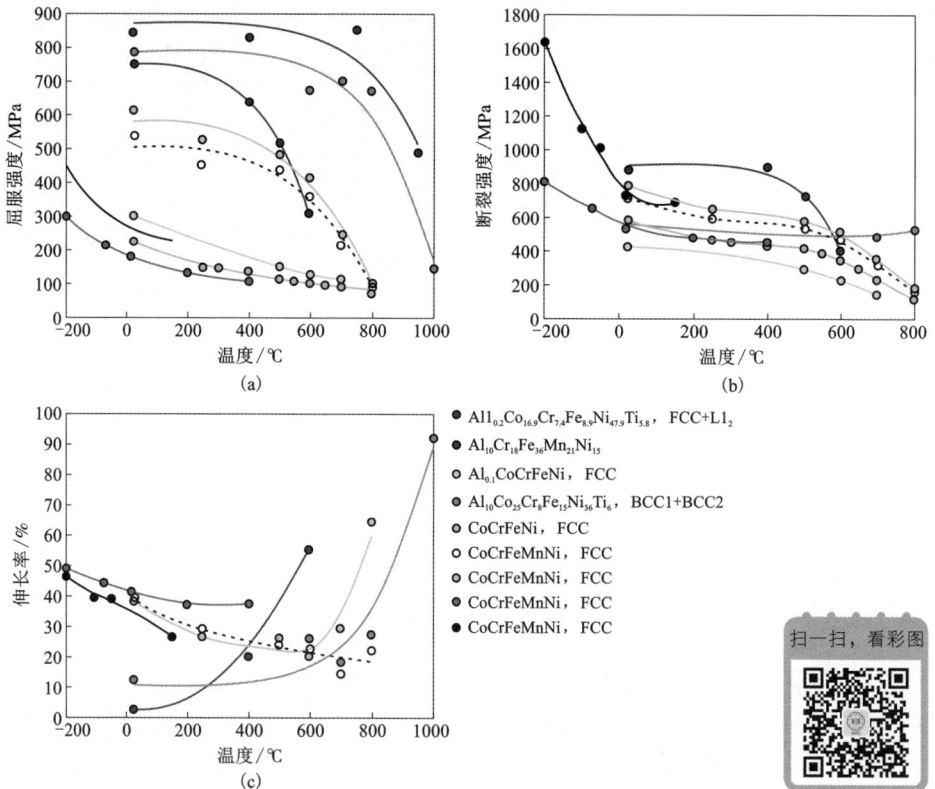

（a）拉伸屈服强度；（b）极限抗拉强度；（c）伸长率。

图 6-3　不同温度下 CoCrFeNi 系多主元合金的力学性能

3. 蠕变性能

蠕变是高温材料的一种基本力学特性,是评估工程材料部件使用寿命、安全性和可靠性的重要指标。尽管多主元合金在室温和高温下都具有优异的力学性能,但多主元合金在高温下的结构和性能稳定性尚未得到系统研究。受严重晶格畸变和局部位点结合能不同的影响,多主元合金通常表现出较高的扩散阻力。根据所施加应力和环境温度的不同,可将蠕变行为的微观机制分为 5 种类型:①当应力 σ 大于理论剪应力时,原子面的简单滑移将主导塑性流动行为;②当 $\sigma/G > 10^{-2}$ 时(G 为材料的剪切模量),位错滑移会发生;③当 $10^{-5} < \sigma/G < 10^{-2}$ 时,蠕变行为由位错蠕变主导,包括位错滑移、攀移,并伴随有空位扩散;④当 $\sigma/G \leqslant 10^{-5}$ 时,空位将沿着晶界扩散,称之为 Nabarro-Herring 蠕变,此时蠕变率反比于平均晶粒尺寸的平方;⑤当环境温度更低时,晶界扩散成为主导机制,称之为 Coble 蠕变,此时蠕变率反比于平均晶粒尺寸的立方。Kang 等在 535~650 ℃ 的温度下研究了退火态 FeCoCrNiMn 多主元合金的蠕变行为,结果表明:当应力水平大于 40 MPa 时,主导变形机制由位错攀移机制变化为黏性位错滑移机制,多主元合金中原子尺寸较大的 Cr 原子与其他原子具有较大尺寸失配,易发生偏聚,从而对位错滑移产生拖曳作用。此外,也可根据蠕变应变率随应力的变化关系 $n = \partial \ln \cdot \varepsilon / \partial \ln \sigma$,推断蠕变行为的主导机制。通常当 $n = 1$ 时,对应扩散主导的蠕变行为,即 Nabarro-Hering 蠕变或 Coble 蠕变;当 $n = 2$ 时,对应蠕变机制为晶界滑移;当 $n > 3$ 时,则为位错蠕变控制。如图 6-4 所示,Lee 等研究了纳米晶 FeCoCrNiMn 多主元合金在球形压头作用下的蠕变行为,相较于粗晶多主元合金,纳米晶多主元合金在更高的应力作用下的蠕变应变率与粗晶多主元合金相当。对比双对数坐标下蠕变应变率 ε 随应力水平 σ 变化曲线的斜率可知:小晶粒时,蠕变机制由晶界扩散主导;而为大晶粒时,则主要由位错滑移和攀移控制塑性流动。此外,图 6-4 显示在同样的应力水平下,纳米晶 FeCoCrNiMn 多主元合金的蠕变率比纳米晶纯镍的理论值要小

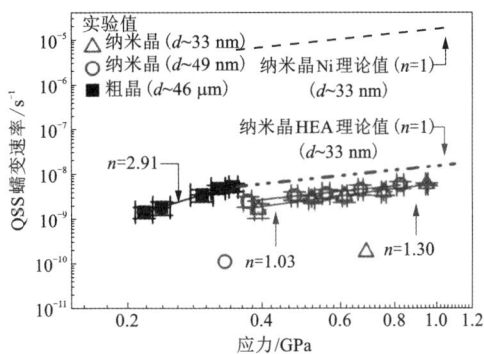

图 6-4　不同晶粒尺寸 FeCoCrNiMn
多主元合金蠕变行为

3 个量级,这主要归因于多主元合金中特殊晶格结构所引起的迟滞扩散效应。

目前,高温蠕变性能的研究主要集中在 CoCrFeNi$_x$(x = Mn、Al、Ti、Cu 等)多主元合金。Zhang 等发现,在 Al$_x$Co$_{1.5}$CrFeNi$_{1.5}$Ti$_y$($x+y$ = 0.5)多主元合金中,随着 Al 含量的增加,基体中 γ' 相的热稳定性提高,在 500~1000 ℃ 范围内具有高的硬

度，其硬度值与 Inconel718 相当甚至更好。Chokshi 等给出了 CoCrFeMnNi 多主元
合金在 800 ℃ 下的变形机制图，如图 6-5(a) 所示。该图中主要包括四种变形机
制，且每种机制都是独立进行的，分别为 Coble 扩散蠕变、晶界超塑性流动、位错
滑动控制蠕变和幂律失效机制。由此可知，从 Coble 扩散蠕变到超塑性流动的转
变与温度无关，因为这两种机制都取决于晶界扩散系数；而向幂律失效机制的转

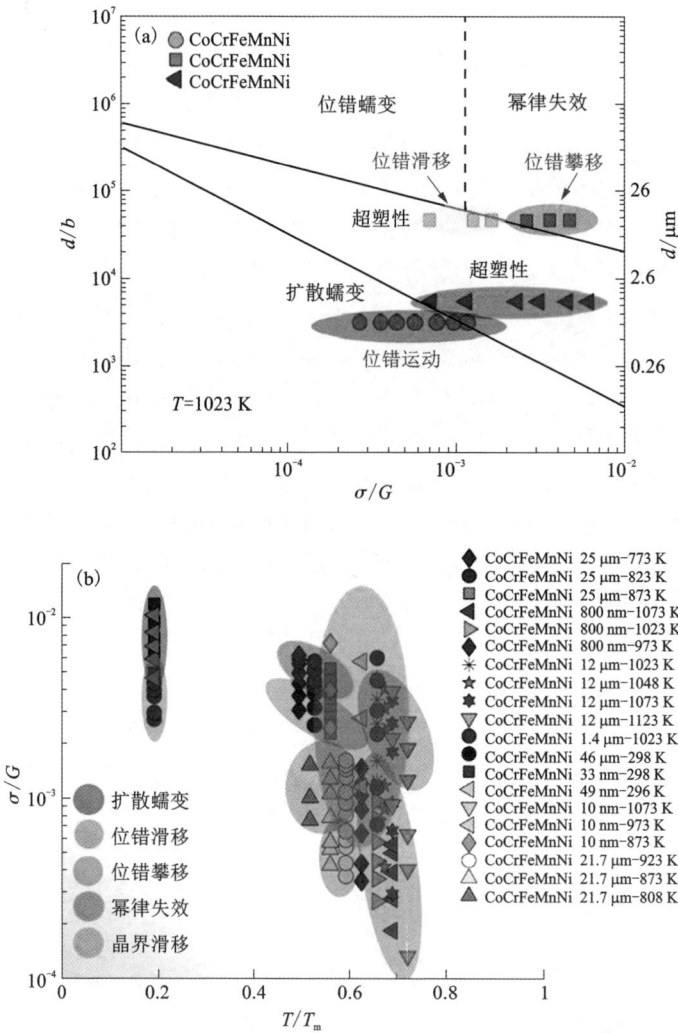

(a) 1023 K，柏氏矢量、晶粒尺寸和应力与剪切模量 σ/G 关系；

(b) 应力与剪切模量 σ/G 关系随 T/T_m 变化图。

图 6-5　CoCrFeMnNi 多主元合金的蠕变变形图

变与晶粒尺寸无关,因为在幂律失效机制下,晶内滑动控制的位错蠕变和热激活流动都与晶粒尺寸无关。图 6-5(b)为根据实验数据总结的 CoCrFeMnNi 合金的变形机制图。尽管 CoCrFeMnNi 合金是研究最深入的多主元合金之一,但从总结得到的数据中仍无法获得详细机理以及 σ/G 与 T/T_m 的准确关系。

6.1.2　影响因素

多主元合金高温力学性能的调控与室温性能类似,主要也是通过热处理、热变形、添加合金元素以及添加第二相等方法来改变合金的组织结构,从而优化合金性能。不同之处在于,在高温下还需要考虑调整后的组织是否具有良好的高温抗软化性能以及抗氧化性能等。

TiNbTa$_{0.5}$ZrAl$_{0.5}$ 多主元合金在 1500 ℃ 热变形后表现为单一的 BCC 相结构;而在 1200 ℃ 热变形后出现富 Zr、Al 的 HCP 结构相;在 800 ℃ 热变形后出现富 Zr 的 BCC1 相和富 Nb、Ta 的 BCC2 相。图 6-6 为不同状态下 TiNbTa$_{0.5}$ZrAl$_{0.5}$ 多主元合金的高温压缩应力-应变曲线以及不同热变形处理状态下抗压强度随温度变

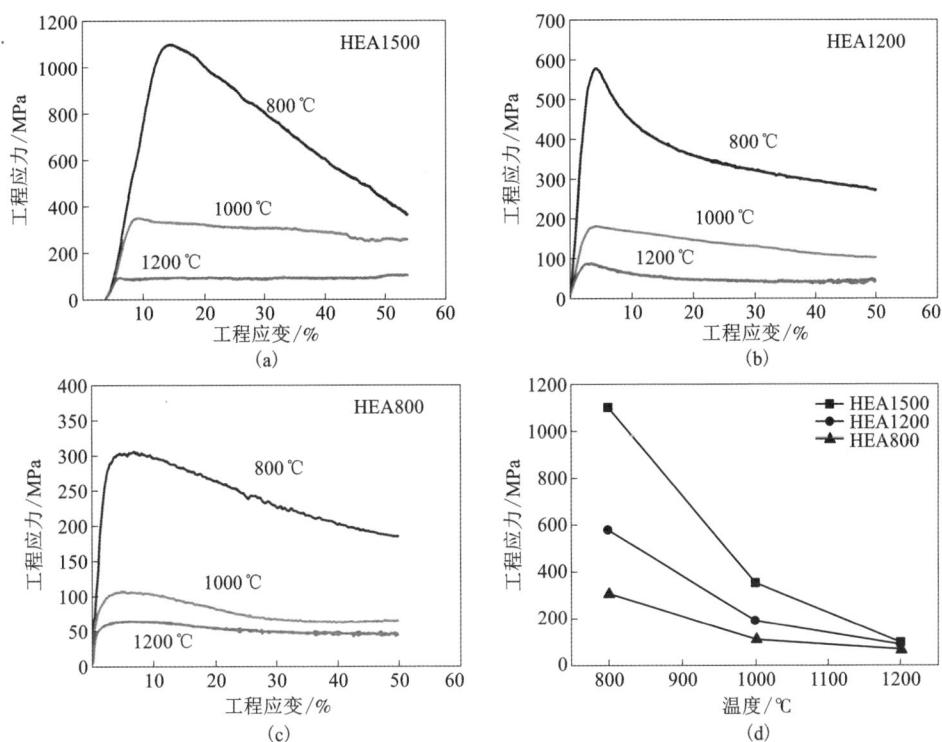

(a)1500 ℃ 热变形处理; (b)1200 ℃ 热变形处理;
(c)800 ℃ 热变形处理; (d)合金抗压强度对温度的依赖性。

图 6-6　不同状态下 TiNbTa$_{0.5}$ZrAl$_{0.5}$ 多主元合金的高温压缩
应力-应变曲线及合金抗压强度与温度的关系曲线

化曲线。由图 6-6 可知,不同热变形处理后合金抗压强度随温度升高而降低。不同热变形处理后,合金相组织结构不同,1500 ℃热变形处理后合金具有单一的BCC 结构,表现出比 800 ℃和 1200 ℃热变形处理后的合金高得多的强度。此外,这三种变形合金在高于 800 ℃的温度下都表现出良好的塑性(>50%)以及应变软化现象(尤其是在 800 ℃)。由图 6-6(d)可知,在高温下,$TiNbTa_{0.5}ZrAl_{0.5}$ 合金的强度在很大程度上取决于测试温度。1500 ℃热变形处理的合金在 800 ℃时具有1100 MPa 的强度,在 1200 ℃时急剧下降至 150 MPa。与 1500 ℃热变形处理的合金相比,1200 ℃热变形处理的合金强度相对较低。

出于提高合金强度以及抗氧化性的考虑,研究者尝试往 NbTaTiV 多主元合金中添加 Al 元素。图 6-7(a)为在 1700 ℃烧结的 NbTaTiV 多主元合金的高温压缩工程应力–应变曲线。合金在 700~1000 ℃时的屈服强度从 667 MPa 降低至437 MPa,且都表现出 40%以上的断裂应变。图 6-7(b)为 $NbTaTiVAl_{0.2}$ 多主元合金的高温压缩性能。由图 6-7 可知,$NbTaTiVAl_{0.2}$ 多主元合金在 900 ℃时的屈服强度为 783 MPa,明显优于 NbTaTiV 多主元合金。这是因为随着 Al 的添加,引起了固溶强化。但是,合金的压缩塑性也下降为 30%左右。

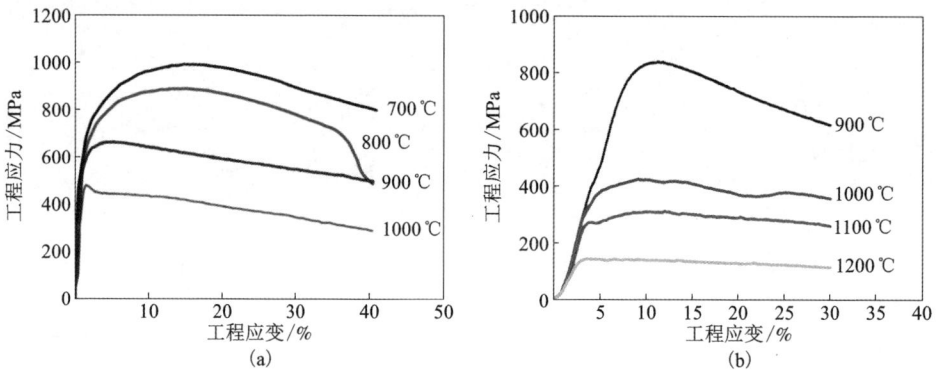

图 6-7 不同温度下 NbTaTiV 和 $NbTaTiVAl_{0.2}$ 多主元合金的压缩工程应力–应变曲线

长时间的高温热处理可以实现多主元合金成分均匀化,从而提高合金的高温强度和高温抗软化性能。Lee 等在 1200 ℃的高温下将 NbTaTiV 多主元合金保温72 h,得到了单一 BCC 相组织,合金的高温强度尤其是抗高温软化性能得到了显著提升,明显优于未退火的合金。也有文献报道添加合金元素对 NbTaTi 和CrMoTi 多主元合金的影响,如图 6-8 所示。由此可知,添加 W 和 Mo 元素都会明显提高 NbTaTi 多主元合金的高温强度,其中 Mo 元素对合金强度的提高效果更为显著,但两种元素对 NbTaTi 多主元合金的抗高温软化性能影响不大。

除添加合金元素外,也可通过添加第二相来提高合金的高温强度。但是,由

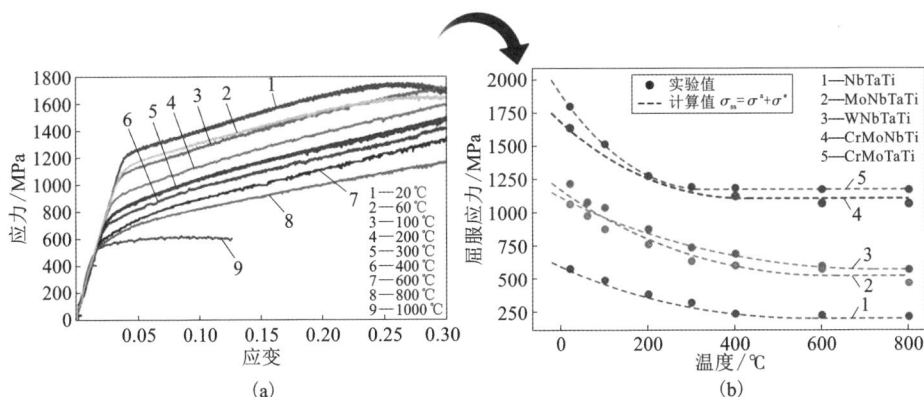

（a）不同温度下 MoNbTaTi 多主元合金的应力–应变曲线；（b）各多主元合金的屈服应力预测图。

图 6-8　不同多主元合金的高温力学性能

于第二相颗粒与基体特性的差异，加入第二相可能会降低合金的塑性。Fu 等研究了 Ti-C-O 颗粒对 NbTaTiV 多主元合金高温压缩强度的影响，结果如图 6-9 所示，Ti-C-O 颗粒增强的 NbTaTiV 多主元合金在 700 ℃和 1000 ℃下变形的压缩屈服强度分别为 895 MPa 和 685 MPa，明显高于 NbTaTiV 多主元合金。图 6-9（b）为 Ti-C-O 颗粒增强的 NbTaTiV 多主元合金与其他多主元合金在不同温度下屈服强度的对比图，由图 6-9（b）可知 Ti-C-O 颗粒增强的 NbTaTiV 多主元合金在 700~1000 ℃下具有较高的屈服强度，优于多数单相多主元合金。

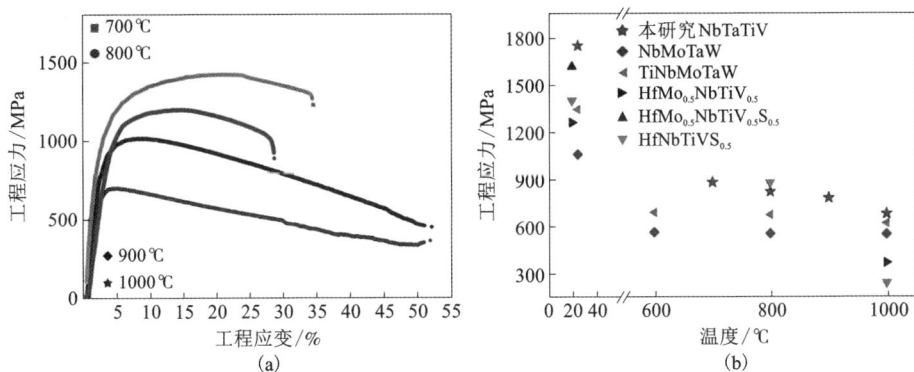

（a）不同温度下 NbTaTiV（Ti-C-O）多主元合金的应力–应变曲线；（b）不同合金高温下力学性能对比。

图 6-9　颗粒增强 NbTaTiV 多主元合金高温力学性能

扫一扫，看彩图

6.2 高温流变行为

6.2.1 高温塑性加工性能

为了确定合金在高温加工变形的参数区间，通常需要通过物理模拟研究，建立热加工图和变形本构方程。作者团队率先开展了多主元合金的热加工图研究——在 Gleeble 3000 热变形模拟试验机上进行多主元合金的塑性加工流变行为研究。将粉末冶金 CrFeCoNiMo$_{0.2}$ 多主元合金在不同热变形条件下（温度范围为 700~1100 ℃，应变速率范围为 0.001~1 s^{-1}，工程应变量为 50%）的真应力-真应变数据绘成曲线图。如图 6-10 所示，根据形状可把曲线分为 2 类。第一类曲线出现在 800 ~ 1100 ℃ 温度范围内，出现典型的动态再结晶（dynamic recrystallization，DRX）。在热压缩过程的初始阶段，加工硬化起主导作用，使得

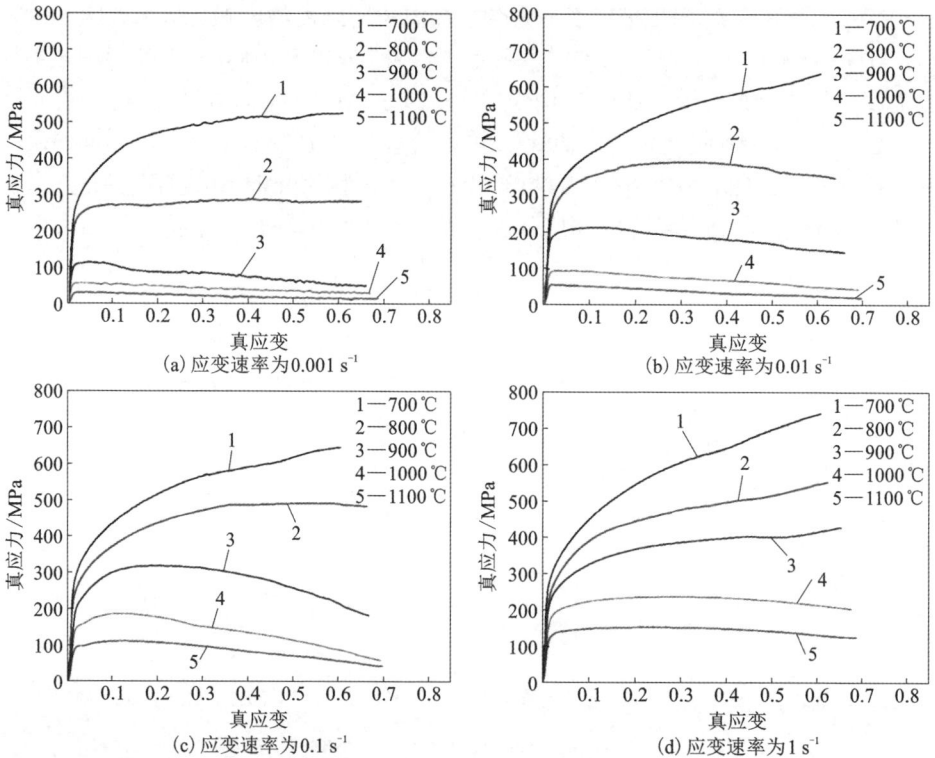

图 6-10　粉末冶金 CrFeCoNiMo$_{0.2}$ 多主元合金在不同温度和应变速率下的真应力-真应变曲线

多主元合金流变应力值随着应变量的增加迅速达到峰值，即峰值应力和峰值应变。随着变形的继续，多主元合金的动态软化逐步增强，真应力逐渐降低并趋于稳定。第二类出现在 700 ℃，特别是应变速率大于 0.01 s⁻¹ 时，过峰值应力后，流变应力没有下降或趋于稳态，而依旧缓慢上升。在变形过程中，应力随着应变的增加而增大的主要原因是位错的增殖和缠结；应力随着应变的增加而下降则是因为动态再结晶（DRX）和动态回复（dynamic recovery，DRV），也称动态软化。当动态软化大于加工硬化时，真应力–真应变曲线则呈现下降趋势。当位错湮灭速率和增殖速率相近时，曲线趋于稳态。当位错增殖速率仍高于位错湮灭速率，即动态软化的作用无法完全抵消加工硬化的作用时，曲线则呈现缓慢上升趋势。此外，应变速率相同时，粉末冶金 CrFeCoNiMo$_{0.2}$ 多主元合金随着变形温度的增加，其流变应力峰值降低。热变形温度相同时，粉末冶金 CrFeCoNiMo$_{0.2}$ 多主元合金随着应变速率的升高，其流变应力峰值增加。

6.2.2　高温变形本构方程

热变形过程中真应力与变形温度、应变速率之间的关系，可用 Sellars 和 Tegar 提出的 Arrhenius 方程表达：

$$Z = \dot{\varepsilon}\exp\left(\frac{Q}{RT}\right) = A_1\sigma^{n_1} \quad (\alpha\sigma < 0.8) \tag{6-1}$$

$$Z = \dot{\varepsilon}\exp\left(\frac{Q}{RT}\right) = A_2\exp(\beta\sigma) \quad (\alpha\sigma > 1.2) \tag{6-2}$$

$$Z = \dot{\varepsilon}\exp\left(\frac{Q}{RT}\right) = A[\sinh(\alpha\sigma)]^n \quad (\alpha\sigma \text{ 为任意值}) \tag{6-3}$$

式中：Z 为 Zener-Hollomon 常数；$\dot{\varepsilon}$ 为应变速率；σ 为流变应力；α、β 和 A_1、A_2、A 皆为与温度无关的材料常数；n 为应力指数，且满足 $\alpha = \beta/n$；Q 为材料变形热激活能；R 为摩尔气体常数；T 为热力学温度。其中式（6-1）和式（6-2）中的指数关系和幂指数关系分别适用于低应力水平和高应力水平。式（6-3）中双曲正弦关系适用于任意应力水平。

分别对式（6-1）~式（6-3）两侧取对数，可得：

$$\ln\dot{\varepsilon} = \ln A_1 + n_1\ln\sigma - \frac{Q}{RT} \tag{6-4}$$

$$\ln\dot{\varepsilon} = \ln A_2 + \beta\sigma - \frac{Q}{RT} \tag{6-5}$$

$$\ln\dot{\varepsilon} = \ln A + n\ln[\sinh(\alpha\sigma)] - \frac{Q}{RT} \tag{6-6}$$

$n_1 = (\partial\ln\dot{\varepsilon}/\partial\ln\sigma_p)_T$、$\beta = (\partial\ln\dot{\varepsilon}/\partial\sigma_p)_T$ 和 $n = \{\partial\ln\dot{\varepsilon}/\partial\ln[\sinh(\alpha\sigma_p)]\}_T$ 的值分

别为 $\ln\dot{\varepsilon}-\ln\sigma$、$\ln\dot{\varepsilon}-\sigma$、$\ln\dot{\varepsilon}-\ln[\sinh(\alpha\sigma)]$ 回归线的斜率。粉末冶金 CrFeCoNiMo$_{0.2}$ 多主元合金在不同变形条件下的 σ_p、$\ln\sigma_p$ 和 $\ln[\sinh(\alpha\sigma_p)]$ 的值见表 6-1。根据表 6-1 中的统计数据，绘制粉末冶金 CrFeCoNiMo$_{0.2}$ 多主元合金在不同变形温度下的 $\ln\dot{\varepsilon}-\ln\sigma$、$\ln\dot{\varepsilon}-\sigma$、$\ln\dot{\varepsilon}-\ln[\sinh(\alpha\sigma)]$ 的线性关系图，分别如图 6-11(a)、图 6-11(b)、图 6-11(c) 所示。$\alpha=\beta/n_1$ 和 n 的值分别为 0.007 和 3.735。

表 6-1　粉末冶金 CrFeCoNiMo$_{0.2}$ 多主元合金在不同
变形条件下的 σ_p、$\ln\sigma_p$ 及 $\ln[\sinh(\alpha\sigma_p)]$ 的值

序号	应变速率 /s^{-1}	温度/℃	σ_p	$\ln\sigma_p$	$\ln[\sinh(\alpha\sigma_p)]$
1	0.001	700	526.06	6.2654121	1.302941
2	0.01		639.39	6.4605145	1.745785
3	0.1		650.77	6.4781562	1.789957
4	1		751.37	6.6218982	2.139492
5	0.001	800	288.59	5.664996	0.304725
6	0.01		393.41	5.974852	0.767524
7	0.1		492.20	6.198879	1.167206
8	1		553.21	6.315738	1.408958
9	0.001	900	115.18	4.746482	−0.789990
10	0.01		214.80	5.369717	−0.084210
11	0.1		318.94	5.765008	0.435061
12	1		401.38	5.994897	0.906769
13	0.001	1000	57.43	4.050569	−1.493570
14	0.01		95.01	4.553964	−0.981220
15	0.1		186.47	5.228266	−0.251410
16	1		237.12	5.468582	0.037263
17	0.001	1100	32.96	3.495264	−2.067960
18	0.01		56.68	4.037439	−1.52061
19	0.1		111.83	4.716980	−0.818560
20	1		153.77	5.035458	−0.473370

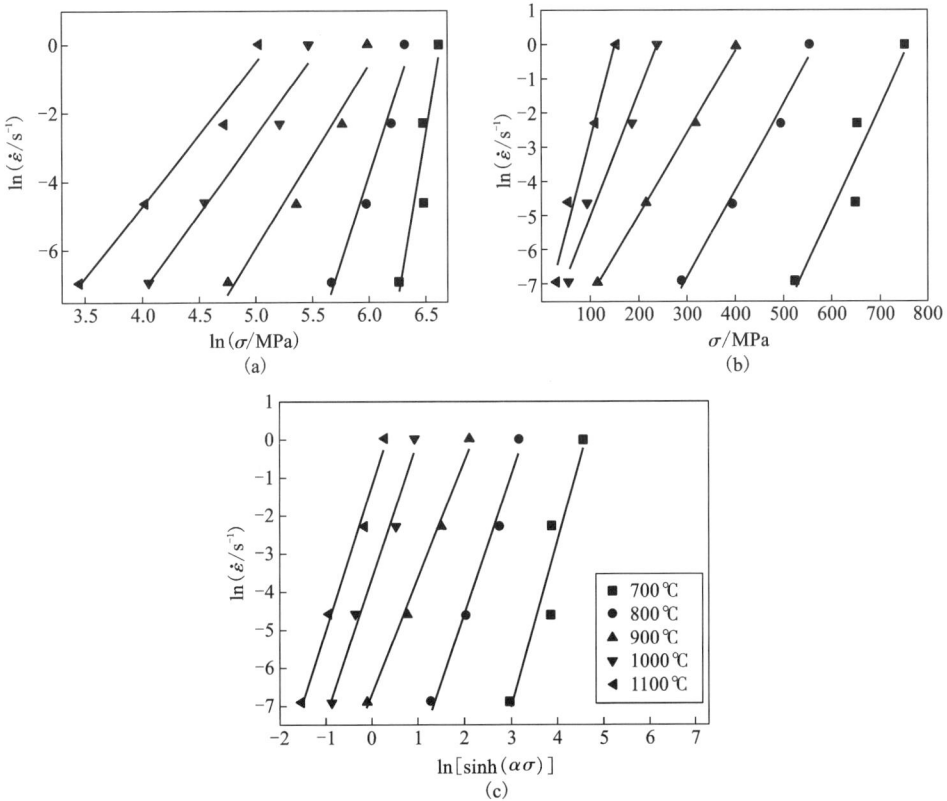

(a)σ_p-ln$\dot{\varepsilon}$；(b)lnσ_p-ln$\dot{\varepsilon}$；(c)ln[sinh($\alpha\sigma_p$)]-ln$\dot{\varepsilon}$。

图 6-11　粉末冶金 CrFeCoNiMo$_{0.2}$ 多主元合金高温压缩峰值应力与应变速率之间的关系

粉末冶金 CrFeCoNiMo$_{0.2}$ 多主元合金的变形激活能的表达式为：

$$Q = R\left\{\frac{\partial\ln\dot{\varepsilon}}{\partial\ln[\sinh(\alpha\sigma)]}\right\}_T\left\{\frac{\partial\ln[\sinh(\alpha\sigma)]}{\partial(1/T)}\right\}_{\dot{\varepsilon}} \tag{6-7}$$

式中：$n = \{\partial\ln\dot{\varepsilon}/\partial\ln[\sinh(\alpha\sigma)]\}_T$ 为图 6-2 中线性回归的斜率。据式（6-6）和表 6-1 中的统计数据绘制粉末冶金 CrFeCoNiMo$_{0.2}$ 多主元合金在不同应变速率下 ln[sinh($\alpha\sigma$)]-(1000/T) 的线性关系图，如图 6-12 所示。$\partial\ln[\sinh(\alpha\sigma)]/\partial(1/T)$ 则为图 6-12 中回归线的斜率。代入式（6-7）即可求出粉末冶金 CrFeCoNiMo$_{0.2}$ 多主元合金的激活能。常数 A 的值可以根据图 6-11（c）中的 ln$\dot{\varepsilon}$-ln[sinh($\alpha\sigma$)] 回归线的截距求得。综上，粉末冶金 CrFeCoNiMo$_{0.2}$ 多主元合金热压缩过程中的材料常数分别为：$\alpha = 0.007$；$n = 3.735$；$A = 1.77\times10^{17}$；$Q = 463$ kJ/mol。将上述常数代入式（6-3），就可求出粉末冶金 CrFeCoNiMo$_{0.2}$ 多主元合金不同变形条件下的

对应的 Z 参数值，不同变形条件下的 Z 参数的对数值列于表6-2。

表 6-2　不同变形条件下 $\ln Z$ 的值

应变速率 /s^{-1}	温度/℃				
	700	800	900	1000	1100
0.001	50.32043	44.98770	40.56410	36.83541	33.6498
0.01	52.62301	47.29028	42.86668	39.13799	35.95238
0.1	54.9256	49.59287	45.16927	41.44058	38.25497
1	57.22818	51.89545	47.47185	43.74316	40.55755

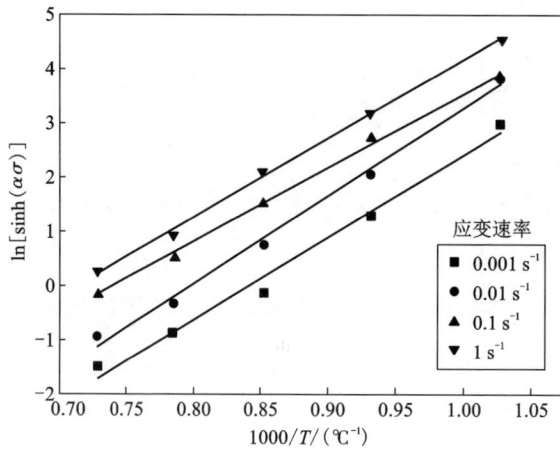

图 6-12　粉末冶金 CrFeCoNiMo$_{0.2}$
多主元合金高温压缩峰值应力与变形温度之间的关系

按式(6-3)，选取表6-1和表6-2中的数据，绘制 $\ln[\sinh(\alpha\sigma_p)]$ 与 $\ln Z$ 的线性回归线，如图6-13所示。由图6-13可知，$\ln[\sinh(\alpha\sigma_p)]$ 与 $\ln Z$ 之间的线性相关性 R^2 值大于98%。这证明利用双曲正弦函数关系建立粉末冶金 CrFeCoNiMo$_{0.2}$ 多主元合金流变行为本构方程是合理的。利用上述方法求得的粉末冶金 CrFeCoNiMo$_{0.2}$ 多主元合金热压缩流变应力方程为：

$$\dot{\varepsilon} = 1.77 \times 10^{17} [\sinh(0.007\sigma)]^{3.735} \exp\left(\frac{-463000}{RT}\right) \tag{6-8}$$

式(6-8)中缺少流变应力与应变量的关系，可用粉末冶金 CrFeCoNiMo$_{0.2}$ 多主元合金在不同应变量下的流变应力代替该计算式中的峰值应力。统计并计算不同应变量状态下的 α、n、Q 以及 $\ln A$ 值，进一步计算出粉末冶金

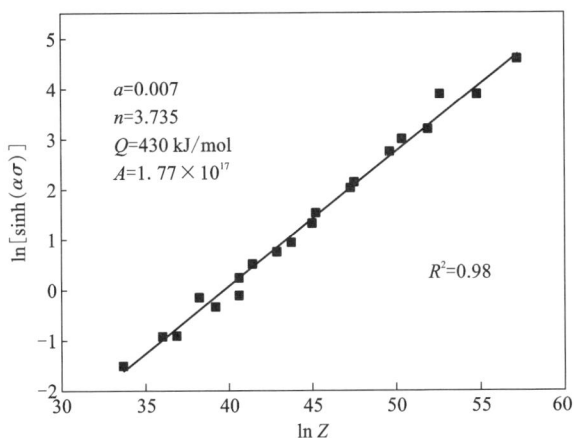

图 6-13　粉末冶金 CrFeCoNiMo$_{0.2}$
多主元合金高温压缩峰值应力与 Z 参数之间的关系

CrFeCoNiMo$_{0.2}$ 多主元合金在热压缩过程不同应变量条件下的材料常数值，并列于表 6-3 中，然后使用 5 次多项式拟合本构方程材料常数 α、n、Q 以及 $\ln A$ 与应变量 ε 关系曲线，如图 6-14 所示。

表 6-3　不同应变量下 α、n、Q 以及 $\ln A$ 值

ε	a	n	$Q/(\text{kJ} \cdot \text{mol}^{-1})$	$\ln A$
0.10	0.0275	1.8288	501.45	37.57084
0.15	0.0199	2.1296	483.46	37.28810
0.20	0.0161	2.3695	479.29	37.85666
0.25	0.0139	2.5273	478.26	38.50498
0.30	0.0126	2.6352	481.35	39.36861
0.35	0.0119	2.6425	479.43	39.61981
0.40	0.0114	2.6596	480.59	40.13731
0.45	0.0105	2.7185	473.95	40.06299
0.50	0.0095	2.8063	465.83	39.92561
0.55	0.0087	2.878	463.06	40.25755
0.60	0.0081	2.9803	468.53	41.28502

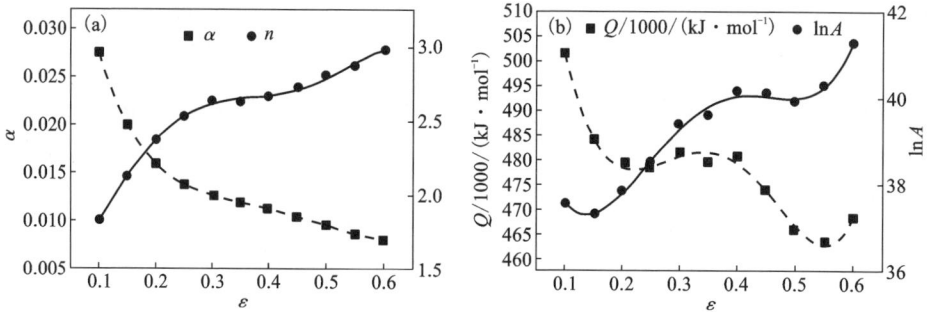

图 6-14　应变补偿法计算应变相关材料常数

根据图 6-14 结果，粉末冶金 CrFeCoNiMo$_{0.2}$ 多主元合金应变补偿本构方程组为：

$$\begin{cases} \sigma = \dfrac{1}{\alpha} \times \ln\left\{ \left(\dfrac{Z}{A}\right)^{1/n} + \left[\left(\dfrac{Z}{A}\right)^{2/n} + 1 \right]^{0.5} \right\} \\ Z = \dot{\varepsilon}\exp(Q/RT) \\ a = 0.06 - 0.49\varepsilon + 2.02\varepsilon^2 - 4.12\varepsilon^3 + 3.98\varepsilon^4 - 1.44\varepsilon^5 \\ n = 1.39 + 0.55\varepsilon + 64.22\varepsilon^2 - 304.36\varepsilon^3 + 526.38\varepsilon^4 - 312.97\varepsilon^5 \\ \ln A = 42.05 - 83.31\varepsilon + 466.73\varepsilon^2 - 863.58\varepsilon^3 + 349.20\varepsilon^4 + 289.09\varepsilon^5 \\ Q/1000 = 589.90 - 1358.86\varepsilon + 5416.06\varepsilon^2 - 6636.19\varepsilon^3 - 3804.90\varepsilon^4 + 8625.64\varepsilon^5 \end{cases}$$

$$(6-9)$$

为验证上述方程组的准确性，采用式(6-9)计算粉末冶金 CrFeCoNiMo$_{0.2}$ 多主元合金不同应变量、变形温度、应变速率下的热压缩流变应力，并与实验测得值比较，如图 6-15 所示。由此可见，计算值与实验值符合较好。

为进一步评估粉末冶金 CrFeCoNiMo$_{0.2}$ 多主元合金本构方程的预测准确度，引入标准统计参数：线性相关系数和平均相对误差绝对值(average absolute relative error, AARE)。其中 AARE 表达式为：

$$\text{AARE}(\%) = \frac{1}{N} \sum_{i=1}^{N} \left| \frac{E_i - P_i}{E_i} \right| \times 100\% \qquad (6-10)$$

式中：E_i 为实验值；P_i 为预测值；N 为样本个数。粉末冶金 CrFeCoNiMo$_{0.2}$ 多主元合金在不同条件下的热压缩流变应力计算值与实验测得值的平均相对误差绝对值(AARE)为 4.41%。将模型计算出的流变应力值与实验测试流变应力值绘制在图 6-16 中，可进行更直观地比较。由图 6-16 可见，流变应力实验测试值与预测值符合较好，线性相关性系数(R^2)为 0.95，可为多主元合金材料热加工工艺优化提供指导。

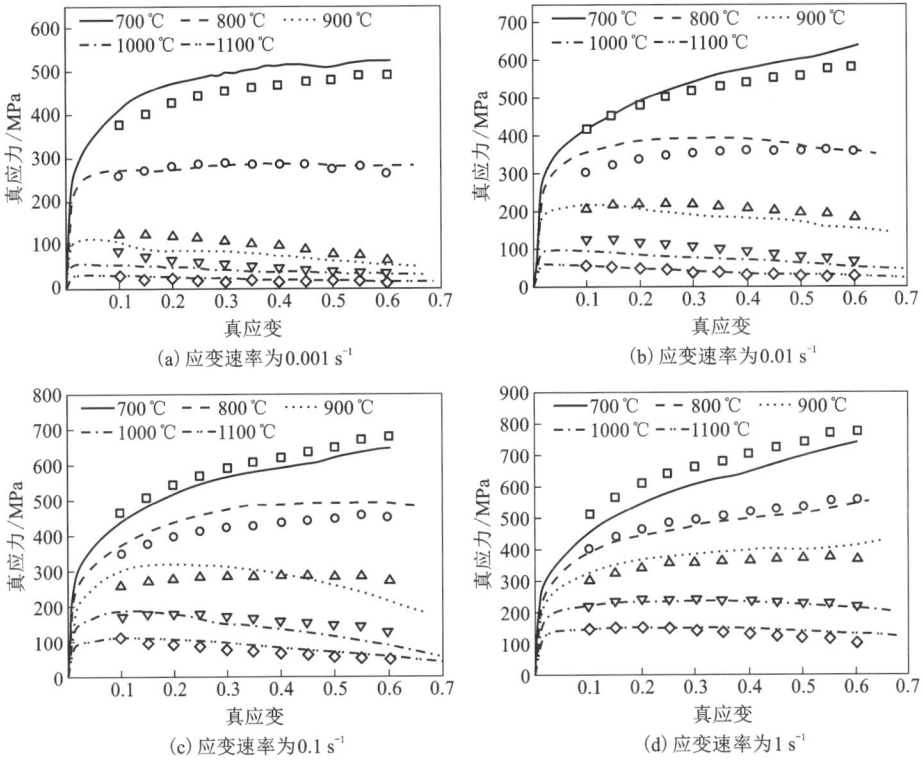

图 6-15　预测值与实验值在不同温度和应变速率下的比较

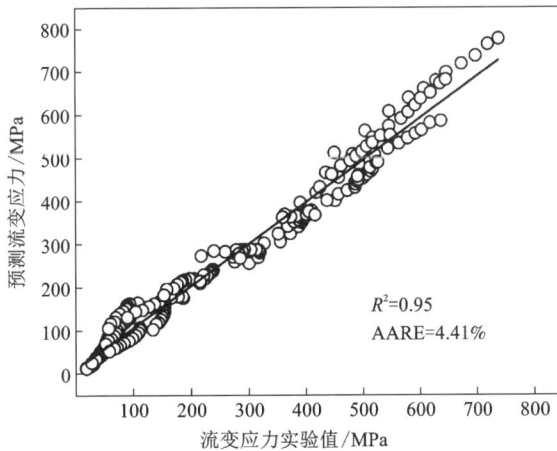

图 6-16　预测流变应力值与实验值的比较

6.3 动态再结晶行为

粉末冶金 CrFeCoNiMo$_{0.2}$ 多主元合金在应变速率为 10^{-3} s^{-1}，不同温度下的热变形微观组织如图 6-17 所示。动态软化机制的转变可能导致图 6-10 中热压缩真应力-真应变曲线形状产生差异的原因。分别研究合金在不同温度热变形后的微观组织。图 6-17(a) 和图 6-17(b) 为 700 ℃、应变速率为 10^{-3} s^{-1} 时合金热变形的微观组织。可见，原始晶粒沿流变方向被拉长，形成了大量小角度晶界（LABs）。这些小角度晶界主要分布在原始晶粒的晶界处，其晶粒呈纤维状，且无明显的动态再结晶现象，因此该变形条件下的软化机制应为动态回复。由于多主元合金体系的扩散系数小，且难熔元素 Mo 的原子半径（r_{Mo} = 0.136 nm）比 Cr、Fe、Co、Ni 四种元素大 9.6%，因此晶格畸变效应增强，阻碍位错的运动，导致动态回复软化效果较弱。因此，当变形温度为 700 ℃ 时，合金热压缩真应力随着应变的增加缓慢上升（图 6-10）。当变形温度上升至 800 ℃ 时，出现大量再结晶晶核，分布在原始晶粒的晶界，随后逐渐被动态再结晶晶粒取代，形成项链状组织[图 6-17(c) 和图 6-17(d)]。随着形变温度上升，晶界的可动性增强，动态再结晶形核的临界应变减小，因此动态再结晶快速形核和长大。如图 6-18 所示，非连续动态再结晶机制具有明显的形核及长大阶段。该机制最大的特点就是再结晶过程中变形晶粒晶界的弓出迁移。而连续动态再结晶的形核是通过亚晶转动积累取向，当晶粒取向超过临界值时，小角度晶界就发展成了大角度晶界。在该机制作用下，原始晶界不需要弓出迁移过程。由图 6-17 可知，原始晶粒的晶界上存在明显的凸起。因此可以推断，粉末冶金 CrFeCoNiMo$_{0.2}$ 多主元合金的动态再结晶机制为非连续动态再结晶。当变形温度上升至 900 ℃ 时，动态再结晶分数及动态再结晶晶粒的晶粒尺寸变大。大部分动态再结晶晶粒都被大角度晶界包围，且在其内部形成一些退火孪晶。最后，随着动态再结晶过程趋于完全，原始变形晶粒逐渐消失。

图 6-19 为粉末冶金 CrFeCoNiMo$_{0.2}$ 多主元合金在 1000 ℃ 和 1100 ℃ 不同应变速率下，用热变形得到的完全再结晶态微观组织。如图 6-19 所示，完全动态再结晶组织的特点是高含量的退火孪晶。在低应变速率下（10^{-3} s^{-1}）变形，随着变形温度从 1000 ℃ 上升至 1100 ℃，动态再结晶晶粒的平均晶粒尺寸从约 10 μm 增大至约 23 μm。在高应变速率下（1 s^{-1}）热变形，动态再结晶晶粒细化的效果更为明显。动态再结晶晶粒尺寸和孪晶界分数分别约为 5 μm 和 40%。当热变形条件为 1000 ℃、1 s^{-1} 时，其晶粒虽然细小，但组织不够均匀。

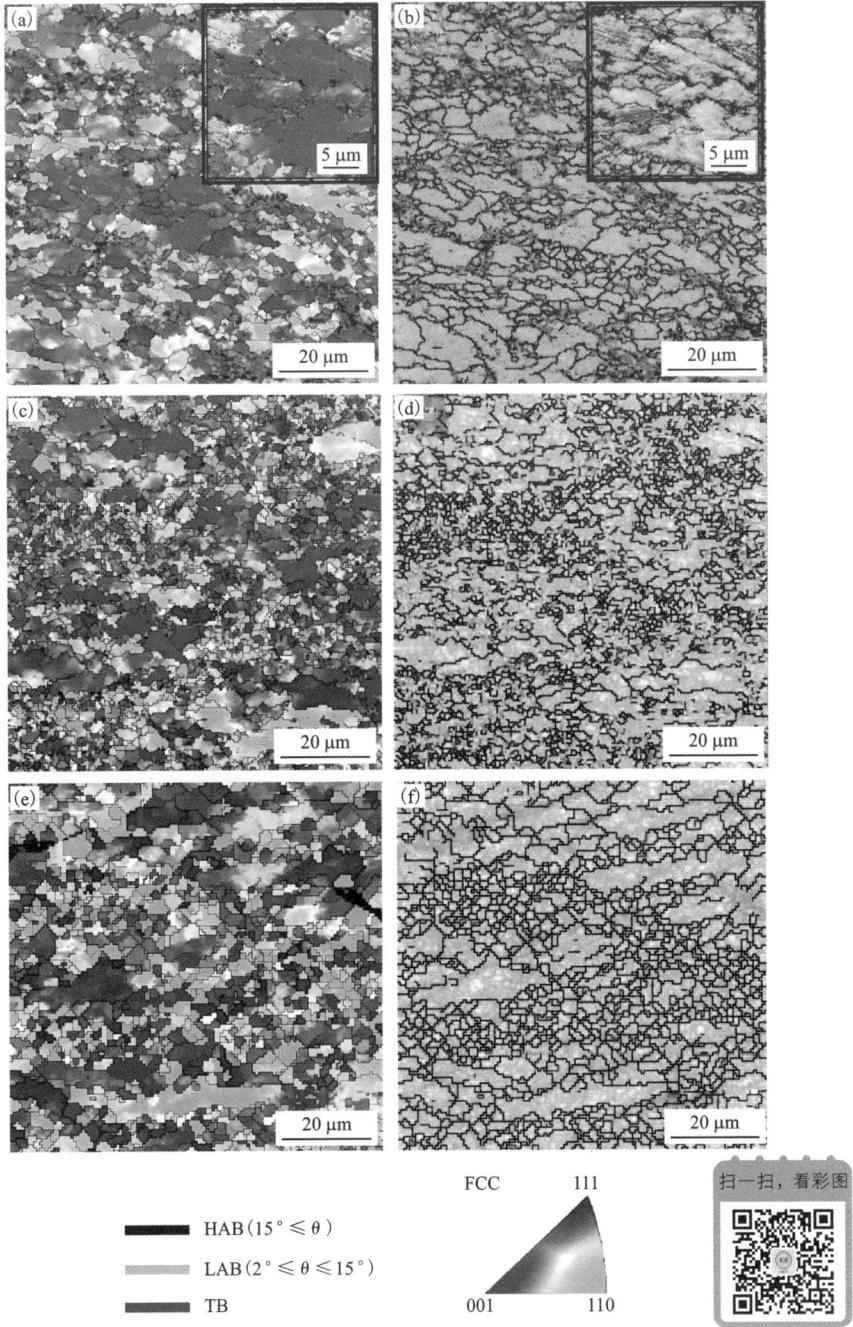

(a)、(b) 700 ℃；(c)、(d) 800 ℃；(e)、(f) 900 ℃。

图 6-17　粉末冶金 $CrFeCoNiMo_{0.2}$ 多主元合金在应变速率为 $10^{-3}\ s^{-1}$ 时不同温度下的微观组织

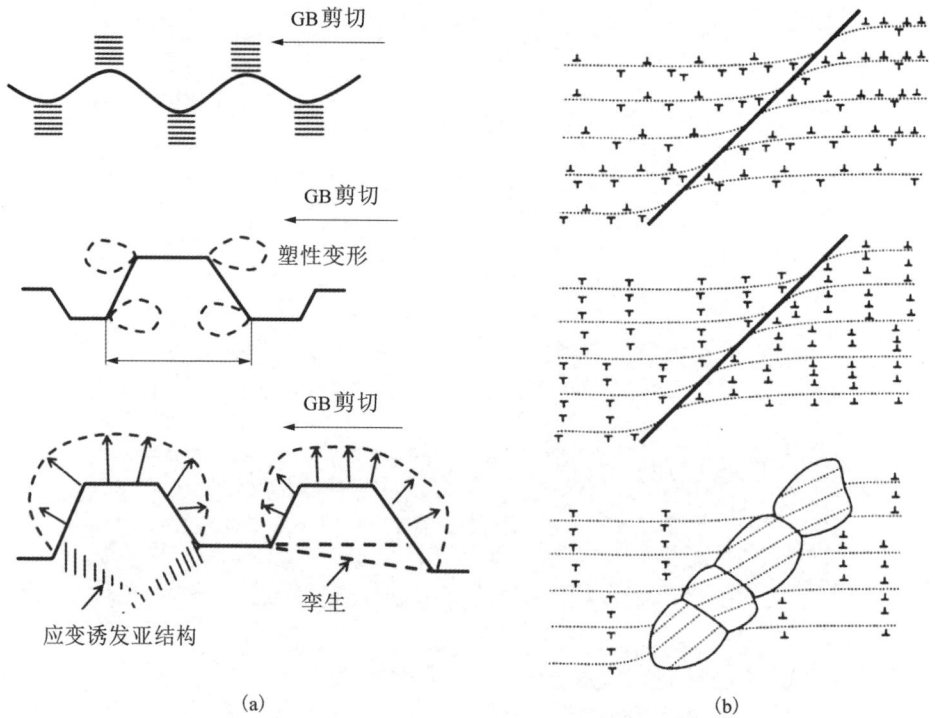

(a)非连续动态再结晶；(b)连续动态再结晶。

图 6-18　动态再结晶的形核机制示意图

图 6-20 为在不同温度下热变形后的粉末冶金 CrFeCoNiMo$_{0.2}$ 多主元合金的 TEM 照片。图 6-20(a)为变形温度为 700 ℃时组织的 TEM 照片。如图 6-20 (a)所示，位错相互缠结形成位错胞，无明显的动态再结晶现象。当变形温度为 1000 ℃时，动态再结晶现象明显[图 6-20(b)]，在无位错的动态再结晶区域做选区电子衍射和 EDS 点分析，结果表明动态再结晶 FCC 晶粒的晶格常数为 0.37 nm，且各个元素在再结晶晶粒内的分布较为均匀[图 6-20(c)]。此外，在动态再结晶的晶界和三叉结晶处可以观察到有明显的细小第二相析出。相应 EDS 点分析表明[图 6-20(d)]，该第二相富 Cr 和 Mo、贫 Ni，同时含有一定量的 Fe 和 Co，选区电子衍射则表明第二相为四方结构，晶格常数 a 约为 0.9 nm，因此推断热变形过程中析出的第二相可能是 σ 相。

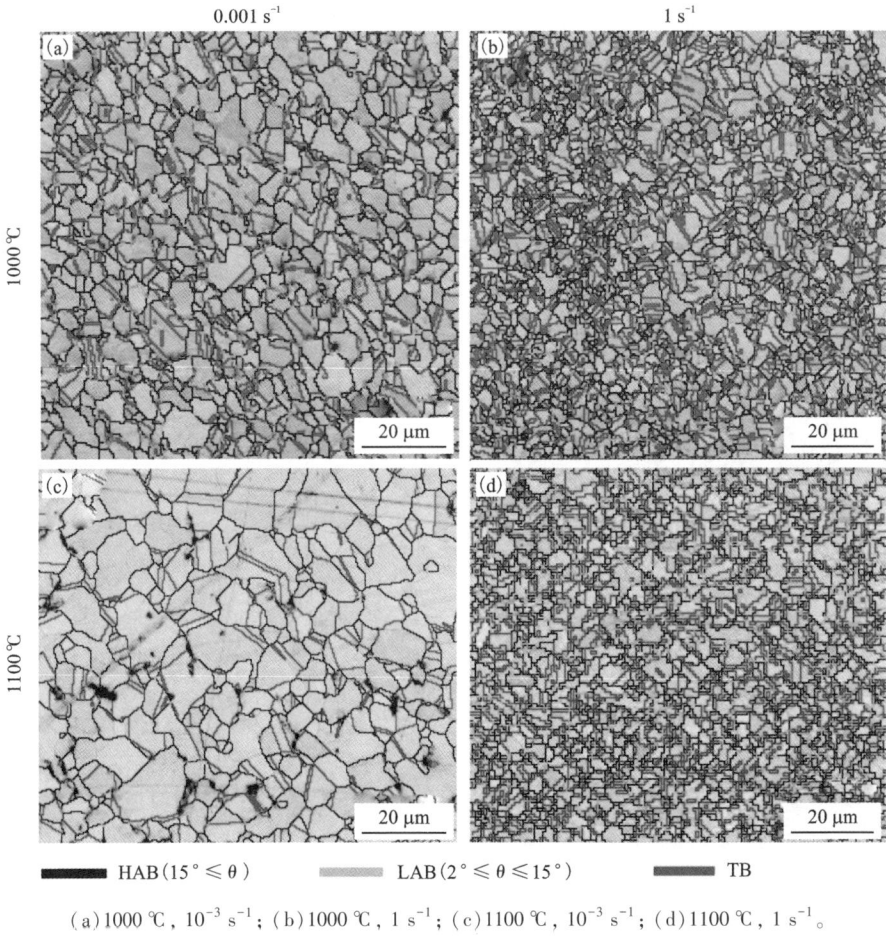

图 6-19　粉末冶金 CrFeCoNiMo$_{0.2}$ 多主元合金在不同条件下热变形得到的完全动态再结晶组织

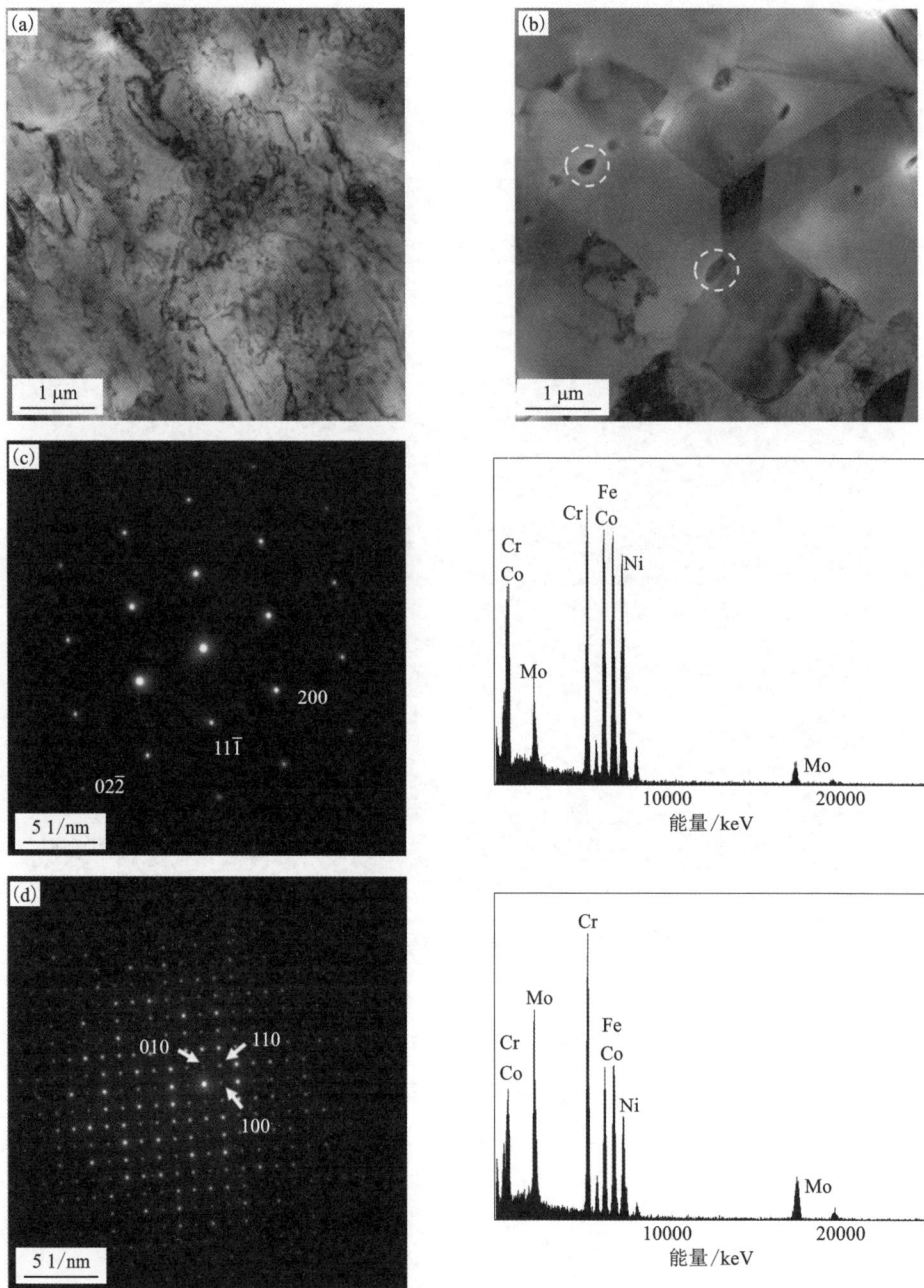

（a）形变组织；（b）再结晶组织；（c）动态再结晶 FCC 的 EDS 和 SAED；（d）第二相颗粒的 EDS 和 SAED。

图 6-20　CrFeCoNiMo$_{0.2}$ 合金不同形变温度下的组织 TEM 照片

第 7 章
多主元难熔合金

7.1　多主元难熔合金的成分

7.1.1　固溶体形成特征

多主元难熔合金是采用熔点高的难熔金属元素作为主要组元，形成固溶体的一类合金。由于组元熔点高、强度高的特性，多主元难熔合金最显著的特质就是具有非常优异的高温力学性能以及抗高温软化能力，是极具发展前景的耐高温和超高温材料。

与较低熔点的多主元合金相同，多主元难熔合金也具有四个主要特性：高的熵值、高的晶格畸变、迟滞扩散效应以及"鸡尾酒"效应，如图 7-1 所示。其中，高混合熵和高晶格畸变会导致合金中存在很大的原子无序排列，导致多主元难熔合金的吉布斯自由能低，热力学稳定性高。同时，大的晶格畸变具有很强的固溶强化作用，使得位错线的张力大，晶面滑移难，因而，合金具有高强度和硬度。延迟扩散效应导致多主元难熔合金在高温下原子运动慢，进一步提高了多主元难熔合金的高温强度及高温抗软化能力。此外，"鸡尾酒"效应使多主元难熔合金可通过成分调节获得新的性能。Xiang 等往 NbTaTiV 多主元难熔合金中添加低熔点的 Al 元素后，在 900 ℃ 以下合金的强度反而增加了。

可以通过计算多主元难熔合金的混合熵 S_{mix}、混合焓 H_{mix}、原子半径差 δ 等参数，来判断该合金是否可以形成固溶体。同时，也可以通过计算多主元难熔合金的价电子浓度 VEC 和电负性 χ 等参数来计算合金的相结构。Guo 等分析了 VEC 与多主元合金的相组成之间的关系。结果表明，当合金的 VEC<6.87 时，多主元合金倾向于表现为单一的 BCC 相；当合金的 VEC≥8 时，多主元合金倾向于表现为单一的 FCC 相；当合金的 VEC 处于 6.87~8 时，多主元合金中 FCC 相与 BCC 相共存。难熔金属元素的 VEC 都小于等于 6，因此，大部分多主元难熔合金都为 BCC 相。如，常见的 WNbMoTaV、HfNbTaTiZr、MoNbTaTiZr、NbTaTiZr、NbTaTiV 等多主元难熔合金都为 BCC 结构。

此外，Sheikh 等根据多主元难熔合金的价电子浓度来判断合金是否表现为塑性或脆性。研究表明，当多主元难熔合金的价电子浓度 VEC≤4.4 时，合金表现出极高的塑性，如价电子浓度为 4.25 的 HfNbTiZr 多主元难熔合金的室温拉伸塑性在 14%以上；而当多主元难熔合金的价电子浓度 VEC≥4.6 时，合金表现出脆性，如价电子浓度为 5.5 的 MoNbTaW 多主元难熔合金的室温压缩塑性甚至在 1%以下，如图 7-2 所示。

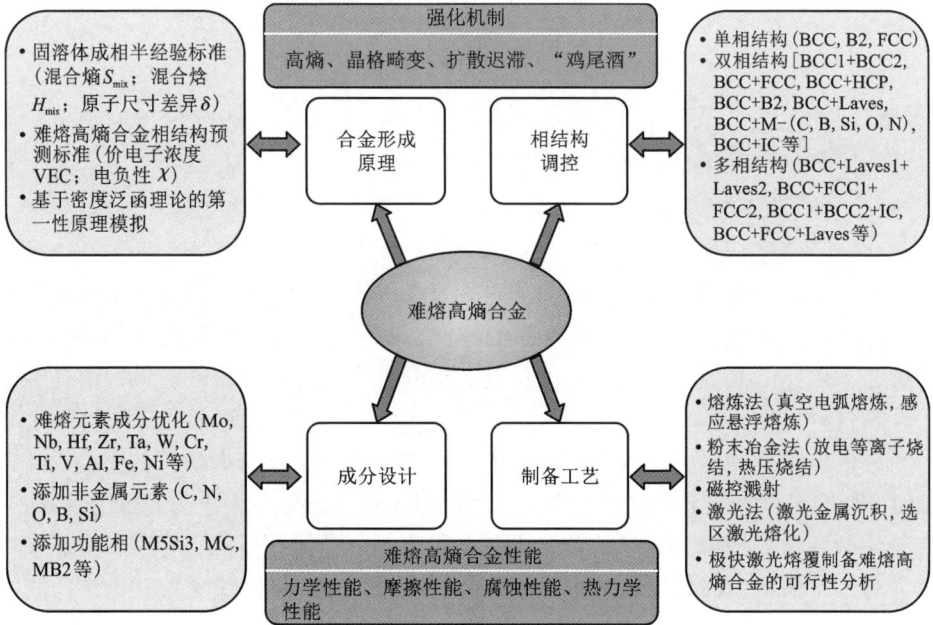

图 7-1　多主元难熔合金的特性

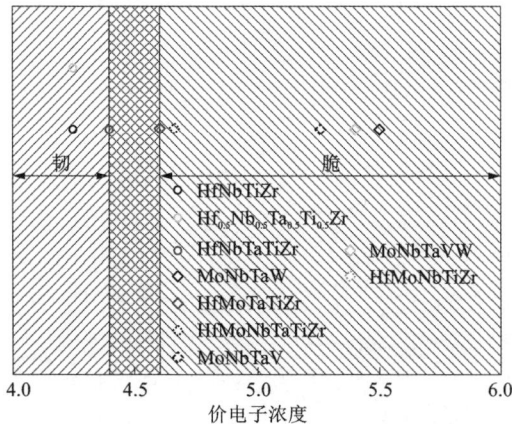

图 7-2　多主元难熔合金 VEC 与脆韧性之间的关系

7.1.2　合金化元素

多主元难熔合金主要由 Mo、Nb、Hf、Zr、Ta、W、Cr、Ti、V 等元素组成，这些元素的结构与性质如表 7-1 所示。研究者们通常选用四种及以上元素来制备多主元难熔合金，如典型的 WNbMoTaV、NbTaTiZr、NbTaTiV 等。

除基础的难熔金属元素外，基于降低合金的密度、提高合金抗氧化性及力学性能的目的，会往合金中添加少量的 Al、Fe、Ni 等过渡族元素。如 Pei 等研究了 Al 元素含量对 $TiZrV_{0.5}Nb_{0.5}$ 多主元难熔合金组织及性能的影响，结果发现添加了 Al 后，合金中出现了 Laves 相，且 Laves 相的体积分数随着 Al 添加量的增加而增加。此外，添加了 Al 元素后，合金的硬度由 329 HV 增加到了 474 HV，且当温度升高到 600 ℃ 以上时，由于在磨损前预先形成了致密而稳定的氧化物釉层，合金的摩擦系数和磨损率随着 Al 的添加而显著降低。Cao 等往 NbTaTiZr 中添加 Al 元素，并通过粉末冶金方法制备了 $TiNbTa_{0.5}ZrAl_{0.5}$ 多主元难熔合金，发现退火后的合金除了 BCC 基体相之外，还存在着富 Ta 和 Nb 的 BCC2 相以及富 Zr 和 Al 的 HCP 相。在 1000 ℃ 退火 2 h 之后，合金屈服强度提高至 1740 MPa，同时还保持了 20% 以上的塑性。

除 Al、Fe、Ni 等过渡族元素外，也有研究者尝试往合金中引入 C、N、O、B 等间隙元素。这些元素与多主元难熔合金的原子半径差别大，易在合金中形成间隙固溶强化，进而提高合金在室温/高温下的强度。Chen 等对 $ZrTiHfNb_{0.5}Ta_{0.5}$ 多主元难熔合金进行研究，发现随 O 元素的增加，合金的相结构不发生改变，仍然表现为单一的 BCC 结构，但合金的晶格常数随着氧含量的增加而变大。这表明氧原子存在于晶体的间隙中，而不是形成化合物。此外，随 O 含量的增加，合金在室温下的屈服强度由 738 MPa 增加到 1393 MPa，同时断裂应变由 50% 以上降低为 8.2%；合金在 800 ℃ 下压缩时的屈服强度由 170 MPa 增加至 537 MPa，同时保持了 50% 以上的断裂应变。

此外，也有研究者尝试往多主元难熔合金中添加或原位生成 M_5Si_3、MC 和 MB_2 等化合物，以提高多主元难熔合金的性能。Guo 等在 $Mo_{0.5}NbHf_{0.5}ZrTi$ 多主元难熔合金中添加 Si 元素，原位生成 M_5Si_3 化合物，其中 M 为合金中的 Zr 元素或者 Ti 元素。结果发现，添加 Si 元素的合金倾向于表现出蜂窝状树枝状结构，同时合金的硬度、屈服强度和塑性都有提高，其中 $Si_{0.1}$ 合金的屈服强度和塑性均较基体合金有所提高。在 Si 元素含量继续上升时，合金的屈服强度持续上升，塑性略有下降。而合金的硬度随 Si 元素含量的增加持续上升，由基体的 398 HV 上升至 638 HV。此外，Guo 等也在 $Mo_{0.5}NbHf_{0.5}ZrTi$ 多主元难熔合金中添加 C 元素，其中 M 为合金中的 Hf、Nb、Ti、Zr 元素。结果发现，$Mo_{0.5}NbHf_{0.5}ZrTiC_{0.1}$ 多主元难熔合金的强度相较于基体合金变化不大，但塑性由原来的 24.61% 提升至 38.39%。

表 7-1　难熔金属元素的结构与性质

元素	r /Å	T_m /K	φ_0 /(g·cm^{-3})	VEC	χ	相结构 RT	相结构 T_m	G /GPa
Mo	1.36	2896	10.23	6	2.16	BCC	BCC	329
Nb	1.43	2750	8.58	5	1.60	BCC	BCC	105
Hf	1.58	2528	13.06	4	1.30	HCP	BCC	78
Zr	1.60	2128	6.51	4	1.33	HCP	BCC	68
Ta	1.43	3290	16.68	5	1.50	BCC	BCC	186
W	1.37	3695	19.41	6	2.36	BCC	BCC	411
Cr	1.25	2182	7.19	6	1.66	BCC	BCC	279
Ti	1.46	1941	4.50	4	1.54	HCP	BCC	116
V	1.32	2183	6.12	5	1.63	BCC	BCC	128
Al	1.43	933	2.70	3	1.61	FCC	FCC	70
Fe	1.24	1811	7.88	8	1.83	BCC	BCC	211
Ni	1.25	1728	8.91	10	1.91	FCC	FCC	200

7.2　粉末冶金多主元难熔合金的组织与性能

由于难熔金属元素熔点高，硬度大，很难合金化和成形，因此在粉末冶金方法制备多主元难熔合金时，通常采用机械合金化制粉，随后再采用放电等离子烧结致密化。该工艺较简单便捷，合金晶粒尺寸较细。因为多主元难熔合金的主要组元大多为 BCC 结构，所以大多数合金也都为 BCC 固溶体结构，少数存在第二相。目前，研究比较广泛的多主元难熔合金主要有两类：WMoTaNb 系和 NbTaTiZr 系多主元难熔合金。

7.2.1　WMoTaNb 系多主元难熔合金

作为最早开发的多主元难熔合金，WMoTaNb 系合金具有优异的高温力学性能，尤其是优异的抗高温软化能力。如图 7-3 所示，WMoTaNb 和 WMoTaNbV 合金在 600 ℃压缩时的屈服强度分别为 561 MPa 和 862 MPa，而在 1600 ℃压缩时仍能保持 405 MPa 和 477 MPa 的强度，其高温强度及抗软化能力均远优于镍基高温合金。两种合金都为单相的 BCC 固溶体结构，且该结构在 1400 ℃退火 19 h 后保持不变，具有非常优异的高温稳定性。铸态条件下，两种合金都表现为粗大枝晶组织，其中，NbMoTaW 多主元合金的平均晶粒尺寸为 200 μm，NbMoTaWV 多主元合金的平均晶粒尺寸为 80 μm，枝晶臂间距均为 20~30 μm。

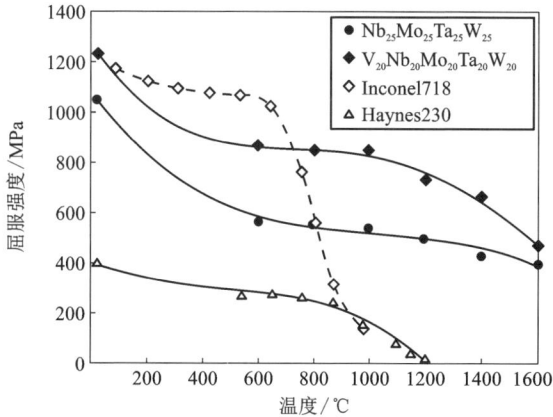

**图 7-3　不同温度下 NbMoTaW 和 NbMoTaWV
多主元合金与商用高温合金的屈服强度对比图**

Prakash 等采用机械合金化的方法制备了 MoNbSiTiW 多主元难熔合金粉末，如图 7-4 所示。结果发现，球磨 10 min 后，MoNbSiTiW 多主元难熔合金所有组成元素在 XRD 图谱中都是可见的[图 7-4(a)]。随后，衍射峰的强度随着球磨持续时间的增加而降低。随着球磨时间从 10 h 增加到 35 h，衍射峰的峰值位置几乎保持不变，但强度略有下降，这表明开始了合金化过程。

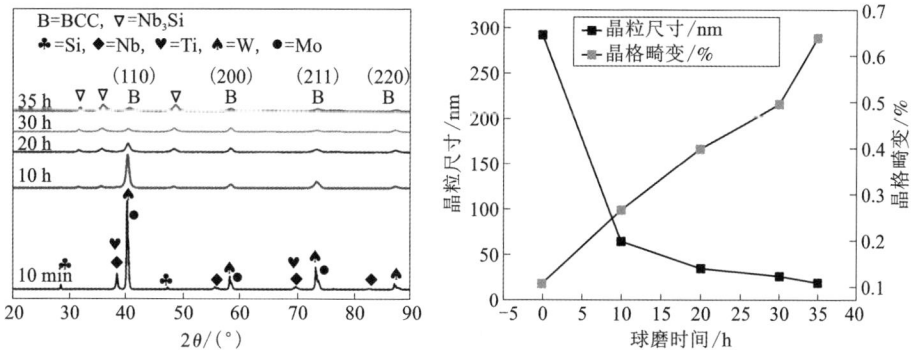

（a）不同球磨时间下 MoNbSiTiW 多主元难熔合金粉末的 XRD 图；
（b）不同球磨时间下合金粉末的晶粒尺寸及晶格应变的变化曲线图。

图 7-4　MoNbSiTiW 难熔高熵合金球磨过程组织结构演化

　　合金粉末在不同球磨时间下的粒度分布和平均粒度图如图 7-5 所示。由图 7-5 可知，在机械合金化开始时，粉末的平均粒径约为 3.565 μm。随着球磨时间的增加，粒径不断减小至 1.091 μm。这意味着球磨过程中较大的颗粒首先破碎，导致平均粒径减小，而粒径相对较小的颗粒在球磨后期才开始破碎。在球磨后期颗粒之间才发生合金化。

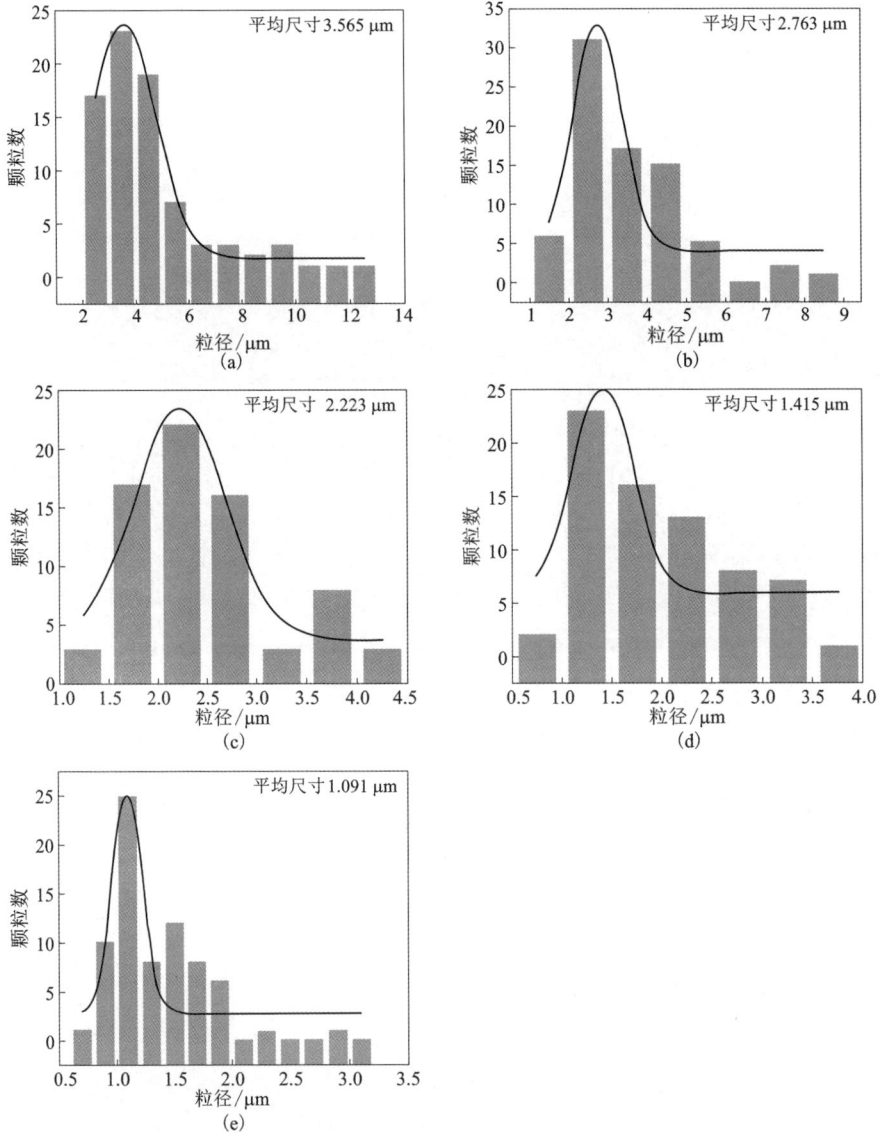

(a)0 h；(b)10 h；(c)20 h；(d)30 h；(e)35 h。

图 7-5　不同球磨时间下 MoNbSiTiW 多主元难熔合金粉末的粒度分布和平均粒度图

　　采用粉末冶金方法制备的 WNbMoTaV 多主元合金具有优异的力学性能。Kang 等采用机械合金化及放电等离子烧结工艺制备了 WNbMoTaV 多主元合金，其制备过程的相组织演化如图 7-6(a)所示。由图 7-6(a)可知，WNbMoTaV 多主元合金粉末和块体都是单一的 BCC 相，在 SPS 过程中没有相变。而在图 7-6(b)烧结块体的衍射谱中，当衍射角为 26°～34°时，能清楚显示出小峰。物相分析表明，除了单一的 BCC 结构，合金中还存在较少的杂质相(四方 Ta_2VO_6)。对于在 1700 ℃下烧结的块体，没有观察到 Ta_2VO_6，这表明该氧化物的体积分数可忽略不计。图 7-6(c)～(e)为在不同温度下烧结 WNbMoTaV 多主元合金的组织。由图 7-6 可知，合金的微观结构由均匀的灰色基体和一些黑色夹杂物组成。EDS 分析结果表明，元素在基体中的分布比在夹杂物中更均匀，后者富含 Ta 和 V，并且氧含量比基体高得多。

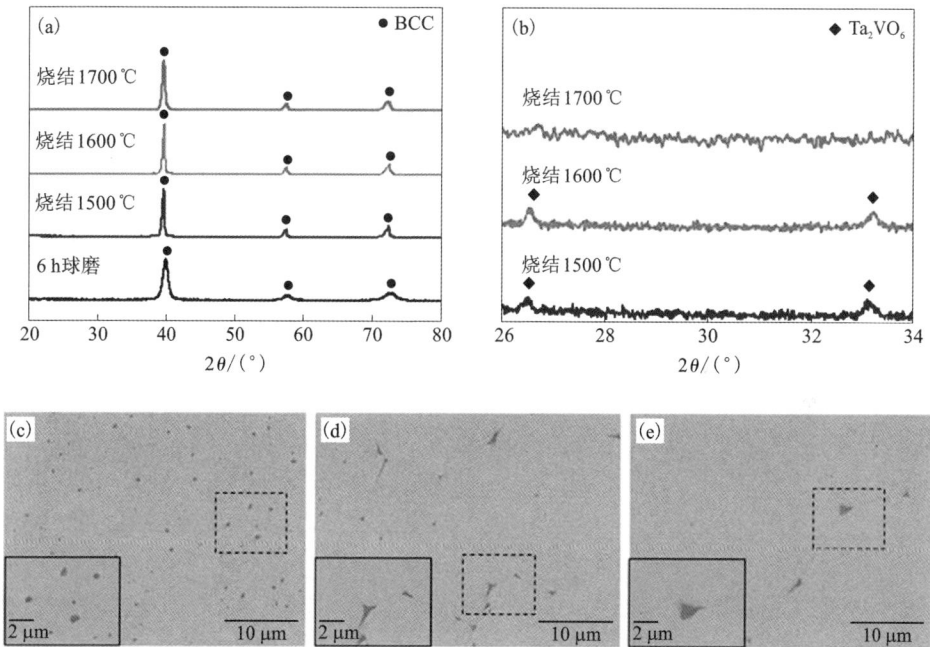

(a)球磨 6 h 后粉末的 XRD 图谱和在 1500～1700 ℃下烧结的 WNbMoTaV 多主元合金的 XRD 图谱；(b)合金在扫描角度为 26°～34°时的 XRD 图；(c)1500 ℃时 WNbMoTaV 多主元合金的表面形貌；(d)1600 ℃时 WNbMoTaV 多主元合金的表面形貌；(e)1700 ℃时 WNbMoTaV 多主元合金的表面形貌。

图 7-6　WNbMoTaV 多主元合金烧结后组织演变

　　图 7-7(a)为不同温度烧结的 WNbMoTaV 多主元合金在室温压缩下的工程压缩应力-应变曲线。由图 7-7(a)可知，合金的强度随烧结温度变化不大，但塑性

持续上升。在 1500 ℃ 下烧结的合金表现出 2612 MPa 的抗压屈服强度和 8.8% 的塑性应变。图 7-7(b) 为 WNbMoTaV 多主元合金以及一些典型的多主元难熔合金的压缩屈服强度和塑性应变。由图 7-7(b) 可知,粉末冶金制备的 WNbMoTaV 多主元合金比铸造合金具有更好的力学性能。强度的提高可能是更细的晶粒尺寸、均匀的微观结构和间隙元素固溶强化的综合结果。

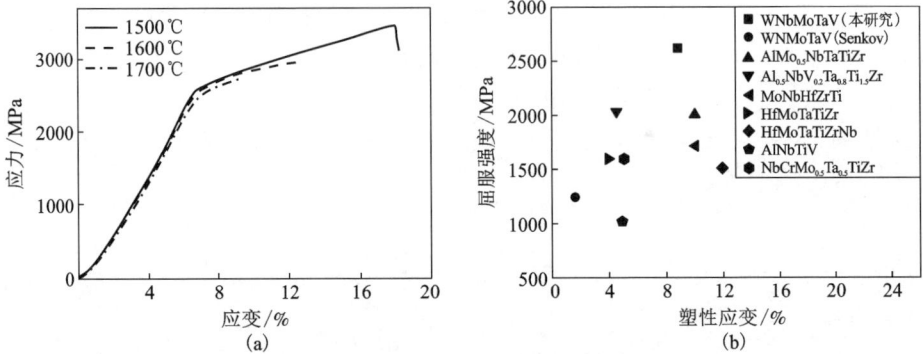

(a) WNbMoTaV 多主元难熔合金在室温压缩下的工程应力-应变曲线;
(b) 室温下典型多主元难熔合金的抗压屈服强度和塑性应变对比图。

图 7-7 WNbMoTaV 多主元难熔合金力学性能

7.2.2 TaNbTiZr 系多主元难熔合金

在采用机械合金化与放电等离子烧结方法制备多主元难熔合金过程中,不可避免地会引入间隙原子,从而导致合金塑性下降。Lukac 等采用以上方法制备了 HfNbTaTiZr 多主元难熔合金,通过改变球磨过程中的气氛获得了不同相组成的合金,如图 7-8 所示。由图 7-8 可知,HfNbTaTiZr 合金的相组成和硬度受到球磨气氛的影响大。在氧气及氩气环境时,合金表现出 HCP 结构的 HfTiZr 相,而在氮气中球磨时,合金中 HCP 结构相减少,并转化为 FCC 结构的 HfTiZr 相,同时合金的硬度由 740 HV 提升至 1089 HV。

Akmal 等基于同样方法制备了 HfNbTaTiZr 多主元难熔合金,相较于铸态合金,其表现出更好的力学性能。结果发现,多主元难熔合金粉末为固有的双相结构,在具有半连续结构的 BCC1 相中嵌入了颗粒状的 BCC2 相,如图 7-9 所示。此外,可以发现,BCC1 相中富 Ta 元素,而 BCC2 相中富 Zr 元素。这与在对 CrNbTiV 和 AlCrNbTiV 多主元难熔合金中富 Zr 相或金属间化合物的偏析是一致的。

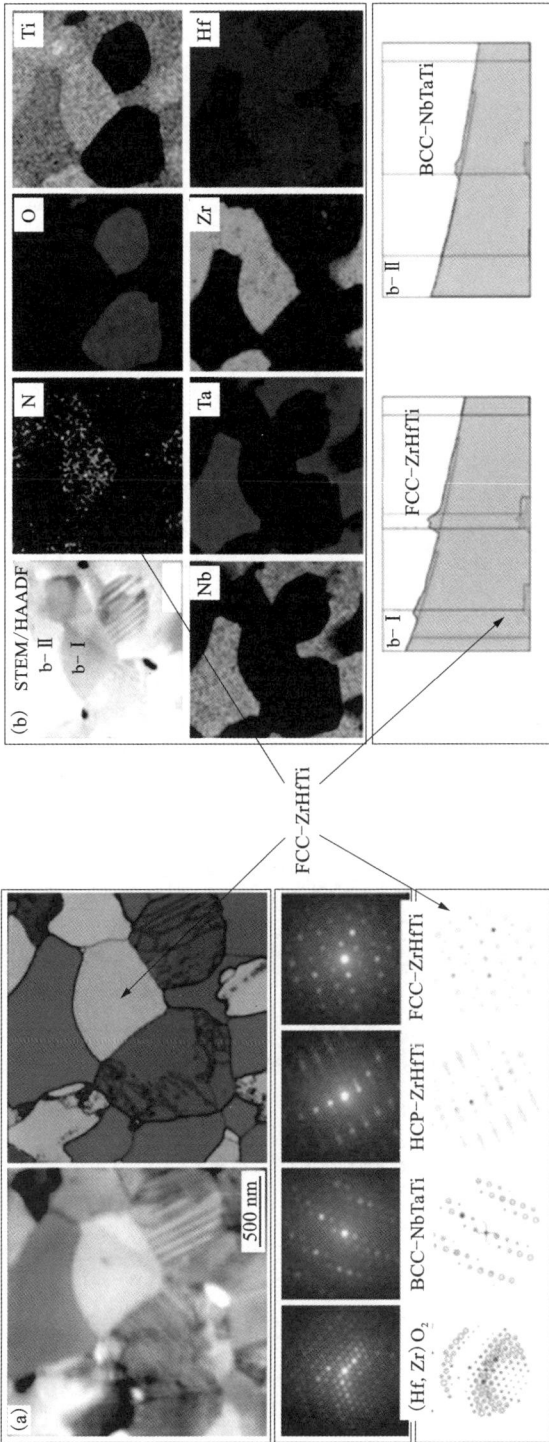

(a) HfNbTaTiZr 难熔多主元合金的微观组织；(b) 合金的元素面分布图

图7-8　HfNbTaTiZr 多主元难熔合金的显微组织及成分分析

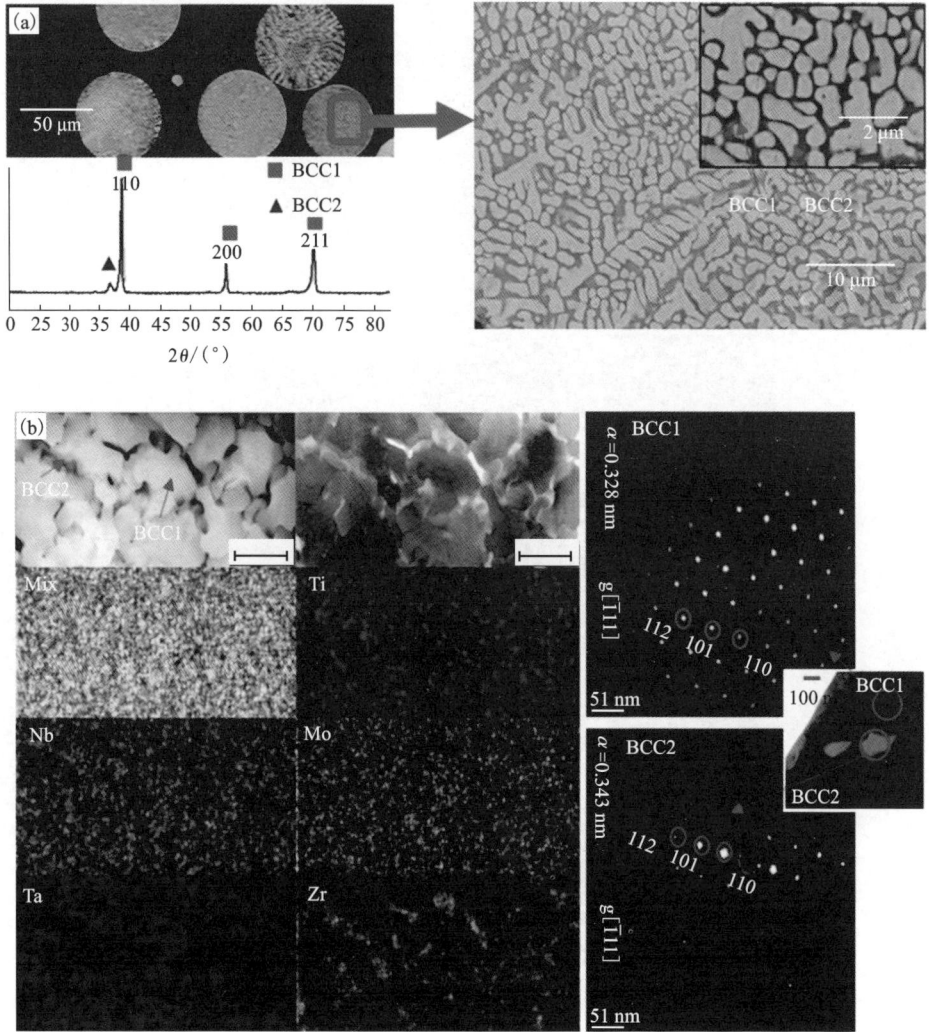

(a)SEM 显微结构和 XRD 图；(b)TEM-EDS 图和 TEM-SAED 图。

图 7-9　MoNbTaTiZr 多主元难熔合金粉末组织和形貌

　　此外，粉末冶金方法制备的 MoNbTaTiZr 多主元难熔合金相较于铸态合金的强度与塑性都有明显的提升。由图 7-10 可知，粉末冶金方法制备的 MoNbTaTiZr 多主元难熔合金抗压强度由熔铸态的 1800 MPa 左右提升至约 2700 MPa，同时压缩应变由原来的不足 10%变为 20%以上。由压缩断口可知，在 BCC1 相经历了巨大的塑性变形后，BCC2 相仍然嵌在 BCC1 相中，起强化作用。此外，可以发现，合金在变形过程中产生了大量的微滑移带，宽度约为 70 nm。这可能是添加 Mo 或 Ta 类元素引起的。这些元素的添加会降低堆垛层错能，并有利于滑移，而粉末冶金合金具有细小的晶粒，有利于形成亚微米剪切带，而非宏观形式的剪切带，从而提高塑性变形能力与加工硬化能力。

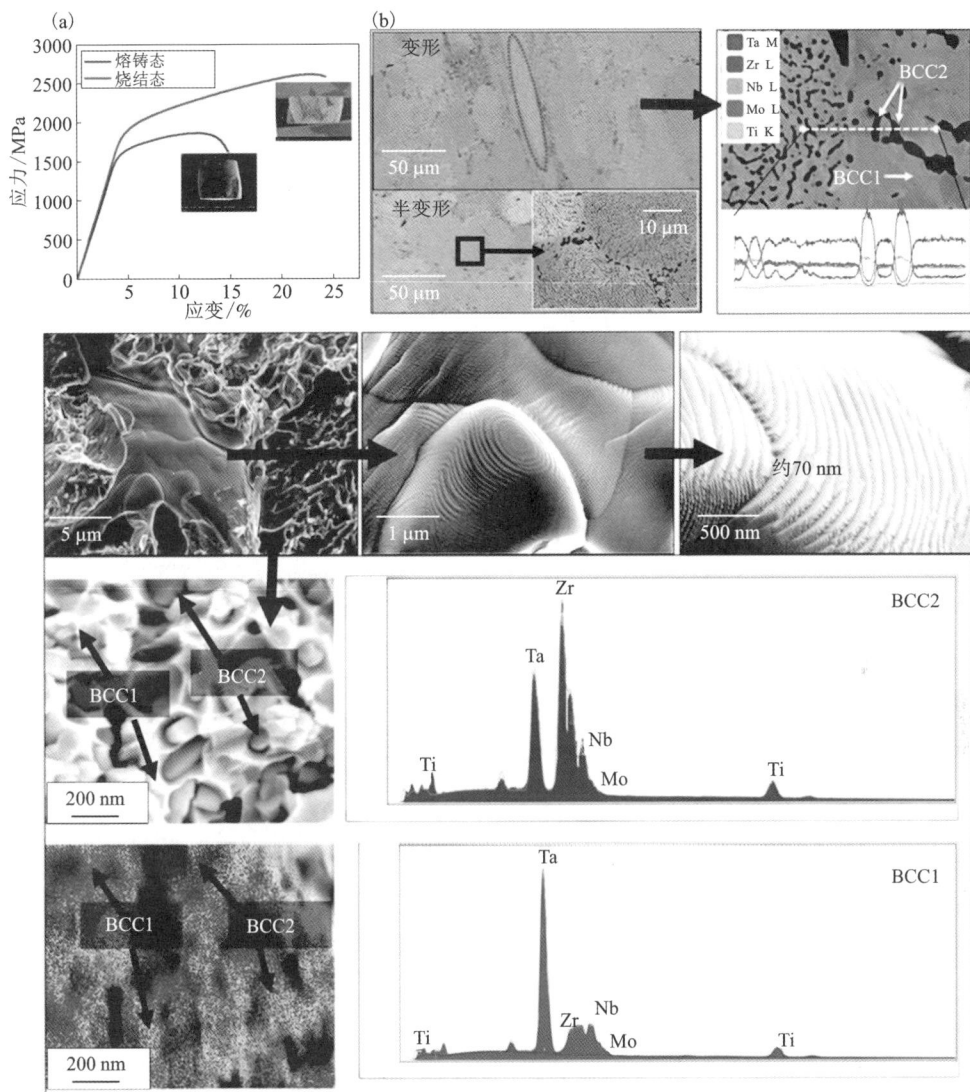

（a）压缩应力-应变曲线；（b）未变形和变形合金样品的 SEM 图像；
（c）合金压缩试验后的断口图及 EDS 图。

图 7-10　MoNbTaTiZr 多主元难熔合金的室温力学性能

扫一扫，看彩图

7.3　粉末冶金多主元难熔合金的相稳定性

多主元难熔合金的相稳定性受合金成分影响较大,第Ⅳ族元素及 Al、Cr 等元素都容易引起第二相析出。在粉末冶金方法中,多主元难熔合金通常采用放电等离子烧结方法制备,该工艺具有较快的冷却速度,使合金冷却到室温后保留非平衡组织(一般为 BCC 单相)。这种非平衡组织具有良好的力学性能,但考虑多主元难熔合金未来服役条件主要为高温环境,因此其组织的高温稳定性对其力学性能至关重要。然而目前,对合金的相稳定性及其对合金力学性能的影响的研究少有报道。

7.3.1　多主元难熔合金的烧结组织

作者团队对粉末冶金 $TiNbTa_{0.5}ZrAl_x$ 多主元难熔合金中($x=0$、0.2、0.5、1)第二相的析出行为进行研究。烧结态 $TiNbTa_{0.5}ZrAl_x$ 多主元难熔合金的相组成及微观组织如图 7-11 所示。从图 7-11(a)可见,当 Al 原子比不高于 0.5 时,烧结合金为 BCC 单相结构;当 Al 原子比增加到 1 时,合金由 BCC 和 HCP 双相组成。根据计算,$TiNbTa_{0.5}Zr$ 合金的晶格常数为 3.355 Å,与 BCC 结构的 Nb、Ta、Ti、Zr 等元素晶格参数十分接近。$TiNbTa_{0.5}ZrAl$ 合金中的 HCP 相与 Zr_4Al_5 型金属间化合物的衍射角位置接近,说明 Al 含量较高时,合金中析出 Zr-Al 系金属间化合物第二相。图 7-11(b)为(110)晶面衍射峰的放大视图,可见随着 Al 含量的增加,合金中 BCC 相的衍射峰逐渐右移,说明添加 Al 元素导致合金晶格参数逐渐减小,该规律在高角度衍射晶面更加明显。图 7-11(b)~(f)为 $TiNbTa_{0.5}ZrAl_x$ 合金的显微组织图,主要观察了晶界处的组织差别,因为晶内组织基本都是 BCC 单相组织。$TiNbTa_{0.5}ZrAl_{0.2}$ 和 $TiNbTa_{0.5}ZrAl_{0.5}$ 合金的 XRD 结果显示合金为 BCC 单相,但是晶界上观察到有细小第二相析出,可能是晶界析出相尺寸含量极少,或者是与基体 BCC 相具有接近的晶格常数,导致衍射峰峰位重合的缘故。$TiNbTa_{0.5}ZrAl$ 合金晶界及附近析出 HCP 第二相,晶界上第二相为连续分布,晶内第二相呈针状分布。

对烧结态 $TiNbTa_{0.5}ZrAl_x$ 合金的成分进行分析,结果见表 7-2。测得的整体成分与合金名义成分较接近。进一步对合金成分进行面分析和线分析,如图 7-12 所示。从扫描照片可见,烧结态多主元难熔合金中存在较多残余孔隙,通过排水法测得合金相对密度约为 91%。合金中的五个组元整体分布较均匀,不存在明显的偏析现象。相比于相似成分的铸造多主元难熔合金,成分偏析状况得到了显

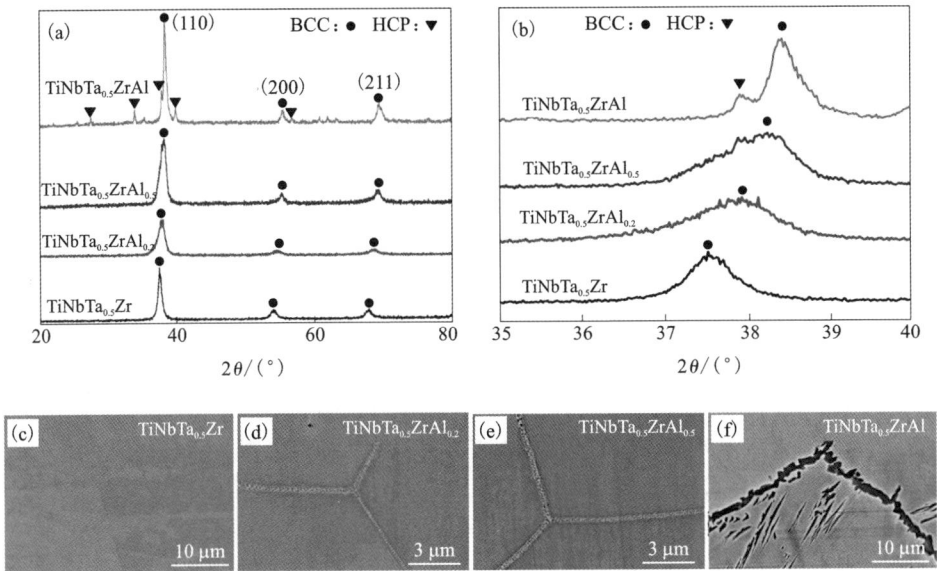

（a）不同 Al 含量合金的 XRD 图；（b）35°~40° 衍射峰放大图；（c）~（f）不同 Al 含量合金的微观组织图。

图 7-11　烧结态 $TiNbTa_{0.5}ZrAl_x$ 合金的相组成

著改善。对 $TiNbTa_{0.5}ZrAl_{0.2}$ 合金晶界进行成分分析发现，晶界中的 Zr、Al 元素含量波动比其他元素明显。同时，对 $TiNbTa_{0.5}ZrAl$ 合金中的 HCP 相进行元素分析，发现 HCP 相中 Zr、Al 元素含量明显高于 BCC 基体，而 Ti、Ta、Nb 元素含量则低于基体。

表 7-2　烧结态 $TiNbTa_{0.5}ZrAl_x$ 合金的成分

合金	$x_{Ti}/\%$	$x_{Nb}/\%$	$x_{Ta}/\%$	$x_{Zr}/\%$	$x_{Al}/\%$
$TiNbTa_{0.5}Zr$	30.75	27.76	16.88	24.61	—
$TiNbTa_{0.5}ZrAl_{0.2}$	30.22	25.62	14.31	23.58	6.27
$TiNbTa_{0.5}ZrAl_{0.5}$	26.20	25.54	12.12	24.19	11.95
$TiNbTa_{0.5}ZrAl$	22.63	21.59	11.72	22.15	21.91

　　对烧结态 $TiNbTa_{0.5}ZrAl_x$ 合金的基体及第二相的结构进行 TEM 表征，结果如图 7-13 所示。$TiNbTa_{0.5}ZrAl_{0.2}$ 合金基体为单相，经电子衍射标定进一步确定为

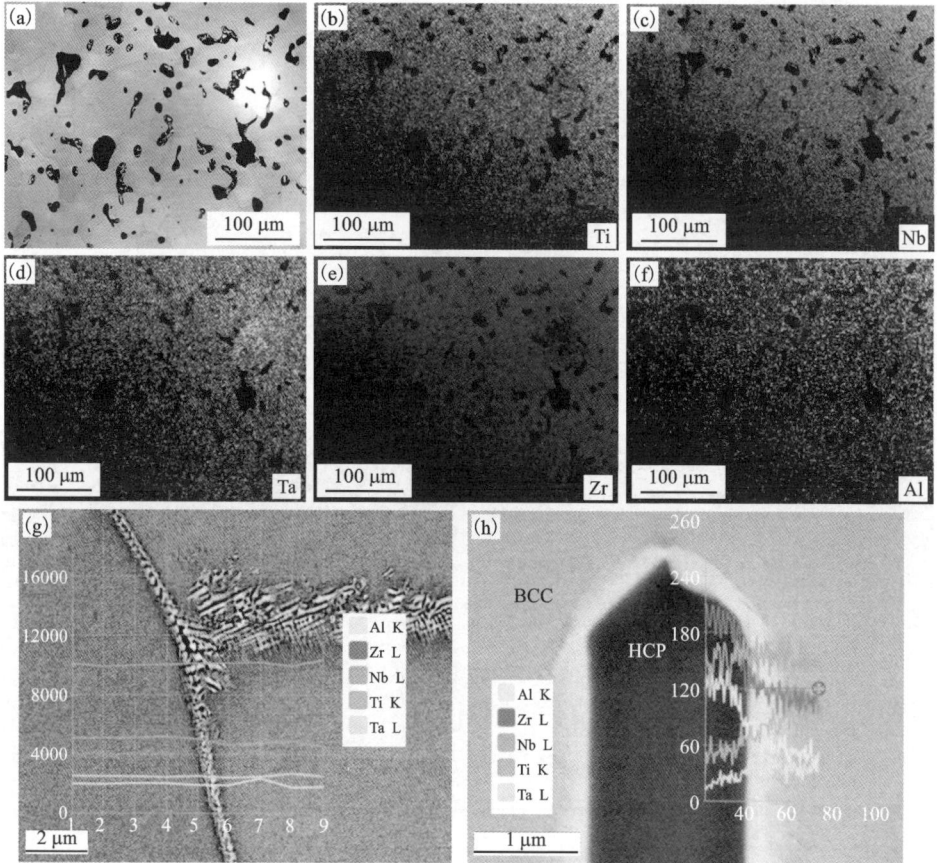

（a）TiNbTa$_{0.5}$ZrAl$_{0.2}$ 合金的 BSE 图像；（b）~（f）TiNbTa$_{0.5}$ZrAl$_{0.2}$ 合金中元素分布；（g）TiNbTa$_{0.5}$ZrAl$_{0.2}$ 合金晶界成分线分析；（h）TiNbTa$_{0.5}$ZrAl 合金第二相成分线分析。

图 7-12　烧结态 TiNbTa$_{0.5}$ZrAl$_x$ 合金的成分分析

BCC 单相结构。对 BCC 相的高分辨分析表明，合金中的固溶体为无序 BCC 结构，（110）晶面间距为 0.242 nm，与第 V 族元素晶面间距相近，该结果与大多数已报道的多主元难熔合金结构相同。TiNbTa$_{0.5}$ZrAl 合金中的第二相具有 HCP 结构，经衍射标定发现与 Zr$_5$Al$_4$ 金属间化合物具有相似结构。HCP 相中 Zr、Al 元素含量较高，其原子比接近 5：4，与电子衍射结果一致。同时，析出相中还固溶有少量 Ti、Ta、Nb 元素，但其含量显著低于基体。

(a)TiNbTa$_{0.5}$ZrAl$_{0.2}$ 合金的 BF 图及相应 BCC 相的 SAED 图;(b)TiNbTa$_{0.5}$ZrAl$_{0.2}$ 合金中 BCC 相的 HRTEM 图;(c)TiNbTa$_{0.5}$ZrAl 合金的 BF 图;(d)TiNbTa$_{0.5}$ZrAl 合金中 HCP 相的 SAED 图。

图 7-13　烧结态 TiNbTa$_{0.5}$ZrAl$_x$ 合金的微观结构

7.3.2　多主元难熔合金热处理过程组织演变

此外,作者团队系统地研究了多主元难熔合金在不同热处理条件下(600 ℃、800 ℃、1000 ℃、1200 ℃)的第二相析出行为。TiNbTa$_{0.5}$Zr 合金在不同温度退火 2 h 的相组成如图 7-14 所示。在 600 ℃退火后,合金由 BCC 相及 BCC2 相组成。两相的衍射峰位较接近,但是分离度还是比较明显。计算晶格参数发现,BCC 相晶格参数为 3.417 Å,而 BCC2 相晶格参数为 3.335 Å,两相的晶格参数差异可能是不同元素的偏聚造成的。在 800 ℃ 退火后，合金仍由两相组成，但是两相分离度较小，晶格参数更接近，说明两相成分比较接近。而在 1000 ℃ 以上退火，合金保持 BCC 单相结构，没有发现第二相析出。TiNbTa$_{0.5}$Zr 合金退火后的微观组织如图 7-15 所示，600 ℃ 退火后，合金主要在晶界及附近析出第二相，晶界和晶内析出相分布都不均匀，退火组织比较复杂。800 ℃ 退火后，第二相主要分布在晶界，晶内有少量第二相，分布也

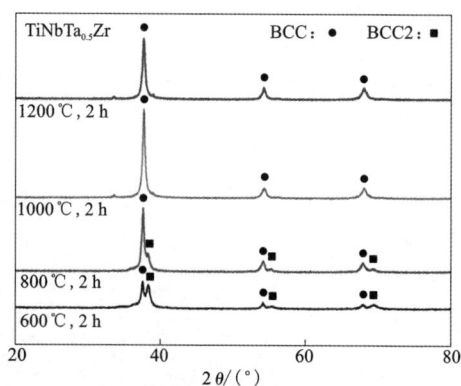

图 7-14　TiNbTa$_{0.5}$Zr 合金
在 600~1200 ℃退火 2 h 后的 XRD 图

不均匀。但在 1000 ℃ 退火后，晶内无析出相，晶界析出极少的第二相，由于含量太低，在 XRD 图谱上未能出现衍射峰。在 1200 ℃ 退火后，合金保持 BCC 单相固溶体结构，晶界干净清晰，整体组织均匀。

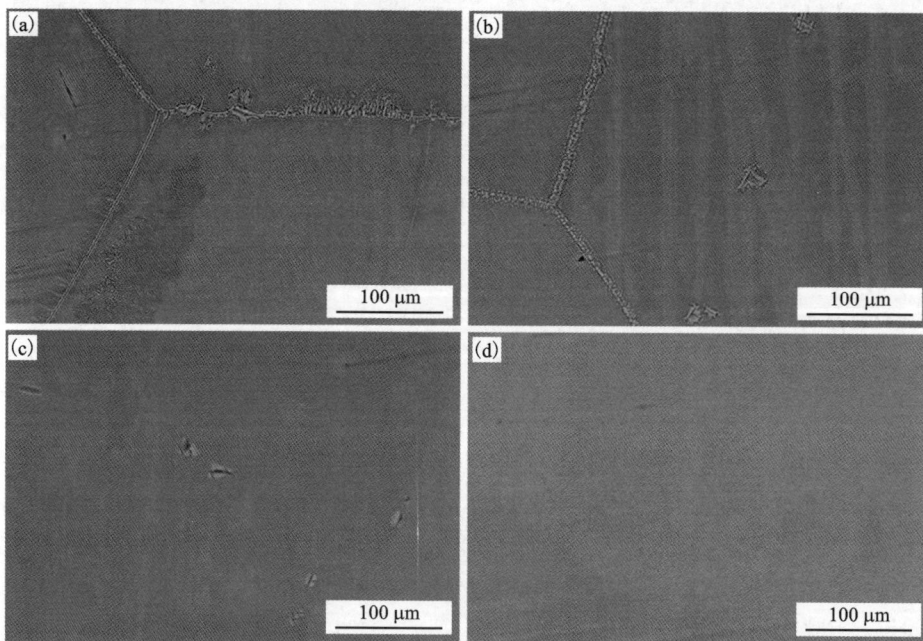

（a）600 ℃退火；（b）800 ℃退火；（c）1000 ℃退火；（d）1200 ℃退火。

图 7-15　TiNbTa$_{0.5}$Zr 合金在 600~1200 ℃退火 2 h 后的微观组织

TiNbTa$_{0.5}$ZrAl$_{0.2}$ 合金在不同温度退火 2 h 的相组成如图 7-16 所示。合金在 600~1000 ℃ 退火后均有 BCC2 相析出，而在 1200 ℃ 退火后可保持 BCC 单相结构，其相组成与 TiNbTa$_{0.5}$Zr 合金相似。添加 Al 元素后，在 1000 ℃ 下，合金组织不再保持单相，说明 Al 元素降低了 TiNbTa$_{0.5}$Zr 系合金的 BCC 结构稳定性。TiNbTa$_{0.5}$ZrAl$_{0.2}$ 合金退火后的微观组织如图 7-17 所示，相比于 TiNbTa$_{0.5}$Zr 合金，添加 Al 元素后，第二相析出含量显著增加，其

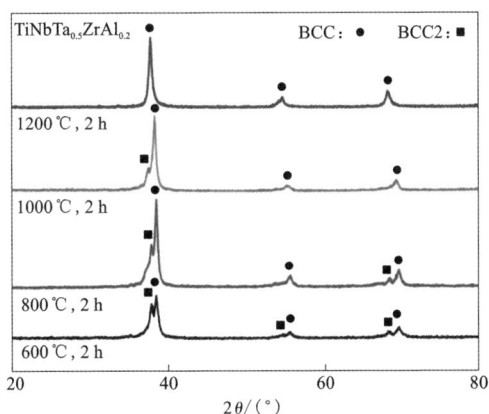

图 7-16　TiNbTa$_{0.5}$ZrAl$_{0.2}$ 合金在 600~1200 ℃ 退火 2 h 后的 XRD 图谱

析出相形态类似共晶组织。此外，随着退火温度的升高，析出相含量逐渐降低。在 1000 ℃ 退火后，析出相含量明显低于 600 ℃ 退火组织，同时析出相尺寸大于 600 ℃ 退火组织。析出相在晶内仍分布不均匀，大多呈团簇状分布。在 1200 ℃ 退火后，TiNbTa$_{0.5}$ZrAl$_{0.2}$ 合金仍保持 BCC 单相结构，整体组织均匀无析出。

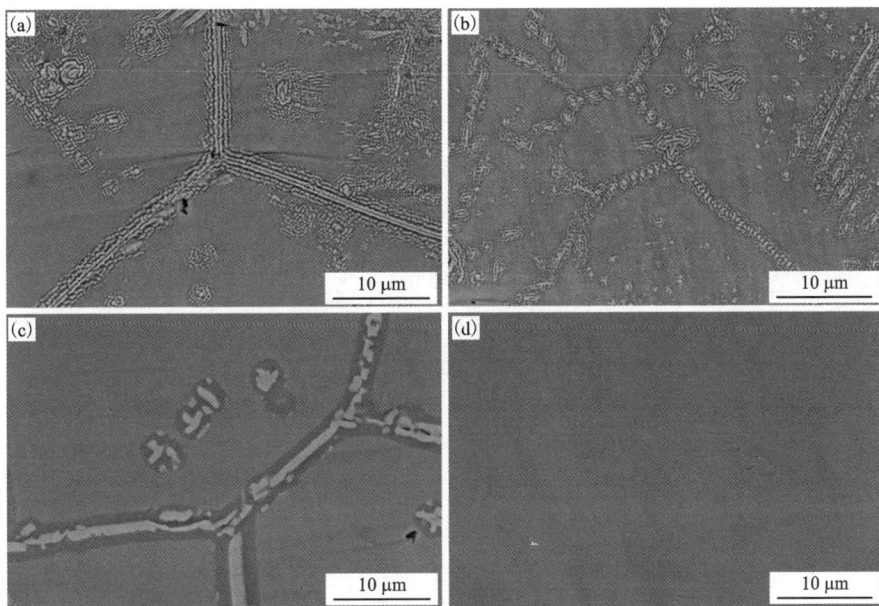

(a) 600 ℃ 退火；(b) 800 ℃ 退火；(c) 1000 ℃ 退火；(d) 1200 ℃ 退火。

图 7-17　TiNbTa$_{0.5}$ZrAl$_{0.2}$ 合金在 600~1200 ℃ 退火 2 h 后的微观组织

TiNbTa$_{0.5}$ZrAl$_{0.5}$ 合金在不同温度退火 2 h 的相组成如图 7-18 所示。Al 原子比增加到 0.5 后,第二相析出行为发生了较大变化。在 600 ℃退火后,合金保持 BCC 单相结构。在 800 ℃退火后,合金中析出 BCC2 相。而在 1000~1200 ℃退火后,合金中析出 HCP 相,与烧结态 TiNbTa$_{0.5}$ZrAl 合金中的 HCP 相峰位一致。TiNbTa$_{0.5}$ZrAl$_{0.5}$ 合金退火后的微观组织如图 7-19 所示,600 ℃退火组织为单一的 BCC 相,与低 Al 含量合金区别较大,并未

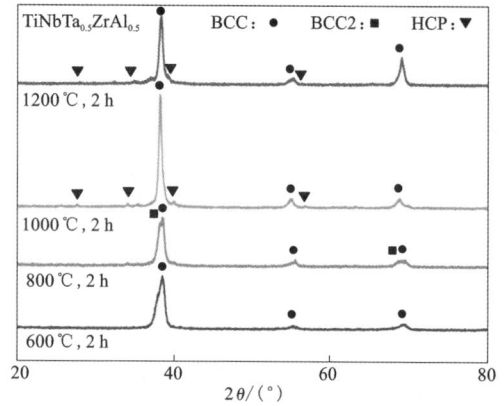

图 7-18 TiNbTa$_{0.5}$ZrAl$_{0.5}$ 合金
在 600~1200 ℃退火 2 h 后的 XRD 图

发现复杂 BCC2 相析出。而在 800 ℃退火后,合金中均匀地析出了网状第二相,析出相尺寸为纳米级。该现象与 Senkov 等在 TiNbTa$_{0.5}$ZrAlMo$_{0.5}$ 合金中观察到的 B2 相析出极为相似。

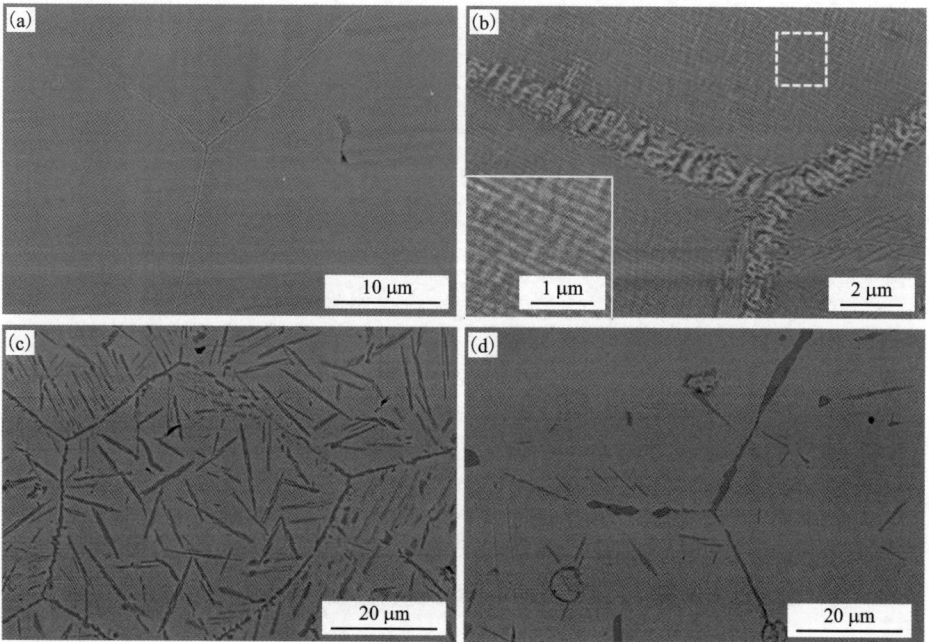

(a)600 ℃退火;(b)800 ℃退火;(c)1000 ℃退火;(d)1200 ℃退火。

图 7-19 TiNbTa$_{0.5}$ZrAl$_{0.5}$ 合金在 600~1200 ℃退火 2 h 后的微观组织

采用 TEM 进一步分析了析出相的结构,如图 7-20 所示。从明场像可以看出,析出相呈网格编织状,尺寸约为 5 nm。基体被析出相分隔成方块状,尺寸约为 20 nm。对合金进行电子衍射分析,发现在 BCC 相的[001]带轴衍射斑中出现 B2 超点阵,对 B2 相弱斑点进行暗场分析,进一步确定 B2 相为网状析出相。对 BCC 基体相和 B2 析出相的界面进行高分辨分析,发现两者具有共格界面。此外,观测发现 B2 相在合金中不同位置析出都比较均匀,800 ℃退火后合金获得了整体均匀细小的第二相析出组织。在 1000 ℃退火后,合金晶界及晶内析出了大量针状 HCP 相,其中晶界析出相呈连续状,而晶内呈不连续针状,其宽度约为 1 μm,长度约 10 μm,且在晶内分布均匀。经分析,该针状 HCP 相与烧结态 $TiNbTa_{0.5}ZrAl$ 合金中的 HCP 相为同一物相。同时,合金中未发现 BCC2 相或 B2 相析出,说明 Al 含量较高时,将抑制 BCC 第二相析出。当退火温度升高至 1200 ℃时,晶内 HCP 相含量变少,同时第二相尺寸明显粗化。

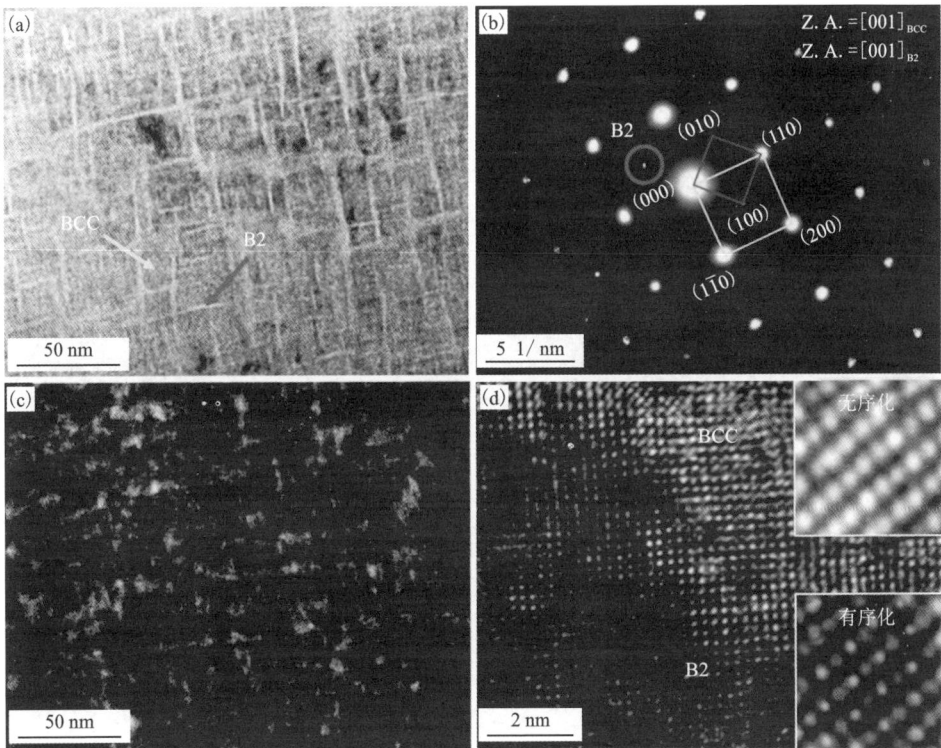

(a)析出相的 BF 图;(b)合金的 SAED 图;
(c)从 SAED 图中的指定衍射斑获得的 DF 图;(d)BCC 相与 B2 相界面结构。

图 7-20　$TiNbTa_{0.5}ZrAl_{0.5}$ 合金在 800 ℃退火 2 h 后析出第二相的结构

TiNbTa$_{0.5}$ZrAl 合金在不同温度退火 2 h 的相组成如图 7-21 所示。在整个 600~1200 ℃退火温度区间，合金均由 BCC 及 HCP 两相组成。即便在较低温度退火，合金中也未析出 BCC 第二相，说明当 Al 含量高至一定程度时，合金中主要以金属间化合物形式析出第二相，而端际固溶体第二相析出被完全抑制。

合金退火后的微观组织如图 7-22 所示，可见 600 ℃退火后，合金中 HCP 第二相主要分布在晶界上，与烧结态组织相似。随着退火温度逐渐增加到 1000 ℃，HCP 相在晶内大量析出，同时第二相尺寸也逐渐粗化。退火温度进一步增加到 1200 ℃后，晶内 HCP

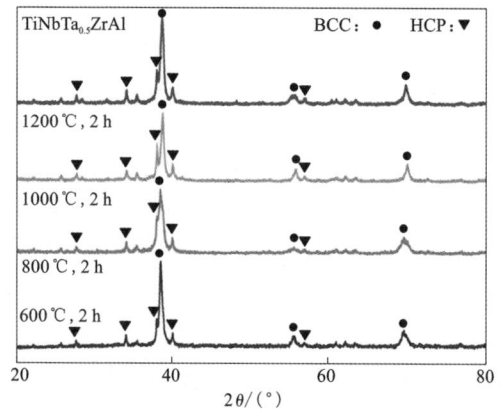

图 7-21　TiNbTa$_{0.5}$ZrAl 合金
在 600~1200 ℃退火 2 h 后的 XRD 图

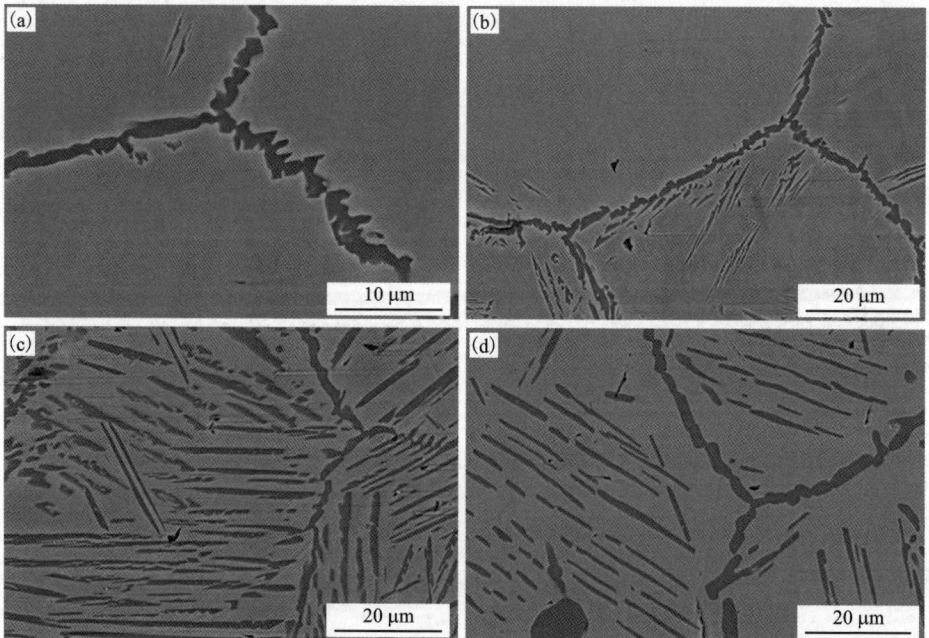

(a)600 ℃退火；(b)800 ℃退火；(c)1000 ℃退火；(d)1200 ℃退火。

图 7-22　TiNbTa$_{0.5}$ZrAl 合金在 600~1200 ℃退火 2 h 后的微观组织

相进一步粗化，但其含量开始减少，该规律与 $TiNbTa_{0.5}ZrAl_{0.5}$ 合金相同。第二相的粗化是由于退火温度升高，析出相长大速率增加。而第二相含量先增加后降低，主要是由于在较低温度下，HCP 相形核率较高，但生长较慢，而在较高温度下，高熵效应对 BCC 结构有稳定作用，使形核率降低，长大速率升高。在两者的竞争作用下，HCP 析出相在 1000 ℃ 左右出现了最高的相对体积含量。

7.3.3 多主元难熔合金的热力学分析

采用铸造工艺制备的多主元难熔合金通常具有简单固溶体结构，是因为熔炼过程中的高温能充分发挥多主元无序结构的高熵效应。曹等采用高温烧结工艺制备 $TiNbTa_{0.5}ZrAl_x$ 合金，同样发挥了合金的高熵效应，使合金保留高温非平衡组织，形成简单的固溶体结构。高熵合金中的相组成可以采用系列经验判据进行分析或预测，包括原子尺寸差异（δ）、混合焓（ΔH_{mix}）、Ω 参量、价电子浓度（VEC）等。$TiNbTa_{0.5}ZrAl_x$ 系列多主元难熔合金上述参数随 Al 含量增加的变化关系如图 7-23 所示。合金的原子尺寸差异随 Al 含量的增加先明显增加，然后再缓慢降低，在 Al 原子比为 0.7 左右达到最大。Al 元素的原子半径与 Ti、Nb、Ta 的原子半径接近，但明显小于 Zr 原子半径。因此，当 Al 原子比增加到 0.7 时，合金中的尺寸错配度逐渐增加，而 Al 原子比超过 0.7 之后，由于大尺寸的 Zr 原子含量相对减少，合金中原子错配度逐渐降低。需注意的是，尽管 Al 原子比超过 0.7 之后，原子尺寸错配度不再增加，但是模量错配度仍在增加，因此 Al 含量的增加仍可造成固溶强化的增加。根据多主元合金的经验判据，形成固溶体的原子尺寸差异需满足 $\delta<5$。由于 Al 原子与基体中的大多数组元原子尺寸接近，因此在整个研究范围内，合金的原子尺寸差异均满足形成固溶体的条件。但是实际上，仅有 $TiNbTa_{0.5}Zr$、$TiNbTa_{0.5}ZrAl_{0.2}$ 和 $TiNbTa_{0.5}ZrAl_{0.5}$ 合金形成了 BCC 固溶体结构，而 $TiNbTa_{0.5}ZrAl$ 合金形成了金属间化合物与 BCC 固溶体的双相结构。这说明原子尺寸差异判据是形成固溶体的必要非充分条件。分析合金的混合焓，发现随着 Al 含量的增加，合金的混合焓逐渐降低。在不含 Al 的 $TiNbTa_{0.5}Zr$ 合金中，混合焓为正值，而添加 Al 原子比至 0.1 以上时，混合焓变为负值，且混合焓随 Al 原子比增加基本呈线性降低。根据高熵合金经验判据，多主元合金中形成固溶体的混合焓需满足 $-15\ kJ\cdot mol^{-1}<\Delta H_{mix}<5\ kJ\cdot mol^{-1}$。当 Al 原子比在 0.7 以下时，混合焓满足形成固溶体条件，而 Al 原子比超过 0.7 以后，混合焓低于 $-15\ kJ\cdot mol^{-1}$，易析出金属间化合物相。混合焓预测的相组成与实际结果较符合，说明 Al 元素主要通过混合焓影响合金的物相组成。Ti-Nb-Ta-Zr-Al 体系中元素的两两混合焓见表 7-3，主要难熔元素组元间的混合焓均为正值或 0，说明难熔元素的互溶性较好。但是 Al 与其他元素的混合焓均为负值，尤其与 Zr 元素具有最负的混合焓（$-44\ kJ\cdot mol^{-1}$），说明添加 Al 元素后，固溶体结构变得不稳定，具有析出

Zr-Al 系金属间化合物的趋势。合金的 Ω 参量可反映熵效应与焓效应之比,如图 7-23(c) 所示。当 Al 原子比为 0~0.2 时,合金具有较高的 Ω 参量值,说明在该成分范围内,合金结构受熵效应影响较大。Al 原子比为 0~0.2 时对混合熵值本身影响并不大,熵效应主要取决于温度的变化,因此合金中第二相析出主要受温度的影响。而当 Al 原子比增加到 0.2 以上时,Ω 参量值显著降低,说明此时合金结构受焓影响较大,合金结构受 Al 元素含量影响较大。通过计算 VEC 可判断合金相结构,VEC 可预测固溶体相中的 BCC 或 FCC 结构。通常,当 VEC>8.6 时,FCC 结构更稳定;当 VEC<6.87 时,BCC 结构更稳定。在 TiNbTa$_{0.5}$ZrAl$_x$ 合金中,VEC 值随着 Al 含量的增加基本呈线性降低,且均低于 6.87,说明合金中的固溶体相为 BCC 结构,与实验结果基本相符。总体来说,可将 TiNbTa$_{0.5}$ZrAl$_x$ 合金中第二相析出的热力学特征归纳如下:在高温下,由于高熵效应,TiNbTa$_{0.5}$ZrAl$_x$ 合金倾向于形成 BCC 结构的无序固溶体。但当 Al 含量较高时,合金混合焓值较负,导致 BCC 基体中析出 Zr-Al 系金属间化合物。在低温下,低 Al 含量的 TiNbTa$_{0.5}$ZrAl$_x$ 合金第二相析出受熵效应控制,析出行为对温度具有显著依赖;而高 Al 含量的 TiNbTa$_{0.5}$ZrAl$_x$ 合金第二相析出仍受焓效应控制,对温度依赖性较低。

由于烧结后的冷速相对较快,多主元合金中第二相来不及完全析出,因此烧结态 TiNbTa$_{0.5}$ZrAl$_x$ 合金继承了高温下的固溶体组织。其中,TiNbTa$_{0.5}$Zr、TiNbTa$_{0.5}$ZrAl$_{0.2}$ 和 TiNbTa$_{0.5}$ZrAl$_{0.5}$ 合金为 BCC 单相结构,而 TiNbTa$_{0.5}$ZrAl 合金为 BCC 固溶体和 HCP 金属间化合物双相结构。在退火过程中,TiNbTa$_{0.5}$Zr、TiNbTa$_{0.5}$ZrAl$_{0.2}$ 合金的第二相析出行为相似,即在较高温度下(1200 ℃)保持单相结构,而在较低温度下(600~800 ℃)析出 BCC2 相,析出相仍为无序固溶体结构。该析出行为主要是由于温度降低造成熵效应下降,初始固溶体稳定性降低。而 TiNbTa$_{0.5}$ZrAl 合金在整个温度范围内一直保持 BCC 固溶体和 HCP 金属间化合物双相结构,在低温下也没有出现端际固溶体第二相析出。主要原因是 Al 元素含量较高造成熵效应影响受限,合金中第二相析出主要由 Al 元素引起的低混合焓化合物析出主导,所以析出相结构对退火温度不敏感。而介于中间的 TiNbTa$_{0.5}$ZrAl$_{0.5}$ 合金则出现了较复杂的析出行为,在 800 ℃时析出了有序 B2 相,1000 ℃以上时析出 HCP 金属间化合物相。实际上 HCP 相可以在更低温度下析出,Stepanov 等和 Yao 等对 TiNbTaZr 系多主元难熔合金进行热机械处理发现,经过冷变形后再进行热处理,合金在 500~800 ℃ 也能析出 HCP 相。这说明 TiNbTa$_{0.5}$ZrAl$_{0.5}$ 合金在低温下未析出 HCP 相可能是由于该条件不足以越过 HCP 相形核势垒,从而使 HCP 相析出受抑制。同时,合金在 800 ℃出现 B2 相析出,Senkov 等在 TiNbTa$_{0.5}$ZrAlMo$_{0.5}$ 合金中也观察到了类似的 B2 相析出,且析出相结构形态与 TiNbTa$_{0.5}$ZrAl$_{0.5}$ 合金 800 ℃时的析出相非常相似。该析出机制被认为主要受调幅分解控制，而适当含量的 Al 元素可使析出相有序化。由于调幅分解不需要形核势垒，因此在原子热激活后即可借助自扩散完成初始 BCC 相的分解，形成 BCC+B2 相的调幅分解组织。

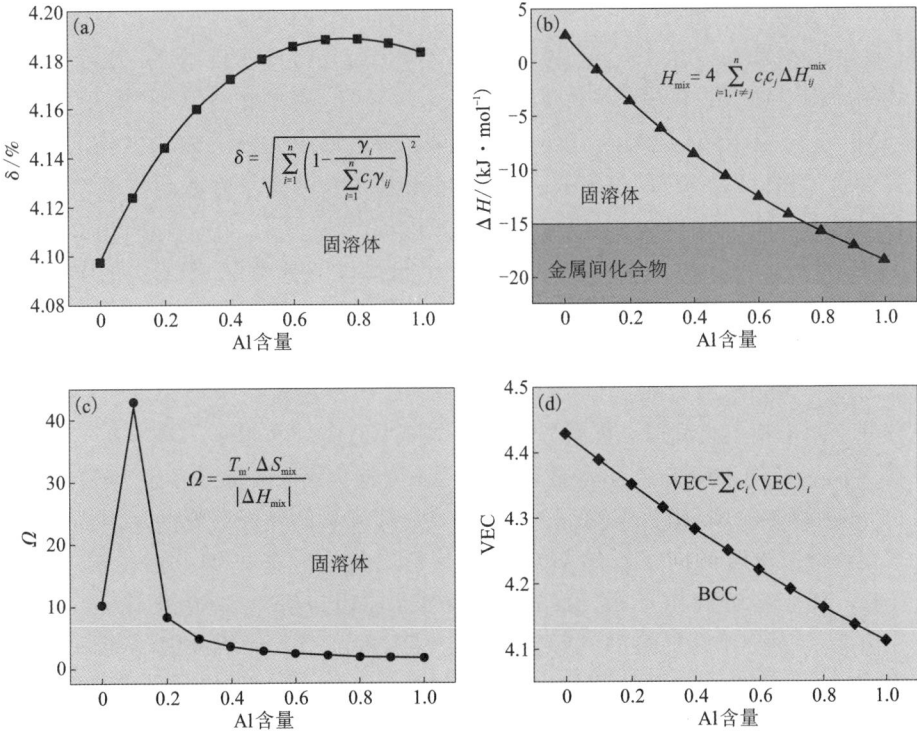

（a）原子尺寸差异与 Al 含量的关系；（b）混合焓与 Al 含量的关系；
（c）Ω 参量与 Al 含量的关系；（d）价电子浓度与 Al 含量的关系。

图 7-23　TiNbTa$_{0.5}$ZrAl$_x$ 合金的热力学参数与 Al 含量（原子比）的关系

表 7-3　Ti-Nb-Ta-Zr-Al 体系中元素的两两混合焓

元素	Ti	Nb	Ta	Zr	Al
Ti	—	—	—	—	—
Nb	2	—	—	—	—
Ta	1	0	—	—	—
Zr	0	4	3	—	—
Al	−30	−18	−19	−44	—

7.3.4　多主元难熔合金的相图计算

虽然多主元合金的相形成与传统单主元合金差异较大，但仍可借助二元相图分析多主元合金的相稳定性及第二相析出行为。在 Ti-Nb-Ta-Zr-Al 体系中，Al 在其他元素中的固溶度非常小，在较大成分范围内都是以金属间化合物形式相，这也是 $TiNbTa_{0.5}ZrAl_x$ 合金中随着 Al 含量增加而倾向于析出 Zr-Al 金属间化合物的原因。在 Nb-Ta 相图中，两者可以无限互溶，在液相线以下均能形成 BCC 相。Nb 与 Ta 电子结构相似，化学性质相似，两者形成的固溶体非常稳定，基本不会有第二相析出。在 Ti-Nb/Ta 相图中，若 Nb/Ta 的摩尔分数超过 50%，则在液相线以下均能形成 BCC 相；但若 Nb/Ta 的摩尔分数低于 50%，则液相线以下先析出 BCC 相，温度低于一定值时，BCC 相中将析出 HCP 相。这主要是因为第Ⅳ族元素是高温 BCC 相，室温下其 HCP 结构更稳定。Zr 与 Ti 的性质相似，但不同的是在 Zr-Ti/Nb/Ta 相图中，均存在溶混间隙。溶混间隙的存在将造成合金的自由能与成分为非单调关系，在自由能-成分的曲线中出现两个极小值。而当合金成分处于两个拐点之间时，具有分解为两个极小值成分的相变趋势。从实验结果来看，不含 Al 的 $TiNbTa_{0.5}Zr$ 合金在 600~800 ℃退火后，会析出 BCC2 第二相，且 BCC2 相为富 Ta、Nb 相。显然，这不是由第Ⅳ族元素的共性造成的。因为第Ⅳ族元素在较低温度时倾向于析出 HCP 相，且析出相中应富集 Ti、Zr 元素。因此，$TiNbTa_{0.5}Zr$ 合金初始 BCC 相分解为富 Zr 的 BCC 相与富 Ta、Nb 的 BCC2 相很可能是由 Zr 与其他组元的溶混间隙造成的。溶混间隙造成的相分解可使固溶体分解为成分不同而结构相同的两相，与实验结果基本吻合。此外，溶混间隙造成的相分解存在两种相变机制，一是形核长大机制，二是调幅分解机制。形核长大机制在第二相析出过程中需克服形核能垒，在晶体缺陷处或高能态处容易发生，析出的第二相往往分布不太均匀。而调幅分解机制的第二相析出无须克服能垒，合金中的成分起伏可直接导致原子发生上坡扩散，自发分解为成分不同的两相，且两相交替均匀分布。在 $TiNbTa_{0.5}Zr$ 和 $TiNbTa_{0.5}ZrAl_{0.2}$ 合金中，第二相在晶界上优先析出（因为晶界上缺陷密度高），且在晶内的析出明显不均匀，具有明显的形核长大特征。因此可以推断，低 Al 含量的 $TiNbTa_{0.5}ZrAl_x$ 合金在低温下的析出是由溶混间隙造成的，第二相析出机制为形核长大机制。而 $TiNbTa_{0.5}ZrAl_{0.5}$ 合金在800 ℃退火析出 B2 相，析出相整体分布均匀，富 Ta、Nb 的 BCC 相与富 Zr、Al 的 B2 相呈网格编织状，其组织特点与调幅分解组织一致，因此，$TiNbTa_{0.5}ZrAl_{0.5}$ 合金的 B2 相析出机制为调幅分解机制。

由于多主元合金组元多，尚未建立相图体系，研究者多采用计算相图方法分析多主元合金中的相构成，其中 Thermol-calc 方法使用较为普遍。采用 Thermol-calc 计算多主元合金相图需要基础数据库，而目前还没有完整的多主元合金数据库。在计算多主元合金的 FCC 结构时，多采用 Ni 合金数据库。如基于 TTNI-8 计算的 FeCoCrNiMn 合金的相图与实验观察结果吻合度较高。而 BCC 结构的多主元难熔合金虽然不含 Ni 元素，但研究证明采用 Ni 合金数据库也能较好地分析合金中的相构成。如采用 TCNI-5、TCNI-8 数据库辅助进行多主元难熔合金的成分设计。Cao 等基于 TCNI-5 计算了 $TiNbTa_{0.5}ZrAl_x$ 合金的相图，如图 7-24 所示。从计算相图可见，在 $TiNbTa_{0.5}ZrAl_x$ 合金中，随着温度降低到液相线以下，合金首先析出 BCC 相，但温度进一步降低后，合金中的 BCC 相逐渐分解成 BCC1 相和 BCC2 相。此外，在 Al 原子比大于 0.5 时，相图中出现 HCP 第二相，且该相在低温下较稳定。Thermol-calc 计算相图与实验结果在一定程度上吻合，例如 $TiNbTa_{0.5}Zr$ 和 $TiNbTa_{0.5}ZrAl_{0.2}$ 合金的第二相析出与相图预测的相结构相符，$TiNbTa_{0.5}ZrAl_{0.5}$ 和 $TiNbTa_{0.5}ZrAl$ 合金中析出 HCP 相也符合相图规律。但是计算相图中第二相的析出温度与实验结果相差较大，一方面是由于采用的 Ni 合金数据库并不能契合多主元合金的相形成规律，另一方面是因为计算相图反映的是合金的平衡相构成，而研究的 $TiNbTa_{0.5}ZrAl_x$ 合金在很多条件下是处于非平衡状态，因此与实验结果有所偏差。

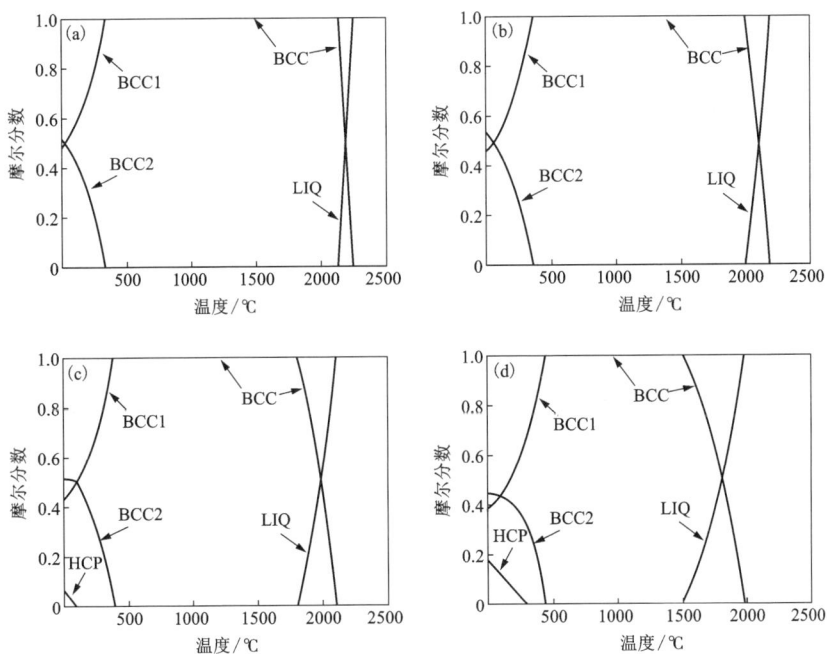

（a）$TiNbTa_{0.5}Zr$ 相图；（b）$TiNbTa_{0.5}ZrAl_{0.2}$ 相图；

（c）$TiNbTa_{0.5}ZrAl_{0.5}$ 相图；（d）$TiNbTa_{0.5}ZrAl$ 相图。

图 7-24　$TiNbTa_{0.5}ZrAl_x$ 合金的计算相图

　　基于实验及计算结果，绘制了 $TiNbTa_{0.5}ZrAl_x$ 合金的近似相图，如图 7-25 所示。图 7-25 中的标记点为实验获得，图 7-25 中分隔相区的曲线主要通过计算相图或标记点绘制。在较低温度下(< 600 ℃)，虽然实验观察到部分合金为 BCC 单相，但该状态为非平衡态，在足够大的相变驱动力下可发生复杂相变。该近似相图可为 $TiNbTa_{0.5}ZrAl_x$ 合金的组织优化提供参考。

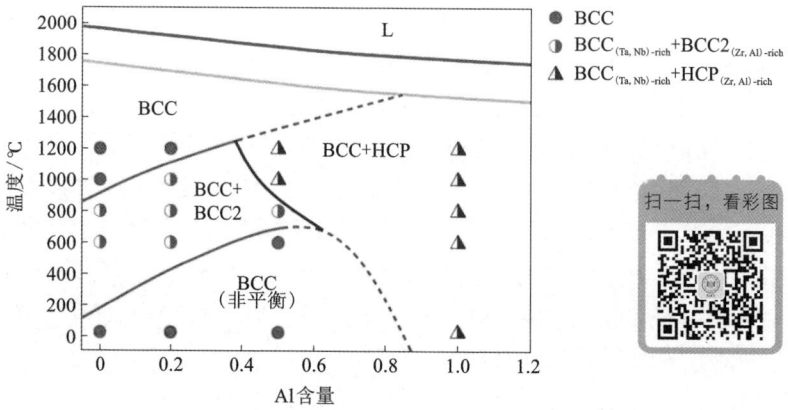

图 7-25　$TiNbTa_{0.5}ZrAl_x$ 合金的近似相图

第 8 章
多主元合金复合材料

复合高性能材料可通过强化颗粒与基体材料位错之间的相互作用，即弥散强化效应或第二相颗粒强化效应，发挥金属与陶瓷共同优势。多主元合金复合材料具有多主元合金的高熵效应、晶格畸变效应、迟滞扩散效应和"鸡尾酒"效应等特点，同时又具有高硬度、高强度、高耐磨性和高耐腐蚀性等性能，因而在工程结构材料应用方面展现出巨大潜力。

根据多主元合金复合材料外在形式的不同，可将其分为块体复合材料和复合材料涂层。根据块体多主元合金成分的不同，又可将其划分为过渡族多主元复合材料和多主元难熔合金复合材料，前者主要由 Fe、Co、Cr、Ni 等过渡族元素组成，多用于室温或者中温环境；后者主要由 W、Mo、Nb、Ta、V 等难熔元素组成，多用于高温或超高温环境。

8.1　多主元合金/金刚石复合材料

多主元合金可以作为硬质颗粒的黏结相，制备高性能工/磨具复合材料。多主元合金相对于传统黏结相材料，虽然合金元素含量较高，但生成相较少，结构简单，便于对材料成分–组织–性能进行调控，以满足高端领域对加工精度、效率、尺寸、工作温度等的精细化要求。因此，发展相应的界面调控技术来改善多主元复合材料的性能，具有重要的科学价值和现实意义。

8.1.1　成分设计及制备

金刚石磨具是以金刚石作为磨料，用各种不同黏结相将其黏结成具有一定几何形状或膏状的磨料制品的总称，例如金刚石砂轮、金刚石磨头、金刚石油石等。黏结相是影响金刚石磨具性能的重要因素之一。金属相黏结强度高，耐磨性好，可承受较大的载荷，并且导热性能良好，是金刚石磨具复合材料常用的黏结相成分。用于金刚石磨具的金属黏结相大致可分为铜基黏结相、钴基黏结相、铁基黏结相和硬质合金基黏结相等。

在金属黏结相中，铜(Cu)基黏结相具有熔点低、热导率高等特点，能够实现低温液相烧结，降低高温下金刚石的热损失。然而，铜基黏结相的强度低，耐磨性差，金刚石颗粒易脱落。通常添加锡(Sn)、镍(Ni)、钴(Co)和铬(Cr)等元素，能够使基体固溶强化，改善铜基黏结相的强度和耐磨性，同时提高黏结相对金刚石磨粒的把持能力。铜基黏结相中应用较广泛的是锡青铜黏结相。锡青铜黏结相的主体材料是铜、锡、锌、银等金属粉末，其占比达95%以上，有时可加入少量的石墨等非金属材料，但加入量不超过5%。以锡青铜为黏结相制造的金刚石磨具强度和硬度高，具有较高的脆性；锡青铜收缩率小，易产生分散性缩孔，能满足制造形状复杂且要求有一定气孔率的磨具的要求；锡青铜导热性好，有利于降低磨削时的温度，防止工件表面烧伤。

由于金刚石是自然界中硬度最高的物质，纯金属或单一主元合金难以具有与金刚石相匹配的硬度和强度。因此，多主元合金以其优异的力学及耐磨损性能成为理想的黏结相成分选择。张伟等采用放电等离子烧结方法制备了 FeCoCrNiMo 多主元合金/金刚石复合材料，发现 950 ℃ 烧结的复合材料具有优异的力学性能，其硬度和横向断裂强度分别达到 630 HV 和 1310 MPa，耐磨性也最佳；而 1000 ℃ 烧结后，金刚石颗粒断裂破坏、界面处生成过多的脆性 Cr-C 化合物，降低了复合材料的性能。此外，还研究了金刚石镀覆 TiNi 镀层后 FeCoCrNiMo 多主元合金/镀覆金刚石复合材料的组织和力学性能，发现其界面结合情况明显更好，金刚石的石墨化程度降低，硬度也提高了 8.2%。Peng 等以表面镀覆了 Ti 层的金刚石和 FeCoCrNi 多主元合金粉末为原料，采用选区激光熔覆方法制备了 FeCoCrNi 多主元合金/镀 Ti 金刚石复合材料，发现复合材料中多主元合金黏结相和金刚石界面处生成的 TiC 有利于提高两相的界面结合强度并抑制金刚石的石墨化，复合材料的硬度和横向断裂强度分别为 622 HV 和 925 MPa，相比于使用未镀覆 Ti 层金刚石制备的复合材料，分别提高了 1.3% 和 74.5%。此外，金刚石镀覆 Ti 层后，复合材料的摩擦系数也有所降低，从未镀覆时的 0.3 降低至镀覆后的 0.15。Zang 等在纯 Cu 基体上制备了 $Cu_2AlNiZnAg$/金刚石复合材料涂层，其镀层的硬度远高于 Cu 基体，且退火处理后，复合材料涂层的热导率显著提高，达到了 358.53 W/(m·K)，优于相同工艺退火后的纯 Cu。李建敏设计并制备了 AlFeNiCrCu 多主元合金/金刚石复合材料，发现相比于传统 Cu 基黏结相/金刚石复合材料，设计的复合材料具有更优异的力学性能和耐磨性能。Mechnik 等研究了 $Fe_{51}Cu_{32}Ni_9Sn_8$ 多主元合金/金刚石复合材料，发现复合材料的硬度和耐磨性均优于以 Fe 基或 Cu 基为黏结相制备的金刚石复合材料。此外，他们还在 $Fe_{51}Cu_{32}Ni_9Sn_8$ 多主元合金黏结相中添加氮化物(例如 VN 和 TiN 等)或硼化物(例如 CrB_2 和 TiB_2 等)，发现复合材料的力学性能均得到不同程度的提高。黎克楠设计了一种 CuZnFeTiAl 多主元合金,并以其作为黏结相应用在金刚石超薄砂轮中,发现 CuZnFeTiAl 多主元合金黏结相可以和金刚石磨料发生界面反应生成 TiC。多主元合金黏结相通过界面反应和机械镶嵌的共同作用,对金刚石颗粒产生把持力,而具有较高的界面结合强度,复合材料也具有较高的力学性能,CuZnFeTiAl/金刚石复合材料横向断裂强度达到了 560 MPa。此外,随着多主元合金黏结相含量的增加,制备出的 CuZnFeTiAl 多主元合金/金刚石超薄砂轮的圆弧半径变化、磨损量、动态直径变化和端面跳动均减小,因此多主元合金黏结相可以提高高速磨削的精度和质量。

根据金属与金刚石的热力学反应,Cr 元素与金刚石发生反应可以生成多种 Cr-C 化合物,例如 Cr_3C_2、Cr_7C_3 和 $Cr_{23}C_6$ 等。在金属黏结相中添加 Cr 元素后与金刚石烧结,Cr-C 化合物与金刚石之间具有较高的结合强度,能够有效地提高金属黏结相对金刚石颗粒的把持强度。已有研究表明,NiCoCr 熵合金具有优异的力学性能。因此,作者团队将 Ni、Co 和 Cr 元素作为多主元合金的主要添加元素与 Cu 结合,设计出只含有 Cu、Ni、Co 和 Cr 元素的多主元合金黏结相成分。考虑 Cr 元素在合金中的扩散能力优于其他元素,极容易与金刚石发生热力学反应,以及 Cr-C 化合物含量过多反而降低复合材料的性能等综合因素的影响,在设计黏结相成分时,适当降低了 Cr 元素的含量,最终确定黏结相成分为 $Cu_{35}Ni_{25}Co_{25}Cr_{15}$ 多主元合金。

采用放电等离子烧结方法制备 $Cu_{35}Ni_{25}Co_{25}Cr_{15}$ 多主元合金/金刚石复合材料。根据合金黏结相的 DSC 试验结果,烧结温度为 850 ℃ 到 950 ℃,压力选择 40 MPa。烧结过程中以 100 ℃/min 的升温速度升高至 700 ℃ 后,再以 50 ℃/min 的速度升至设定的烧结温度,达到烧结温度后均保温保压 10 min。金刚石的体积分数保持为 12.5%,颗粒的粒度主要为 75~150 μm。为了方便地表示并区分不同烧结工艺制备的复合材料,所研究的样品编号如表 8-1 所示。

表 8-1　不同烧结工艺制备的 $Cu_{35}Ni_{25}Co_{25}Cr_{15}$/金刚石复合材料

	烧结温度/℃	压力/MPa
S1-SPS@ 850 ℃	850	40
S2-SPS@ 900 ℃	900	40
S3-SPS@ 950 ℃	950	40

8.1.2 微观组织

对不同温度烧结的 $Cu_{35}Ni_{25}Co_{25}Cr_{15}$/金刚石复合材料进行 X 射线衍射分析，得到的 XRD 衍射图谱如图 8-1 所示。从图 8-1 中可以看出，复合材料都出现了 FCC_Al 相（ICDD PDF-471406）、γ' 相（ICDD PDF-211271）和金刚石（ICDD PDF-431104）的峰，说明复合材料中黏结相是双相结构。同时，在 XRD 图谱中还可以看到 Cr 的碳化物，说明 $Cu_{35}Ni_{25}Co_{25}Cr_{15}$ 多主元合金与金刚石在烧结过程中，金刚石中的 C 原子与黏结相中的 Cr 发生了反应并生成了 Cr-C 化合物。通过金刚石与金属在界面处的热力学反应得知，Cr 与金刚石反应生成的化合物有 $Cr_{23}C_6$（ICDD PDF-350783）、Cr_7C_3（ICDD PDF-361482）、Cr_4C（ICDD PDF-140519）和

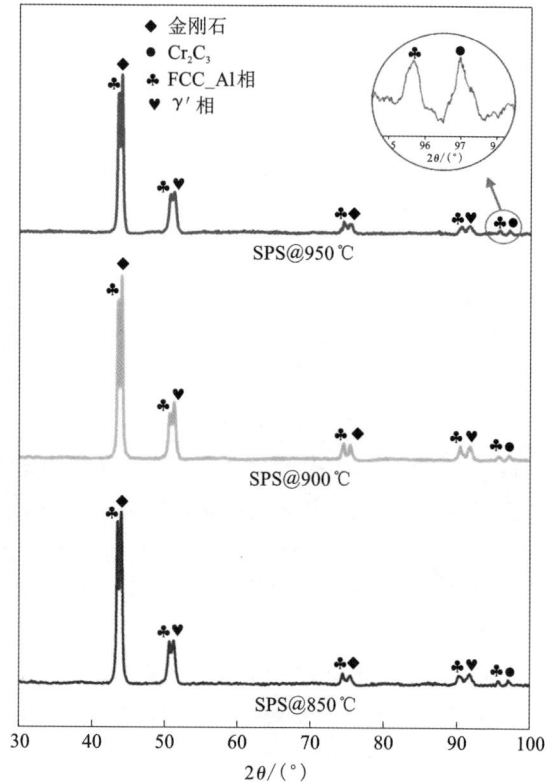

图 8-1 不同温度烧结的 $Cu_{35}Ni_{25}Co_{25}Cr_{15}$/ 金刚石复合材料 XRD 图谱

Cr_3C_2（ICDD PDF-350804）等多种，仅通过 XRD 衍射图谱并不能完全确定本研究中复合材料内部生成的 Cr-C 化合物的具体成分。

为了探究复合材料中黏结相与金刚石颗粒在界面处的反应情况，利用扫描电子显微镜观察了复合材料界面处的显微组织，如图 8-2 所示。可以发现，烧结后的复合材料致密度较高，金刚石颗粒与黏结相界面无缝隙或孔洞，界面结合情况良好。Cr 元素扩散至合金黏结相与金刚石颗粒的界面处。比较图 8-2(d) 中不同烧结温度制备的复合材料界面处 Cr 的含量，发现，经过 850℃烧结后的复合材料界面处有少量的 Cr-C 化合物生成，而经过 900℃和 950℃烧结的复合材料，界面处生成的 Cr-C 化合物含量明显增多。

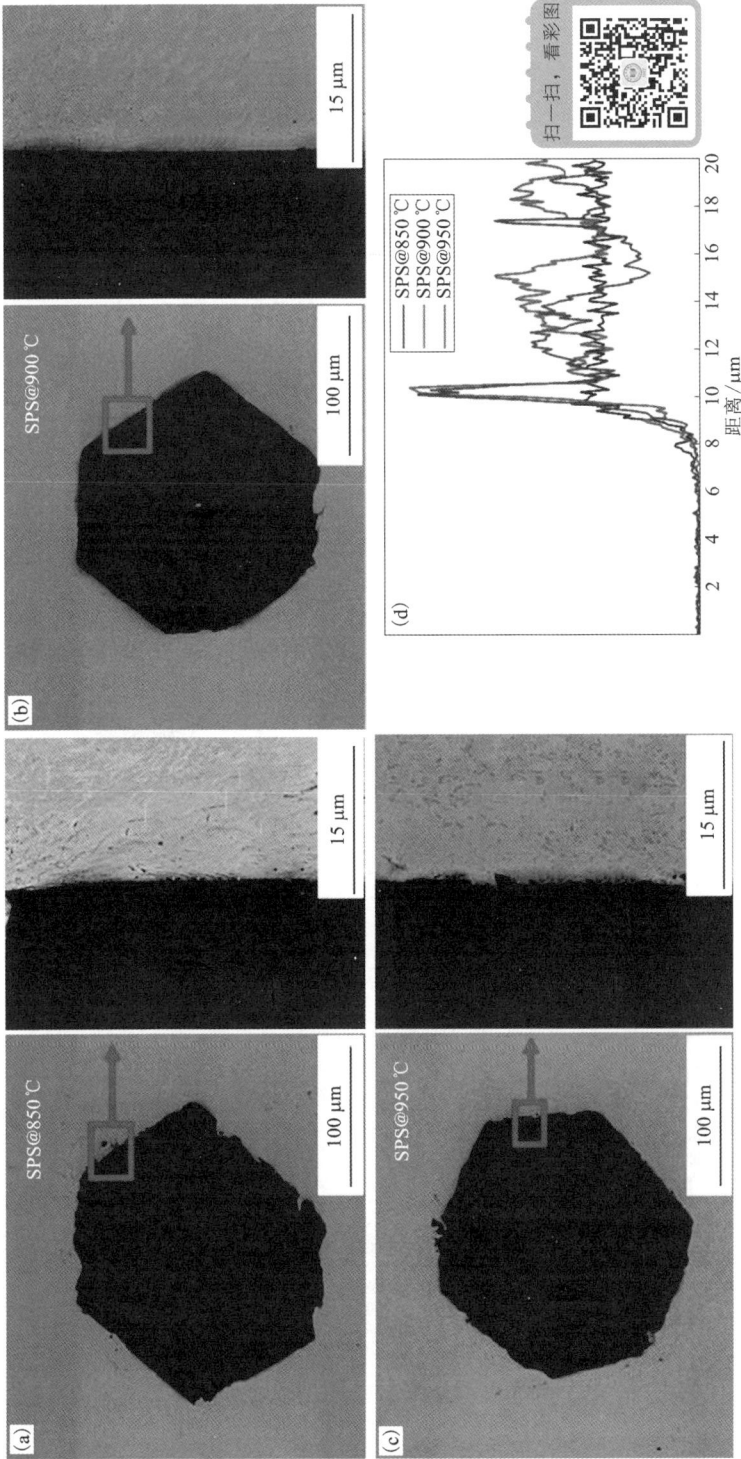

图 8-2 不同温度烧结的 $Cu_{35}Ni_{25}Co_{25}Cr_{15}$/金刚石复合材料的黏结相与金刚石颗粒的界面显微组织及 EDS 线扫描结果

(a) 850 ℃烧结；(b) 900 ℃烧结；(c) 950 ℃烧结；(d) 不同复合材料界面处处 Cr 元素含量变化

利用拉曼光谱对横向断裂后复合材料断口上金刚石颗粒表面的石墨化程度进行表征。图8-3为不同温度烧结的复合材料中金刚石表面的拉曼光谱结果。可以看到，在未烧结的金刚石和经过850℃烧结后的金刚石的拉曼光谱中，在波长1332 cm⁻¹处金刚石的峰很明显，但在1420 cm⁻¹处有一个微弱的峰，如图8-3(a)和(b)所示。在前面章节中已经解释过，这是含有氮杂质的金刚石在波长1420 cm⁻¹处的峰，并非金刚石的本征拉曼峰，主要是$[N\text{-}V]^0$中心激发产生的荧光峰，可以通过增加或者降低激发波长避免这一荧光峰的产生。在经过900℃和950℃烧结的金刚石颗粒的拉曼光谱中，均在波长1350 cm⁻¹处出现D模峰和在波长1580 cm⁻¹处出现G模峰，如图8-3(c)和(d)所示。这说明经过900℃和950℃烧结后，复合材料中的金刚石颗粒发生了石墨化转变。用G模处峰强与D模处峰强的比值I_G/I_D来表示金刚石石墨化的程度。分别对两条曲线中D模和G模的峰面积进行积分，计算得到950℃烧结的复合材料的I_G/I_D值为1.3，900℃烧结的复合材料的I_G/I_D值为1.0。由此看出，经过950℃烧结后的金刚石颗粒石

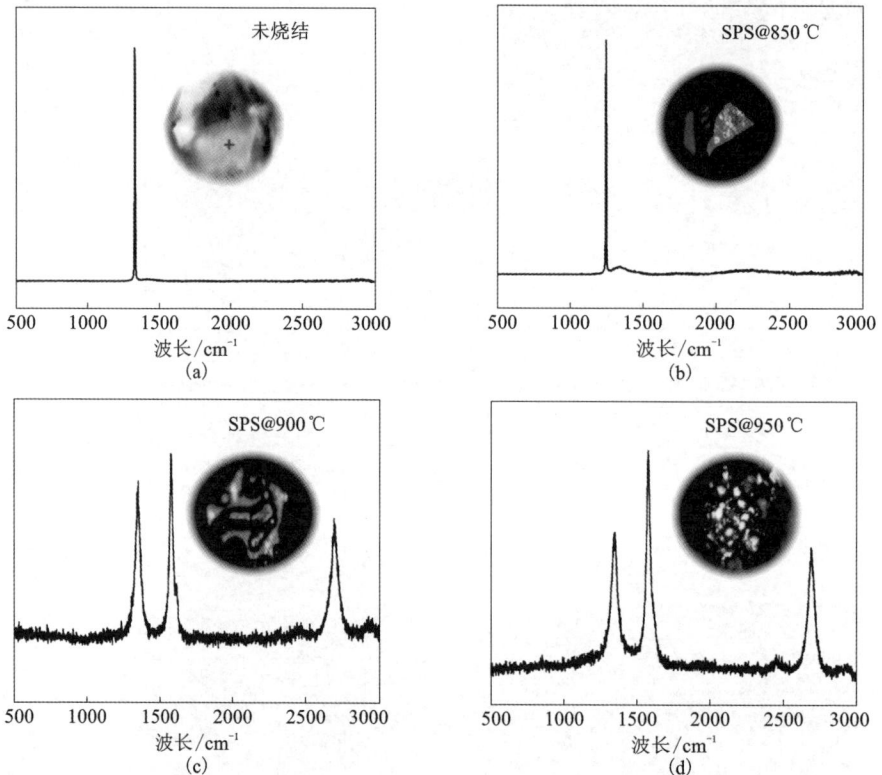

(a)未烧结；(b)850℃烧结；(c)900℃烧结；(d)950℃烧结。

图8-3　不同温度烧结的$Cu_{35}Ni_{25}Co_{25}Cr_{15}$/金刚石复合材料中金刚石颗粒表面的拉曼光谱

墨化程度比 900 ℃烧结后的金刚石高。此外，经过 900 ℃和 950 ℃烧结后的金刚石颗粒的拉曼光谱中，在 2700 cm^{-1} 处出现一个峰，它是 D 模的二次谐波，被称为 G′模，多出现在多晶石墨的拉曼光谱中。

8.1.3　力学性能

对不同温度烧结的 $Cu_{35}Ni_{25}Co_{25}Cr_{15}$ 多主元合金/金刚石复合材料进行密度和布氏硬度的测试，其结果如图 8-4 所示。可以看出，当烧结温度从 850 ℃升至 950 ℃时，复合材料的密度先升高后降低，900 ℃烧结后的密度最大，为 8.12 g/cm^3。复合材料的硬度则随着烧结温度的升高而逐渐升高，由 850 ℃时的 161.2 HB，升高至 950 ℃时的 208.7 HB。

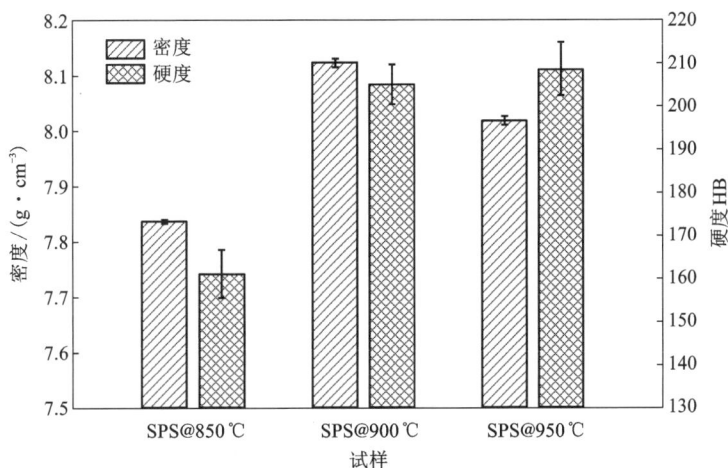

图 8-4　不同烧结工艺制备的 $Cu_{35}Ni_{25}Co_{25}Cr_{15}$ 多主元合金/金刚石复合材料的密度和硬度

对不同温度烧结的 $Cu_{35}Ni_{25}Co_{25}Cr_{15}$ 多主元合金/金刚石复合材料进行横向断裂强度测试，结果如图 8-5 所示。可以发现，合金黏结相与复合材料的横向断裂强度均随着烧结温度的升高而升高，黏结相的断裂强度由 850 ℃时的 1068.86 MPa 升高至 950 ℃时的 1898.94 MPa，复合材料的断裂强度由 850 ℃时的 868.79 MPa 升高至 950 ℃时的 1046.84 MPa。

为了对比分析复合材料中多主元合金黏结相与金刚石颗粒之间的黏结程度，引入黏结系数概念：

$$\delta = \frac{\sigma_b - \sigma_c}{\sigma_b} \times 100\% \qquad (8-1)$$

式中：δ 为黏结系数；σ_b 和 σ_c 分别为合金黏结相和含金刚石的复合材料的横向断裂强度，MPa。

根据式(8-1),计算出不同温度烧结的复合材料的黏结系数,结果如图 8-5 所示。可以看出,随着烧结温度的升高,黏结相与金刚石颗粒的黏结系数逐渐增大,这与界面处 Cr-C 化合物层的生成情况有直接关系。950 ℃烧结后,Cr-C 化合物层厚且均匀分布在黏结相与金刚石颗粒的界面,使界面的结合方式变成化学结合,提高了结合强度,合金黏结相对金刚石颗粒的把持能力最好。

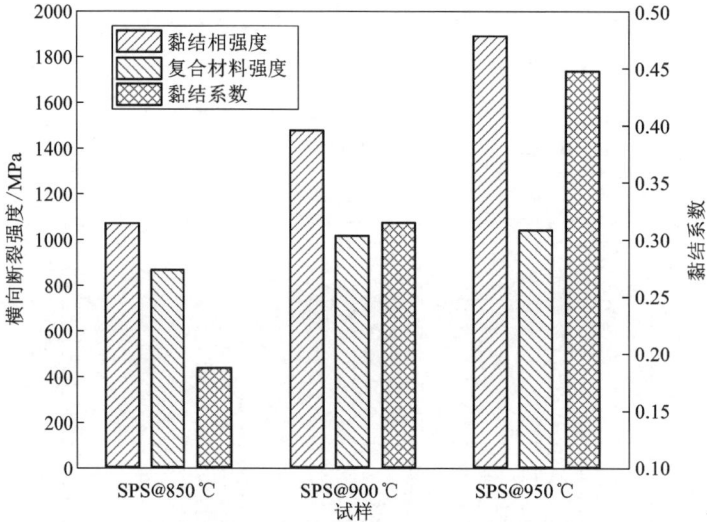

图 8-5　不同温度烧结的黏结相和 $Cu_{35}Ni_{25}Co_{25}Cr_{15}$/金刚石
复合材料的横向断裂强度和黏结系数

8.1.4　摩擦磨损行为

对不同温度烧结的 $Cu_{35}Ni_{25}Co_{25}Cr_{15}$ 多主元合金/金刚石复合材料进行摩擦磨损试验,加载载荷分别为 20 N 和 40 N,摩擦系数与磨损率的试验结果如图 8-6 所示。当加载 20 N 时,如图 8-6(a)所示,复合材料的平均摩擦系数随着烧结温度的升高逐渐下降,但 900 ℃和 950 ℃烧结的复合材料的摩擦系数很接近,850 ℃、900 ℃和 950 ℃烧结的复合材料的平均摩擦系数分别为 0.1082、0.0708 和 0.0689。此外,试验过程中摩擦系数不稳定,波动较大。当加载 40 N 时,如图 8-6(b)所示,复合材料在摩擦开始阶段的摩擦系数不稳定,波动较大,且摩擦系数较大,此阶段称为摩擦的磨合期。在磨合期内,Si_3N_4 磨球压入复合材料表面,复合材料中凸起的金刚石颗粒也压入磨球表面,开始互相破坏接触面,磨球原本光滑的表面开始变得粗糙,随着接触的金刚石颗粒增多,磨球的运动受到的阻碍加剧,因此磨合期内摩擦系数较大。随着摩擦试验的进行,Si_3N_4 磨球和复合材料表面接触良好,形成了稳定的摩擦膜。大约 10 min 后,摩擦系数逐渐趋于稳定,复合材料在摩擦稳定后期的平均摩擦系数随烧结温度升高而有所升高,

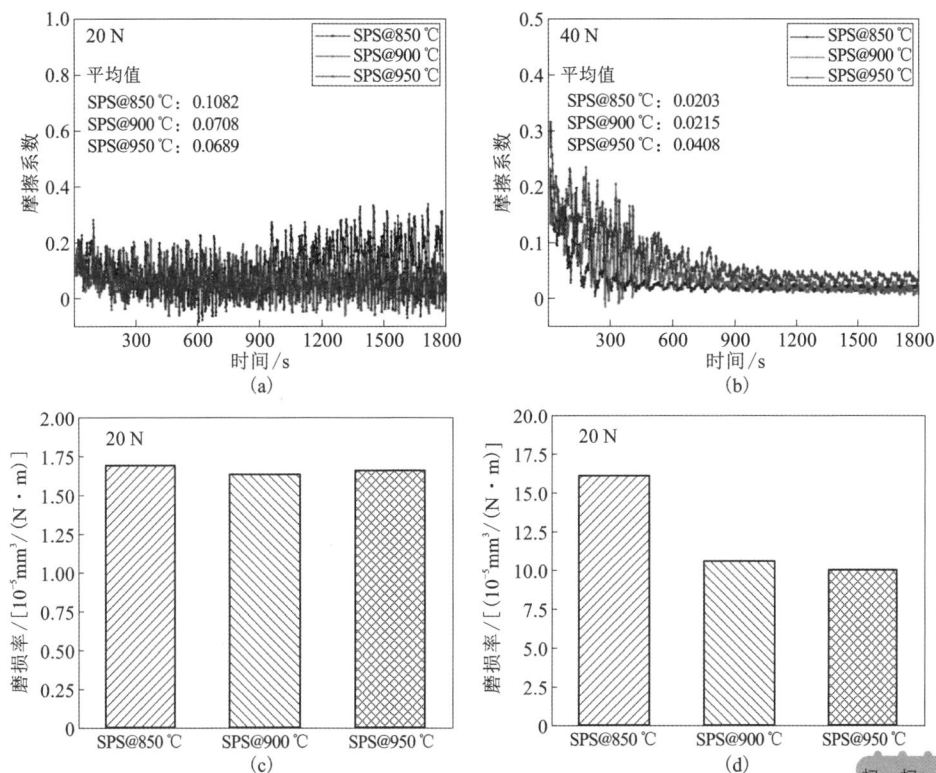

（a）、（b）摩擦系数；（c）、（d）体积磨损率。

图 8-6 不同温度烧结的 $Cu_{35}Ni_{25}Co_{25}Cr_{15}$／金刚石
复合材料在不同载荷下的摩擦系数和磨损率

但升高幅度很微小，850 ℃、900 ℃和 950 ℃烧结的复合材料的平均摩擦系数分别为 0.0203、0.0215 和 0.0408。当复合材料在 20 N 的低载荷下摩擦时，摩擦系数随复合材料烧结温度的变化相差不大，一方面是因为加载载荷小，金刚石对 Si_3N_4 磨球的阻力大，复合材料表面的磨损较轻；另一方面可能是因为设备的测量误差，摩擦系数上下波动较大。在 40 N 的高载荷下摩擦时，当磨合期结束后，摩擦系数趋于稳定，且摩擦系数随着烧结温度的升高略有升高。这是因为 850 ℃烧结的复合材料中，金刚石和黏结相结合能力弱，金刚石颗粒在 Si_3N_4 磨球大载荷的作用下，部分颗粒因结合能力不够被磨除出黏结相，造成 Si_3N_4 磨球和黏结相直接摩擦，黏结相的硬度低于金刚石颗粒的硬度，所以摩擦系数较小。而对于 900 ℃和 950 ℃烧结的复合材料，黏结相对金刚石的把持能力强，金刚石在摩擦过程中很少被磨出，相比于 850 ℃烧结的复合材料摩擦表面，此时 Si_3N_4 磨球与更多的金刚石颗粒接触，导致摩擦系数偏大。此外，随着烧结温度的升高，黏结相的硬度也有所提升，也会导致 Si_3N_4 磨球与黏结相摩擦时摩擦系数的增大。

材料摩擦后的体积磨损情况可以根据 Archard 磨损模型计算，公式为：

$$W = \frac{\Delta V}{S \cdot F} \qquad (8-2)$$

式中：W 为体积磨损率，$mm^3/(N \cdot m)$；ΔV 为复合材料被磨损掉的体积，mm^3；S 为摩擦过程中滑行的距离，m；F 为加载的载荷，N。

根据式(8-2)分别计算出不同温度烧结的复合材料磨损后的体积磨损率，结果如图 8-6(c)和(d)所示，具体测试结果见附表 A。不同温度烧结的复合材料在 20 N 载荷摩擦后的体积磨损率都很接近；在 40 N 载荷下复合材料的体积磨损率明显增大，950℃烧结的复合材料具有最低的体积磨损，为 10.04×10^{-5} $mm^3/(N \cdot m)$，可见，复合材料的体积磨损率与其硬度成反比。

金刚石复合材料的磨耗比根据国家磨料磨具质量监督检测中心标准 JB/T 3235—2013《聚晶金刚石磨耗比测定方法》来测量，其计算公式为：

$$E = \frac{M_s}{M_j} \qquad (8-3)$$

式中：M_s 为磨件碳化硅砂轮的磨耗量，g；M_j 为待测试样品的磨耗量，g。

对不同温度烧结的 $Cu_{35}Ni_{25}Co_{25}Cr_{15}$ 多主元合金/金刚石复合材料进行磨耗比测试，结果如图 8-7 所示。从结果可以看出，$Cu_{35}Ni_{25}Co_{25}Cr_{15}$/金刚石复合材料的磨耗比随着烧结温度的升高而增大，且与硬度呈正相关关系。当烧结温度为 950℃时，复合材料的磨耗比达到最大值 1766，此时复合材料的磨削性能最好。

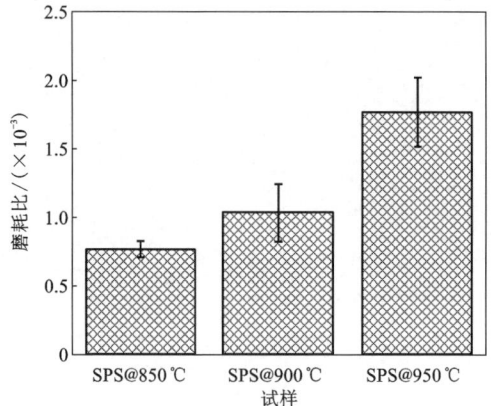

图 8-7　不同温度烧结的 $Cu_{35}Ni_{25}Co_{25}Cr_{15}$/金刚石复合材料的磨耗比

8.1.5　复合材料钻头

目前，金刚石磨具通常采用的合金黏结相成分为 663Cu 合金，该合金的成分主要包括 Cu(82%~88%)、Sn(5%~7%)、Zn(5%~7%)以及少量 Pb(2%~4%)。本研究选定以 Cu35Ni25Co25Cr15 多主元合金和改良后的 663Cu-Co 合金[(85% Cu、5%Sn、5%Zn、5%Fe)+20%Co]为黏结相的合金成分，分别制备出孕镶金刚石钻头。在钻头的制备过程中，使用两种不同成分的黏结相，并且分别添加体积分数为 17.5%和 25.0%的金刚石颗粒(对应的金刚石浓度分别为 70%和 100%)。WC 粉末的体积分数均为 20%。孕镶金刚石钻头采用粉末冶金的方法烧结而成，钻头的编号及成分如表 8-2 所示。

表 8-2　不同孕镶金刚石钻头的成分

	钻头成分	金刚石体积分数/%	WC 体积分数/%
S1	$Cu_{35}Ni_{25}Co_{25}Cr_{15}$	17.5	20
S2	$Cu_{35}Ni_{25}Co_{25}Cr_{15}$	25.0	20
S3	663Cu-Co	17.5	20
S4	663Cu-Co	25.0	20

图 8-8(a)为制备的四种孕镶金刚石钻头的实物图,采用微钻实验测试孕镶金刚石钻头的钻进性能,钻取对象为黑砂岩,强度大约为 120 MPa,属于中等强度的岩石。图 8-8(b)为不同孕镶金刚石钻头在砂岩样品表面钻进后的钻孔形貌。实验过程中,编号 S1 的钻头进尺较快,速度平稳,钻孔深度最深。而编号 S4 的钻头在钻进过程中出现打滑不进尺的现象,钻孔深度也最浅。

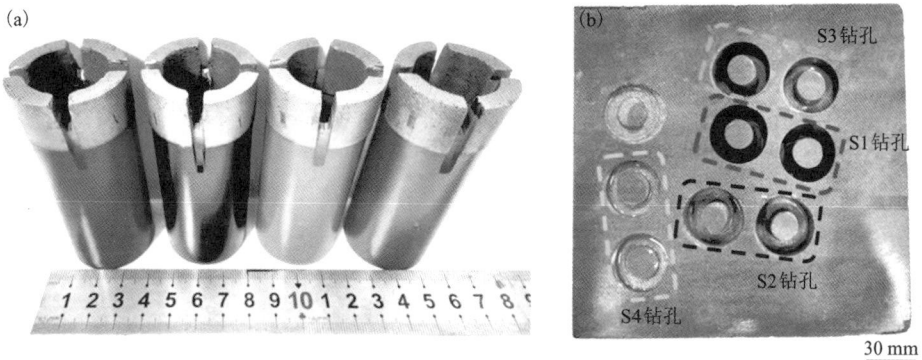

(a)实物图;(b)钻孔形貌。

图 8-8　制备的孕镶金刚石钻头实物图和不同孕镶金刚石钻头实验后的钻孔.形貌

1. 钻头磨削效率

通常用机械比能(也叫破岩比功)表示钻头破碎单位体积岩石所需做的功,作为评价孕镶金刚石钻头钻削效率和钻头选型重要的技术指标。钻进过程中的破岩功主要包含回转扭矩做功和给进力做功。其中,回转扭矩做功功率等于扭矩乘以角速度,给进力做功功率等于钻压乘以钻进速度,二者相加比上单位时间内破碎岩石的体积即可求得破碎比功。单位时间内的破碎体积等于钻进速度与环空面积的乘积。因此,机械比能的计算公式为:

$$M = \frac{N}{S} + \frac{T \cdot \omega}{v \cdot S} \tag{8-4}$$

式中：M 为机械比能，J/mm^3；N 为钻压，N；T 为扭矩，N·m；ω 为主轴旋转角速度，r/min，且 $\omega = 2\pi n$，n 为转速，r/s；v 为钻头钻进速度，mm/s；S 为钻头钻进时的环空面积，mm^2，且 $S = \pi(D^2 - d^2)/4$，D 和 d 分别为孕镶金刚石钻头的外径和内径，mm。机械比能 M 越小，表示钻头钻破单位体积岩石所需的功越小，则钻头的工作效率越高。

根据式(8-4)计算出不同孕镶金刚石钻头实验过程中的钻进速度和机械比能，结果如表 8-3 所示。可以看出，当金刚石体积分数分别为 17.5% 和 25% 时，以多主元合金作黏结相的孕镶金刚石钻头比 663Cu-Co 作黏结相的钻头钻进速度更快，分别提高了 49.43% 和 71.15%，机械比能则更低，分别降低了 7.19% 和 28.50%。因此，相比于现役常用的以 663Cu-Co 合金为黏结相的孕镶金刚石钻头，$Cu_{35}Ni_{25}Co_{25}Cr_{15}$ 多主元合金作黏结相的孕镶金刚石钻头具有更高的工作效率。

表 8-3 不同孕镶金刚石钻头测试过程的钻进性能

样品	比能量/($J \cdot mm^{-3}$)	磨擦速率/($mg \cdot mm^{-1}$)
S1	1.032	2.133
S2	1.134	3.202
S3	1.112	5.837
S4	1.586	10.071

对于黏结相成分相同而金刚石体积分数不同的孕镶金刚石钻头，当金刚石体积分数从 17.5% 提高至 25% 时，上述两种钻头的钻进速度均降低，机械比能均提高。这是由于金刚石体积分数越大，金刚石颗粒之间的距离越小，钻削下来的岩石粉末和碎屑更容易黏在钻头工作唇面上金刚石颗粒之间的缝隙处，从而导致金刚石的出刃高度减小。当金刚石体积分数降低时，不仅岩石粉末更容易被冲洗掉，而且使黏结相的磨损速度增大，使受损的金刚石颗粒及时脱落，如此便加快了新的金刚石颗粒的露出与开刃，使钻头发挥出更好的钻削作用。

2. 钻头耐磨性能

孕镶金刚石钻头的耐磨性能反映的是钻头服役寿命的长短，通常将孕镶金刚石钻头的磨损速度 v_w 作为评价钻头自身耐磨性能的主要质量指标，其计算公式为：

$$v_w = \frac{\Delta m}{H} \tag{8-5}$$

式中：v_w 为钻头的磨损速度，mg/mm；Δm 为钻头钻进实验前后的质量损失，mg；

H 为钻头的钻进深度，mm。v_0 越小，表示钻头的耐磨性能越好，服役寿命越长。

当金刚石体积分数相同时，以多主元合金作黏结相的孕镶金刚石钻头具有更低的磨损速度。当金刚石体积分数分别为 17.5% 和 25% 时，多主元合金作黏结相的孕镶金刚石钻头的磨损速度分别降低了 63.45% 和 68.22%，这说明以多主元合金作黏结相的孕镶金刚石钻头在使用过程中具有更长的服役寿命。此外，对于黏结相成分相同而金刚石含量不同的孕镶金刚石钻头，当金刚石体积分数从 17.5% 提高至 25% 时，上述两种钻头的磨损速度均提高，多主元合金作黏结相的孕镶金刚石钻头的磨损速度提高了 50.12%，而以 663Cu-Co 作黏结相的钻头磨损速度则提高了 72.54%。这说明孕镶金刚石钻头中，金刚石颗粒的含量并非越高越好，金刚石含量过高会缩短钻头的服役寿命。

综上，使用 $Cu_{35}Ni_{25}Co_{25}Cr_{15}$ 多主元合金作黏结相的孕镶金刚石钻头，相比现役常用的 663Cu-Co 合金黏结相制备的孕镶金刚石钻头，具有更优异的钻进性能和更长的服役寿命。

8.2 多主元难熔合金复合材料

多主元难熔合金通常具有良好的高温力学性能，通过第二相复合可以进一步提高其高温强度。一般采用具有较好的高温力学性能、热稳定性和加工性能的多主元难熔合金为基体，外加或者原位生成陶瓷相增强颗粒，形成多主元难熔合金复合材料。常用的陶瓷增强相主要包括 TiC、Y_2O_3、Al_2O_3、TiN 等。

8.2.1 微观组织

由于难熔元素熔点高，比重差异大，熔炼方法制备的多主元难熔合金多为粗大枝晶结构且增强相之间易发生团聚，使得合金塑性较低。因此，以机械合金化和放电等离子烧结/快速热压烧结为主的粉末冶金工艺更适用于制备多主元难熔合金复合材料。通常，通过机械合金化均匀分散甚至部分固溶增强相颗粒，在后续高温烧结过程中增强颗粒与基体扩散形成良好的结合，其中一些元素发生反应，原位生成细小弥散的第二相颗粒，进一步提高合金的力学性能。

作者团队采用机械合金化及放电等离子烧结方法制备了 TiC 增强 WMoTaNbV 多主元难熔合金复合材料。发现难熔碳化物粉末与钛粉末在高温下发生反应，原位形成碳化钛和多主元难熔合金基体。复合材料具有均匀的微观结构，由平均粒径为 0.85 μm 的超细 TiC 颗粒和平均晶粒尺寸为 1.8 μm 的多主元合金基体组成。图 8-9(a) 为烧结后复合材料的微观结构。通过反应烧结，复合材料致密度高(相对密度大于 96.5%)，由灰色相和白色相组成，其体积分数分别约为 79% 和 21%。XRD 图谱[图 8-9(b)]表明，复合材料仅包含 TiC 相和体心立方(BCC)相。

因此,可确定灰色相和白色相分别为 TiC 相和 BCC-多主元合金相。Ti 和 C 元素几乎全部富集在 TiC 相中,而 W、Mo 和 V 元素富集在多主元合金基体相中。但 Ta 和 Nb 元素大部分偏聚在 TiC 相中。TiC 颗粒与多主元合金颗粒之间具有良好的结合。

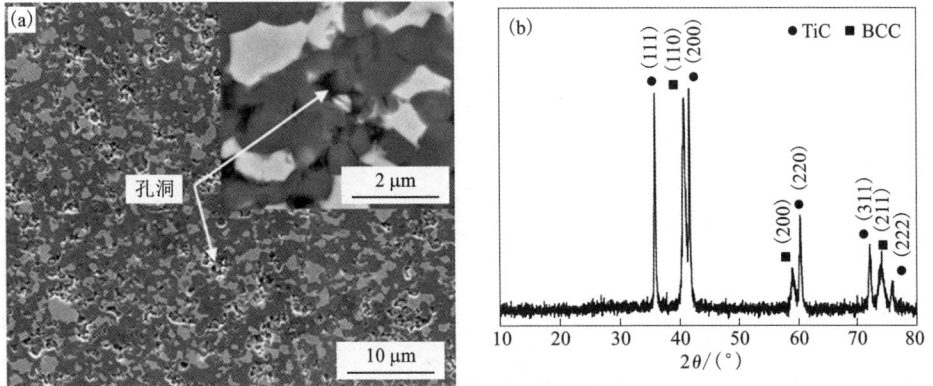

图 8-9 TiC/WMoTaNbV 多主元难熔合金复合材料在
1500 ℃/30 min/30 MPa 放电等离子烧结后的显微结构和(a)SEM 图(b)XRD 图

作者团队还采用机械合金化及放电等离子烧结方法制备了 Ti-C-O 颗粒增强的 NbTaTiV 多主元难熔合金复合材料。结果表明,不同温度烧结的复合材料均具有等轴显微组织,如图 8-10 所示。复合材料由 BCC 相的 NbTaTiV 多主元难熔合金基体和 Ti-C-O 颗粒相组成。复合材料的平均晶粒尺寸随烧结温度升高而增大,但晶粒长大不明显。

作者团队也尝试采用机械合金化及放电等离子烧结方法制备了 TiC 和 Al_2O_3 颗粒增强 NbTaTiV 多主元难熔合金复合材料。结果表明,通过反应烧结,材料致密度高,无明显孔隙。复合材料呈现出三个明显的浅色、灰色和黑色区域(标记为 A、B 和 C),体积分数分别为 60.8%、32.2% 和 7.0%。采用 EPMA 分析(表 8-4)表明,区域 A 仅包含 10.66%(原子分数)Ti 和 16.79%(原子分数)Al,而 Ti 和 Al 原子分别在区域 B 和 C 中富集。值得注意的是,图 8-11 中的 C 区域富含 Al 和 O,表明形成了 Al_2O_3。多主元难熔合金复合材料的元素分布如图 8-11(c)所示。很明显,Mo 和 Cr 元素几乎完全富集在亮区(BCC 相)。相反,Ti 和 C 元素几乎全部富集在具有一定 Nb 量的灰色区域(TiC 相),而 O 和 Al 富集在黑色区域(Al_2O_3 相)。第二相颗粒与多主元难熔合金基体之间具有良好的结合。

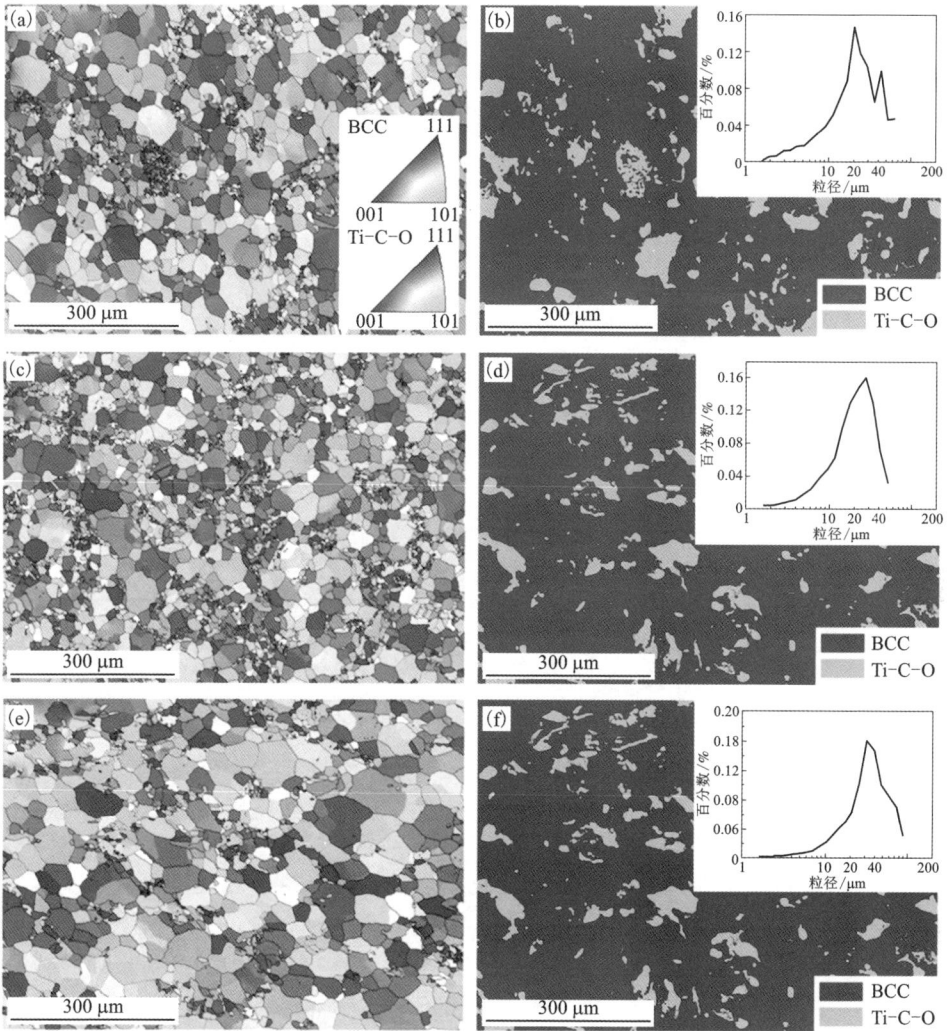

(a)、(b) 1500 ℃；(c)、(d) 1600 ℃；(e)、(f) 1700 ℃。

图 8-10 不同温度烧结的颗粒增强 NbTaTiV 基复合材料显微组织

表 8-4 颗粒增强 NbTaTiV 基复合材料各区域的元素组成情况 单位：%

区域	Nb	Mo	Cr	Ti	Al	O	C
A	20.29	30.95	19.34	10.66	16.79	0.69	1.28
B	15.40	—	—	43.13	—	12.11	29.36
C	—	—	—	—	38.13	61.87	—

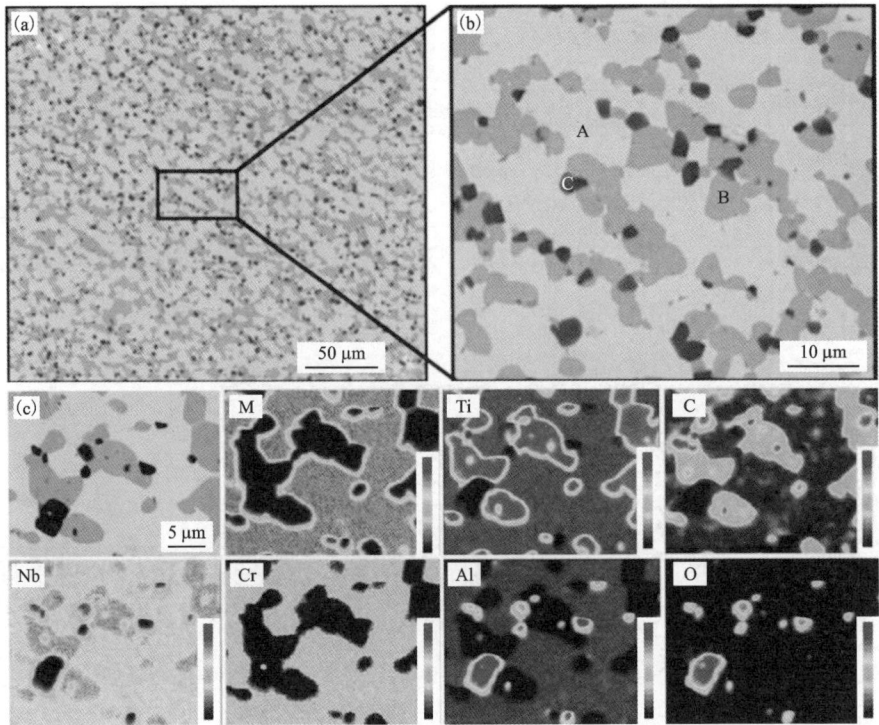

(a)低倍 SEM 组织；(b)高倍 SEM 组织；(c)元素分布。

图 8-11　TiC 和 Al₂O₃ 颗粒增强 NbTaTiV 多主元难熔合金复合材料 SEM 图及元素分布

　　采用同样方法，制备了多尺度氧化物增强的 NbTaTiV 多主元难熔合金复合材料。结果发现，加入的 Y₂O₃ 在球磨过程中发生分解，与合金中的 Ti 元素发生反应生成纳米 Y-Ti-O 型氧化物颗粒。同时，Y₂O₃ 分解产生的 O 进一步促进亚微米 Ti-(O，N)化合物的生成。快速烧结和氧化物颗粒的存在阻碍了材料晶粒的长大与迁移，使 NbTaTiV 复合材料具有均匀超细的微观结构，如图 8-12 所示。复合材料主要由 BCC 基体组成，其中弥散分布着亚微米 Ti-(O，N)析出相和纳米 Y-Ti-O 颗粒。合金基体的晶粒尺寸随烧结温度增加而增大，但变化不大，为 0.25 ~0.77 μm。

　　此外，还发现不同 Y₂O₃ 含量的 NbTaTiV 多主元难熔合金复合材料仍然主要由 BCC 结构基体相、亚微米 Ti-(O，N)化合物和纳米 Y₂Ti₂O₇ 颗粒组成，各颗粒的数量随 Y₂O₃ 含量的增加而增加。当 Y₂O₃ 的质量分数增加至 3%时，复合材料中出现少量纳米 Y₂O₃ 颗粒，如图 8-13 所示。复合材料的平均晶粒尺寸随 Y₂O₃ 含量的增加逐渐减小，但变化幅度也不大。

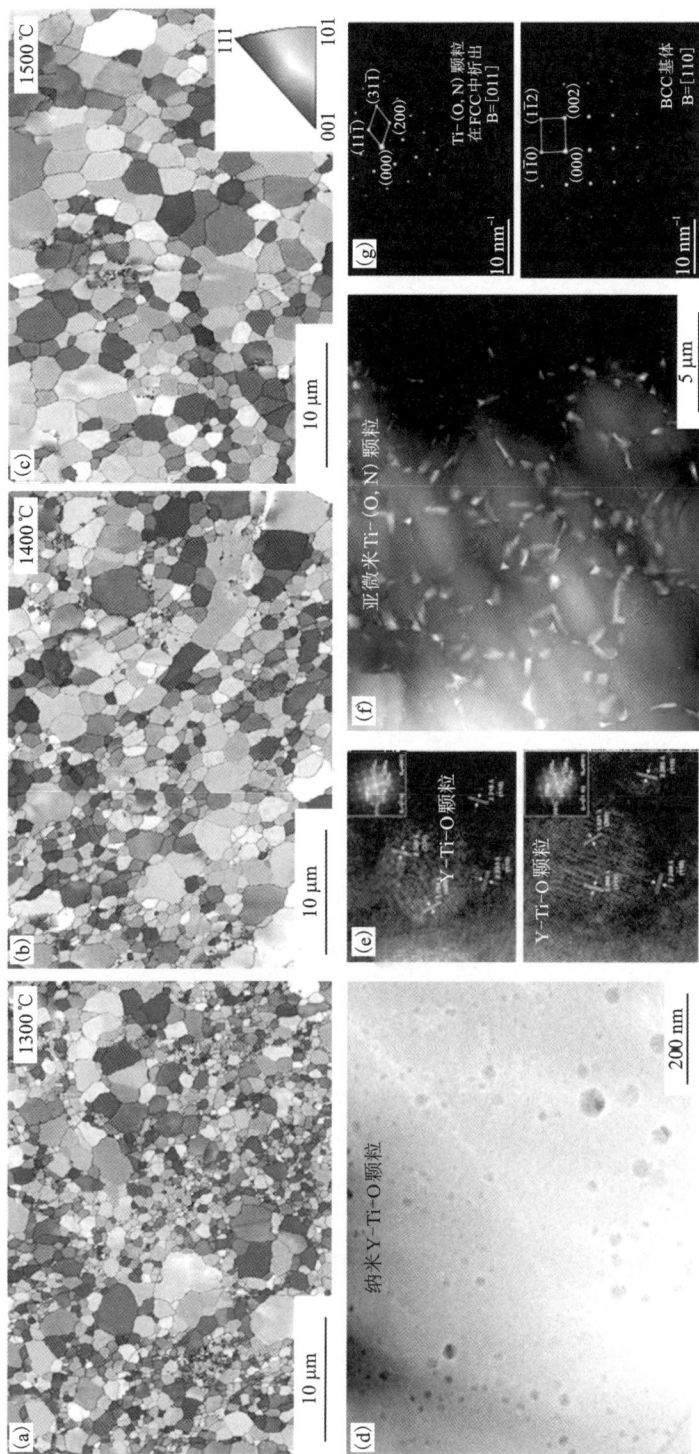

(a) 1300℃；(b) 1400℃；(c) 1500℃；(d)、(e) 基体中纳米 Y-Ti-O 颗粒的形貌及高分辨结果；(f)、(g) 基体中亚微米 Ti-(O,N) 颗粒的形貌及选区衍射结果。

图 8-12　不同温度烧结 Y₂O₃ 增强 NbTaTiV 基多主元难熔合金复合材料微观结构

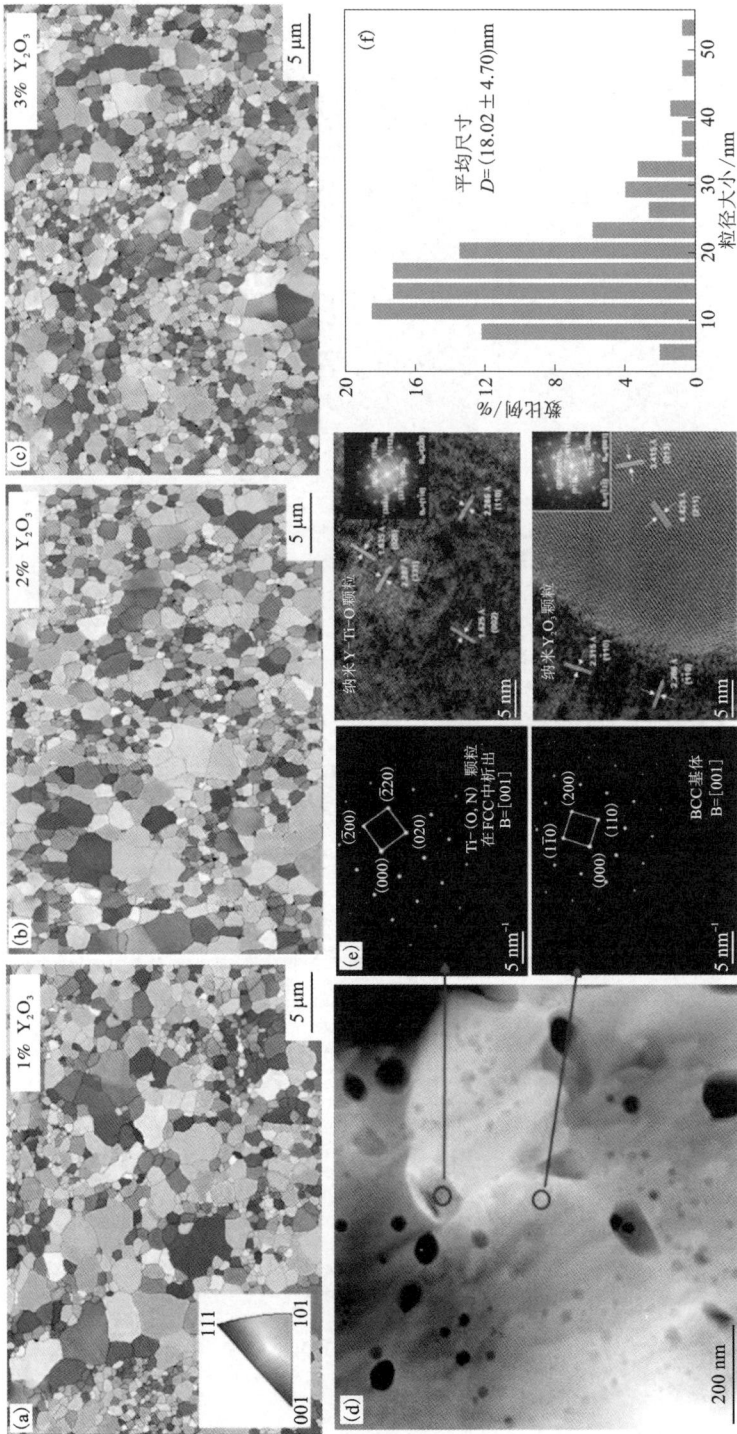

(a) $w_{Y_2O_3}$=1%; (b) $w_{Y_2O_3}$=2%; (c) $w_{Y_2O_3}$=3%; (d) 、(e) 基体中氧(化物)颗粒的形貌、高分辨选区衍射结果; (f) 基体中纳米Y–Ti–O颗粒的粒径分布图

图8-13 不同Y$_2$O$_3$含量(质量分数)的NbTaTiV基多主元难熔合金复合材料微观组织

　　作者团队还添加纳米 Al_2O_3 颗粒制备了颗粒增强 NbTaTiV 多主元难熔合金复合材料，见图 8-14。结果发现，引入的 O 和 N 元素与合金中的 Ti 元素发生反应原位生成弥散分布的亚微米 Ti-(O, N)化合物。纳米级 Al_2O_3 颗粒通过球磨弥散分布在基体中，随后在烧结过程中分解成 Al 和 O 元素，Al 会固溶进合金中或者与 Ti 元素反应生成 TiAl 化合物(图 8-14)。随着快速热压烧结温度的升高，析出相的尺寸和体积分数逐渐增大，当烧结温度升高到 1600 ℃时，合金中析出相的平均尺寸达 358 nm。

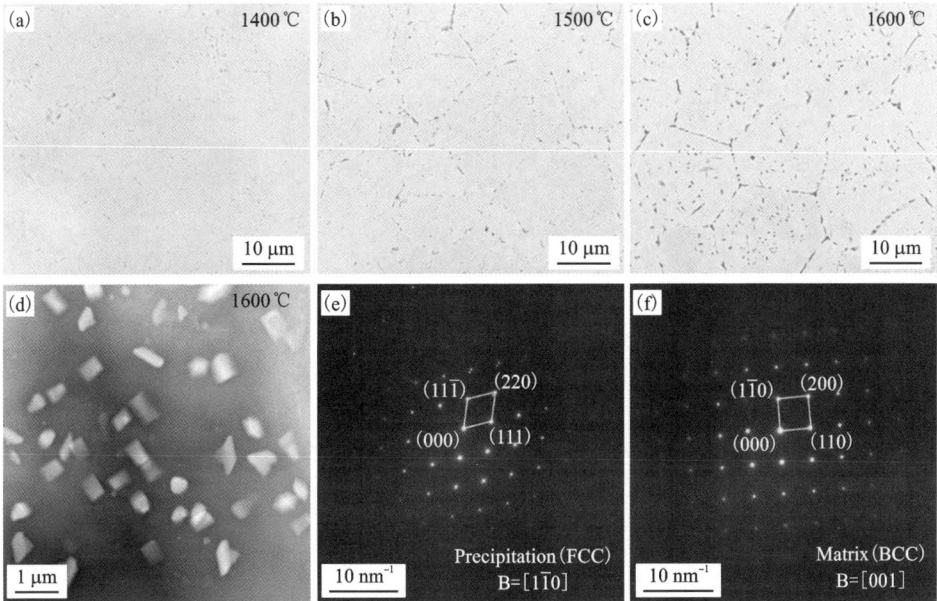

（a）~（c）1400~1600 ℃烧结后的合金 SEM 组织；（d）~（f）合金的 TEM 组织。

图 8-14　不同烧结温度的 Al_2O_3 增强 NbTaTiV 基多主元难熔合金复合材料微观组织图

8.2.2　力学性能

　　复合材料优异的高温强度主要由于均匀分布的第二相颗粒的增强效应[如 TiC、Ti-C-O、Y_2O_3、Al_2O_3、Y-Ti-O、Ti-(O.N)]，其良好的塑性则主要由于多主元难熔合金基体。Fu 等制备的 Ti-C-O 颗粒增强 NbTaTiV 多主元难熔合金复合材料在室温及高温下都表现出了优异的力学性能。图 8-15(a)为 NbTaTiV/Ti-C-O 多主元难熔合金复合材料的室温压缩应力-应变曲线。可以看出，随着烧结温度的升高，其强度和断裂应变都有所提高，这是因为随着烧结温度的升高，残余气孔逐渐消除，成分组织更均匀。图 8-15(b)为 NbTaTiV/Ti-C-O 多主元难熔合金复合材料与其他典型多主元难熔合金的室温力学性能对比。结果表明，

NbTaTiV/Ti-C-O 复合材料表现出理想的强度-延展性组合。

图 8-15(c)为 NbTaTiV/Ti-C-O 复合材料高温变形的压缩应力-应变曲线。可以看出，复合材料具有良好的高温性能。在 700 ℃时，其屈服强度为 895 MPa，而在 1000 ℃时，仍保持 685 MPa 的屈服强度。NbTaTiV/Ti-C-O 复合材料和已有报道的多主元难熔合金及其复合材料的性能总结见图 8-15(d)。可见，NbTaTiV/Ti-C-O 复合材料在 700~1000 ℃下的屈服强度明显优于大多数报道的材料。

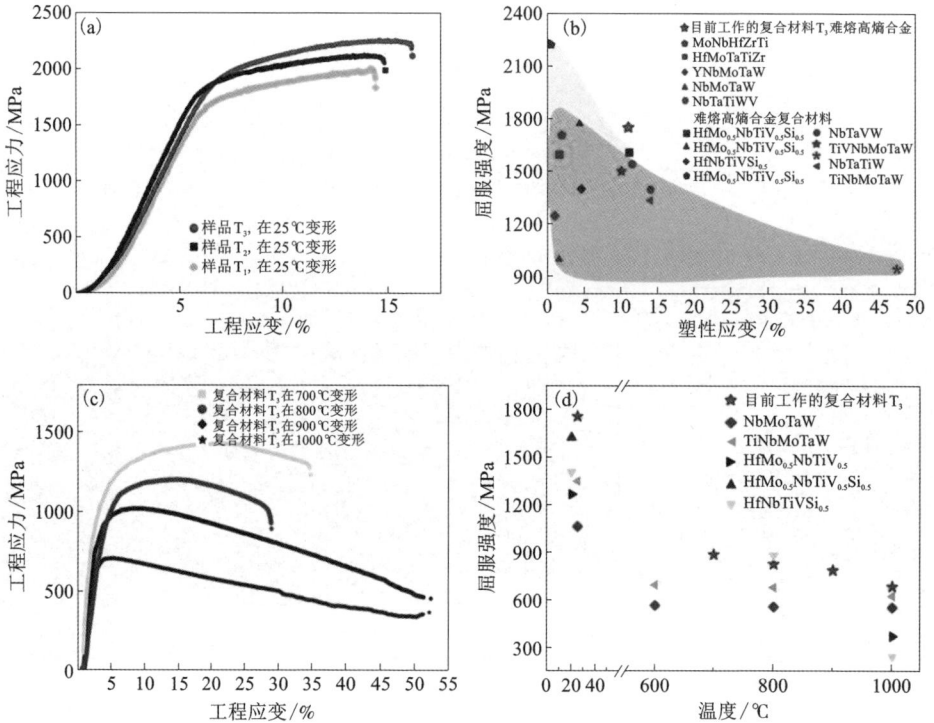

（a）NbTaTiV/Ti-C-O 多主元难熔合金复合材料的室温压缩应力-应变曲线；（b）室温力学性能对比图；
（c）NbTaTiV/Ti-C-O 复合材料在 700 ℃、800 ℃、900 ℃和 1000 ℃下变形的压缩应力-应变曲线；
（d）不同温度下屈服强度对比图。

扫一扫，看彩图

图 8-15 NbTaTiV/Ti-C-O 复合材料在不同温度下的
压缩应力-应变曲线和力学性能对比图

作者团队制备的 NbTaTiV 多主元难熔合金复合材料在室温及高温下表现出了良好的力学性能，如图 8-16(a)所示。复合材料的压缩屈服强度和抗压强度随烧结温度的增加而提高。图 8-16(b)为烧结温度为 1500 ℃ 的氧化物增强 NbTaTiV 多主元难熔合金复合材料以及常见的多主元难熔合金及其复合材料的性能对比。由此可见，多主元难熔合金如 NbTaTi、NbTaTiV、NbTaTiZr、HfNbTaTiV、HfNbTaTiZr、HfMo$_{0.5}$NbTiV$_{0.5}$ 等虽然都具有 35% 以上甚至 50% 的断裂塑性，但其抗压强度明显低于该复合材料。相反，MoNbTaTiZr、HfMoTaTiZr 和 NbTaTiV（Ti-C-O）等多主元难熔合金具有相近的屈服强度，然而这类材料在室温下的塑性明显偏低。

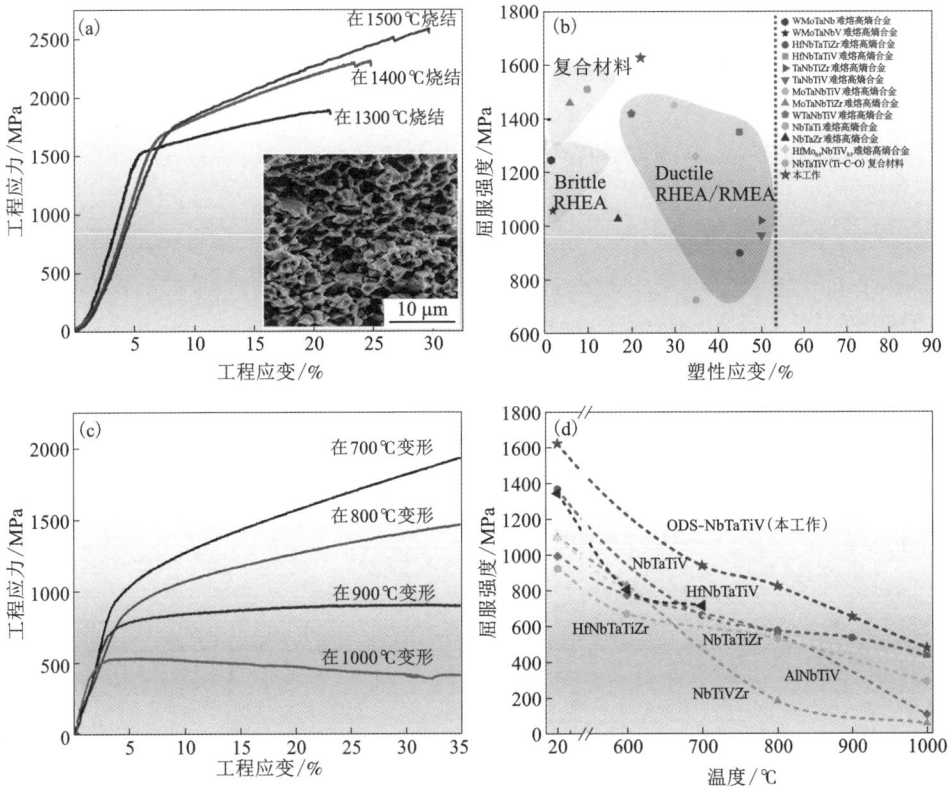

（a）多尺度氧化物增强 NbTaTiV 多主元难熔合金复合材料的室温压缩应力-应变曲线；
（b）室温力学性能对比图；（c）复合材料在 700 ℃、800 ℃、900 ℃和 1000 ℃下变形的压缩应力-应变曲线；（d）不同温度下屈服强度对比图。

图 8-16　多尺度氧化物增强 NbTaTiV 多主元难熔合金复合材料在不同温度下的压缩应力-应变曲线和力学性能对比图

Al$_2$O$_3$ 颗粒增强 NbTaTiV 多主元难熔合金复合材料的性能如图 8-17 所示。由图 8-17（a）可知，材料的压缩屈服强度和抗压强度随烧结温度的增加而提高，这主要归因于残余孔隙和成分偏析的减少。烧结温度为 1600 ℃的 Al$_2$O$_3$ 颗粒增强 NbTaTiV 多主元难熔合金复合材料以及典型的多主元难熔合金及其复合材料的室温压缩性能如图 8-17（b）所示。可见大多数已报道的多主元难熔合金的高温强度都低于 Al₂O₃ 颗粒增强 NbTaTiV 多主元难熔合金复合材料。综上可知，超细氧化物增强 NbTaTiV 多主元难熔合金复合材料具有优异的高温力学性能和良好的室温强韧性。

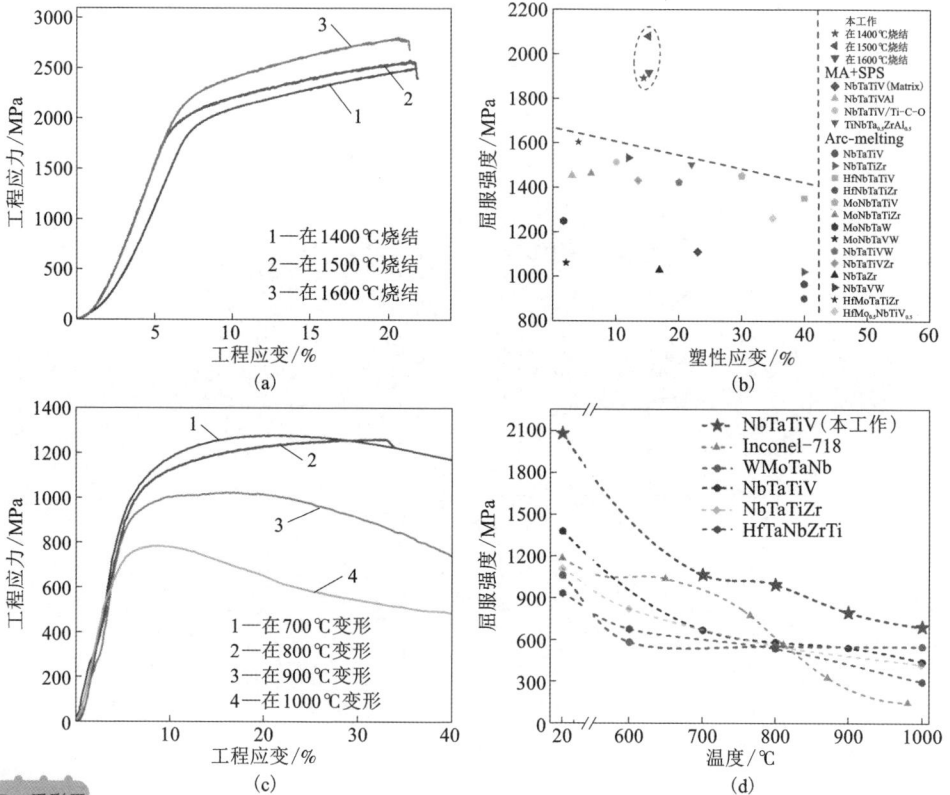

(a) 应力-应变曲线；(b) 室温力学性能对比图；(c) 复合材料在 700 ℃、800 ℃、900 ℃和 1000 ℃下变形的压缩应力-应变曲线；(d) 不同温度下屈服强度对比图。

图 8-17　Al₂O₃ 增强 NbTaTiV 多主元难熔合金复合材料在不同温度下的压缩应力-应变曲线和力学性能对比图

8.3　多主元合金/WC 复合材料涂层

金属基复合涂层具有较好的综合性能，已被广泛应用于各个工业领域。WC 硬面材料是一种典型的金属基复合涂层，其硬度高，耐磨和耐腐蚀性优异，已成为应用最广泛的硬面涂层材料之一。WC 本身韧性较差，一般需加入 Co、Ni、Fe 等自熔合金作为黏结相形成复合材料涂层，以充分发挥 WC 的硬度和耐磨特性。

然而，由于涂层中增强相与基体之间存在缺陷、增强相与基体相性质不匹配、润湿性较差等，因而导致界面结合能力不足，影响涂层的服役性能和使用寿命。多主元合金具有特殊的结构与性能特征，如高组织稳定性、强度与韧性可协调性，以及与颗粒相成分兼容性好等，能够弥补传统单一主元金属的不足，适合用作耐磨复合涂层的基体材料，在 WC 复合涂层方面具有良好的应用前景。

作者团队选用 Q235 钢为基材，以 WC 颗粒为硬质颗粒，FeCrNi 多主元合金为基体，对比了等离子熔覆法和激光熔覆法制备 WC/FeCrNi 复合材料涂层的特点与区别。

8.3.1　等离子熔覆多主元合金/WC 复合材料涂层

等离子熔覆工艺使用及生产成本低，材料适应性广，适合进行大批量工业生产。等离子束流热源集中，冷却速率相对较低，熔池存在时间长，有利于形成均匀化组织，故采用该技术制备高硬度的碳化钨/多主元合金复合硬面涂层。图 8-18 为等离子熔覆 WC/FeCrNi 复合硬面涂层的 XRD 衍射图谱，其中 WC 的质量分数分别为 40%、50%、60%。从图 8-18 中可以看出，涂层主要由 WC、W_2C、FCC 相以及 M_6C 化合物组成。该涂层中的 W_2C 相源于原始铸造碳化钨粉末颗粒。在高温熔池的热冲击下，铸造碳化钨颗粒部分溶解，游离的 W、C 原子可与 Fe、Cr、Ni 等元素反应形成 M_6C 化合物。随着 WC 含量增加，FCC 衍射峰强度逐渐减弱，而 M_6C 衍射峰强度逐渐增加，表明随着 WC 含量的增加，涂层中析出的 M_6C 含量增加。

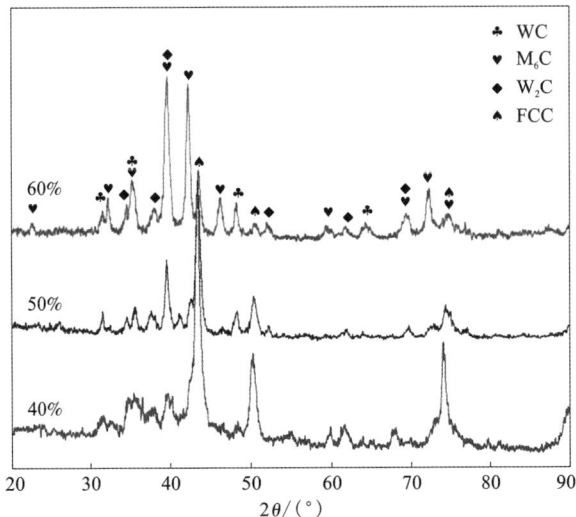

图 8-18　WC/FeCrNi 复合硬面涂层的 XRD 衍射图谱

图 8-19 为不同 WC 含量的 WC/FeCrNi 涂层的截面微观组织，其硬质相颗粒沉积在熔池底部。这是由于等离子熔覆熔池存在时间相对较长，熔池过热度高，黏度低，且铸造碳化钨颗粒的密度（15.6 g/cm³）远高于多主元合金基体的密度（8.9 g/cm³），硬质相颗粒因重力作用而在熔池底部聚集。当 WC 质量分数为60%时，WC 颗粒在涂层中分布较均匀。

图 8-20(a)～(c)分别为 FeCrNi/40%（质量分数，下同）WC 涂层顶部、中部、底部的微观组织。在涂层底部，基板与涂层之间形成了由平面晶组成的界面层，具有良好的冶金结合性。在涂层/基板界面层上方，碳化钨颗粒与 FeCrNi 多主元合金基体之间发生互扩散，碳化钨颗粒逐渐分解与金属熔池形成了宽度较窄的过渡层，并在周围 FeCrNi 基体中析出网状化合物。在涂层中部，碳化钨与 FeCrNi 多主元合金基体之间的反应层厚度增加，周围基体中出现少量鱼骨状共晶碳化物。在涂层顶部，涂层中仅存在两种衬度不同的物相，即深灰色枝晶相及浅白色的枝晶间相。等离子束热源集中，熔池中各区域温度差异大，不同区域内碳化钨颗粒的溶解程度不同，因而熔池凝固后，涂层中各区域的组织形貌存在较大的差异。

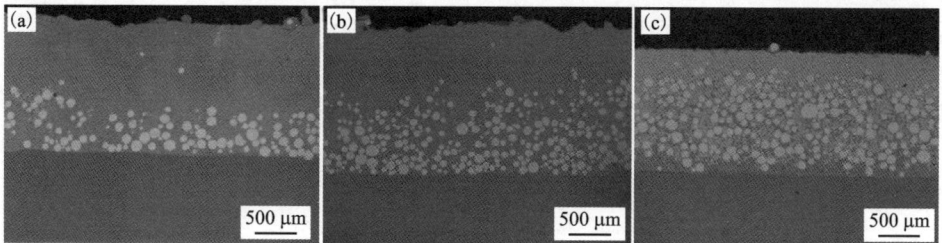

(a)40% WC；(b)50% WC；(c)60% WC。

图 8-19 不同 WC 含量的 WC/FeCrNi 复合硬面涂层的显微组织

图 8-20(d)～(f)分别为 FeCrNi/50% WC 涂层顶部、中部、底部的微观组织。在涂层底部，碳化钨溶解程度较低，其表面反应层厚度较薄。而在涂层中部，块状碳化物沿碳化钨表面呈放射性生长，反应层厚度增加，在周围基体中析出了大量鱼骨状共晶碳化物。在涂层顶部，涂层中存在大量鱼骨状共晶碳化物。在该涂层中，局部区域内碳化钨颗粒的溶解程度不同，不同区域内碳化物的微观形貌差异较大。

图 8-20(g)～(i)分别为 FeCrNi/60% WC 涂层顶部、中部、底部的微观组织。在该涂层中，碳化钨颗粒仍保留有球形形貌，但在基体中形成了大量初生树枝状碳化物，且从涂层底部至涂层顶部，基体中的树枝状碳化物含量明显增加。

40% WC   50% WC   60% WC

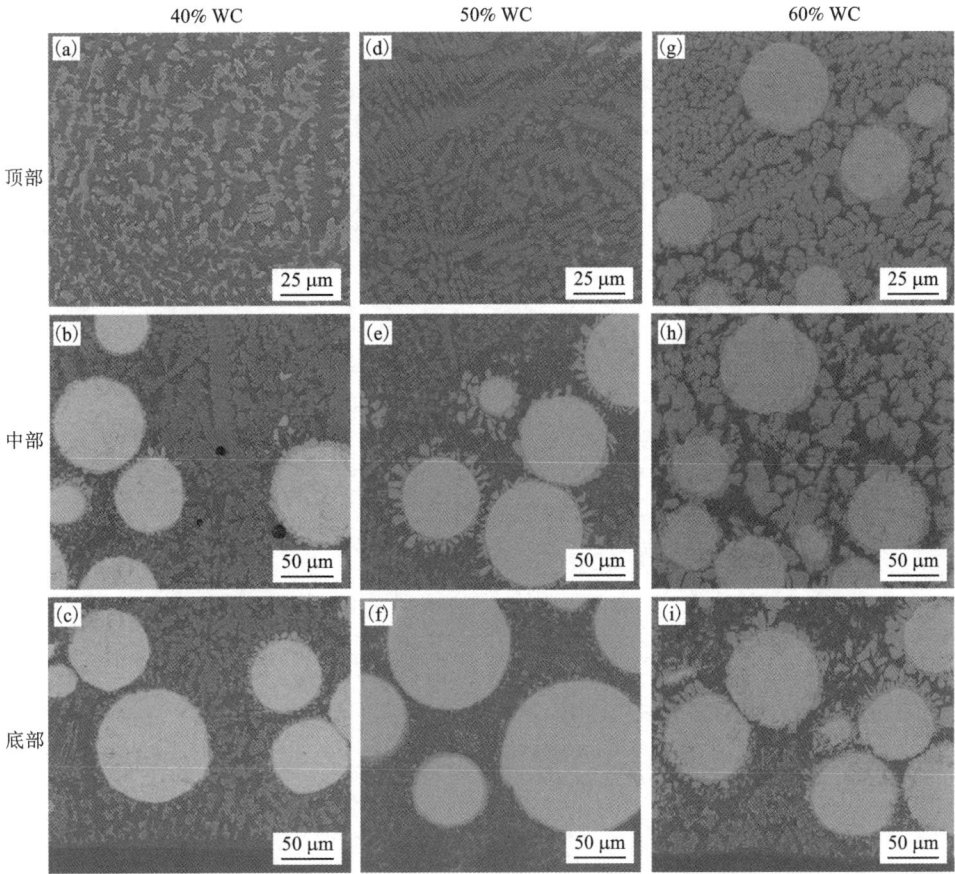

（a）~（c）40% WC；（d）~（f）50% WC；（g）~（i）60% WC。

图 8-20　WC/FeCrNi 复合硬面涂层顶部、中部、底部的微观组织

　　图 8-21~图 8-23 为碳化物颗粒表面反应层及三种形态不同的析出相的成分分析结果。由此可以看出，W 元素在碳化物颗粒表面反应层及三种形态不同的析出相中富集，且表面反应层 W 含量最高，树枝状碳化物及鱼骨状碳化物次之，网状碳化物最低。而 Fe、Ni 等元素分布规律与 W 相反，主要分布在深灰色基体中，C 元素及其他金属元素的分布无明显区别。结合 EDS 分析与 XRD 结果可以确定，三种碳化物均为 M_6C 型碳化物。同时，在三种碳化物与 FCC 固溶体之间 Cr 元素明显偏析，与 C 元素结合形成富 Cr 碳化物。根据二元混合焓模型可知，Cr 与 C 之间的 ΔH_{mix} 为 $-61\ kJ/mol$，表明 Cr 与 C 元素之间具有很强的结合能力，倾向于形成 Cr 的碳化物相，常见的有 M_7C_3 型、$M_{23}C_6$ 型和 M_3C 型，但由于该相的体积分数较低，故未在 XRD 图谱中体现。

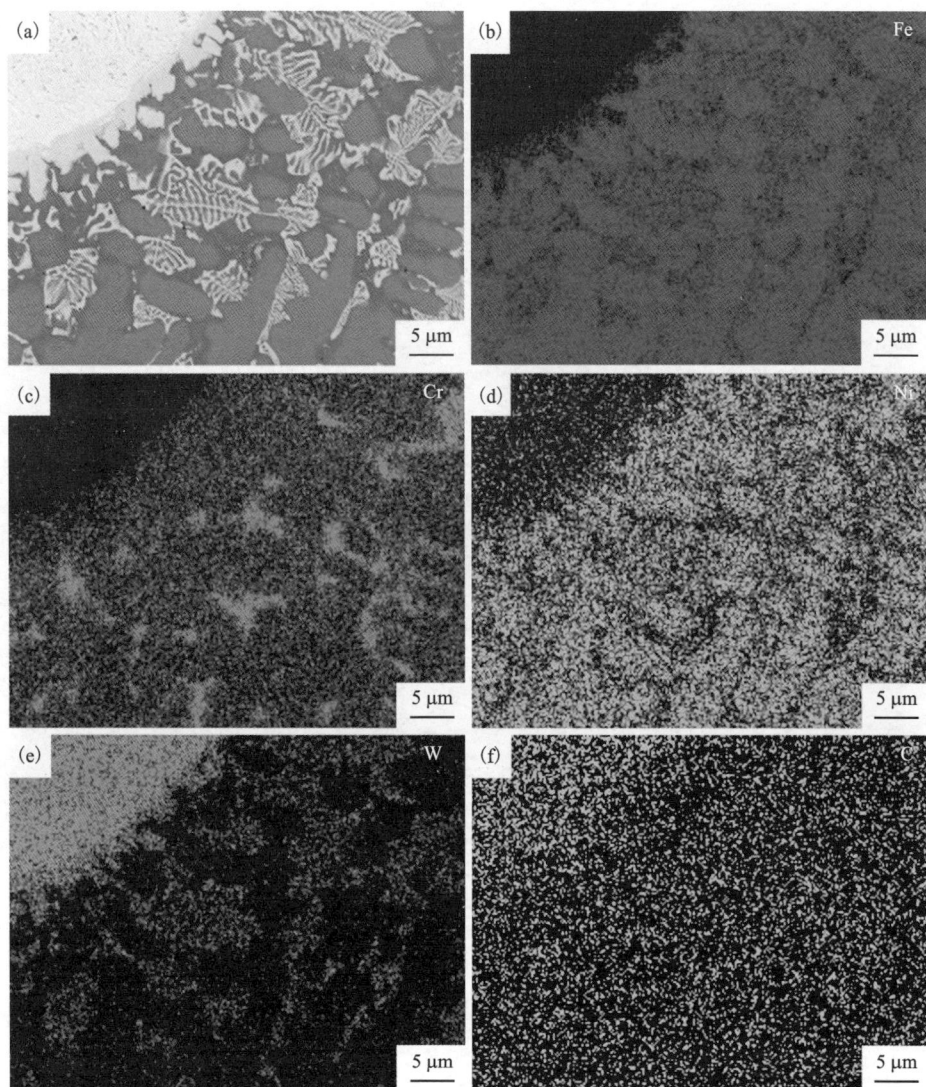

(a)网状碳化物形貌；(b)~(f)Fe、Cr、Ni、W、C元素分布。

图 8-21　WC/FeCrNi 复合硬面涂层中网状碳化物的 EDS 面扫分析

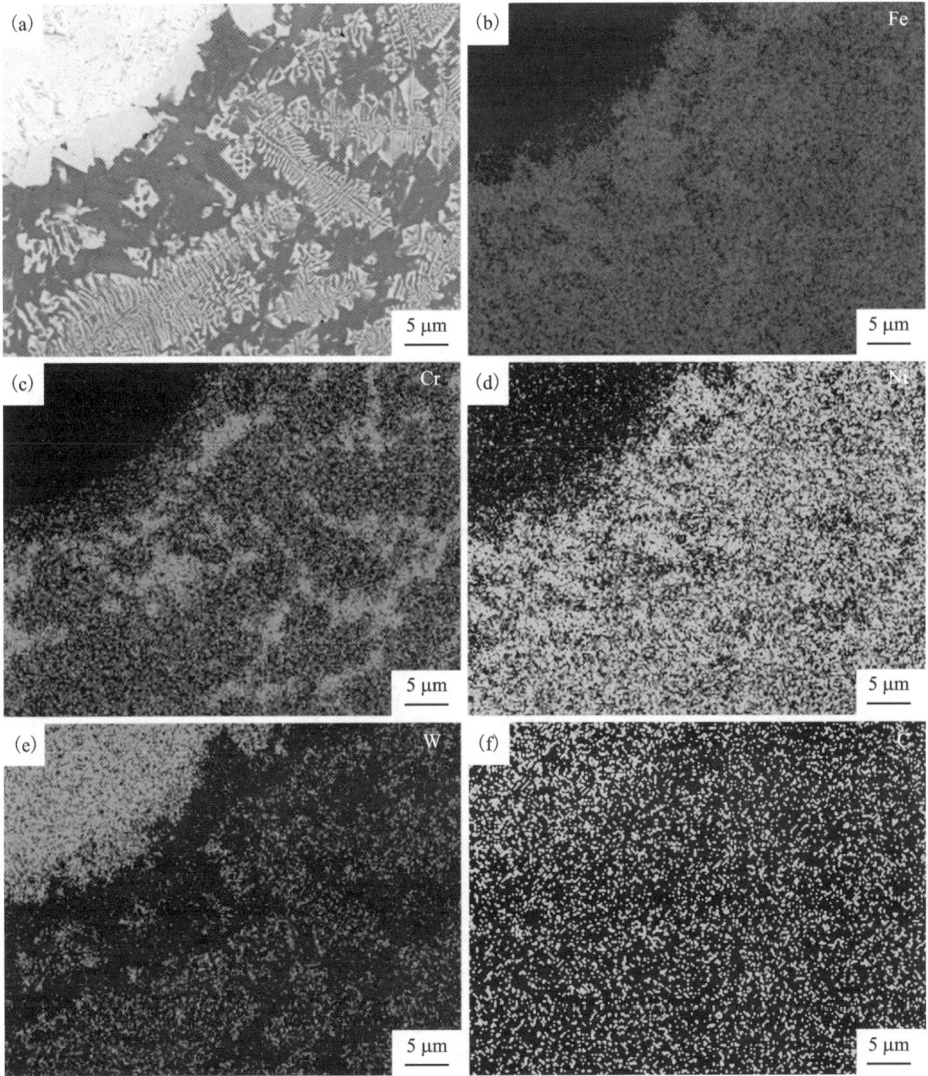

（a）鱼骨状碳化物形貌；（b）~（f）Fe、Cr、Ni、W、C 元素分布。

图 8-22　WC/FeCrNi 复合硬面涂层中鱼骨状碳化物的 EDS 面扫分析

等离子熔覆工艺过程是一个非平衡过程，熔池凝固速率快，熔池各区域温度差异导致 WC 基硬面涂层具有复杂的微观组织结构。以 60% WC 为例来分析涂层底部、中部、顶部的组织结构，如图 8-20（g）~（i）所示。等离子熔覆过程实际上是等离子束流、粉末颗粒以及熔池相互作用的过程。WC 以及 FeCrNi 粉末在等离子束中受热后，进入等离子束表面冶金熔池。等离子束流中心温度高达30000℃，当等离子束辐照 WC 颗粒时，WC 颗粒表层部分熔化。注入熔体池时，由于液态的表面张力，WC 颗粒保留在熔覆涂层的上部，从 WC 颗粒表面分离的 WC 液滴注入熔池后，分解为 W 原子和 C 原子，与熔池中的 Fe、Cr、Ni 等元素发生反应形成 M_6C。剩余固体颗粒进一步进入熔池，与熔池中金属元素发生相互作

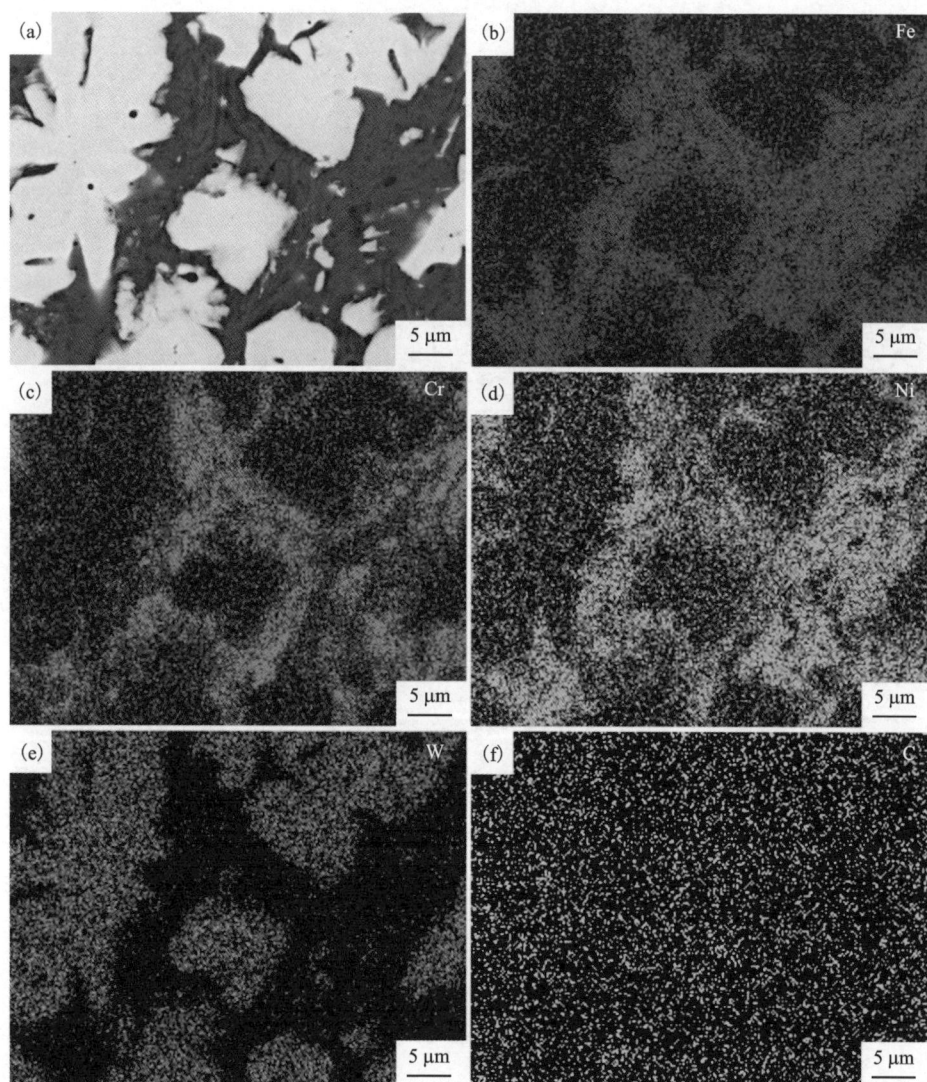

（a）树枝状碳化物形貌；（b）~（f）Fe、Cr、Ni、W、C 元素分布。

图 8-23   WC/FeCrNi 复合硬面涂层中树枝状碳化物的 EDS 面扫分析

用。熔池中部温度高，熔池存在时间长，WC 溶解程度高，在碳化钨颗粒中形成了较多的块状 M_6C。而在熔池底部，由于基板的冷却作用，熔池底部的温度较低，依据 Fe-W-C、Ni-W-C 相图，合金凝固点向共晶点偏移，此时碳化钨颗粒周围出现鱼骨状 M_6C 碳化物。

图 8-24 为不同 WC 含量的 WC/FeCrNi 涂层的显微硬度。从图 8-24 中可以看出，随着 WC 含量的增加，涂层的显微硬度呈现出增加的趋势，且随着涂层/基板界面距离的增加，FeCrNi 基体的硬度增加，这与 FeCrNi 基体中 M_6C 的含量有关。随着 WC 含量的增加，WC/FeCrNi 涂层的宏观硬度明显增加，当 WC 质量分数分别为 40%、50% 和 60% 时，涂层的洛氏硬度分别为 71.4 HRA、73.2 HRA 和 77.2 HRA。

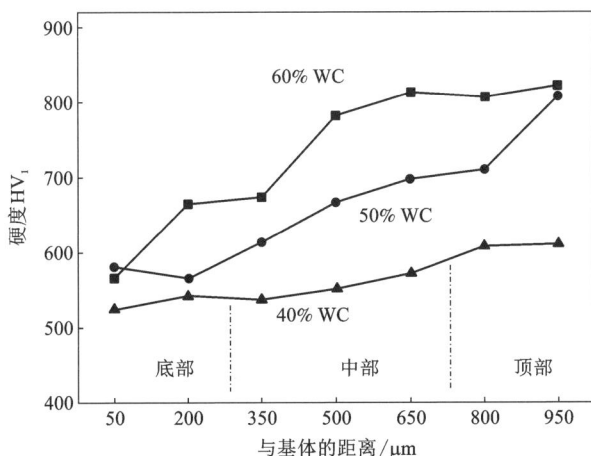

图 8-24　不同 WC 质量分数下 WC/FeCrNi 涂层的显微硬度变化趋势

总体来说，WC/FeCrNi 涂层的硬度随着 WC 含量增加而增加。主要原因如下：①颗粒强化，碳化钨的硬度高，随着 WC 含量的增加，硬陶瓷相的强化效果更加显著。②细晶强化，WC 颗粒可作为异质形核位点，促进微观组织的细化，提高硬度。③固溶强化，扩散入基体中的 W、C 原子可加剧多主元合金的晶格畸变，起到间隙固溶强化及置换固溶强化作用。④析出强化，随着 WC 含量的提高，W 元素与 C 元素的浓度升高，M_6C 相的数量增多，从而提高了材料的硬度。

图 8-25 为不同 WC/FeCrNi 涂层的摩擦曲线。从图 8-25 可以看出，不同 WC/FeCrNi 涂层均经历了磨合以及稳定磨损阶段。在磨合阶段，摩擦接触面相对粗糙。此时，该磨削材料的接触方式为点接触，且接触应力较大，导致摩擦系数迅速增大。然后逐渐进入稳定磨损阶段，接触模式由点接触转变为表面接触，导致接触应力逐渐减小，形成稳定的摩擦系数。随着 WC 含量的增加，涂层的摩擦

系数逐渐减小,当 WC 质量分数为 40%、50% 和 60% 时,涂层的摩擦系数分别为 0.568、0.356 和 0.321。

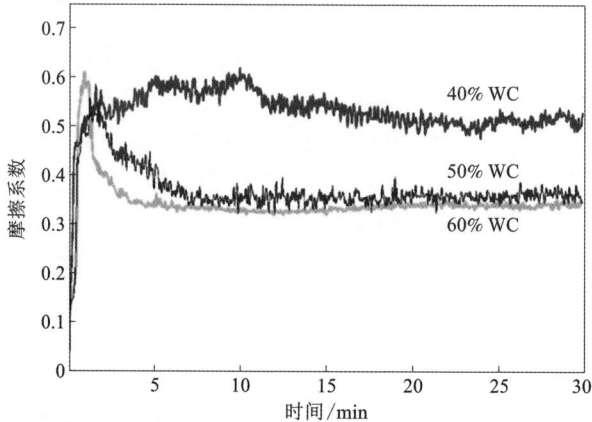

图 8-25 WC/FeCrNi 复合涂层的摩擦曲线

根据 Archard 材料磨损模型,体积磨损率是指单位长度内单位载荷下材料被磨损的体积,其计算公式为:

$$R = \Delta V / (F \times L) \tag{8-6}$$

式中: R 为体积磨损率,$mm^3/(N \cdot m)$;ΔV 为磨损前后材料的体积磨损量,mm^3; $\Delta V = \Delta m / \rho$,$\Delta V$ 为涂层质量损失 $\Delta m(g)$ 与密度 ρ 的比值,g/mm^3;F 为加载载荷, 19.8 N;L 为摩擦时的滑动距离,$L = 2\pi nrt$,n 为对磨球转速,560 r/min,r 为摩擦路径圆的半径,2 mm,t 为测试总时间,30 min。WC/FeCrNi 涂层的磨损率如表 8-5 所示。从表 8-5 中可以看出,随着 WC 含量的增加,涂层的体积磨损率逐渐减小,磨损性能增强。当 WC 质量分数为 60% 时,涂层的体积磨损率最低,为 9.25×10^{-9} $mm^3/(N \cdot m)$。

表 8-5 WC/FeCrNi 涂层的体积磨损率

	磨损量/mg	密度/($g \cdot mm^{-3}$)	体积磨损率 /($mm^3 \cdot N^{-1} \cdot m^{-1}$)
FeCrNi/40% WC	1.8	11.58	3.7×10^{-8}
FeCrNi/50% WC	0.7	12.25	1.36×10^{-8}
FeCrNi/60% WC	0.5	12.92	9.25×10^{-9}

图 8-26 为 WC 复合硬面涂层的磨损表面形貌。涂层耐磨性能的显著提高除了与高硬度有关外，还与材料磨损机理的转变有关。WC/FeCrNi 复合硬面涂层由较硬的碳化钨颗粒及较软的多主元合金组成。当 WC 质量分数为 40% 时，涂层中软相较多，在法向和切向力的作用下，较软的基体容易发生塑性变形。该涂层表面出现了明显的分层现象，沿摩擦方向形成了连续的犁沟。对涂层表面的黑色物质进行分析，发现该物质中含有较多的硅、氧，具体成分分析结果见表 8-6。在摩擦环境下，Si_3N_4 磨球与涂层之间的机械作用引起涂层表面发生结构变化和物理变化，促使表面温度升高，金属活化，使摩擦表面物质容易与大气中的氧发生反应，生成氧化膜。FeCrNi/40% WC 涂层的磨损机理包括磨粒磨损、黏着磨损和氧化磨损。随着 WC 含量增加，当涂层中 WC 质量分数为 50% 或 60% 时，涂层磨损表面的犁沟深度逐渐变浅，涂层氧化程度降低，塑性变形程度降低。此时，涂层的磨损机理主要为磨粒磨损。

WC/FeCrNi 复合硬面涂层的耐磨性与碳化钨颗粒含量、黏结相硬度、界面反应层性能有关。碳化钨颗粒可对周围基体区域起到"阴影保护效应"，因而，随着碳化钨含量增加，受到保护的多主元合金基体区域越多，涂层耐磨性越强。此外，网状、鱼骨状、树枝状 M_6C 碳化物均可对 FeCrNi 基体起到析出强化作用，从而提高 FeCrNi 多主元合金基体的硬度。随着 WC 含量增加，涂层中析出的 M_6C 碳化物含量增加，涂层硬度分布均匀性提高，基体与 WC 颗粒的硬度匹配度提高。此外，碳化钨颗粒表面的 M_6C 界面反应层可有效传递载荷并调节应力分布。

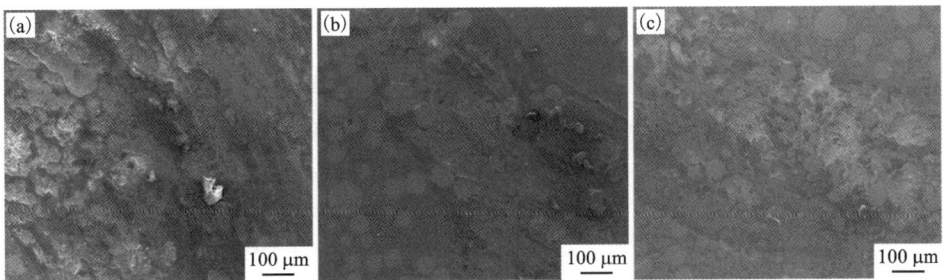

(a)40%；(b)50%；(c)60%。

图 8-26　不同 WC 质量分数的 WC/FeCrNi 涂层的磨损表面形貌

表 8-6　磨损表面氧化层的成分分析

氧化层成分	C	O	Si	Cr	Fe	Ni	Mo	W
质量分数/%	4.49	34.34	9.96	8.34	10.95	8.89	0.5	22.53

8.3.2 激光熔覆多主元合金/WC 复合材料涂层

激光熔覆技术也是制备 WC 复合硬面涂层的重要手段。激光束能量密度高，热输入量少，其对基材的热影响作用明显低于等离子熔覆技术，在宏观上可有效降低工件的变形程度。此外，激光熔覆具有极快的加热和冷却速度，热循环过程短暂，熔覆层中的晶粒不易长大，可以形成均匀致密的内部微观组织。以气雾化 FeCrNi 预合金粉末及粒径为 50~100 μm 的 WC 粉末为原料制备了 FeCrNi/50% WC 复合硬面涂层。图 8-27 为固定激光功率为 700 W，不同激光扫描速率下，WC/FeCrNi 涂层的 XRD 衍射图谱。结果显示，随着激光扫描速率增加，涂层中的物相组成没发生明显变化，均由 WC、W_2C、FCC 相以及 M_6C 碳化物等物相组成。这表明激光扫描速率并不会改变 WC/FeCrNi 涂层的相结构，但相比例发生变化。随着激光扫描速率降低，位于 42.3° 的 M_6C 衍射峰增强，这表明 M_6C 的含量随着涂层热输入量的增加而增加。

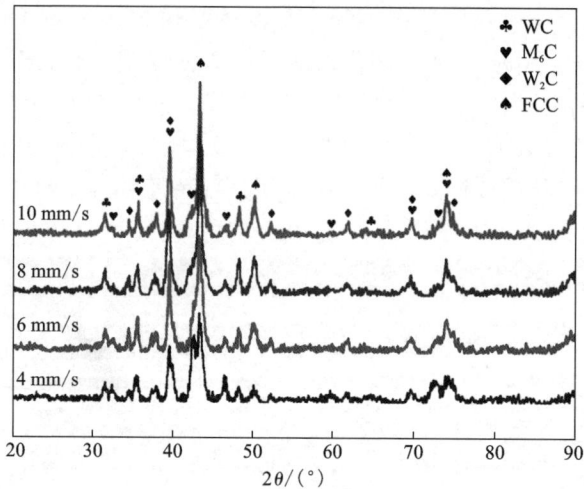

图 8-27 不同激光扫描速率下 WC/FeCrNi 涂层的 XRD 图

图 8-28 为固定激光功率为 700 W、不同激光扫描速率下 FeCrNi 多主元合金基体的微观组织。从图 8-28 中可以看出，随着激光功率降低，网状碳化物厚度增加。当激光扫描速率降低至 4 mm/s 时，涂层中出现鱼骨状碳化物。M_6C 的含量与 WC 颗粒的溶解程度有关，随着激光扫描速率增加，激光束、粉末、熔池之间的相互作用时间缩短，故而随着激光扫描速率增加，涂层中碳化钨颗粒的溶解程度降低，在 FCC 枝晶间析出的 M_6C 碳化物含量降低。另外，随着激光扫描速率的增加，熔池凝固速率增加，易形成过饱和固溶体，M_6C 析出相含量减少。

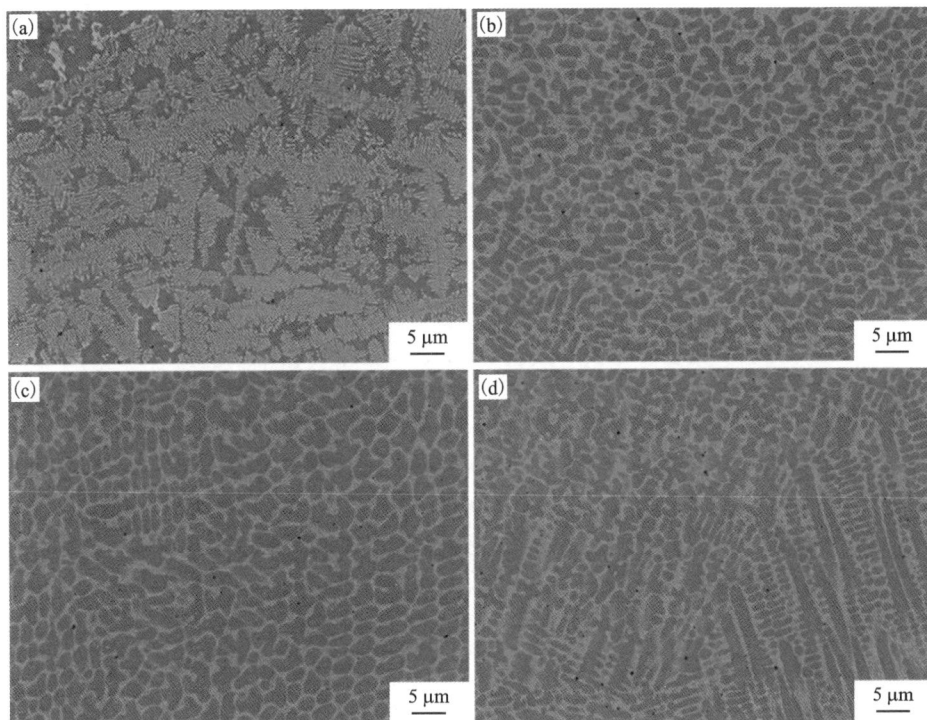

(a)4 mm/s；(b)6 mm/s；(c)8 mm/s；(d)10 mm/s。

图 8-28　固定激光功率为 700 W，不同扫描速率下 FeCrNi 多主元合金基体的微观组织

　　图 8-29 为固定激光扫描速率为 4 mm/s，不同激光功率下 WC/FeCrNi 涂层的 XRD 衍射图谱。不同激光功率下，涂层的物相均由 WC、W_2C、FCC 相以及 M_6C 化合物等组成。随着激光功率从 600 W 增加至 900 W，M_6C 衍射峰增强，这表明涂层中析出的 M_6C 的含量随着涂层热输入量的增加而增加。

　　图 8-30 为不同激光功率下 WC/FeCrNi 涂层的微观组织。当激光功率为 600 W 时，WC 颗粒溶解程度较低，基体中存在网状碳化物，在碳化钨颗粒周围的 FeCrNi 基体中出现了鱼骨状共晶碳化物，在远离碳化钨颗粒的区域，涂层的组织仍为网状碳化物。当激光功率为 800 W 时，FeCrNi 多主元合金基体中的碳化物主要为鱼骨状共晶碳化物。当激光功率为 900 W 时，碳化钨颗粒周围基体中的碳化物呈梯度分布，同时存在初生树枝状碳化物及鱼骨状碳化物。张相军等指出因碳化钨颗粒周围存在明显的 W 浓度梯度，随着距离碳化钨颗粒表面距离增加，W 含量逐渐减少，黏结相元素增加，C 元素的变化较小。以 WC 的熔点 2860 ℃ 进行计算，则 W 和 C 原子的扩散系数 D_W 和 D_C 分别是 1.57×10^{-5} cm^2/s 和 5.4×10^{-4} cm^2/s，W 原子的比重大，扩散激活能很高，扩散能力远不如 C。

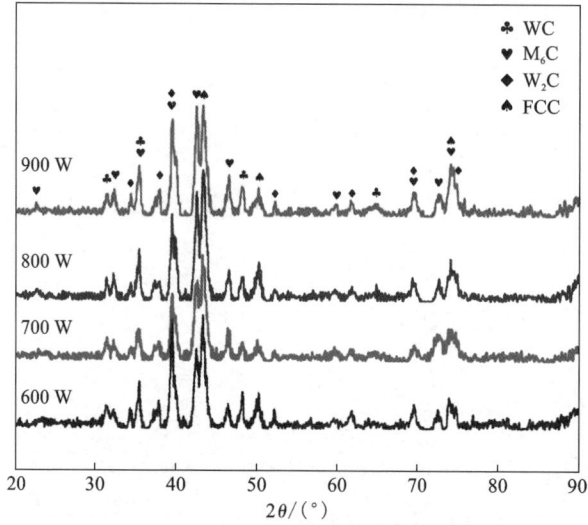

图 8-29　固定激光扫描速率为 4 mm/s,
不同激光扫描功率下 WC/FeCrNi 涂层的 XRD 图谱

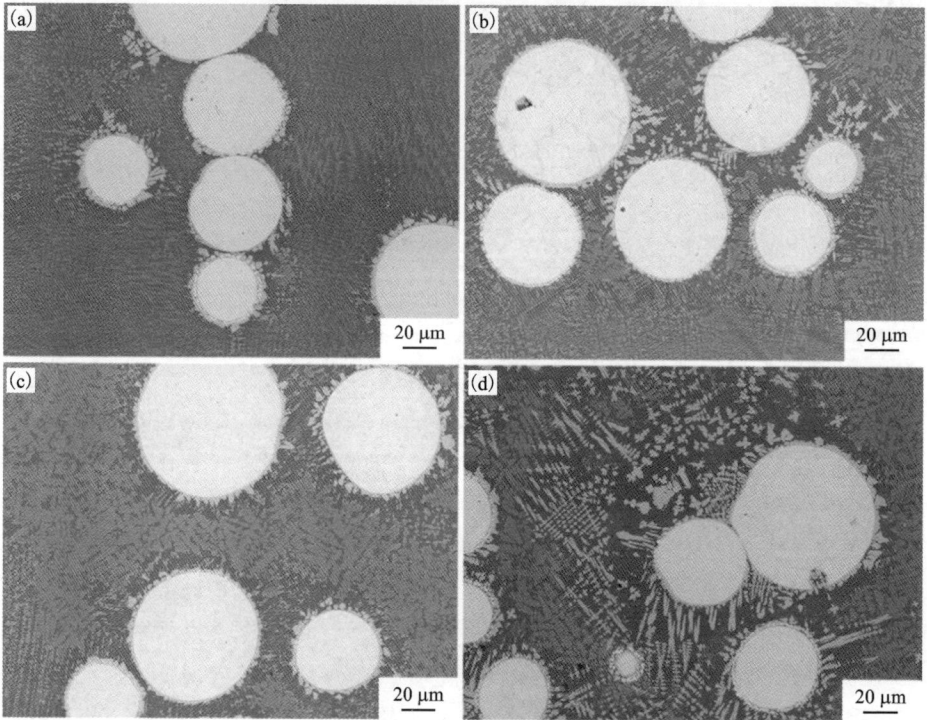

(a)600 W; (b)700 W; (c)800 W; (d)900 W。

图 8-30　固定激光扫描速率为 4 mm/s, 不同激光功率下 WC/FeCrNi 涂层的微观组织

在激光熔覆过程中，WC 颗粒不可避免地发生溶解，W、C 原子扩散入 FeCrNi 多主元合金熔池中，与 Fe、Cr、Ni 等元素之间发生交互作用，在基体中形成新的碳化物相。在不同激光功率下，WC/FeCrNi 界面存在反应层，基体中存在网状碳化物、鱼骨状碳化物、树枝状碳化物，如图 8-31 所示。结合表 8-7 成分分析，这几种形态不一的碳化物均为 M_6C，但 W、C 含量存在较大的差异。该碳化物的形貌可能与碳化钨颗粒的溶解程度，即熔池中的 W 含量有关。

为深入了解激光熔覆涂层中的微观组织演变，本节将进一步讨论碳化钨陶瓷颗粒的溶解及周围基体中碳化物的形成机制。如图 8-31(a) 所示，在铸造碳化钨颗粒边界，未反应完全的 WC 颗粒以颗粒状残留在界面层。对 WC 颗粒(P1) 和界面层中的白色颗粒(P2) 进行成分分析，结果见表 8-7，发现界面层白色颗粒中 W 元素含量较少，这表明 W_2C 优先于 WC 溶解，研究表明，W_2C 具有亚稳态结构，其稳定性低于 WC，更容易在金属熔池中溶解。

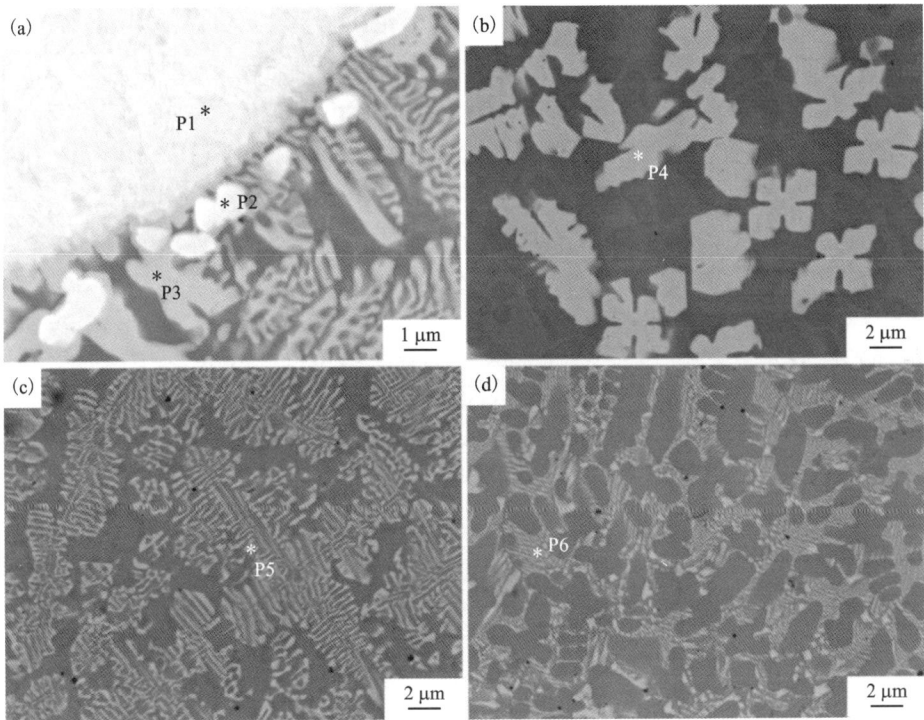

(a) 界面反应层；(b) 树枝态 M_6C；(c) 鱼骨状 M_6C；(d) 网状 M_6C。

图 8-31　激光熔覆 WC/FeCrNi 涂层中不同形貌的 M_6C 碳化物

表 8-7　图 8-31 中不同组织的成分分析(质量分数)　　　　单位: %

	Fe	Cr	Ni	W	C
P1(WC 颗粒)	0.42	0.26	0.10	91.19	8.04
P2(白色颗粒)	1.16	1.75	0.90	88.91	7.29
P3(反应层)	10.40	11.37	8.84	64.56	4.83
P4(枝状碳化物)	10.41	11.39	9.28	63.27	5.65
P5(鱼骨状碳化物)	22.81	23.54	14.86	32.08	6.71
P6(网状碳化物)	23.87	17.43	24.47	28.87	5.37

　　WC 溶解后, 游离的 W、C 原子扩散至熔池中, 构成由 W、C、Fe、Cr、Ni 元素组成的液体介质, 并在随后的凝固过程中形成了大量亚稳态的 M_6C 三元碳化物, 这种共晶碳化物通常具有较高的硬度及耐磨性, 对于提高涂层的耐磨性有积极作用。Calderon 等计算了 W-C-Fe-Cr-Ni 相图(图 8-32), 发现在该体系中没有出现经典的"FCC+WC"两相区, 相反, 存在三相甚至四相区域。在较高的温度下, 两相区域完全被含有 L+WC+M_6C 碳化物的区域"覆盖"。在实际加工过程中, 该体系很大程度地受到相变动力学的影响。在高冷速下形成 M_6C 型碳化物。且在 $x_{Cr}\%>6\%$ 的情况下, 涂层中易出现 (Cr, Fe)-C 碳化物, 如 $M_{23}C_6$、M_7C_3 等。目前, 有关 W-C-Fe-Cr-Ni 体系具体的凝固机理还不明确, 下面将讨论 FeCrNi 多主元合金基体中不同形貌 M_6C 碳化物的形成过程。

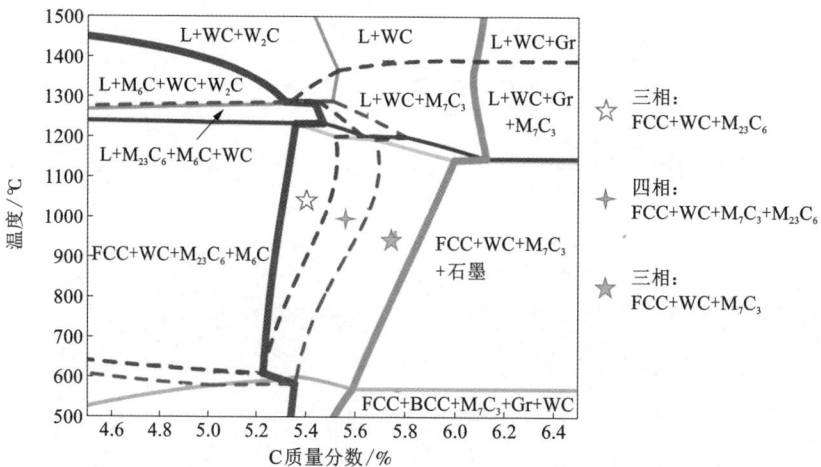

图 8-32　W-C-Fe-Cr-Ni 相图

M_6C 的微观组织形貌与熔池局部区域内中的 W、C 含量有关。Zhou 等指出 M_6C 的形貌与熔池中的 W 含量有关。随着 W 元素含量增加，M_6C 由网状转变为鱼骨状共晶，并最终转变为初生树枝态。为明确激光功率对 M_6C 微观形貌的影响，对 FeCrNi 多主元合金基体中 W 元素的含量进行了测试。从图 8-33 中可以看出，激光功率的大小直接决定了涂层吸收能量的多少，激光功率越高，熔池温度越高，金属熔池与 WC 颗粒之间的作用时间越长，扩散入金属熔池中的 W、C 越多。依据 Kikuchi 等的计算结果，C 原子在金属熔池中的化学活度可表示为：

$$\ln a_c = \ln\left(\frac{Y_C}{1-Y_C}\right) + \left(-1.07 + \frac{6806}{T}\right) + \left(13.05 + \frac{9554}{T}\right)Y_C + \left(1.21 + \frac{9010}{T}\right)Y_W \quad (8-7)$$

式中：$V_i = X_i/(1-X_C)$，X_i 表示组分 i 的原子分数，而 i 表示 W、Ni 和 C 等原子。由式(8-5)可知，随着熔池中温度升高，熔池内碳的活性增强，C 在 FeCrNi 多主元合金熔体中的溶解度增加，也因此使得熔池中 W、C 含量增加，并最终促使 M_6C 碳化物析出。

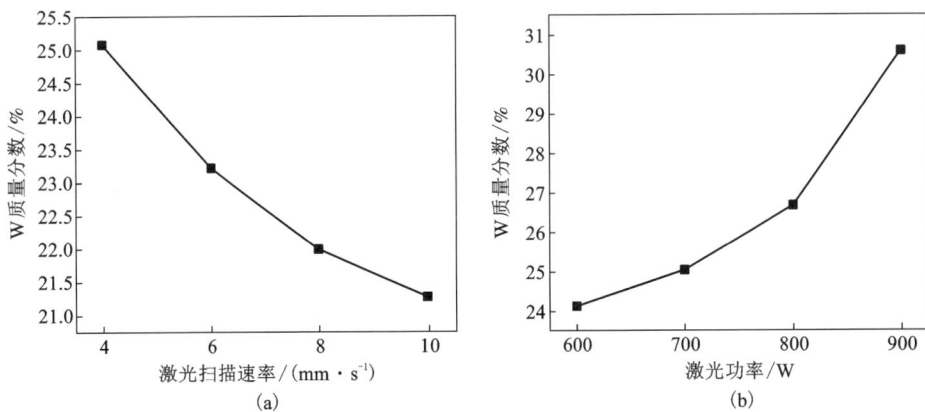

(a)激光扫描速率；(b)激光功率。

图 8-33　不同激光熔覆工艺参数下熔池中 W 元素含量图

图 8-34 显示了激光功率及扫描速率对 WC/FeCrNi 复合硬面涂层硬度的影响。随着激光扫描速率的降低，涂层的显微硬度逐步增加，当扫描速率为 10 mm/s 时，硬面涂层中 FeCrNi 基体的硬度为(538±11)HV，随着扫描速率降低到 4 mm/s，FeCrNi 多主元合金基体的硬度增加至(629.7±36.9)HV。由 4.4.1 节可知，随着激光扫描速率降低，FeCrNi 多主元合金基体中析出的 M_6C 碳化物含量增加，显微硬度增加。随着激光功率增加，涂层的显微硬度增加，但增幅较小，当激光功率从 600 W 增加至 900 W 时，FeCrNi 多主元合金基体的硬度分别从(601.1±21)HV、

增加至(700.68±5.02)HV。由 4.4.2 节可知，这同样与涂层中 M_6C 碳化物含量增加有关。

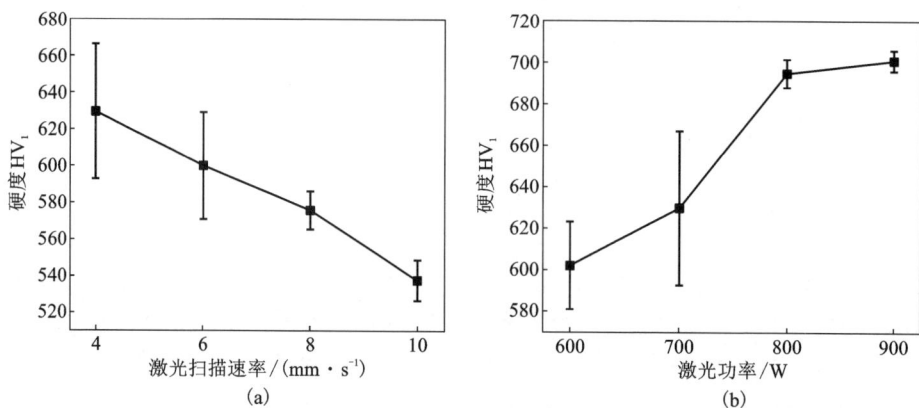

（a）激光扫描速率；（b）激光功率。

图 8-34　不同激光工艺参数下激光熔覆 WC/FeCrNi 涂层的硬度

图 8-35 为固定激光功率 700 W 下，不同激光扫描速率下 WC/FeCrNi 复合涂层的摩擦系数曲线。涂层磨损过程分为三个阶段，即磨合阶段、稳定磨损阶段、急剧磨损阶段。在磨合阶段，Si_3N_4 磨球与涂层的实际接触面积小，单位面积作用力大，摩擦系数急剧增加。在稳定磨损阶段，Si_3N_4 磨球与涂层的实际接触面积增加，单位面积上的实际接触压力保持一定，磨损趋于稳定。在急剧磨损阶

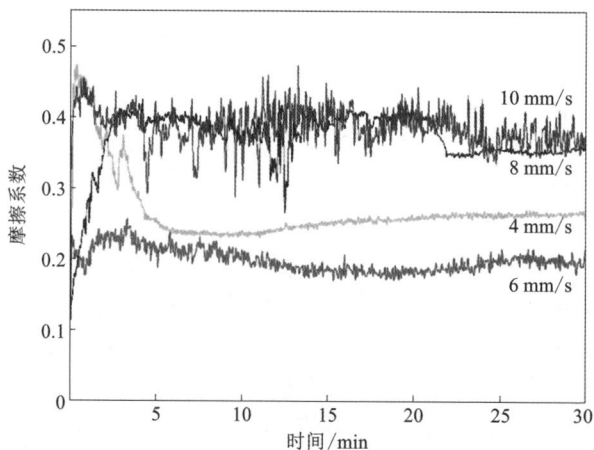

图 8-35　固定激光功率为 700 W，
不同扫描速率下制备的 WC/FeCrNi 涂层的摩擦系数曲线

段，涂层摩擦表面发生严重变形，产生大量磨屑，使涂层磨损速率急剧增加。当扫描速率分别为 4 mm/s、6 mm/s 时，涂层的磨损迅速进入稳定磨损阶段，摩擦系数稳定。当扫描速率为 10 mm/s 时，摩擦系数剧烈波动。

依据黏着摩擦理论，当接触表面相互压紧时，它们只在微凸体的表面接触，由于实际接触面积极小，微凸体上的局部压力很高，足以引起"塑性变形"和"冷焊"现象。摩擦阻力可用两项之和来替代，即黏着分量(F_b)和犁削分量(F_v)，具体表达式如下：

$$F = F_b + F_v = A_r \tau_b + A_v \sigma_b \tag{8-8}$$

式中：A_r 为实际接触面积；τ_b 为材料的抗剪强度极限；A_v 为接触凸起的水平投影面积；σ_b 为材料的压缩屈服极限。由式(8-6)可知，摩擦系数的剧烈波动与摩擦副之间实际接触面积变化有关。这说明当激光扫描速率为 10 mm/s 时，实际接触面积不断发生改变，涂层在磨损过程中受到了严重损伤。

图 8-36 为固定激光功率为 700 W，不同扫描速率下 WC/FeCrNi 涂层的体积磨损率。随着扫描速率的增加，WC/FeCrNi 的磨损量增加。当激光扫描速率由 4 mm/s 增加至 10 mm/s 时，涂层的磨损质量 Δm 由 11.4 mg 增加至 24 mg。根据式(8-4)对 WC/FeCrNi 硬面复合涂层的体积磨损率进行计算，其中 ρ 取 12.25 g/cm^3。当激光扫描速率由 4 mm/s 增加至 10 mm/s 时，WC/FeCrNi 硬面复合涂层的体积磨损率由 2.18×10^{-7} mm^3/(N·m)增加至 4.59×10^{-7} mm^3/(N·m)。

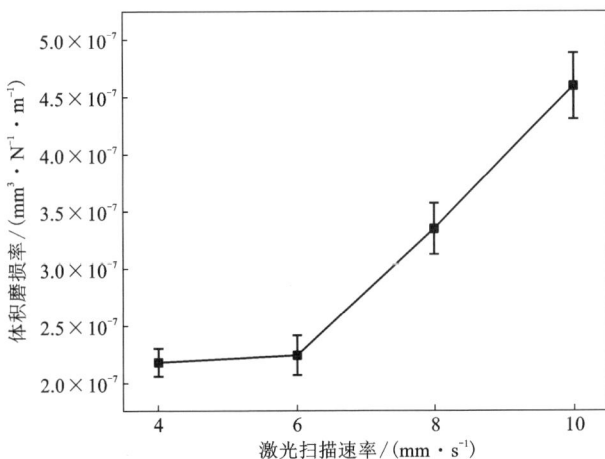

图 8-36　固定激光功率为 700 W，
不同扫描速率下 WC/FeCrNi 涂层的体积磨损率

图 8-37 为不同扫描速率下涂层磨损后的表面形貌。当激光扫描速率为

10 mm/s 时，在长时间交变载荷作用下，接触点黏着和焊合而形成的黏着节点被剪切断裂，涂层表面出现片状剥落，并伴随有大量犁沟，且涂层表面存在大量破碎、剥落的碳化钨颗粒，如图 8-37(h)所示。该涂层的磨损形式包括磨粒磨损和黏着磨损。随着激光扫描速率降低，涂层表面的犁沟深度减小，WC 颗粒破碎程度较低。在扫描速率分别为 4 mm/s、6 mm/s 时，涂层的磨损机制转变为以磨粒磨损为主，伴随有少量黏着磨损。综上所述，随着激光扫描速率的降低，涂层材料的去除机制由 WC 颗粒的断裂破碎、脱落转变为黏结相的挤压去除。

WC/FeCrNi 多主元合金硬面涂层的主要特点是以多主元合金黏结相填充在 WC 颗粒周围；在磨损过程中，WC 颗粒承受冲击载荷发生塑性变形和相对移动，而 FeCrNi 多主元合金则为碳化钨的磨损行为提供支撑。为保证 WC 颗粒的耐磨性，FeCrNi 多主元合金应具有一定的强韧性，能够承受高应力的磨损。当扫描速率为 4 mm/s 时，涂层中含有较多的鱼骨状 M_6C 型碳化物，具有较强的塑性变形抗力和阻碍裂纹萌生及扩展的能力，能够抑制 FeCrNi 基体在磨损过程中产生塑性变形，从而抑制 WC 颗粒在剪切力作用下破碎、剥落。而随着激光扫描速率增加，涂层中 M_6C 析出相含量减少，WC/FeCrNi 涂层的黏结相的硬度显著降低。当扫描速率提高至 10 mm/s 时，较软的黏结相与 Si_3N_4 磨球相互作用的过程中，产生显著塑性变形，被切削去除。随后，WC 颗粒突出表面，在往复载荷的作用下破碎、剥落，并以磨粒的形式加入随后的磨损过程中，形成三体磨损，提高涂层的表面粗糙度，加快涂层的磨损速率。此外，随着扫描速率提高，熔池内温度梯度增加，WC/FeCrNi 界面的残余应力增加，WC 颗粒不足以承受较高的压应力而碎裂剥落。

图 8-38 为扫描速率 4 mm/s 时，不同激光功率下 WC/FeCrNi 复合涂层的摩擦系数曲线。不同涂层的磨损主要经历两个阶段：在前期，磨损处于跑合阶段，涂层的摩擦系数急剧下降；随后，涂层进入稳定磨损阶段，涂层的摩擦系数逐渐趋于平缓，并稳定在一定数值附近。由此可以看出，随着涂层激光功率增加，涂层的平均摩擦系数先减小后增加，激光功率由 600 W 增加至 800 W 时，涂层的平均摩擦系数由 0.394 降低至 0.151，而当激光功率继续增加至 900 W 时，涂层的摩擦系数增加至 0.452。

图 8-39 扫描速率为 4 mm/s 时，不同激光功率下 WC/FeCrNi 涂层的体积磨损率。随着激光功率的降低，WC/FeCrNi 的磨损量先，减小后增加。当激光扫描功率从 600 W 增加至 800 W 时，涂层的磨损质量 Δm 由 14.7 mg 降低至 2 mg，而当激光功率为 900 W 时，涂层的磨损质量 Δm 增加至 7.2 mg。根据式(8-4)对 WC/FeCrNi 硬面复合涂层的体积磨损率进行计算，ρ 取 12.25 g/cm³。当激光功率从 600 W 增加至 800 W 时，WC/FeCrNi 硬面复合涂层的体积磨损率从 2.81×10^{-7} mm³/(N·m) 降低至 3.8×10^{-8} mm³/(N·m)，当激光功率为 900 W 时，

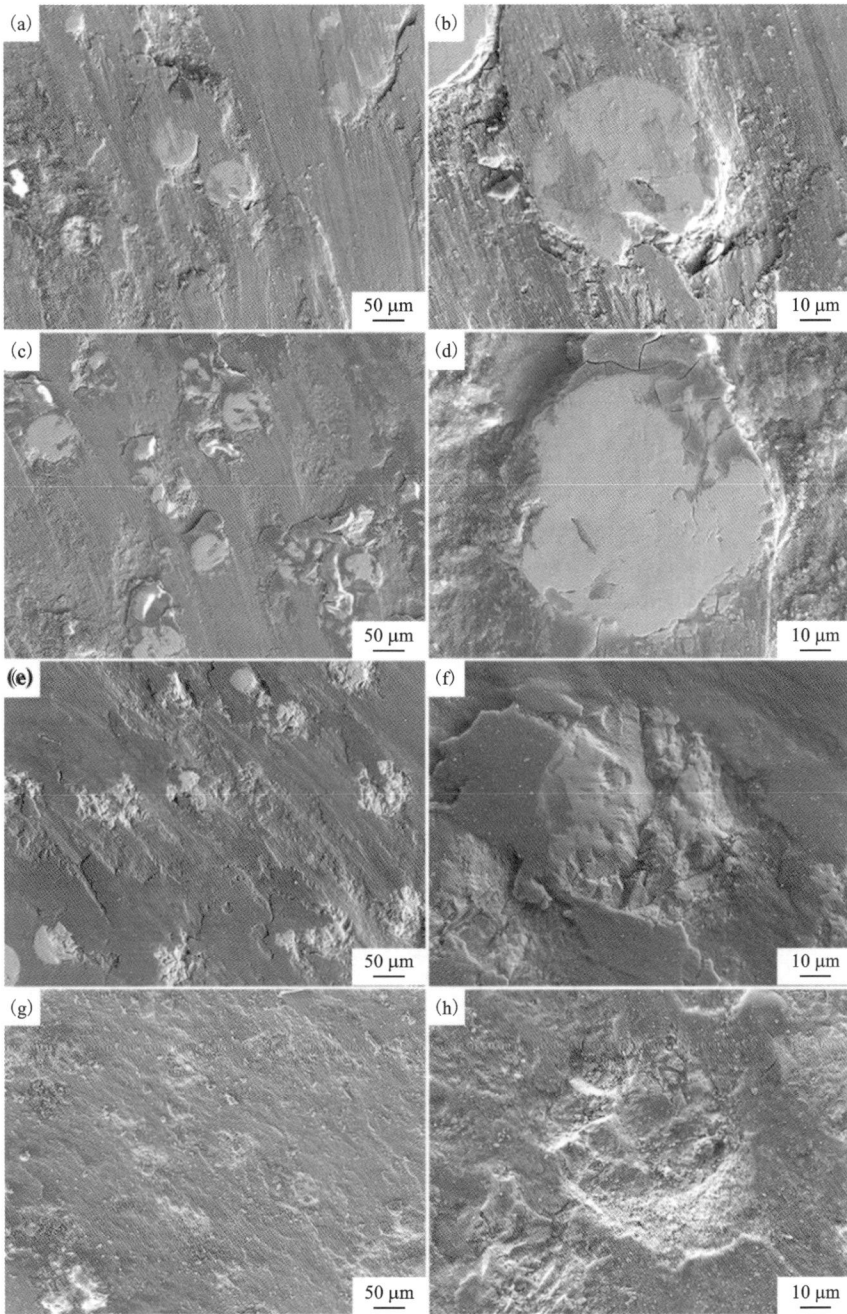

（a）、（b）4 mm/s；（c）、（d）6 mm/s；（e）、（f）8 mm/s；（g）、（h）10 mm/s。

图 8-37　固定激光功率为 700 W，不同扫描速率下激光熔覆 WC/FeCrNi 涂层表面的磨损形貌

WC/FeCrNi 硬面复合涂层的体积磨损率增加至 $1.30×10^{-7}$ mm^3/(N·m)。

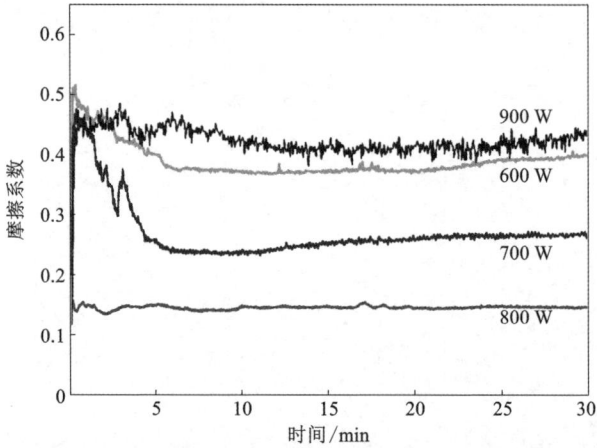

图 8-38　不同激光功率下制备的 WC/FeCrNi 涂层的摩擦系数曲线

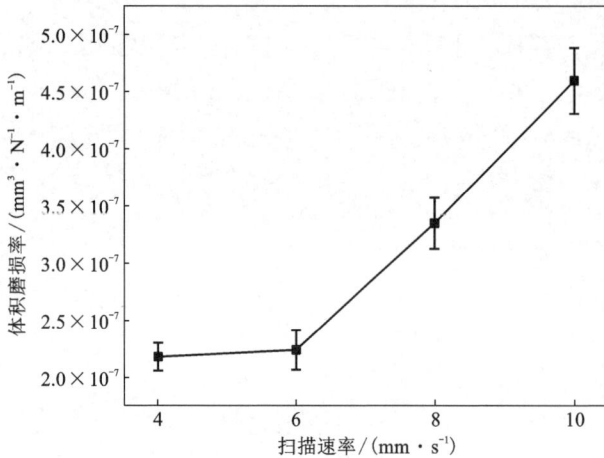

图 8-39　固定激光扫描速率为 4 mm/s，
不同激光功率下制备的 WC/FeCrNi 涂层的体积磨损率

图 8-40 为不同激光功率下，WC/FeCrNi 涂层的磨损表面形貌。从图 8-40 中可以看出，当激光功率为 600 W 时，涂层表面存在大量犁沟，大量碳化钨颗粒表面存在较严重破损，涂层的磨损机制为微切削作用，同时伴随着一定黏着磨损。随着激光功率的增加，涂层的损伤程度逐渐减轻，磨损表面的犁沟变浅，WC颗粒破损程度降低，涂层表面逐渐光滑。当激光功率增加至 800 W 时，涂层表面

未发生明显变形，保留有原有的微观组织结构。而当激光功率为 900 W 时，涂层表面存在大量严重破损的 WC 颗粒。

　　WC/FeCrNi 基硬面涂层的耐磨性与黏结相的特性有关。当激光功率为 600 W 时，涂层硬度较低，网状 M_6C 碳化物对 FeCrNi 基体的保护作用不足，涂层黏结相在 Si_3N_4 作用下被切削，WC 颗粒突出涂层表面，在磨损过程中破碎、剥落，对涂层造成二次伤害。随着激光功率增加，涂层中鱼骨状 M_6C 析出相体积分数增加，涂层硬度增加，FeCrNi 基体抵抗切削作用增强。而当激光功率为 900 W 时，高硬脆的树枝状 M_6C 含量较高，故其适应塑性变形的能力有限，无法有效传递、缓释 WC 颗粒承受的应力，当局部应力大于 WC 颗粒的临界脆性断裂载荷时，WC 颗粒从表面脱落，形成三体磨损，造成复合涂层表面的二次损伤，加速磨损进程。

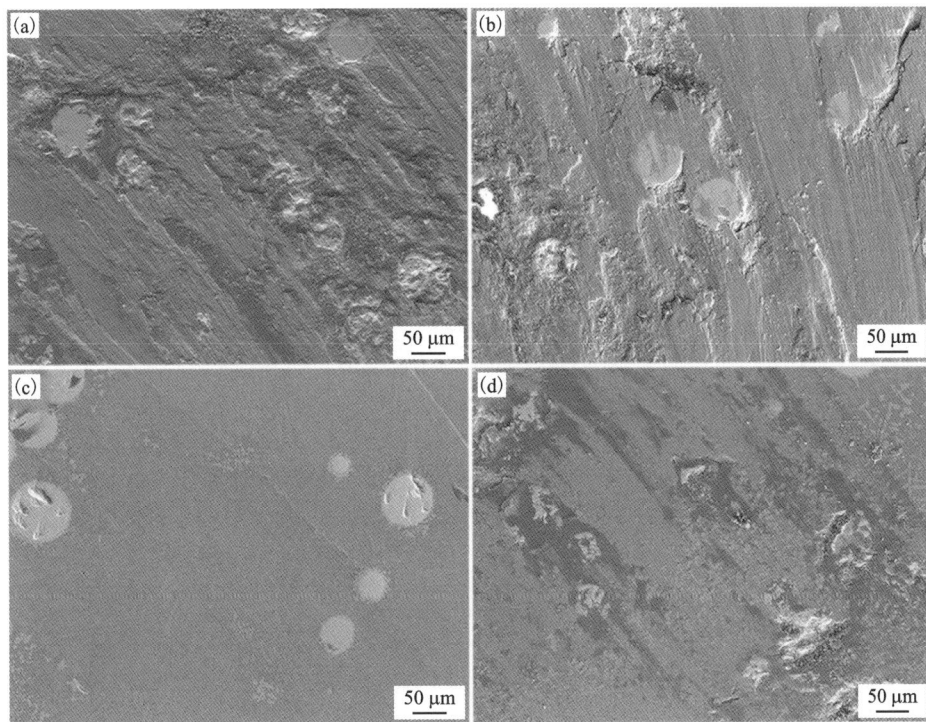

（a）600 W；（b）700 W；（c）800 W；（d）900 W。

图 8-40　固定激光扫描速率为 4 mm/s，不同激光功率下 WC/FeCrNi 涂层表面的磨损形貌

　　综上所述，WC/FeCrNi 涂层主要由作为骨架的 WC 颗粒和 FeCrNi 多主元合金黏结相组成。当涂层中的 M_6C 以晶间析出相的形态存在时，随着 FeCrNi 基体中高硬度的 M_6C 含量增加，FeCrNi 多主元合金基体硬度提高，抗切削能力增加，

涂层的耐磨性逐渐增强。当黏结相中原位析出的 M_6C 碳化物以鱼骨状存在，FeCrNi 多主元合金基体具有较强的塑性变形抗力和阻碍裂纹萌生及扩展的能力，涂层的耐磨性最优。而当涂层中 M_6C 以初生树枝态存在时，FeCrNi 多主元合金基体无法有效传递、缓释 WC 颗粒承受的应力，导致 WC 颗粒破碎、剥落，涂层的耐磨性降低。

参考文献

［1］ ZHANG W, LIAW P K, ZHANG Y. Science and technology in high-entropy alloys ［J］. Science China-Materials, 2018, 61(1): 2-22.

［2］ CANTOR B, CHANG I T H, KNIGHT P, et al. Microstructural development in equiatomic multicomponent alloys ［J］. Materials Science and Engineering a-Structural Materials Properties Microstructure and Processing, 2004, 375: 213-218.

［3］ YEH J W, CHEN S K, LIN S J, et al. Nanostructured high-entropy alloys with multiple principal elements: Novel alloy design concepts and outcomes ［J］. Advanced Engineering Materials, 2004, 6(5): 299-303.

［4］ YE Y F, WANG Q, LU J, et al. High-entropy alloy: challenges and prospects ［J］. Materials Today, 2016, 19(6): 349-362.

［5］ WU Y D, CAI Y H, WANG T, et al. A refractory $Hf_{25}Nb_{25}Ti_{25}Zr_{25}$ high-entropy alloy with excellent structural stability and tensile properties ［J］. Materials Letters, 2014, 130: 277-280.

［6］ GLUDOVATZ B, HOHENWARTER A, CATOOR D, et al. A fracture-resistant high-entropy alloy for cryogenic applications ［J］. Science, 2014, 345(6201): 1153-1158.

［7］ CHUANG M H, TSAI M H, WANG W R, et al. Microstructure and wear behavior of $Al_xCo_{1.5}CrFeNi_{1.5}Tiy$ high-entropy alloys ［J］. Acta Materialia, 2011, 59(16): 6308-6317.

［8］ QIU X W, ZHANG Y P, HE L, et al. Microstructure and corrosion resistance of AlCrFeCuCo high entropy alloy ［J］. Journal of Alloys and Compounds, 2013, 549: 195-199.

［9］ LIU C M, WANG H M, ZHANG S Q, et al. Microstructure and oxidation behavior of new refractory high entropy alloys ［J］. Journal of Alloys and Compounds, 2014, 583: 162-169.

［10］ MIRACLE D B, SENKOV O N. A critical review of high entropy alloys and related concepts ［J］. Acta Materialia, 2017, 122: 448-511.

［11］ LU Y, DONG Y, GUO S, et al. A promising new class of high-temperature alloys: eutectic high-entropy alloys ［J］. Scientific Reports, 2014, 4: 6200.

［12］ SENKOV O N, GORSSE S, MIRACLE D B. High temperature strength of refractory complex concentrated alloys ［J］. Acta Materialia, 2019, 175: 394-405.

［13］ HE F, WANG Z, CHENG P, et al. Designing eutectic high entropy alloys of CoCrFeNiNb$_x$ ［J］. Journal of Alloys and Compounds, 2016, 656: 284-289.

［14］ CAI B, LIU B, KABRA S, et al. Deformation mechanisms of Mo alloyed FeCoCrNi high entropy alloy: In situ neutron diffraction ［J］. Acta Materialia, 2017, 127: 471-480.

［15］ LI D, LI C, FENG T, et al. High-entropy Al$_{0.3}$CoCrFeNi alloy fibers with high tensile strength and ductility at ambient and cryogenic temperatures ［J］. Acta Materialia, 2017, 123: 285-294.

［16］ ZHOU R, LIU Y, ZHOU C, et al. Microstructures and mechanical properties of C-containing FeCoCrNi high-entropy alloy fabricated by selective laser melting ［J］. Intermetallics, 2018, 94: 165-171.

［17］ WILHELM H, LELAURAIN M, MCRAE E, et al. Raman spectroscopic studies on well-defined carbonaceous materials of strong two-dimensional character ［J］. Journal of Applied Physics, 1998, 84(12): 6552-6558.

［18］ CORNIDE J, CALVO-DAHLBORG M, CHAMBRELAND S, et al. Combined Atom Probe Tomography and TEM Investigations of CoCrFeNi, CoCrFeNi-Pd$_x$ (x = 0.5, 1.0, 1.5) and CoCrFeNi-Sn ［J］. Acta Physica Polonica A, 2015, 128(4): 557-560.

［19］ HE F, WANG Z, WU Q, et al. Phase separation of metastable CoCrFeNi high entropy alloy at intermediate temperatures ［J］. Scripta Materialia, 2017, 126: 15-19.

［20］ WU Z, BEI H, OTTO F, et al. Recovery, recrystallization, grain growth and phase stability of a family of FCC - structured multi - component equiatomic solid solution alloys ［J］. Intermetallics, 2014, 46: 131-140.

［21］ GLUDOVATZ B, HOHENWARTER A, THURSTON K V S, et al. Exceptional damage-tolerance of a medium - entropy alloy CrCoNi at cryogenic temperatures ［J］. Nature Communications, 2016, 7: 10602.

［22］ SENKOV O N, WILKS G B, MIRACLE D B, et al. Refractory high-entropy alloys ［J］. Intermetallics, 2010, 18(9): 1758-1765.

［23］ SENKOV O N, SCOTT J M, SENKOVA S V, et al. Microstructure and room temperature properties of a high-entropy TaNbHfZrTi alloy ［J］. Journal of Alloys and Compounds, 2011, 509(20): 6043-6048.

［24］ GUO N N, WANG L, LUO L S, et al. Microstructure and mechanical properties of refractory MoNbHfZrTi high-entropy alloy ［J］. Materials & Design, 2015, 81: 87-94.

［25］ WANG Y P, LI B S, REN M X, et al. Microstructure and compressive properties of AlCrFeCoNi high entropy alloy ［J］. Materials Science and Engineering a-Structural Materials Properties Microstructure and Processing, 2008, 491(1-2): 154-158.

［26］ ZHOU Y J, ZHANG Y, WANG Y L, et al. Solid solution alloys of AlCoCrFeNiTi$_x$ with excellent room-temperature mechanical properties ［J］. Applied Physics Letters, 2007, 90 (18): 181904.

［27］ ZHAO Y J, QIAO J W, MA S G, et al. A hexagonal close-packed high-entropy alloy：the effect of entropy ［J］. Materials & Design, 2016, 96：10-15.

［28］ SOLER R, EVIRGEN A, YAO M, et al. Microstructural and mechanical characterization of an equiatomic YGdTbDyHo high entropy alloy with hexagonal close - packed structure ［J］. Acta Materialia, 2018, 156：86-96.

［29］ YUSENKO K V, RIVA S, CARVALHO P A, et al. First hexagonal close packed high-entropy alloy with outstanding stability under extreme conditions and electrocatalytic activity for methanol oxidation ［J］. Scripta Materialia, 2017, 138：22-27.

［30］ VRTNIK S, LUZNIK J, KOZELJ P, et al. Disordered ferromagnetic state in the Ce-Gd-Tb-Dy-Ho hexagonal high-entropy alloy ［J］. Journal of Alloys and Compounds, 2018, 742：877-886.

［31］ ZHAO K, XIA X X, BAI H Y, et al. Room temperature homogeneous flow in a bulk metallic glass with low glass transition temperature ［J］. Applied Physics Letters, 2011, 98(14)：141913.

［32］ LI H F, XIE X H, ZHAO K, et al. In vitro and in vivo studies on biodegradable CaMgZnSrYb high-entropy bulk metallic glass ［J］. Acta Biomaterialia, 2013, 9(10)：8561-8573.

［33］ LI Y, ZHANG W, QI T. New soft magnetic $Fe_{25}Co_{25}Ni_{25}(P, C, B)_{25}$ high entropy bulk metallic glasses with large supercooled liquid region ［J］. Journal of Alloys and Compounds, 2017, 693：25-31.

［34］ 国庆. 新型金刚石工具铜基结合剂及其性能 ［J］. 化工设计通讯, 2016, 42(09)：99-109.

［35］ LI Z, TASAN C C, PRADEEP K G, et al. A TRIP-assisted dual-phase high-entropy alloy：Grain size and phase fraction effects on deformation behavior ［J］. Acta Materialia, 2017, 131：323-335.

［36］ HUANG H, WU Y, HE J, et al. Phase-Transformation Ductilization of Brittle High-Entropy Alloys via Metastability Engineering ［J］. Advanced Materials, 2017, 29(30)：1701678.

［37］ HE J Y, WANG H, HUANG H L, et al. A precipitation-hardened high-entropy alloy with outstanding tensile properties ［J］. Acta Materialia, 2016, 102：187-196.

［38］ ZHAO Y L, YANG T, TONG Y, et al. Heterogeneous precipitation behavior and stacking-fault-mediated deformation in a CoCrNi-based medium-entropy alloy ［J］. Acta Materialia, 2017, 138：72-82.

［39］ LIU W H, LU Z P, HE J Y, et al. Ductile CoCrFeNiMox high entropy alloys strengthened by hard intermetallic phases ［J］. Acta Materialia, 2016, 116：332-342.

［40］ WANG Z, BAKER I, CAI Z, et al. The effect of interstitial carbon on the mechanical properties and dislocation substructure evolution in $Fe_{40.4}Ni_{11.3}Mn_{34.8}Al_{7.5}Cr_6$ high entropy alloys ［J］. Acta Materialia, 2016, 120：228-239.

［41］ CHEN J, YAO Z, WANG X, et al. Effect of C content on microstructure and tensile properties of as-cast CoCrFeMnNi high entropy alloy [J]. Materials Chemistry and Physics, 2018, 210: 136-145.

[42] MACDONALD B E, FU Z, ZHENG B, et al. Recent Progress in High Entropy Alloy Research [J]. Jom, 2017, 69(10): 2024-2031.

[43] TAKEUCHI A. Recent progress in alloy designs for high-entropy crystalline and glassy alloys [J]. Journal of the Japan Society of Powder and Powder Metallurgy, 2016, 63(4): 209-216.

[44] ZHANG Y. High-entropy materials [J]. Springer Nature Singapore Pte Ltd, 2019, 2: 215-232.

[45] CHATTOPADHYAY C, PRASAD A, MURTY B S. Phase prediction in high entropy alloys—A kinetic approach [J]. Acta Materialia, 2018, 153: 214-225.

[46] YANG H H, TSAI W T, KUO J C, et al. Solid/liquid interaction between a multicomponent FeCrNiCoMnAl high entropy alloy and molten aluminum [J]. Journal of Alloys and Compounds, 2011, 509(32): 8176-8182.

[47] KING D J M, MIDDLEBURGH S C, MCGREGOR A G, et al. Predicting the formation and stability of single phase high-entropy alloys [J]. Acta Materialia, 2016, 104: 172-179.

[48] YE Y F, WANG Q, LU J, et al. Design of high entropy alloys: a single-parameter thermodynamic rule [J]. Scripta Materialia, 2015, 104: 53-55.

[49] JIEN-WEI Y. Recent progress in high entropy alloys [J]. ann Chim sci Mat, 2006, 31(6): 633-648.

[50] TSAI K Y, TSAI M H, YEH J W. Sluggish diffusion in Co-Cr-Fe-Mn-Ni high-entropy alloys [J]. Acta Materialia, 2013, 61(13): 4887-4897.

[51] MELNICK A B, SOOLSHENKO V K. Thermodynamic design of high-entropy refractory alloys [J]. Journal of Alloys and Compounds, 2017, 694: 223-227.

[52] DABROWA J, ZAJUSZ M, KUCZA W, et al. Demystifying the sluggish diffusion effect in high entropy alloys [J]. Journal of Alloys and Compounds, 2019, 783: 193-207.

[53] QIU S, MIAO N, ZHOU J, et al. Strengthening mechanism of aluminum on elastic properties of NbVTiZr high-entropy alloys [J]. Intermetallics, 2018, 92: 7-14.

[54] XU S, ZHOU C, LIU Y, et al. Microstructure and mechanical properties of Ti-15Mo-xTiC composites fabricated by in-situ reactive sintering and hot swaging [J]. Journal of Alloys and Compounds, 2018, 738: 188-196.

[55] COURY F G, KAUFMAN M, CLARKE A J. Solid-solution strengthening in refractory high entropy alloys [J]. Acta Materialia, 2019, 175: 66-81.

[56] LEE C, SONG G, GAO M C, et al. Lattice distortion in a strong and ductile refractory high-entropy alloy [J]. Acta Materialia, 2018, 160: 158-172.

[57] LONG Y, SU K, ZHANG J, et al. Enhanced strength of a mechanical alloyed NbMoTaWVTi refractory high entropy alloy [J]. Materials, 2018, 11(5): 669.

［58］ NGUYEN V T, QIAN M, SHI Z, et al. A novel quaternary equiatomic Ti-Zr-Nb-Ta medium entropy alloy (MEA) ［J］. Intermetallics, 2018, 101: 39-43.

［59］ ZHANG Y, ZHOU Y J, LIN J P, et al. Solid-solution phase formation rules for multi-component alloys ［J］. Advanced Engineering Materials, 2008, 10(6): 534-538.

［60］ RANGANATHAN S. Alloyed pleasures: multimetallic cocktails ［J］. Current Science, 2003, 85(10): 1404-1406.

［61］ KAO Y F, CHEN T J, CHEN S K, et al. Microstructure and mechanical property of as-cast, -homogenized, and -deformed AlxCoCrFeNi (0 ≤ x ≤ 2) high-entropy alloys ［J］. Journal of Alloys and Compounds, 2009, 488(1): 57-64.

［62］ TSAI M H, YEH J W, GAN J Y. Diffusion barrier properties of AlMoNbSiTaTiVZr high-entropy alloy layer between copper and silicon ［J］. Thin Solid Films, 2008, 516(16): 5527-5530.

［63］ CHANG H W, HUANG P K, YEH J W, et al. Influence of substrate bias, deposition temperature and post-deposition annealing on the structure and properties of multi-principal-component (AlCrMoSiTi)N coatings ［J］. Surface & Coatings Technology, 2008, 202(14): 3360-3366.

［64］ DOLIQUE V, THOMANN A L, BRAULT P, et al. Complex structure/composition relationship in thin films of AlCoCrCuFeNi high entropy alloy ［J］. Materials Chemistry and Physics, 2009, 117(1): 142-147.

［65］ DOLIQUE V, THOMANN A L, BRAULT P, et al. Thermal stability of AlCoCrCuFeNi high entropy alloy thin films studied by in-situ XRD analysis ［J］. Surface & Coatings Technology, 2010, 204(12-13): 1989-1992.

［66］ CHENG K H, LAI C H, LIN S J, et al. Structural and mechanical properties of multi-element (AlCrMoTaTiZr)N_x coatings by reactive magnetron sputtering ［J］. Thin Solid Films, 2011, 519(10): 3185-3190.

［67］ ANG A S M, BERNDT C C, SESSO M L, et al. Plasma-sprayed high entropy alloys: microstructure and properties of AlCoCrFeNi and MnCoCrFeNi ［J］. Metallurgical and Materials Transactions a-Physical Metallurgy and Materials Science, 2015, 46A(2): 791-800.

［68］ GEORGE S M. Atomic layer deposition: an overview ［J］. Chemical Reviews, 2010, 110(1): 111-131.

［69］ FU Z, CHEN W, FANG S, et al. Alloying behavior and deformation twinning in a CoNiFeCrAl$_{0.6}$Ti$_{0.4}$ high entropy alloy processed by spark plasma sintering ［J］. Journal of Alloys and Compounds, 2013, 553: 316-323.

［70］ VARALAKSHMI S, KAMARAJ M, MURTY B S. Synthesis and characterization of nanocrystalline AlFeTiCrZnCu high entropy solid solution by mechanical alloying ［J］. Journal of Alloys and Compounds, 2008, 460(1-2): 253-257.

［71］ CHEN Y L, HU Y H, TSAI C W, et al. Alloying behavior of binary to octanary alloys based on

Cu-Ni-Al-Co-Cr-Fe-Ti-Mo during mechanical alloying [J]. Journal of Alloys and Compounds, 2009, 477(1-2): 696-705.

[72] ZHANG K B, FU Z Y, ZHANG J Y, et al. Nanocrystalline CoCrFeNiCuAl high-entropy solid solution synthesized by mechanical alloying [J]. Journal of Alloys and Compounds, 2009, 485(1-2): 31-34.

[73] LI W, XIE D, LI D, et al. Mechanical behavior of high-entropy alloys [J]. Progress in Materials Science, 2021, 118: 100777.

[74] SENKOV O N, WILKS G B, SCOTT J M, et al. Mechanical properties of $Nb_{25}Mo_{25}Ta_{25}W_{25}$ and $V_{20}Nb_{20}Mo_{20}Ta_{20}W_{20}$ refractory high entropy alloys [J]. Intermetallics, 2011, 19(5): 698-706.

[75] HUANG W J, QIAO J W, CHEN S H, et al. Preparation, structures and properties of tungsten-containing refractory high entropy alloys [J]. Acta Physica Sinica, 2021, 70 (10): 106201.

[76] HOLMSTROM E, LIZARRAGA R, LINDER D, et al. High entropy alloys: substituting for cobalt in cutting edge technology [J]. Applied Materials Today, 2018, 12: 322-329.

[77] LIANG H, YAO H, QIAO D, et al. Microstructures and Wear Resistance of $AlCrFeNi_2W_{0.2}Nb_x$ High-Entropy Alloy Coatings Prepared by Laser Cladding [J]. Journal of Thermal Spray Technology, 2019, 28(6): 1318-1329.

[78] LI K, CHEN W. Recent progress in high-entropy alloys for catalysts: synthesis, applications, and prospects [J]. Materials Today Energy, 2021, 20: 100638.

[79] LI H, HAN Y, ZHAO H, et al. Fast site-to-site electron transfer of high-entropy alloy nanocatalyst driving redox electrocatalysis [J]. Nature Communications, 2020, 11 (1): 5437.

[80] STROZI R B, LEIVA D R, HUOT J, et al. An approach to design single BCC Mg-containing high entropy alloys for hydrogen storage applications [J]. International Journal of Hydrogen Energy, 2021, 46(50): 25555-25561.

[81] MISHRA R K, KUMARI P, GUPTA A K, et al. Design and development of $Co_{35}Cr_5Fe_{20-x}Ni_{20+x}Ti_{20}$ High Entropy Alloy with excellent magnetic softness [J]. Journal of Alloys and Compounds, 2021, 889: 161773.

[82] WANG W, LI H, WEI P, et al. A corrosion-resistant soft-magnetic high entropy alloy [J]. Materials Letters, 2021, 304: 130571.

[83] CHAUDHARY V, CHAUDHARY R, BANERJEE R, et al. Accelerated and conventional development of magnetic high entropy alloys [J]. Materials Today, 2021, 49: 231-252.

[84] LU C, YANG T, JIN K, et al. Radiation-induced segregation on defect clusters in single-phase concentrated solid-solution alloys [J]. Acta Materialia, 2017, 127: 98-107.

[85] SALEMI F, ABBASI M H, KARIMZADEH F. Synthesis and thermodynamic analysis of nanostructured CuNiCoZnAl high entropy alloy produced by mechanical alloying [J]. Journal of

Alloys and Compounds, 2016, 685: 278-286.

[86] JI W, WANG W, WANG H, et al. Alloying behavior and novel properties of CoCrFeNiMn high-entropy alloy fabricated by mechanical alloying and spark plasma sintering [J]. Intermetallics, 2015, 56: 24-27.

[87] VAIDYA M, KARATI A, MARSHAL A, et al. Phase evolution and stability of nanocrystalline CoCrFeNi and CoCrFeMnNi high entropy alloys [J]. Journal of Alloys and Compounds, 2019, 770: 1004-1015.

[88] CHEN Y L, HU Y H, HSIEH C A, et al. Competition between elements during mechanical alloying in an octonary multi-principal-element alloy system [J]. Journal of Alloys and Compounds, 2009, 481(1-2): 768-775.

[89] SURYANARAYANA C. Mechanical alloying and milling [J]. Progress in Materials Science, 2001, 46(1-2): 1-184.

[90] CHIU S M, LIN T T, SAMMY R K, et al. Investigation of phase constitution and stability of gas-atomized $Al_{0.5}CoCrFeNi_2$ high-entropy alloy powders [J]. Materials Chemistry and Physics, 2022, 275: 125194.

[91] ZHOU S C, ZHANG P, XUE Y F, et al. Microstructure evolution of $Al_{0.6}CoCrFeNi$ high entropy alloy powder prepared by high pressure gas atomization [J]. Transactions of Nonferrous Metals Society of China, 2018, 28(5): 939-945.

[92] LUKAC F, DUDR M, MUSALEK R, et al. Spark plasma sintering of gas atomized high-entropy alloy HfNbTaTiZr [J]. Journal of Materials Research, 2018, 33(19): 3247-3257.

[93] 高正江, 周香林, 李景昊, 等. 高性能球形金属粉末制备技术进展 [J]. 热喷涂技术, 2018, 10(03): 1-9.

[94] 许坤, 王志, 李宏林, 等. 放电等离子烧结钛/氧化铝的界面反应 [J]. 硅酸盐学报, 2006, (02): 243-246.

[95] 张飞, 高正江, 马腾, 等. 增材制造用金属粉末材料及其制备技术 [J]. 工业技术创新, 2017, 04(04): 59-63.

[96] 吴颖. 新型金刚石工具铜基结合剂及其性能的研究 [D]. 重庆: 重庆大学, 2014.

[97] ANTONY L V M, REDDY R G. Processes for production of high-purity metal powders [J]. Jom-Journal of the Minerals Metals & Materials Society, 2003, 55(3): 14-18.

[98] CHEN G, ZHAO S, TAN P, et al. A comparative study of Ti-6Al-4V powders for additive manufacturing by gas atomization, plasma rotating electrode process and plasma atomization [J]. Powder technology, 2018, 333: 38-46.

[99] CUI Y, ZHAO Y, NUMATA H, et al. Effects of process parameters and cooling gas on powder formation during the plasma rotating electrode process [J]. Powder technology, 2021, 393: 301-311.

[100] 杨洪涛, 卢志辉, 孙志杨, 等. 等离子旋转电极雾化制粉设备国内研究现状 [J]. 粉末冶金工业, 2021, 31(04): 88-93.

[101] LIU Y, LIANG S, HAN Z, et al. A novel model of calculating particle sizes in plasma rotating electrode process for superalloys [J]. Powder technology, 2018, 336: 406-414.

[102] RAZZAQ A, SEADAWY A R, RAZA N. Heat transfer analysis of viscoelastic fluid flow with fractional maxwell model in the cylindrical geometry [J]. Physica Scripta, 2020, 95 (11): 115220.

[103] SAMARASINGHE T, ABEYKOON C, TURAN A. Modelling of heat transfer and fluid flow in the hot section of gas turbines used in power generation: a comprehensive survey [J]. International Journal of Energy Research, 2019, 43(5): 1647-1669.

[104] YAO L, MAIJER D M, COCKCROFT S L, et al. Quantification of heat transfer phenomena within the melt pool during the plasma arc re-melting of titanium alloys [J]. International Journal of Heat and Mass Transfer, 2018, 126: 1123-1133.

[105] 陈焕铭, 胡本芙, 李慧英, 等. 等离子旋转电极雾化 FGH95 高温合金粉末颗粒凝固组织特征 [J]. 金属学报, 2003, (01): 30-34.

[106] ZDUJIĆ M, USKOKOVIĆ D. Production of atomized metal and alloy powders by the rotating electrode process [J]. Soviet Powder Metallurgy and Metal Ceramics, 1990, 29 (9): 673-683.

[107] 雷囡芝. 等离子旋转电极雾化法制备球形金属粉末的工艺及性能研究 [D]. 西安: 西安理工大学, 2019.

[108] LAWLEY A. Atomization of specialty alloy powders [J]. Jom, 1981, 33: 13-18.

[109] 孙念光, 陈斌科, 向长淑, 等. 等离子旋转电极雾化制粉技术现状和创新 [J]. 粉末冶金工业, 2020, 30(05): 84-87.

[110] IVASISHIN O M, SAVVAKIN D G, FROES F, et al. Synthesis of alloy Ti-6Al-4V with low residual porosity by a powder metallurgy method [J]. Powder Metallurgy and Metal Ceramics, 2002, 41(7-8): 382-390.

[111] AHSAN M N, PINKERTON A J, MOAT R J, et al. A comparative study of laser direct metal deposition characteristics using gas and plasma-atomized Ti-6Al-4V powders [J]. Materials Science and Engineering: A, 2011, 528(25-26): 7648-7657.

[112] LIU Y, ZHAO X-H, LAI Y-J, et al. A brief introduction to the selective laser melting of Ti6Al4V powders by supreme-speed plasma rotating electrode process [J]. Progress in Natural Science-Materials International, 2020, 30(1): 94-99.

[113] TANG J, NIE Y, LEI Q, et al. Characteristics and atomization behavior of Ti-6Al-4V powder produced by plasma rotating electrode process [J]. Advanced Powder Technology, 2019, 30(10): 2330-2337.

[114] CHEN Y, ZHANG J, WANG B, et al. Comparative study of IN600 superalloy produced by two powder metallurgy technologies: argon atomizing and plasma rotating electrode process [J]. Vacuum, 2018, 156: 302-309.

[115] OZOLS A, SIRKIN H R, VICENTE E E. Segregation in Stellite powders produced by the

plasma rotating electrode process [J]. Materials Science and Engineering a – Structural Materials Properties Microstructure and Processing, 1999, 262(1-2): 64-69.

[116] LIAO J, FEI T, LI Y, et al. A comparison study on microstructures and fracture behaviours of a single Nb_{ss} solid solution alloy and a two-phase Nb_{ss}/Nb_5Si_3 alloy prepared by spark plasma sintering and arc melting [J]. Materials Characterization, 2021, 178: 111259.

[117] YI X, MENG X, CAI W, et al. Multi – stage martensitic transformation behaviors and microstructural characteristics of Ti – Ni – Hf high temperature shape memory alloy powders [J]. Journal of Alloys and Compounds, 2019, 781: 644-656.

[118] LIU Z, FENG X, YI X, et al. Mechanisms of two-stage martensitic transformation in Ti–Ni–Hf alloy powder [J]. Progress in Natural Science-Materials International, 2021, 31(5): 749-754.

[119] 盛艳伟, 郭志猛, 郝俊杰, 等. 射频等离子体制备球形钛粉 [J]. 稀有金属材料与工程, 2013, 42(06): 1291-1294.

[120] SELEZNEVA S E, BOULOS M I. Supersonic induction plasma jet modeling [J]. Nuclear Instruments & Methods in Physics Research Section B – Beam Interactions with Materials and Atoms, 2001, 180: 306-311.

[121] BINI R, MONNO M, BOULOS M I. Effect of cathode nozzle geometry and process parameters on the energy distribution for an argon transferred arc [J]. Plasma Chemistry and Plasma Processing, 2007, 27(4): 359-380.

[122] ANDERSSON J, ALMQVIST A, LARSSON R. Numerical simulation of a wear experiment [J]. Wear, 2011, 271(11-12): 2947-2952.

[123] KANG B, LEE J, RYU H J, et al. Ultra-high strength WNbMoTaV high-entropy alloys with fine grain structure fabricated by powder metallurgical process [J]. Materials Science and Engineering a-Structural Materials Properties Microstructure and Processing, 2018, 712: 616-624.

[124] PENG Y B, ZHANG W, MEI X L, et al. Microstructures and mechanical properties of FeCoCrNi-Mo high entropy alloys prepared by spark plasma sintering and vacuum hot-pressed sintering [J]. Materials Today Communications, 2020, 24: 101009.

[125] GALI A, GEORGE E P. Tensile properties of high – and medium – entropy alloys [J]. Intermetallics, 2013, 39: 74-78.

[126] DENG Y, TASAN C C, PRADEEP K G, et al. Design of a twinning-induced plasticity high entropy alloy [J]. Acta Materialia, 2015, 94: 124-133.

[127] YAO M, PRADEEP K G, TASAN C C, et al. A novel, single phase, non – equiatomic FeMnNiCoCr high-entropy alloy with exceptional phase stability and tensile ductility [J]. Scripta Materialia, 2014, 72: 5-8.

[128] OTTO F, DLOUHY A, SOMSEN C, et al. The influences of temperature and microstructure on the tensile properties of a CoCrFeMnNi high-entropy alloy [J]. Acta Materialia, 2013, 61

（15）：5743-5755.

[129] TSAI M H, YUAN H, CHENG G, et al. Significant hardening due to the formation of a sigma phase matrix in a high entropy alloy [J]. Intermetallics, 2013, 33：81-86.

[130] 郭建伟. 陶瓷刀具材料热压烧结过程的数值模拟研究 [D]. 太原：太原理工大学, 2020.

[131] 郭建伟, 宋金鹏, 高姣姣, 等. 热压烧结炉制备陶瓷刀具材料过程的温度场模拟 [J]. 热加工工艺, 2020, 49(24)：26-30.

[132] CHENG H, XIE Y C, TANG Q H, et al. Microstructure and mechanical properties of FeCoCrNiMn high-entropy alloy produced by mechanical alloying and vacuum hot pressing sintering [J]. Transactions of Nonferrous Metals Society of China, 2018, 28(7)：1360-1367.

[133] YANG T, CAI B, SHI Y, et al. Preparation of nanostructured CoCrFeMnNi high entropy alloy by hot pressing sintering gas atomized powders [J]. Micron, 2021, 147：103082.

[134] 赵振国, 朱和国. 真空热压时间和压力对 CoCrCuFeNi 高熵合金组织与力学性能的影响 [J]. 粉末冶金材料科学与工程, 2022, 27(02)：180-186.

[135] LIU B, WANG J, LIU Y, et al. Microstructure and mechanical properties of equimolar FeCoCrNi high entropy alloy prepared via powder extrusion [J]. Intermetallics, 2016, 75：25-30.

[136] 袁战伟, 常逢春, 马瑞, 等. 增材制造镍基高温合金研究进展 [J]. 材料导报, 2022, 36(03)：206-214.

[137] LI N, HUANG S, ZHANG G, et al. Progress in additive manufacturing on new materials：a review [J]. Journal of Materials Science & Technology, 2019, 35(2)：242-269.

[138] 刘凯, 孙华君, 王江, 等. 3D 打印成型陶瓷零件坯体及其致密化技术 [J]. 现代技术陶瓷, 2017, 38(04)：286-298.

[139] TORRALBA J M, CAMPOS M. High entropy qlloys manufactured by additive manufacturing [J]. Metals, 2020, 10(5)：639.

[140] PEYROUZET F, HACHET D, SOULAS R, et al. Selective laser melting of $Al_{0.3}$CoCrFeNi high-entropy alloy：printability, microstructure, and mechanical properties [J]. Jom, 2019, 71(10)：3443-3451.

[141] 马青原, 杜沛南, 彭英博, 等. 金属增材制造技术在核工业领域的应用与发展 [J]. 粉末冶金技术, 2022, 40(01)：86-94.

[142] 张衡, 杨可. 增材制造的现状与应用综述 [J]. 包装工程, 2021, 42(16)：9-15.

[143] 魏水淼, 马盼, 季鹏程, 等. 高熵合金增材制造研究进展 [J]. 材料工程, 2021, 49(10)：1-17.

[144] CHEN S, TONG Y, LIAW P K. Additive manufacturing of high-entropy alloys：a review [J]. Entropy, 2018, 20(12)：937.

[145] BRIF Y, THOMAS M, TODD I. The use of high-entropy alloys in additive manufacturing [J]. Scripta Materialia, 2015, 99：93-96.

[146] LI R, NIU P, YUAN T, et al. Selective laser melting of an equiatomic CoCrFeMnNi high-entropy alloy: processability, non-equilibrium microstructure and mechanical property [J]. Journal of Alloys and Compounds, 2018, 746: 125-134.

[147] GALATI M, IULIANO L. A literature review of powder-based electron beam melting focusing on numerical simulations [J]. Additive Manufacturing, 2018, 19: 1-20.

[148] 吴海东. 高温条件下金刚石钻头钻进实验研究 [D]. 长春: 吉林大学, 2017.

[149] ZHU Z G, NGUYEN Q B, NG F L, et al. Hierarchical microstructure and strengthening mechanisms of a CoCrFeNiMn high entropy alloy additively manufactured by selective laser melting [J]. Scripta Materialia, 2018, 154: 20-24.

[150] HERBIG M, RAABE D, LI Y, et al. Atomic-scale quantification of grain boundary segregation in nanocrystalline material [J]. Physical review letters, 2014, 112(12): 126103.

[151] ZHAO H, DE GEUSER F, DA SILVA A K, et al. Segregation assisted grain boundary precipitation in a model Al-Zn-Mg-Cu alloy [J]. Acta Materialia, 2018, 156: 318-329.

[152] PRASHANTH K G, ECKERT J. Formation of metastable cellular microstructures in selective laser melted alloys [J]. Journal of Alloys and Compounds, 2017, 707: 27-34.

[153] CHEN B, MOON S K, YAO X, et al. Strength and strain hardening of a selective laser melted AlSi10Mg alloy [J]. Scripta Materialia, 2017, 141: 45-49.

[154] QIAN B, SAEIDI K, KVETKOVA L, et al. Defects-tolerant Co-Cr-Mo dental alloys prepared by selective laser melting [J]. Dental Materials, 2015, 31(12): 1435-1444.

[155] AMATO K N, GAYTAN S M, MURR L E, et al. Microstructures and mechanical behavior of Inconel 718 fabricated by selective laser melting [J]. Acta Materialia, 2012, 60(5): 2229-2239.

[156] TAKAICHI A, NAKAMOTO T, JOKO N, et al. Microstructures and mechanical properties of Co-29Cr-6Mo alloy fabricated by selective laser melting process for dental applications [J]. Journal of the mechanical behavior of biomedical materials, 2013, 21: 67-76.

[157] WANG X, CARTER L N, PANG B, et al. Microstructure and yield strength of SLM-fabricated CM247LC Ni-Superalloy [J]. Acta Materialia, 2017, 128: 87-95.

[158] PARK J M, CHOE J, KIM J G, et al. Superior tensile properties of 1%C-CoCrFeMnNi high-entropy alloy additively manufactured by selective laser melting [J]. Materials Research Letters, 2020, 8(1): 1-7.

[159] GONG H, RAFI K, GU H, et al. Influence of defects on mechanical properties of Ti-6Al-4V components produced by selective laser melting and electron beam melting [J]. Materials & Design, 2015, 86: 545-554.

[160] LIU B, WANG J, CHEN J, et al. Ultra-high strength TiC/refractory high-entropy-alloy composite prepared by powder metallurgy [J]. Jom, 2017, 69: 651-656.

[161] WANG Z, BAKER I, GUO W, et al. The effect of carbon on the microstructures, mechanical properties, and deformation mechanisms of thermo-mechanically treated

$Fe_{40.4}Ni_{11.3}Mn_{34.8}Al_{7.5}Cr_6$ high entropy alloys [J]. Acta Materialia, 2017, 126: 346-360.

[162] KIM D W. Influence of nitrogen-induced grain refinement on mechanical properties of nitrogen alloyed type 316LN stainless steel [J]. Journal of Nuclear Materials, 2012, 420(1-3): 473-478.

[163] ZHANG H, ZHU H, QI T, et al. Selective laser melting of high strength Al-Cu-Mg alloys: Processing, microstructure and mechanical properties [J]. Materials Science and Engineering a-Structural Materials Properties Microstructure and Processing, 2016, 656: 47-54.

[164] LI T, LIU B, LIU Y, et al. Microstructure and mechanical properties of particulate reinforced NbMoCrTiAl high entropy based composite [J]. Entropy, 2018, 20(7): 517.

[165] BAI Y, YANG Y, WANG D, et al. Influence mechanism of parameters process and mechanical properties evolution mechanism of maraging steel 300 by selective laser melting [J]. Materials Science and Engineering a - Structural Materials Properties Microstructure and Processing, 2017, 703: 116-123.

[166] ATTAR H, PRASHANTH K G, CHAUBEY A K, et al. Comparison of wear properties of commercially pure titanium prepared by selective laser melting and casting processes [J]. Materials Letters, 2015, 142: 38-41.

[167] GU D, HAGEDORN Y C, MEINERS W, et al. Densification behavior, microstructure evolution, and wear performance of selective laser melting processed commercially pure titanium [J]. Acta Materialia, 2012, 60(9): 3849-3860.

[168] 廖涛. ODS-NbTaTiV 难熔高熵合金的制备与力学性能研究 [D]. 长沙: 中南大学, 2022.

[169] WANG X, SPEIRS M, KUSTOV S, et al. Selective laser melting produced layer-structured NiTi shape memory alloys with high damping properties and Elinvar effect [J]. Scripta Materialia, 2018, 146: 246-250.

[170] AKRAM J, CHALAVADI P, PAL D, et al. Understanding grain evolution in additive manufacturing through modeling [J]. Additive Manufacturing, 2018, 21: 255-268.

[171] SUNNY S, GLEASON G, MATHEWS R, et al. Simulation of laser impact welding for dissimilar additively manufactured foils considering influence of inhomogeneous microstructure [J]. Materials & Design, 2021, 198: 109372.

[172] XIONG Z H, LIU S L, LI S F, et al. Role of melt pool boundary condition in determining the mechanical properties of selective laser melting AlSi10Mg alloy [J]. Materials Science and Engineering a-Structural Materials Properties Microstructure and Processing, 2019, 740: 148-156.

[173] LIN D, XU L, HAN Y, et al. Structure and mechanical properties of a FeCoCrNi high-entropy alloy fabricated via selective laser melting [J]. Intermetallics, 2020, 127: 106963.

[174] NYE J F. Some geometrical relations in dislocated crystals [J]. Acta metallurgica, 1953, 1(2): 153-162.

[175] ARSENLIS A, PARKS D M. Crystallographic aspects of geometrically - necessary and

statistically-stored dislocation density [J]. Acta Materialia, 1999, 47(5): 1597-1611.

[176] BETANDA Y A, HELBERT A L, BRISSET F, et al. Measurement of stored energy in Fe-48%Ni alloys strongly cold-rolled using three approaches: Neutron diffraction, Dillamore and KAM approaches [J]. Materials Science and Engineering a – Structural Materials Properties Microstructure and Processing, 2014, 614: 193-198.

[177] MIRKOOHI E, DOBBS J R, LIANG S Y. Analytical mechanics modeling of in-process thermal stress distribution in metal additive manufacturing [J]. Journal of Manufacturing Processes, 2020, 58: 41-54.

[178] YANG T, ZHAO Y L, FAN L, et al. Control of nanoscale precipitation and elimination of intermediate – temperature embrittlement in multicomponent high – entropy alloys [J]. Acta Materialia, 2020, 189: 47-59.

[179] CHEN D, HE F, HAN B, et al. Synergistic effect of Ti and Al on $L1_2$ – phase design in CoCrFeNi-based high entropy alloys [J]. Intermetallics, 2019, 110: 106476.

[180] LI Z, FU L, PENG J, et al. Improving mechanical properties of an FCC high-entropy alloy by γ' and B2 precipitates strengthening [J]. Materials Characterization, 2020, 159: 109989.

[181] ASTA M, BECKERMANN C, KARMA A, et al. Solidification microstructures and solid-state parallels: Recent developments, future directions [J]. Acta Materialia, 2009, 57(4): 941-971.

[182] BERTSCH K M, DE BELLEFON G M, KUEHL B, et al. Origin of dislocation structures in an additively manufactured austenitic stainless steel 316L [J]. Acta Materialia, 2020, 199: 19-33.

[183] WANG G, OUYANG H, FAN C, et al. The origin of high – density dislocations in additively manufactured metals [J]. Materials Research Letters, 2020, 8(8): 283-290.

[184] MURR L E, ESQUIVEL E V, QUINONES S A, et al. Microstructures and mechanical properties of electron beam-rapid manufactured Ti-6Al-4V biomedical prototypes compared to wrought Ti-6Al-4V [J]. Materials Characterization, 2009, 60(2): 96-105.

[185] LIN D, XU L, LI X, et al. A Si-containing FeCoCrNi high-entropy alloy with high strength and ductility synthesized in situ via selective laser melting [J]. Additive Manufacturing, 2020, 35: 101340.

[186] ZHOU P F, XIAO D H, WU Z, et al. $Al_{0.5}$FeCoCrNi high entropy alloy prepared by selective laser melting with gas-atomized pre-alloy powders [J]. Materials Science and Engineering a-Structural Materials Properties Microstructure and Processing, 2019, 739: 86-89.

[187] LIN D, XU L, JING H, et al. Effects of annealing on the structure and mechanical properties of FeCoCrNi high – entropy alloy fabricated via selective laser melting [J]. Additive Manufacturing, 2020, 32: 101058.

[188] YAO H, TAN Z, HE D, et al. High strength and ductility AlCrFeNiV high entropy alloy with hierarchically heterogeneous microstructure prepared by selective laser melting [J]. Journal of

Alloys and Compounds, 2020, 813: 152196.

[189] HAN B, ZHANG C, FENG K, et al. Additively manufactured high strength and ductility CrCoNi medium entropy alloy with hierarchical microstructure [J]. Materials Science and Engineering a – Structural Materials Properties Microstructure and Processing, 2021, 820: 141545.

[190] SONG M, ZHOU R, GU J, et al. Nitrogen induced heterogeneous structures overcome strength – ductility trade – off in an additively manufactured high – entropy alloy [J]. Applied Materials Today, 2020, 18: 100498.

[191] LIN W C, CHANG Y J, HSU T H, et al. Microstructure and tensile property of a precipitation strengthened high entropy alloy processed by selective laser melting and post heat treatment [J]. Additive Manufacturing, 2020, 36: 101601.

[192] ZHOU K, WANG Z, HE F, et al. A precipitation – strengthened high – entropy alloy for additive manufacturing [J]. Additive Manufacturing, 2020, 35: 101410.

[193] ZHOU R, LIU Y, LIU B, et al. Precipitation behavior of selective laser melted FeCoCrNiC$_{0.05}$ high entropy alloy [J]. Intermetallics, 2019, 106: 20–25.

[194] ZHAO D, YANG Q, WANG D, et al. Ordered nitrogen complexes overcoming strength – ductility trade-off in an additively manufactured high-entropy alloy [J]. Virtual and Physical Prototyping, 2020, 15: 532–542.

[195] PARK J M, KIM E S, KWON H, et al. Effect of heat treatment on microstructural heterogeneity and mechanical properties of 1% C – CoCrFeMnNi alloy fabricated by selective laser melting [J]. Additive Manufacturing, 2021, 47: 102283.

[196] PARK J M, CHOE J, PARK H K, et al. Synergetic strengthening of additively manufactured (CoCrFeMnNi)$_{99}$C$_1$ high – entropy alloy by heterogeneous anisotropic microstructure [J]. Additive Manufacturing, 2020, 35: 101333.

[197] ZHU Z G, AN X H, LU W J, et al. Selective laser melting enabling the hierarchically heterogeneous microstructure and excellent mechanical properties in an interstitial solute strengthened high entropy alloy [J]. Materials Research Letters, 2019, 7(11): 453–459.

[198] WANG S, LI Y, ZHANG D, et al. Microstructure and mechanical properties of high strength AlCoCrFeNi$_{2.1}$ eutectic high entropy alloy prepared by selective laser melting (SLM) [J]. Materials Letters, 2022, 310: 131511.

[199] MU Y, HE L, DENG S, et al. A high-entropy alloy with dislocation-precipitate skeleton for ultrastrength and ductility [J]. Acta Materialia, 2022, 232: 117975.

[200] WU Z, BEI H, PHARR G M, et al. Temperature dependence of the mechanical properties of equiatomic solid solution alloys with face – centered cubic crystal structures [J]. Acta Materialia, 2014, 81: 428–441.

[201] LIU Q, WANG G, SUI X, et al. Microstructure and mechanical properties of ultra – fine grained MoNbTaTiV refractory high – entropy alloy fabricated by spark plasma sintering

[J]. Journal of Materials Science & Technology, 2019, 35(11): 2600-2607.

[202] MEYERS M A, CHAWLA K K. Mechanical behavior of materials [M]. Oxford: Cambridge university press, 2008.

[203] XU X D, LIU P, TANG Z, et al. Transmission electron microscopy characterization of dislocation structure in a face-centered cubic high-entropy alloy $Al_{0.1}CoCrFeNi$ [J]. Acta Materialia, 2018, 144: 107-115.

[204] BYUN T S. On the stress dependence of partial dislocation separation and deformation microstructure in austenitic stainless steels [J]. Acta Materialia, 2003, 51(11): 3063-3071.

[205] KIM J-K, KIM J H, PARK H, et al. Temperature-dependent universal dislocation structures and transition of plasticity enhancing mechanisms of the $Fe_{40}Mn_{40}Co_{10}Cr_{10}$ high entropy alloy [J]. International Journal of Plasticity, 2022, 148: 103148.

[206] MADIVALA M, SCHWEDT A, WONG S L, et al. Temperature dependent strain hardening and fracture behavior of TWIP steel [J]. International Journal of Plasticity, 2018, 104: 80-103.

[207] PIERCE D T, BENZING J T, JIMENEZ J A, et al. The influence of temperature on the strain-hardening behavior of Fe-22/25/28Mn-3Al-3Si TRIP/TWIP steels [J]. Materialia, 2022, 22: 101425.

[208] CAO B X, XU W W, YU C Y, et al. $L1_2$-strengthened multicomponent Co-Al-Nb-based alloys with high strength and matrix-confined stacking-fault-mediated plasticity [J]. Acta Materialia, 2022, 229: 117763.

[209] WENG F, CHEW Y, ZHU Z, et al. Excellent combination of strength and ductility of CoCrNi medium entropy alloy fabricated by laser aided additive manufacturing [J]. Additive Manufacturing, 2020, 34: 101202.

[210] WANG J, ZOU J, YANG H, et al. Ultrastrong and ductile $(CoCrNi)_{94}Ti_3Al_3$ medium-entropy alloys via introducing multi-scale heterogeneous structures [J]. Journal of Materials Science & Technology, 2023, 135: 241-249.

[211] YAO N, LU T, FENG K, et al. Ultrastrong and ductile additively manufactured precipitation-hardening medium-entropy alloy at ambient and cryogenic temperatures [J]. Acta Materialia, 2022, 236: 118142.

[212] ZHANG Y H, ZHUANG Y, HU A, et al. The origin of negative stacking fault energies and nano-twin formation in face-centered cubic high entropy alloys [J]. Scripta Materialia, 2017, 130: 96-99.

[213] MIAO J, SLONE C, DASARI S, et al. Ordering effects on deformation substructures and strain hardening behavior of a CrCoNi based medium entropy alloy [J]. Acta Materialia, 2021, 210: 116829.

[214] XIE X, CHEN G, MCHUGH P, et al. Including stacking fault energy into the resisting

stress model for creep of particle strengthened alloys [J]. Scripta Metallurgica, 1982, 16(5): 483-488.

[215] SUN S J, TIAN Y Z, LIN H R, et al. Transition of twinning behavior in CoCrFeMnNi high entropy alloy with grain refinement [J]. Materials Science and Engineering a – Structural Materials Properties Microstructure and Processing, 2018, 712: 603-607.

[216] YANG T, ZHAO Y L, LUAN J H, et al. Nanoparticles – strengthened high – entropy alloys for cryogenic applications showing an exceptional strength – ductility synergy [J]. Scripta Materialia, 2019, 164: 30-35.

[217] XIE Y, ZHAO P, TONG Y, et al. Precipitation and heterogeneous strengthened CoCrNi – based medium entropy alloy with excellent strength-ductility combination from room to cryogenic temperatures [J]. Science China-Technological Sciences, 2022, 65(8): 1780-1797.

[218] BREIDI A, ALLEN J, MOTTURA A. First – principles modeling of superlattice intrinsic stacking fault energies in Ni_3Al based alloys [J]. Acta Materialia, 2018, 145: 97-108.

[219] PLATL J, BODNER S, HOFER C, et al. Cracking mechanism in a laser powder bed fused cold – work tool steel: the role of residual stresses, microstructure and local elemental concentrations [J]. Acta Materialia, 2022, 225: 117570.

[220] WILD N, GIEDENBACHER J, HUSKIC A, et al. Selective Laser Melting of AISI H10 (32CrMoV12-28) with substrate preheating for crack prevention [J]. Procedia Computer Science, 2022, 200: 1274-1281.

[221] FANG P, XU Y, LI X, et al. Influence of atomizing gas and cooling rate on solidification characterization of nickel-based superalloy powders [J]. Rare Metal Materials and Engineering, 2018, 47(2): 423-430.

[222] PAULY S, WANG P, KUEHN U, et al. Experimental determination of cooling rates in selectively laser – melted eutectic Al – 33Cu [J]. Additive Manufacturing, 2018, 22: 753 -757.

[223] ZEOLI N, GU S. Computational simulation of metal droplet break – up, cooling and solidification during gas atomisation [J]. Computational Materials Science, 2008, 43(2): 268-278.

[224] BONTHA S, KLINGBEIL N W, KOBRYN P A, et al. Effects of process variables and size-scale on solidification microstructure in beam – based fabrication of bulky 3D structures [J]. Materials Science and Engineering a-Structural Materials Properties Microstructure and Processing, 2009, 513-14: 311-318.

[225] 杨尚京, 王伟丽, 魏炳波. 深过冷液态 Al-Ni 合金中枝晶与共晶生长机理 [J]. 物理学报, 2015, 64(05): 341-350.

[226] HELMER H, BAUEREISS A, SINGER R F, et al. Grain structure evolution in Inconel 718 during selective electron beam melting [J]. Materials Science and Engineering a – Structural Materials Properties Microstructure and Processing, 2016, 676: 546-546.

[227] WANG R, ZHANG K, DAVIES C, et al. Evolution of microstructure, mechanical and corrosion properties of AlCoCrFeNi high-entropy alloy prepared by direct laser fabrication [J]. Journal of Alloys and Compounds, 2017, 694: 971-981.

[228] ZHANG A, HAN J, MENG J, et al. Rapid preparation of AlCoCrFeNi high entropy alloy by spark plasma sintering from elemental powder mixture [J]. Materials Letters, 2016, 181: 82-85.

[229] CHEN W, FU Z, FANG S, et al. Processing, microstructure and properties of $Al_{0.6}CoNiFeTi_{0.4}$ high entropy alloy with nanoscale twins [J]. Materials Science and Engineering a-Structural Materials Properties Microstructure and Processing, 2013, 565: 439-444.

[230] CHEN W, FU Z, FANG S, et al. Alloying behavior, microstructure and mechanical properties in a $FeNiCrCo_{0.3}Al_{0.7}$ high entropy alloy [J]. Materials & Design, 2013, 51: 854-860.

[231] SENKOV O, GILD J, BUTLER T. Microstructure, mechanical properties and oxidation behavior of NbTaTi and NbTaZr refractory alloys [J]. Journal of Alloys and Compounds, 2021, 862: 158003.

[232] YAO H, QIAO J, GAO M, et al. NbTaV-(Ti, W) refractory high-entropy alloys: experiments and modeling [J]. Materials Science and Engineering: A, 2016, 674: 203-211.

[233] FU Z, CHEN W, WEN H, et al. Microstructure and mechanical behavior of a novel $Co_{20}Ni_{20}Fe_{20}Al_{20}Ti_{20}$ alloy fabricated by mechanical alloying and spark plasma sintering [J]. Materials Science and Engineering a-Structural Materials Properties Microstructure and Processing, 2015, 644: 10-16.

[234] XIE Y, CHENG H, TANG Q, et al. Effects of N addition on microstructure and mechanical properties of CoCrFeNiMn high entropy alloy produced by mechanical alloying and vacuum hot pressing sintering [J]. Intermetallics, 2018, 93: 228-234.

[235] TORRALBA J M, ALVAREDO P, GARCIA-JUNCEDA A. High-entropy alloys fabricated via powder metallurgy. A critical review [J]. Powder Metallurgy, 2019, 62(2): 84-114.

[236] CHEN P, LI S, ZHOU Y, et al. Fabricating CoCrFeMnNi high entropy alloy via selective laser melting in-situ alloying [J]. Journal of Materials Science & Technology, 2020, 43: 40-43.

[237] JOO S H, KATO H, JANG M J, et al. Structure and properties of ultrafine-grained CoCrFeMnNi high-entropy alloys produced by mechanical alloying and spark plasma sintering [J]. Journal of Alloys and Compounds, 2017, 698: 591-604.

[238] THURSTON K V, GLUDOVATZ B, HOHENWARTER A, et al. Effect of temperature on the fatigue-crack growth behavior of the high-entropy alloy CrMnFeCoNi [J]. Intermetallics, 2017, 88: 65-72.

[239] SEIFI M, LI D, YONG Z, et al. Fracture Toughness and Fatigue Crack Growth Behavior of

As-Cast High-Entropy Alloys [J]. Jom, 2015, 67(10): 2288-2295.

[240] HEMPHILL M. Fatigue behavior of high-entropy alloys [D]. USA: The University of Tennessee, 2012.

[241] CHLUP Z, FINTOVA S, HADRABA H, et al. Fatigue Behaviour and Crack Initiation in CoCrFeNiMn High-Entropy Alloy Processed by Powder Metallurgy [J]. Metals, 2019, 9 (10): 1110.

[242] WANG S-P, XU J. (TiZrNbTa)-Mo high-entropy alloys: dependence of microstructure and mechanical properties on Mo concentration and modeling of solid solution strengthening [J]. Intermetallics, 2018, 95: 59-72.

[243] KUMAR A, CHANDRAKAR R, CHANDRAKER S, et al. Microstructural and mechanical properties of AlCoCrCuFeNiSi$_x$ ($x = 0.3$ and 0.6) high entropy alloys synthesized by spark plasma sintering [J]. Journal of Alloys and Compounds, 2021, 856: 158193.

[244] XIANG L, GUO W, LIU B, et al. Microstructure and mechanical properties of TaNbVTiAl$_x$ refractory high-entropy alloys [J]. Entropy, 2020, 22(3): 282.

[245] LIU Q, WANG G, SUI X, et al. Ultra-fine grain Ti$_x$VNbMoTa refractory high-entropy alloys with superior mechanical properties fabricated by powder metallurgy [J]. Journal of Alloys and Compounds, 2021, 865: 158592.

[246] GWALANI B, POHAN R M, WASEEM O A, et al. Strengthening of Al$_{0.3}$CoCrFeMnNi-based ODS high entropy alloys with incremental changes in the concentration of Y$_2$O$_3$ [J]. Scripta Materialia, 2019, 162: 477-481.

[247] HADRABA H, CHLUP Z, DLOUHY A, et al. Oxide dispersion strengthened CoCrFeNiMn high-entropy alloy [J]. Materials Science and Engineering a-Structural Materials Properties Microstructure and Processing, 2017, 689: 252-256.

[248] FU A, GUO W, LIU B, et al. A particle reinforced NbTaTiV refractory high entropy alloy based composite with attractive mechanical properties [J]. Journal of Alloys and Compounds, 2020, 815: 152466.

[249] HUGHES D A, HANSEN N. Microstructure and strength of nickel at large strains [J]. Acta Materialia, 2000, 48(11): 2985-3004.

[250] LIAO X Z, HUANG J Y, ZHU Y T, et al. Nanostructures and deformation mechanisms in a cryogenically ball-milled Al-Mg alloy [J]. Philosophical Magazine, 2003, 83(26): 3065-3075.

[251] ZHANG Z, MAO M M, WANG J, et al. Nanoscale origins of the damage tolerance of the high-entropy alloy CrMnFeCoNi [J]. Nature Communications, 2015, 6: 10143.

[252] AN Z, MAO S, LIU Y, et al. A novel HfNbTaTiV high-entropy alloy of superior mechanical properties designed on the principle of maximum lattice distortion [J]. Journal of Materials Science & Technology, 2021, 79: 109-117.

[253] LAPLANCHE G, KOSTKA A, HORST O M, et al. Microstructure evolution and critical stress

for twinning in the CrMnFeCoNi high-entropy alloy [J]. Acta Materialia, 2016, 118: 152-163.

[254] OKAMOTO N L, FUJIMOTO S, KAMBARA Y, et al. Size effect, critical resolved shear stress, stacking fault energy, and solid solution strengthening in the CrMnFeCoNi high-entropy alloy [J]. Scientific Reports, 2016, 6: 35863.

[255] ZHANG Z, MAO M, WANG J, et al. Nanoscale origins of the damage tolerance of the high-entropy alloy CrMnFeCoNi [J]. Nature Communications, 2015, 6(1): 10143.

[256] ZHANG Z, SHENG H, WANG Z, et al. Dislocation mechanisms and 3D twin architectures generate exceptional strength-ductility-toughness combination in CrCoNi medium-entropy alloy [J]. Nature Communications, 2017, 8: 14390.

[257] YEH J W. Recent progress in high-entropy alloys [J]. Annales De Chimie-Science Des Materiaux, 2006, 31(6): 633-648.

[258] COUZINIE J P, LILENSTEN L, CHAMPION Y, et al. On the room temperature deformation mechanisms of a TiZrHfNbTa refractory high-entropy alloy [J]. Materials Science and Engineering a-Structural Materials Properties Microstructure and Processing, 2015, 645: 255-263.

[259] LEI Z, LIU X, WU Y, et al. Enhanced strength and ductility in a high-entropy alloy via ordered oxygen complexes [J]. Nature, 2019, 565(7739): 8.

[260] ZHAO Y, QIAO J, MA S, et al. A hexagonal close-packed high-entropy alloy: The effect of entropy [J]. Materials & Design, 2016, 96: 10-15.

[261] XIANG T, CAI Z, DU P, et al. Dual phase equal-atomic NbTaTiZr high-entropy alloy with ultra-fine grain and excellent mechanical properties fabricated by spark plasma sintering [J]. Journal of Materials Science & Technology, 2021, 90: 150-158.

[262] ROGAL L, CZERWINSKI F, JOCHYM P T, et al. Microstructure and mechanical properties of the novel $Hf_{25}Sc_{25}Ti_{25}Zr_{25}$ equiatomic alloy with hexagonal solid solutions [J]. Materials & Design, 2016, 92: 8-17.

[263] ZADDACH A J, NIU C, KOCH C C, et al. Mechanical properties and stacking fault energies of NiFeCrCoMn high-entropy alloy [J]. Jom, 2013, 65(12): 1780-1789.

[264] YU P F, CHENG H, ZHANG L J, et al. Effects of high pressure torsion on microstructures and properties of an $Al_{0.1}$CoCrFeNi high-entropy alloy [J]. Materials Science and Engineering a-Structural Materials Properties Microstructure and Processing, 2016, 655: 283-291.

[265] LIU J, CHEN C, XU Y, et al. Deformation twinning behaviors of the low stacking fault energy high-entropy alloy: an in-situ TEM study [J]. Scripta Materialia, 2017, 137: 9-12.

[266] LI N, WANG J, WANG Y Q, et al. Incoherent twin boundary migration induced by ion irradiation in Cu [J]. Journal of Applied Physics, 2013, 113(2): 023508.

[267] WANG J, LI N, ANDEROGLU O, et al. Detwinning mechanisms for growth twins in face-centered cubic metals [J]. Acta Materialia, 2010, 58(6): 2262-2270.

[268] WANG J, ANDEROGLU O, HIRTH J P, et al. Dislocation structures of Σ3 {112} twin boundaries in face centered cubic metals [J]. Applied Physics Letters, 2009, 95 (2): 021908.

[269] LU K, LU L, SURESH S. Strengthening materials by engineering coherent internal boundaries at the nanoscale [J]. Science, 2009, 324(5925): 349-352.

[270] WEI Q, LUO G, ZHANG J, et al. Designing high entropy alloy-ceramic eutectic composites of $MoNbRe_{0.5}TaW$ (TiC)$_x$ with high compressive strength [J]. Journal of Alloys and Compounds, 2020, 818: 152846.

[271] GUO Z, ZHANG A, HAN J, et al. Effect of Si additions on microstructure and mechanical properties of refractory NbTaWMo high-entropy alloys [J]. Journal of Materials Science, 2019, 54: 5844-5851.

[272] YAO H, QIAO J, HAWK J, et al. Mechanical properties of refractory high-entropy alloys: experiments and modeling [J]. Journal of Alloys and Compounds, 2017, 696: 1139-1150.

[273] MIAO J, SLONE C E, SMITH T M, et al. The evolution of the deformation substructure in a Ni-Co-Cr equiatomic solid solution alloy [J]. Acta Materialia, 2017, 132: 35-48.

[274] LIN Q, LIU J, AN X, et al. Cryogenic-deformation-induced phase transformation in an FeCoCrNi high-entropy alloy [J]. Materials Research Letters, 2018, 6(4): 236-243.

[275] LIU S, WEI Y. The Gaussian distribution of lattice size and atomic level heterogeneity in high entropy alloys [J]. Extreme Mechanics Letters, 2017, 11: 84-88.

[276] DING J, YU Q, ASTA M, et al. Tunable stacking fault energies by tailoring local chemical order in CrCoNi medium-entropy alloys [J]. Proceedings of the National Academy of Sciences of the United States of America, 2018, 115(36): 8919-8924.

[277] LIU Y, ZHANG Y, ZHANG H, et al. Microstructure and mechanical properties of refractory $HfMo_{0.5}NbTiV_{0.5}Si_x$ high-entropy composites [J]. Journal of Alloys and Compounds, 2017, 694: 869-876.

[278] SHARMA A, SINGH P, JOHNSON D D, et al. Atomistic clustering-ordering and high-strain deformation of an $Al_{0.1}CrCoFeNi$ high-entropy alloy [J]. Scientific Reports, 2016, 6: 31028.

[279] LI Q J, SHENG H, MA E. Strengthening in multi-principal element alloys with local-chemical-order roughened dislocation pathways [J]. Nature Communications, 2019, 10: 3563.

[280] CHOI W M, JO Y H, SOHN S S, et al. Understanding the physical metallurgy of the CoCrFeMnNi high-entropy alloy: an atomistic simulation study [J]. Npj Computational Materials, 2018, 4: 1.

[281] WANG P, XU S, LIU J, et al. Atomistic simulation for deforming complex alloys with application toward TWIP steel and associated physical insights [J]. Journal of the Mechanics and Physics of Solids, 2017, 98: 290-308.

［282］WANG P, WU Y, LIU J, et al. Impacts of atomic scale lattice distortion on dislocation activity in high-entropy alloys [J]. Extreme Mechanics Letters, 2017, 17: 38-42.

［283］BONNY G, CASTIN N, TERENTYEV D. Interatomic potential for studying ageing under irradiation in stainless steels: the FeNiCr model alloy [J]. Modelling and Simulation in Materials Science and Engineering, 2013, 21(8): 085004.

［284］ZHANG Y, LIU Y, LI Y, et al. Microstructure and mechanical properties of a refractory HfNbTiVSi$_{0.5}$ high-entropy alloy composite [J]. Materials Letters, 2016, 174: 82-85.

［285］WINEY J M, KUBOTA A, GUPTA Y M. Thermodynamic approach to determine accurate potentials for molecular dynamics simulations: thermoelastic response of aluminum [J]. Modelling and Simulation in Materials Science and Engineering, 2010, 18(2): 029801.

［286］DAW M S, BASKES M I. Semiempirical, quantum mechanical calculation of hydrogen embrittlement in metals [J]. Physical review letters, 1983, 50(17): 1285.

［287］IMAFUKU M, SASAJIMA Y, YAMAMOTO R, et al. Computer simulations of the structures of the metallic superlattices Au/Ni and Cu/Ni and their elastic moduli [J]. Journal of Physics F: Metal Physics, 1986, 16(7): 823.

［288］COHEN A J, GORDON R G. Theory of the lattice energy, equilibrium structure, elastic constants, and pressure-induced phase transitions in alkali-halide crystals [J]. Physical Review B, 1975, 12(8): 3228.

［289］PI J, PAN Y, ZHANG H, et al. Microstructure and properties of AlCrFeCuNi$_x$ ($0.6 \leqslant x \leqslant 1.4$) high-entropy alloys [J]. Materials Science and Engineering a-Structural Materials Properties Microstructure and Processing, 2012, 534: 228-233.

［290］MA S G, QIAO J W, WANG Z H, et al. Microstructural features and tensile behaviors of the Al$_{0.5}$CrCuFeNi$_2$ high-entropy alloys by cold rolling and subsequent annealing [J]. Materials & Design, 2015, 88: 1057-1062.

［291］MA S G, JIAO Z M, QIAO J W, et al. Strain rate effects on the dynamic mechanical properties of the AlCrCuFeNi$_2$ high-entropy alloy [J]. Materials Science and Engineering a-Structural Materials Properties Microstructure and Processing, 2016, 649: 35-38.

［292］PLIMPTON S. Fast parallel algorithms for short-range molecular dynamics [J]. Journal of computational physics, 1995, 117(1): 1-19.

［293］STUKOWSKI A. Visualization and analysis of atomistic simulation data with OVITO-the Open Visualization Tool [J]. Modelling and Simulation in Materials Science and Engineering, 2010, 18(1): 015012.

［294］LI X, GAO H. Smaller and stronger [J]. Nature Materials, 2016, 15(4): 373-374.

［295］ZHANG Y, ZUO T T, TANG Z, et al. Microstructures and properties of high-entropy alloys [J]. Progress in Materials Science, 2014, 61: 1-93.

［296］CHEN S, XIE X, CHEN B, et al. Effects of temperature on serrated flows of Al$_{0.5}$CoCrCuFeNi high-entropy alloy [J]. Jom, 2015, 67(10): 2314-2320.

[297] SHIMIZU F, OGATA S, LI J. Theory of shear banding in metallic glasses and molecular dynamics calculations [J]. Materials Transactions, 2007, 48(11): 2923-2927.

[298] STUKOWSKI A, ALBE K. Extracting dislocations and non-dislocation crystal defects from atomistic simulation data [J]. Modelling and Simulation in Materials Science and Engineering, 2010, 18(8): 085001.

[299] LI J, FANG Q, LIU B, et al. Atomic-scale analysis of nanoindentation behavior of high-entropy alloy [J]. Journal of Micromechanics and Molecular Physics, 2016, 1 (01): 1650001.

[300] ZHAO W S, TAO N R, GUO J Y, et al. High density nano-scale twins in Cu induced by dynamic plastic deformation [J]. Scripta Materialia, 2005, 53(6): 745-749.

[301] LIU B, WANG J, LIU Y, et al. Microstructure and mechanical properties of equimolar FeCoCrNi high entropy alloy prepared via powder extrusion [J]. Intermetallics, 2016, 75: 25-30.

[302] XU J, WANG S, SHANG C, et al. Microstructure and properties of CoCrFeNi (WC) high-entropy alloy coatings prepared using mechanical alloying and hot pressing sintering [J]. Coatings, 2018, 9(1): 16.

[303] XIA S, LOUSADA C M, MAO H, et al. Nonlinear oxidation behavior in pure Ni and Ni-containing entropic alloys [J]. Frontiers in Materials, 2018, 5: 53.

[304] KUZNETSOV A V, SHAYSULTANOV D G, STEPANOV N D, et al. Tensile properties of an AlCrCuNiFeCo high-entropy alloy in as-cast and wrought conditions [J]. Materials Science and Engineering a-Structural Materials Properties Microstructure and Processing, 2012, 533: 107-118.

[305] TSAO T K, YEH A C, KUO C M, et al. The high temperature tensile and creep behaviors of high entropy superalloy [J]. Scientific Reports, 2017, 7(1): 12658.

[306] JO M G, SUH J Y, KIM M Y, et al. High temperature tensile and creep properties of CrMnFeCoNi and CrFeCoNi high-entropy alloys [J]. Materials Science and Engineering: A, 2022, 838: 142748.

[307] SHAO W, ZHOU Y, ZHOU L, et al. Effect of Ti-doping on peeling resistance of primary M_7C_3 carbides in hypereutectic FeCrC hardfacing coating and γ-Fe/M_7C_3 interfacial bonding strength [J]. Materials & Design, 2021, 211: 110133.

[308] ASHBY M F. A first report on deformation-mechanism maps [J]. Acta metallurgica, 1972, 20(7): 887-897.

[309] KANG Y B, SHIM S H, LEE K H, et al. Dislocation creep behavior of CoCrFeMnNi high entropy alloy at intermediate temperatures [J]. Materials Research Letters, 2018, 6(12): 689-695.

[310] LANGDON T G. Dependence of creep rate on porosity [J]. Journal of the American Ceramic Society, 1972, 55(12): 630-631.

[311] LEE D H, SEOK M Y, ZHAO Y, et al. Spherical nanoindentation creep behavior of nanocrystalline and coarse-grained CoCrFeMnNi high-entropy alloys [J]. Acta Materialia, 2016, 109: 314-322.

[312] CHANG Y J, YEH A C. The evolution of microstructures and high temperature properties of $AlxCo_{1.5}CrFeNi_{1.5}Ti_y$ high entropy alloys [J]. Journal of Alloys and Compounds, 2015, 653: 379-385.

[313] CHOKSHI A H. High temperature deformation in fine grained high entropy alloys [J]. Materials Chemistry and Physics, 2018, 210: 152-161.

[314] CAO Y, ZHANG W, LIU B, et al. Phase decomposition behavior and its effects on mechanical properties of $TiNbTa_{0.5}ZrAl_{0.5}$ refractory high entropy alloy [J]. Journal of Materials Science & Technology, 2021, 66: 10-20.

[315] GUO W, LIU B, LIU Y, et al. Microstructures and mechanical properties of ductile NbTaTiV refractory high entropy alloy prepared by powder metallurgy [J]. Journal of Alloys and Compounds, 2019, 776: 428-436.

[316] 张相军. Q235 钢表面激光熔注 WC 涂层的组织结构与耐磨性能 [D]. 哈尔滨: 哈尔滨工业大学, 2007.

[317] SHAYSULTANOV D G, STEPANOV N D, KUZNETSOV A V, et al. Phase composition and superplastic behavior of a wrought AlCoCrCuFeNi high-entropy alloy [J]. Jom, 2013, 65 (12): 1815-1828.

[318] LIN Y C, DENG J, JIANG Y Q, et al. Effects of initial δ phase on hot tensile deformation behaviors and fracture characteristics of a typical Ni-based superalloy [J]. Materials Science and Engineering a-Structural Materials Properties Microstructure and Processing, 2014, 598: 251-262.

[319] MIRZADEH H, CABRERA J M, NAJAFIZADEH A. Constitutive relationships for hot deformation of austenite [J]. Acta Materialia, 2011, 59(16): 6441-6448.

[320] DUDOVA N, BELYAKOV A, SAKAI T, et al. Dynamic recrystallization mechanisms operating in a Ni-20% Cr alloy under hot-to-warm working [J]. Acta Materialia, 2010, 58(10): 3624-3632.

[321] SAKAI T, BELYAKOV A, KAIBYSHEV R, et al. Dynamic and post-dynamic recrystallization under hot, cold and severe plastic deformation conditions [J]. Progress in Materials Science, 2014, 60: 130-207.

[322] STEPANOV N, SHAYSULTANOV D, YURCHENKO N Y, et al. High temperature deformation behavior and dynamic recrystallization in CoCrFeNiMn high entropy alloy [J]. Materials Science and Engineering: A, 2015, 636: 188-195.

[323] GEROLD V, KARNTHALER H. On the origin of planar slip in fcc alloys [J]. Acta metallurgica, 1989, 37(8): 2177-2183.

[324] SENKOV O, WILKS G, MIRACLE D, et al. Refractory high-entropy alloys [J].

Intermetallics, 2010, 18(9): 1758-1765.

[325] HUO W, ZHOU H, FANG F, et al. Microstructure and properties of novel CoCrFeNiTa$_x$ eutectic high-entropy alloys [J]. Journal of Alloys and Compounds, 2018, 735: 897-904.

[326] COURY F G, BUTLER T, CHAPUT K, et al. Phase equilibria, mechanical properties and design of quaternary refractory high entropy alloys [J]. Materials & Design, 2018, 155: 244-256.

[327] WU Y, CAI Y, CHEN X, et al. Phase composition and solid solution strengthening effect in TiZrNbMoV high-entropy alloys [J]. Materials & Design, 2015, 83: 651-660.

[328] JUAN C C, TSENG K K, HSU W L, et al. Solution strengthening of ductile refractory HfMoxNbTaTiZr high-entropy alloys [J]. Materials Letters, 2016, 175: 284-287.

[329] GUO S, NG C, LU J, et al. Effect of valence electron concentration on stability of fcc or bcc phase in high entropy alloys [J]. Journal of Applied Physics, 2011, 109(10):

[330] CHEN S, TONG Y, TSENG K K, et al. Phase transformations of HfNbTaTiZr high-entropy alloy at intermediate temperatures [J]. Scripta Materialia, 2019, 158: 50-56.

[331] ELETI R R, CHOKSHI A H, SHIBATA A, et al. Unique high-temperature deformation dominated by grain boundary sliding in heterogeneous necklace structure formed by dynamic recrystallization in HfNbTaTiZr BCC refractory high entropy alloy [J]. Acta Materialia, 2020, 183: 64-77.

[332] AKMAL M, PARK H K, RYU H J. Plasma spheroidized MoNbTaTiZr high entropy alloy showing improved plasticity [J]. Materials Chemistry and Physics, 2021, 273: 125060.

[333] SHARMA A, PERUMAL G, ARORA H, et al. Slurry erosion-corrosion resistance of MoNbTaTiZr high entropy alloy [J]. Journal of Bio-and Tribo-Corrosion, 2021, 7(3): 94.

[334] GUAN H, CHAI L, WANG Y, et al. Microstructure and hardness of NbTiZr and NbTaTiZr refractory medium-entropy alloy coatings on Zr alloy by laser cladding [J]. Applied Surface Science, 2021, 549: 149338.

[335] SHEIKH S, SHAFEIE S, HU Q, et al. Alloy design for intrinsically ductile refractory high-entropy alloys [J]. Journal of Applied Physics, 2016, 120(16):

[336] WU Y, CAI Y, WANG T, et al. A refractory Hf$_{25}$Nb$_{25}$Ti$_{25}$Zr$_{25}$ high-entropy alloy with excellent structural stability and tensile properties [J]. Materials Letters, 2014, 130: 277-280.

[337] SENKOV O, SCOTT J, SENKOVA S, et al. Microstructure and room temperature properties of a high-entropy TaNbHfZrTi alloy [J]. Journal of Alloys and Compounds, 2011, 509(20): 6043-6048.

[338] PEI X, DU Y, HAO X, et al. Microstructure and tribological properties of TiZrV$_{0.5}$Nb$_{0.5}$Alx refractory high entropy alloys at elevated temperature [J]. Wear, 2022, 488: 204166.

[339] CAO Y, LIU Y, LI Y, et al. Precipitation strengthening in a hot-worked TiNbTa$_{0.5}$ZrAl$_{0.5}$ refractory high entropy alloy [J]. Materials Letters, 2019, 246: 186-189.

[340] CHEN Y, LI Y, CHENG X, et al. Interstitial strengthening of refractory $ZrTiHfNb_{0.5}Ta_{0.5}O_x$ ($x=0.05, 0.1, 0.2$) high-entropy alloys [J]. Materials Letters, 2018, 228: 145-147.

[341] GUO N, WANG L, LUO L, et al. Microstructure and mechanical properties of refractory high entropy ($Mo_{0.5}NbHf_{0.5}ZrTi$) BCC/M_5Si_3 in-situ compound [J]. Journal of Alloys and Compounds, 2016, 660: 197-203.

[342] GUO N, WANG L, LUO L, et al. Microstructure and mechanical properties of in-situ MC-carbide particulates-reinforced refractory high-entropy $Mo_{0.5}NbHf_{0.5}ZrTi$ matrix alloy composite [J]. Intermetallics, 2016, 69: 74-77.

[343] PRAKASH O, CHANDRAKAR R, CHANDRAKER S, et al. Phase evolution of novel MoNbSiTiW refractory high-entropy alloy prepared by mechanical alloying [J]. Jom, 2022, 74(9): 3329-3333.

[344] LUKÁČ F, VILÉMOVÁ M, KLEMENTOVÁ M, et al. The origin and the effect of the fcc phase in sintered HfNbTaTiZr [J]. Materials Letters, 2021, 286: 129224.

[345] ESHED E, LARIANOVSKY N, KOVALEVSKY A, et al. Effect of Zr on the microstructure of second-and third-generation BCC HEAs [J]. Jom, 2019, 71: 673-682.

[346] SENKOV O, WOODWARD C, MIRACLE D. Microstructure and properties of aluminum-containing refractory high-entropy alloys [J]. Jom, 2014, 66: 2030-2042.

[347] YURCHENKO N Y, STEPANOV N, GRIDNEVA A, et al. Effect of Cr and Zr on phase stability of refractory Al-Cr-Nb-Ti-V-Zr high-entropy alloys [J]. Journal of Alloys and Compounds, 2018, 757: 403-414.

[348] JUAN C C, TSAI M H, TSAI C W, et al. Enhanced mechanical properties of HfMoTaTiZr and HfMoNbTaTiZr refractory high-entropy alloys [J]. Intermetallics, 2015, 62: 76-83.

[349] LIN C M, JUAN C C, CHANG C H, et al. Effect of Al addition on mechanical properties and microstructure of refractory AlxHfNbTaTiZr alloys [J]. Journal of Alloys and Compounds, 2015, 624: 100-107.

[350] SENKOV O, WOODWARD C. Microstructure and properties of a refractory $NbCrMo_{0.5}Ta_{0.5}TiZr$ alloy [J]. Materials Science and Engineering: A, 2011, 529: 311-320.

[351] YANG X, ZHANG Y, LIAW P. Microstructure and compressive properties of $NbTiVTaAl_x$ high entropy alloys [J]. Procedia Engineering, 2012, 36: 292-298.

[352] NGUYEN V, QIAN M, SHI Z, et al. A novel quaternary equiatomic Ti-Zr-Nb-Ta medium entropy alloy (MEA) [J]. Intermetallics, 2018, 101: 39-43.

[353] SENKOV O, SENKOVA S, WOODWARD C. Effect of aluminum on the microstructure and properties of two refractory high-entropy alloys [J]. Acta Materialia, 2014, 68: 214-228.

[354] SENKOV O, JENSEN J, PILCHAK A, et al. Compositional variation effects on the microstructure and properties of a refractory high-entropy superalloy $AlMo_{0.5}NbTa_{0.5}TiZr$ [J]. Materials & Design, 2018, 139: 498-511.

[355] GUO S, LIU C T. Phase stability in high entropy alloys: Formation of solid-solution phase or

amorphous phase [J]. Progress in Natural Science: Materials International, 2011, 21(6): 433-446.

[356] YANG X, ZHANG Y. Prediction of high-entropy stabilized solid-solution in multi-component alloys [J]. Materials Chemistry and Physics, 2012, 132(2-3): 233-238.

[357] KING D, MIDDLEBURGH S, MCGREGOR A, et al. Predicting the formation and stability of single phase high-entropy alloys [J]. Acta Materialia, 2016, 104: 172-179.

[358] GAO M C, YEH J W, LIAW P K, et al. High-entropy alloys: fundamentals and applications [M]. Berlin: Springer, 2016.

[359] STEPANOV N, YURCHENKO N Y, ZHEREBTSOV S, et al. Aging behavior of the HfNbTaTiZr high entropy alloy [J]. Materials Letters, 2018, 211: 87-90.

[360] YAO J, LIU X, GAO N, et al. Phase stability of a ductile single - phase BCC $Hf_{0.5}Nb_{0.5}Ta_{0.5}Ti_{1.5}Zr$ refractory high-entropy alloy [J]. Intermetallics, 2018, 98: 79-88.

[361] OTTO F, DLOUHÝ A, PRADEEP K G, et al. Decomposition of the single-phase high-entropy alloy CrMnFeCoNi after prolonged anneals at intermediate temperatures [J]. Acta Materialia, 2016, 112: 40-52.

[362] AHMAD A S, SU Y, LIU S, et al. Structural stability of high entropy alloys under pressure and temperature [J]. Journal of Applied Physics, 2017, 121(23):

[363] SCHUH B, VÖLKER B, TODT J, et al. Thermodynamic instability of a nanocrystalline, single- phase TiZrNbHfTa alloy and its impact on the mechanical properties [J]. Acta Materialia, 2018, 142: 201-212.

[364] SENKOV O N, ISHEIM D, SEIDMAN D N, et al. Development of a refractory high entropy superalloy [J]. Entropy, 2016, 18(3): 102.

[365] FENG R, GAO M C, LEE C, et al. Design of light-weight high-entropy alloys [J]. Entropy, 2016, 18(9): 333.

[366] CHEN H, KAUFFMANN A, GORR B, et al. Microstructure and mechanical properties at elevated temperatures of a new Al-containing refractory high-entropy alloy Nb-Mo-Cr-Ti-Al [J]. Journal of Alloys and Compounds, 2016, 661: 206-215.

[367] YURCHENKO N Y, STEPANOV N, ZHEREBTSOV S, et al. Structure and mechanical properties of B2 ordered refractory AlNbTiVZr$_x$($x = 0-1.5$) high-entropy alloys [J]. Materials Science and Engineering: A, 2017, 704: 82-90.

[368] GAO M, CARNEY C, DOĞAN Ö, et al. Design of refractory high-entropy alloys [J]. Jom, 2015, 67: 2653-2669.

[369] GAO M C, ALMAN D E. Searching for next single-phase high-entropy alloy compositions [J]. Entropy, 2013, 15(10): 4504-4519.

[370] 宋月清, 刘一波. 人造金刚石工具手册 [M]. 北京: 冶金工业出版社. 2014.

[371] 林峰. 超硬材料的研究进展 [J]. 新型工业化, 2016, 6(3): 28-52.

[372] DE ORO CALDERON R, AGNA A, GOMES U U, et al. Phase formation in cemented carbides

prepared from WC and stainless steel powder – an experimental study combined with thermodynamic calculations [J]. International Journal of Refractory Metals and Hard Materials, 2019, 80: 225-237.

[373] BOLAND J N, LI X S. Microstructural characterisation and wear behaviour of diamond composite materials [J]. Materials, 2010, 3(2): 1390-1419.

[374] LIN C S, YANG Y L, LIN S T. Performances of metal-bond diamond tools in grinding alumina [J]. Journal of Materials Processing Technology, 2008, 201(1-3): 612-617.

[375] BUHL S, LEINENBACH C, SPOLENAK R, et al. Microstructure, residual stresses and shear strength of diamond – steel – joints brazed with a Cu – Sn – based active filler alloy [J]. International Journal of Refractory Metals and Hard Materials, 2012, 30(1): 16-24.

[376] MECHNIK V, BONDARENKO N, DUB S, et al. A study of microstructure of Fe-Cu-Ni-Sn and Fe – Cu – Ni – Sn – VN metal matrix for diamond containing composites [J]. Materials Characterization, 2018, 146: 209-216.

[377] QI W, LU J, LI Y, et al. Vacuum brazing diamond grits with Cu – based or Ni – based filler metal [J]. Journal of Materials Engineering and Performance, 2017, 26: 4112-4120.

[378] DENKENA B, KRÖDEL A, LANG R. Fabrication and use of Cu-Cr-diamond composites for the application in deep feed grinding of tungsten carbide [J]. Diamond and Related Materials, 2021, 120: 108668.

[379] ZUO Q, WANG W, GU M S, et al. Thermal conductivity of the diamond – Cu composites with chromium addition [J]. Advanced Materials Research, 2011, 311: 287-292.

[380] UKHINA A V, DUDINA D V, ESIKOV M A, et al. The influence of morphology and composition of metal – carbide coatings deposited on the diamond surface on the properties of copper-diamond composites [J]. Surface and Coatings Technology, 2020, 401: 126272.

[381] WANG H, ZHANG W, PENG Y, et al. Microstructures and wear resistance of FeCoCrNi-Mo high entropy alloy/diamond composite coatings by high speed laser cladding [J]. Coatings, 2020, 10(3): 300.

[382] ZHANG W, ZHANG M, PENG Y, et al. Effect of Ti/Ni coating of diamond particles on microstructure and properties of high – entropy alloy/diamond composites [J]. Entropy, 2019, 21(2): 164.

[383] ZHANG W, ZHANG M, PENG Y, et al. Interfacial structures and mechanical properties of a high entropy alloy – diamond composite [J]. International Journal of Refractory Metals and Hard Materials, 2020, 86: 105109.

[384] PENG Y, KONG Y, ZHANG W, et al. Effect of diffusion barrier and interfacial strengthening on the interface behavior between high entropy alloy and diamond [J]. Journal of Alloys and Compounds, 2021, 852: 157023.

[385] ZANG J, LI H, SUN J, et al. Microstructure and thermal conductivity of Cu-Cu2AlNiZnAg/ diamond coatings on pure copper substrate via high – energy mechanical alloying method

[J]. Surfaces and Interfaces, 2020, 21: 100742.

[386] 李建敏. 高熵合金结合剂超硬磨具材料的制备及性能研究 [D]. 秦皇岛:燕山大学, 2018.

[387] MECHNIK V A. Production of diamond-(Fe-Cu-Ni-Sn) composites with high wear resistance [J]. Powder Metallurgy and Metal Ceramics, 2014, 52(9-10): 577-587.

[388] MECHNIK V A, BONDARENKO N A, KUZIN N O, et al. Influence of the addition of vanadium nitride on the structure and specifications of a diamond-(Fe-Cu-Ni-Sn) composite system [J]. Journal of Friction and Wear, 2018, 39(2): 108-113.

[389] MECHNIK V, BONDARENKO N, KOLODNITSKYI V, et al. Mechanical and tribological properties of Fe-Cu-Ni-Sn materials with different amounts of CrB_2 used as matrices for diamond-containing composites [J]. Journal of Superhard Materials, 2020, 42: 251-263.

[390] MECHNIK V, BONDARENKO N, KOLODNITSKYI V, et al. Formation of Fe-Cu-Ni-Sn-VN nanocrystalline matrix by vacuum hot pressing for diamond-containing composite. Mechanical and tribological properties [J]. Journal of Superhard Materials, 2019, 41: 388-401.

[391] MECHNIK V, BONDARENKO N, KOLODNITSKYI V, et al. Effect of vacuum hot pressing temperature on the mechanical and tribological properties of the Fe-Cu-Ni-Sn-VN composites [J]. Powder Metallurgy and Metal Ceramics, 2020, 58: 679-691.

[392] 黎克楠. 超薄砂轮高速动态行为与新型结合剂设计研究 [D]. 秦皇岛:燕山大学, 2019.

[393] ZHOU S, DAI X. Microstructure evolution of Fe-based WC composite coating prepared by laser induction hybrid rapid cladding [J]. Applied Surface Science, 2010, 256(24): 7395-7399.

[394] KIKUCHI M, TAKEDA S, KAJIHARA M, et al. Activity of carbon in nickel-rich Ni-Mo and Ni-W alloys [J]. Metallurgical Transactions A, 1988, 19: 645-650.

[395] XIA M, GU D, MA C, et al. Microstructure evolution, mechanical response and underlying thermodynamic mechanism of multi-phase strengthening WC/Inconel 718 composites using selective laser melting [J]. Journal of Alloys and Compounds, 2018, 747: 684-695.

[396] ZHAO Y-C, HE Y, ZHANG J, et al. Effect of high temperature-assisted ultrasonic surface rolling on the friction and wear properties of a plasma sprayed Ni/WC coating on #45 steel substrate [J]. Surface and Coatings Technology, 2023, 452: 129049.

[397] CORTÉS-CARRILLO E, BEDOLLA-JACUINDE A, MEJíA I, et al. Effects of tungsten on the microstructure and on the abrasive wear behavior of a high-chromium white iron [J]. Wear, 2017, 376: 77-85.

[398] LI Y, LI P, WANG K, et al. Microstructure and mechanical properties of a Mo alloyed high chromium cast iron after different heat treatments [J]. Vacuum, 2018, 156: 59-67.

图书在版编目(CIP)数据

粉末冶金多主元合金 / 刘咏，刘彬，曹远奎著.
长沙：中南大学出版社，2024.12.
ISBN 978-7-5487-5967-6

Ⅰ. TG13

中国国家版本馆 CIP 数据核字第 20241JG216 号

粉末冶金多主元合金

FENMO YEJIN DUOZHUYUAN HEJIN

刘咏　刘彬　曹远奎　著

□出 版 人	林绵优
□责任编辑	胡　炜
□责任印制	唐　曦
□出版发行	中南大学出版社
	社址：长沙市麓山南路　　　　邮编：410083
	发行科电话：0731-88876770　　传真：0731-88710482
□印　　装	湖南省众鑫印务有限公司

□开　　本	710 mm×1000 mm 1/16　□印张 20.25　□字数 406 千字
□互联网+图书	二维码内容　图片 36 张
□版　　次	2024 年 12 月第 1 版　　□印次 2024 年 12 月第 1 次印刷
□书　　号	ISBN 978-7-5487-5967-6
□定　　价	158.00 元

图书出现印装问题，请与经销商调换

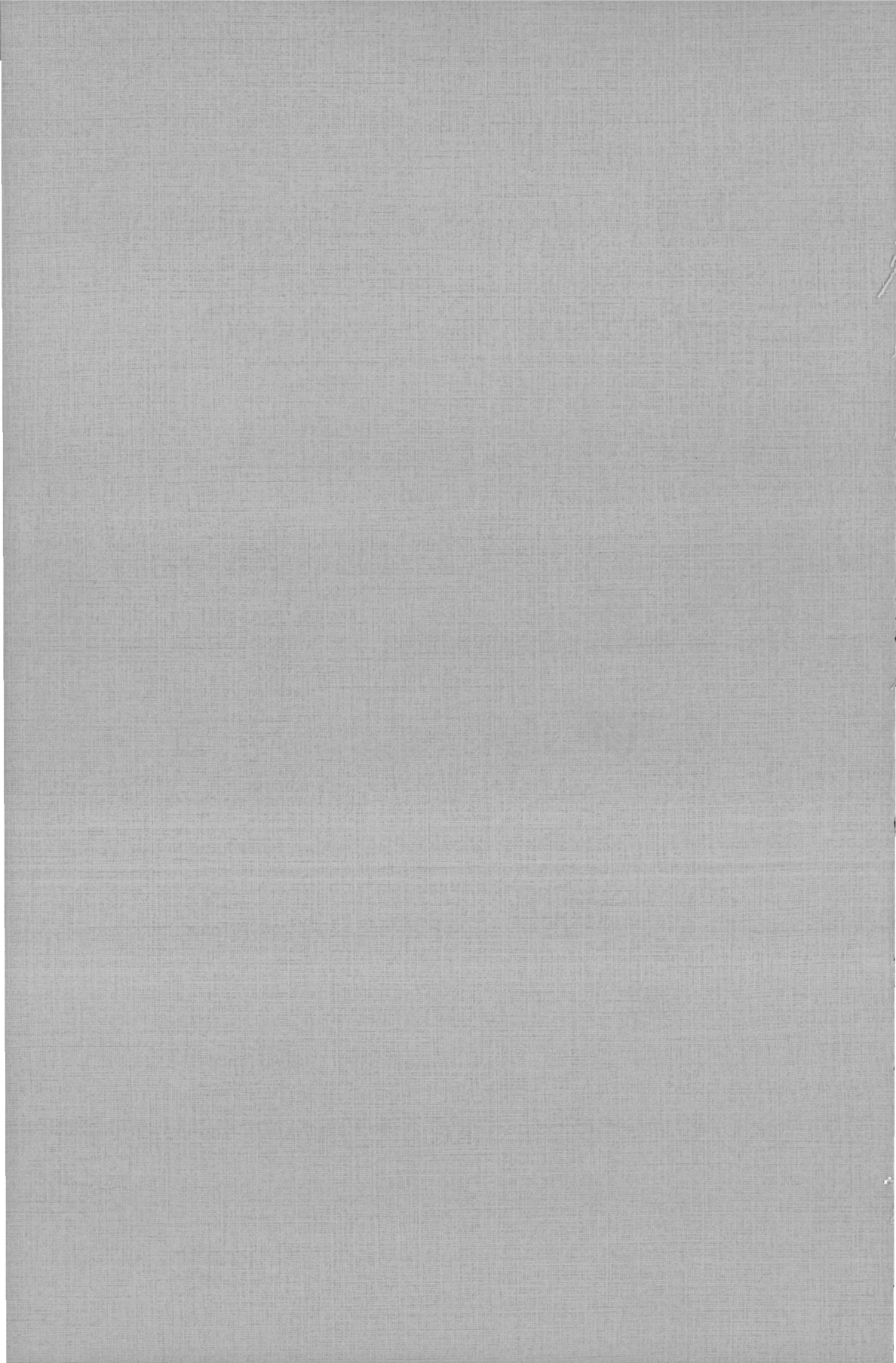